公共建筑节能设计标准实施指南 GB 50189—2015

《公共建筑节能设计标准》编制组　编写

中国建筑工业出版社

图书在版编目(CIP)数据

公共建筑节能设计标准实施指南 GB 50189—2015/
《公共建筑节能设计标准》编制组编写. —北京：中国
建筑工业出版社，2015.9
 ISBN 978-7-112-18451-4

Ⅰ.①公… Ⅱ.①公… Ⅲ.①公共建筑-节能-建筑
设计-指南 Ⅳ.①TU242-62

中国版本图书馆 CIP 数据核字(2015)第 216087 号

　　责任编辑：田立平　李笑然
　　责任校对：姜小莲　党　蕾

公共建筑节能设计标准实施指南 GB 50189—2015
《公共建筑节能设计标准》编制组　编写
*
中国建筑工业出版社出版、发行(北京西郊百万庄)
各地新华书店、建筑书店经销
北京红光制版公司制版
北京云浩印刷有限责任公司印刷
*
开本：787×1092 毫米　1/16　印张：19¾　字数：487 千字
2015 年 9 月第一版　2016 年 1 月第三次印刷
定价：49.00 元
ISBN 978-7-112-18451-4
(27700)

编 委 会 名 单

主　　　编：徐　伟

编　　　委：邹　瑜　陈　曦　徐宏庆　潘云钢　寿炜炜　陈　琪
　　　　　　徐　凤　车学娅　顾　放　赵晓宇　孙德宇　王碧玲
　　　　　　冯　雅　万水娥　王　谦　金丽娜　龙惟定　刘　鸣
　　　　　　于晓明　马友才　陈祖铭　丁力行　周　辉　毛红卫
　　　　　　刘宗江　施敏琪　钟　鸣　班广生　邵康文　刘启耀
　　　　　　陈　进　曾晓武　张时聪　袁闪闪　董　宏

指导委员会：杨　榕　田国民　杨瑾峰　黄　强　王果英　张福麟
　　　　　　吴路阳　郎四维　林海燕

前　言

新版国家标准《公共建筑节能设计标准》GB 50189—2015 由住房和城乡建设部组织编制、审查、批准，并与国家质量监督检验检疫总局于 2015 年 2 月 2 日联合发布，将于 2015 年 10 月 1 日起正式实施，这是对 2005 版国家标准《公共建筑节能设计标准》的一次全面修订。2005 版标准实施以来，有效提升了公共建筑的节能性能，极大地促进了全国公共建筑节能的发展。在应对气候变化和低碳发展的国际背景下，多个国家对建筑节能性能不断提出更高要求，欧美发达国家也在连续提升建筑节能标准。国家下一阶段节能减排目标的确定对建筑节能设计标准提出了新的要求，我国行业技术的快速发展也为我国建筑节能标准的提升创造了条件，同时，新技术、新工艺、新方法、新设备的不断涌现，也要求国家的建筑节能标准必须对其性能参数做出相应规定，以确保建筑行业的有序可持续发展。公共建筑能耗高、节能潜力大，一直被作为建筑节能的重点。因此，适时对我国现行《公共建筑节能设计标准》进行修订，对促进行业健康发展、确保建设领域节能减排目标的顺利完成具有重大意义。

《国家新型城镇化规划（2014—2020 年）》中明确指出：我国仍处于城镇化率 30%～70% 的快速发展区间，随着内外部环境和条件的深刻变化，城镇化必须进入以提升质量为主的转型发展新阶段。到 2020 年：城镇化健康有序发展，常住人口城镇化率达到 60% 左右，户籍人口城镇化率达到 45% 左右，户籍人口城镇化率与常住人口城镇化率差距缩小 2 个百分点左右，努力实现 1 亿左右农业转移人口和其他常住人口在城镇落户。城镇化持续快速发展带来了能源、资源的持续需求，如何在保证合理舒适度的前提下，提高建筑的能源利用效率、降低建筑能耗是建筑节能工作的重点之一。

公共建筑体量大、类型多、结构复杂，而且能耗强度大、节能潜力高，是我国建筑节能工作的重点领域。制定科学合理的公共建筑节能标准，以及标准的执行和监督，都是政策性、技术性、经济性很强的工作。本次修订住房和城乡建设部组织了中国建筑科学研究院等单位的 43 名专家，在广泛搜集国内外相关标准和研究成果，并对我国公共建筑进行深入调查分析的基础上，结合我国近年来公共建筑建设、使用和管理的实际，综合分析 2005 版标准执行情况，修订完成了新版《公共建筑节能设计标准》GB 50189—2015。本次修订在开展大量基础性研究工作基础上，全面提升了公共建筑节能水平，提高了标准的科学性及先进性；承袭了 2005 版标准基本构架，增加了对关键设计细节的标准化规定，保证了标准的延续性，提高了标准的可操作性。

为配合新版《公共建筑节能设计标准》GB 50189—2015 宣传、培训、实施以及监督工作的开展，全面系统地介绍标准的编制情况和技术要点，帮助工程建设管理和技术人员准备理解和深入把握标准的有关内容，我们组织中国建筑科学研究院及本标准编制组有关专家，编制完成了本《实施指南》。

本《实施指南》为住房和城乡建设部人事教育司、标准定额司开展新版《公共建筑节能设计标准》师资培训和各省、自治区、直辖市建设行政主管部门开展标准培训工作的指定辅导教材，也可以作为工程建设管理和技术人员理解、掌握新版《公共建筑节能设计标准》GB 50189—2015 的参考材料。

住房和城乡建设部标准定额司
二〇一五年七月

目　录

第1篇 修 订 概 况

一、任务来源及编制过程

我国于 2005 年颁布实施了国家标准《公共建筑节能设计标准》GB 50189，通过对公共建筑的节能设计进行系统化的规范和约束，积极促进了我国建筑节能事业的健康稳定发展，在实现国家"十一五"节能减排目标以及下一步国家建筑节能目标的制定中发挥了重要作用。住房和城乡建设部《关于印发〈2012 年工程建设标准规范制订、修订计划〉的通知》（建标〔2012〕5 号）的要求，下达了国家标准《公共建筑节能设计标准》的修订任务，由中国建筑科学研究院担任主编单位。

《公共建筑节能设计标准》（以下简称《标准》）是建筑行业最重要的设计标准之一，技术难度高，涉及面宽，影响力大。为了使本标准做到技术先进、可操作性强，更能符合设计人员的需要，本标准在启动会准备阶段，分别在广州、上海和北京召开了三次标准修订调查研讨会，邀请全国范围 80 余名业内专家对本标准实施以来的问题进行了充分探讨。80 余名业内专家到会，其中既包括标准的使用者，也包括上一版标准编制的主要起草人。专家们结合各自工作体会，对本标准实施以来的问题发表了看法，并就普遍关心的问题进行了深入探讨。专家普遍希望在此次修订中解决的问题归纳如下：对本标准的适用范围应进一步明确界定；第 3 章"室内环境节能设计计算参数"的作用应明确，实施中常误解；2005 版标准主要根据办公建筑模型计算出各限值，希望此次修订能有所改进，提升本标准的科学性；进一步明确围护结构热工性能权衡判断计算过程，或通过条文减少权衡判断的机会，避免权衡判断成为热工性能执行的漏洞；重要条款应分建筑规模、气候区进行规定，避免一刀切；限值的确定应结合行业发展实际水平；补充多联机等设备的能效规定；增加水、电气和可再生能源利用的相关条款，完善标准内容等。

2012 年 6 月 26 日在北京召开了本标准编制组成立暨第一次工作会议。住房和城乡建设部标准定额司田国民副司长、梁锋副处长，住房和城乡建设部标准定额研究所雷丽英处长、主编单位中国建筑科学研究院黄强副院长、程志军处长，以及编制组全体成员、专家组成员、特邀美国建筑节能专家以及来自住房和城乡建设部建筑环境与节能标准化技术委员会秘书等共 54 人出席了会议。田国民副司长在讲话中指出，决策层非常关心标准修订后的节能水平，这也关系到下一步建筑节能目标的设定；同时充分肯定了本次修订增加给水排水、电气、照明设计相关规定以丰富标准内涵，并提出对设备效率的要求应重点考虑，可以适度提高，将标准的引领、约束作用发挥好。最后，田司长要求本次标准修订做到科学、可行、客观，并代表标准定额司表示将全力支持本次修订需要的调研等基础性工作的开展。编制组由来自全国 33 家设计院、建科院、高校、生产企业的 43 位专家组成，专业领域涵盖建筑设计、建材、建筑物理、暖通空调、电气、照明、给水排水等。在标准编制第一次工作会议上，主编单位详细介绍了标准修订的立项背景，前期在华南、华东、北方地区召开调研讨论会的情况。经过编制组认真细致的讨论，确定了《公共建筑节能设计标准》修订的原则、重点难点问题、研究专题，通过了标准编制进度计划。

编制组成立后，主编单位及时总结会议讨论的要点，并根据讨论结果向编制组成员下发了编制任务分工。按照时间安排，编制组专家于 2012 年底前陆续提交了各自的修订条文和修订意见。主编单位组织汇总、讨论，总结形成初稿的大部分内容。与此同时，围绕本次修订的重点内容的基础课题研究平行开展。至 2013 年 5 月，计算基础性工作已经完成，结果汇入初稿。2013 年 6～7 月，分章节召开 4 次章节讨论会，一次编制组全体会议，讨论修改形成征求意见稿。同期，与相关产品标准主编单位中国标准化研究院、其他工程建设标准《绿色建筑评价标准》、《建筑热工设计规范》编制组就相关条文进行多次协调。

本标准的编制及专题研究工作得到了美国能源基金的支持，编制工作的开展过程中始终保持与其他国家地区建筑节能设计规范的交流借鉴，以及信息更新。2012 年 8 月，编制组部分成员赴美学习，在能源基金会中国可持续建筑项目组莫争春主任陪同下，走访了美国能源部、国务院、西北太平洋国家实验室等建筑节能管理部门和节能标准编制的技术支持机构，就编制中的重点问题、科学性的保障方法、标准的推广实施等重点问题进行了深入探讨。本次交流为《标准》修订的基础研究工作提供了有益的思路和技术方法，为我国节能标准科学性的提升和与国际标准的接轨产生了有益的借鉴作用。

主编单位于 2013 年 8 月根据编制组讨论会意见完成征求意见稿，以电子邮件方式和纸质文件同时发送的方式，发至各省市自治区建筑设计院、建筑研究院、行业协会、高校、建筑设备和建筑构件生产企业等相关单位征求意见。同时，住房和城乡建设部标准定额司以司函形式下发全国各级建设行政主管部门征求意见。10 月，主编单位在认真逐条梳理反馈意见之后，在编制组内部对意见进行分别讨论，修改出送审稿初稿。对个别重点问题向编制组内外专家定向征集意见，于 2010 年 10 月底修改形成送审稿。送审稿审查会议于 2013 年 11 月 7 日在北京召开，与会专家和代表听取了编制组对标准修订工作的介绍，认真细致地对标准送审稿进行了逐章、逐条的讨论，标准送审稿顺利通过审查。

根据审查会意见，编制组对标准条文及条文说明逐一进行了深入细致地讨论，对送审稿及其条文说明进行了认真修改。于 2013 年 12 月 5 日向住房和城乡建设部强制性条文协调委员会提交并申请强制性条文函审。12 月 20 日收到回复意见后，根据意见对强制性条文及说明进行修改，于 2013 年 12 月 25 日完成标准报批稿和报批工作。

整个编制过程中，始终得到住房和城乡建设部标准定额司、住房和城乡建设部标准定额研究所以及标准技术归口单位领导的具体指导与帮助。标准编制过程主要工作概览见表 1-0-1。

标准编制过程主要工作概览 表 1-0-1

	时 间	工作内容
启动阶段	2012-4-16	《标准》修订华南地区调查研讨会
	2012-5-7	《标准》修订华东地区调查研讨会
	2012-6-6	《标准》修订北方地区调查研讨会
	2012-6-26	《标准》修订编制组成立暨第一次工作会议

时 间		工作内容
编写阶段	2012-7～2012-11	公共建筑类型、特征调研（对象：设计院） 冷机能效调研（对象：冷机生产企业）
	2012-5～2013-5	基础专题研究初稿编写及汇总修改
	2012-8	编制组部分成员赴美学习
	2012-11～2013-6	与节能计算软件技术人员协调研讨会（6 次）
	2013-6-4	与中国标准化研究院成建宏研究员就产品能效限值问题的协调讨论会
	2013-6-8	"总则"、"建筑与建筑热工"章节讨论会
	2013-6-13	"给水排水"章节讨论会 "电气"章节讨论会
	2013-6-27	"供暖通风与空气调节"、"可再生能源应用"章节讨论会
	2013-7-16～2013-7-17	《标准》修订编制组第二次全体会议
征求意见	2013-8	与国家标准《绿色建筑评价标准》编制组协调会 与国家标准《建筑热工设计规范》编制组协调会
	2013-8～2013-10	征求意见
	2013-10	征求意见处理、问题讨论
送审阶段	2013-10～2013-11	根据征求意见修改条文及条文说明
	2013-11-7	《标准》（送审稿）审查会
报批阶段	2013-11～2013-12	根据审查会意见修改条文及条文说明
	2013-12-5	强制性条文审查
	2013-12-25	完成《标准》（报批稿）

二、《标准》的主要内容及特点

1. 《标准》的主要内容

《标准》分 7 章以及 4 个附录，目次为：1　总则；2　术语；3　建筑与建筑热工；4　供暖通风与空气调节；5　给水排水；6　电气；7　可再生能源应用；附录 A　外墙平均传热系数的计算；附录 B　围护结构热工性能的权衡计算；附录 C　建筑围护结构热工性能判断审核表；附录 D　管道与设备保温及保冷厚度。

2. 本次修订完成的主要工作

1）建立中国公共建筑基础模型数据库。借鉴美国建筑基础模型确定了方法学。通过向国内各大设计院征集典型公共建筑项目，确定了我国公共建筑的七种基本类型，并分别确定了七个模型建筑的建筑外形、功能分区、暖通空调系统形式；同时经住房和城乡建设部支持与国家统计局取得联系，获得了建筑业企业房屋建筑竣工面积的权威数据（2009～2011 年），整理得到各种类型建筑在我国不同气候区的分布情况。

2）节能目标确定方法及经济性研究。首次采用"收益投资比（Saving to Investment Ratio）组合优化筛选法"（简称"SIR 优选法"）对节能量进行分解，拟定常用的建筑节能措施方案库，通过对当前国内建筑节能技术措施投资进行分析，以投资收益比较大者优先执行为优化依据，确定围护结构和暖通空调设备性能的提升幅度，并确定公共建筑整体节能水平。

3）围护结构热工性能限值计算。在前两部分工作基础上，以控制全国公共建筑总体节能水平为目标，在考虑经济成本的前提下，通过优化模拟分析得出各气候区围护结构热工性能指标。

4）冷源评价方法及限值计算。基于公共建筑模型数据库进行分析，重新建立适用于当前公共建筑运行情况的冷水机组 IPLV 公式。并基于公共建筑节能目标，综合考虑冷水机组的实行能效水平以及其经济成本，在保证达到相同的收益投资比（SIR）值的前提下，确定不同气候区不同类型冷水机组的满负荷和部分负荷能效限值。

5）完善了围护结构权衡判断方法。对当前围护结构权衡判断的执行情况、软件的功能形式进行调研，进一步明确了应以能耗为最终比较目标，并补充了冷热源计算及参照建筑的缺失参数；在规范中明确了对权衡判断软件功能的要求，将输入输出数据格式进行了规范化，并将原第 3 章室内环境节能设计计算参数并入其中；软件后台参数的规整还需软件企业密切配合进行。另一方面，设定了进行权衡判断的建筑必须达到的最低热工性能要求，缩小了做权衡判断建筑的范围；同时提供了完整窗墙面积比下的围护结构性能参数，增设建筑分类，扩大性能指标判断范围。

6）新增了给水排水系统、电气系统和可再生能源应用的相关规定。本次修订在原有专业领域基础上进行了扩展，涵盖建筑与建筑热工、供暖通风与空气调节、给水排水、电气、可再生能源应用，实现了建筑节能专业领域的全覆盖。

7）引入了外窗综合太阳得热系数（SHGC）的概念并替代遮阳系数，并给出了 SHGC 的限值。本次修订对于透光围护结构引入了太阳得热系数（SHGC）的概念并给出了 SHGC 的限值，替代遮阳系数（SC）。对于外遮阳等遮阳构件的性能依然用构件的"遮阳系数"定义。"太阳得热系数"和"遮阳系数"两个物理量存在线性换算关系，希望读者在使用标准时予以注意。

8）给出了外墙平均传热系数的简化计算方法。

3. 与国外相应标准的比较

在公共建筑节能标准中，围护结构和暖通系统是最重要的两部分。由于我国和美国地域尺度相似，气候区复杂程度相似，可比性强，本节主要以选择美国采暖制冷与空调工程师学会标准《ASHRAE90.1—2013》与《标准》GB 50189—2015 相关参数进行比较。

1）非透光围护结构

对于非透光围护结构，我国标准规范规定包括屋面、外墙（包括非透光幕墙）、地下室外墙、非供暖房间与供暖房间的隔墙或楼板、底面接触室外空气的架空或外挑楼板、地面等。其他各国标准中围护结构分类较我国种类更加齐全，分类更加详细，如美国 ASHRAE 标准将屋面分为无阁楼、带阁楼和金属建筑三类，将外墙分为地面以上和地面以下两大类，其中地面以上外墙又分为重质墙、金属建筑墙、钢框架、木框架四种类型；将楼板其细分为重质楼板、工字钢、木框架三类；将不透光门分为平开和非平开两类等。为了方便理解，选择美国《ASHRAE90.1—2013》中 2、3、5、7 气候区中对非透明围护结构的重质墙体，与我国 GB 50189—2015 相关要求进行比较，见表 1-0-2。从表中可以看出，在严寒寒冷地区，我国公共建筑围护结构节能要求已经和美国现行标准要求基本一致，考虑到我国建筑标准为全国强制且部分省节能标准高于国家级标准，可以说此气候区我国建筑节能标准围护结构要求已经整体高于美国；在夏热冬冷和夏热冬暖地区，整体来看，围护结构要求较美国现行标准略低。

中美公共建筑节能标准地面以上重质墙体传热系数限值比较 [W/（m²·K）] 表 1-0-2

气候区	中国	美国	相对差距
严寒地区	0.43	0.404	6.44%
寒冷地区	0.50	0.513	−2.53%
夏热冬冷地区	0.80	0.701	14.12%
夏热冬暖地区	1.50	0.701	113.98%

2）窗户传热系数

各国对窗户传热系数要求的前提条件不同，如我国对窗户传热系数要求有体型系数和窗墙面积比等多项前提要求，美国对窗户类型划分更加详细，如"金属窗框"划分为玻璃幕墙和铺面、入口大门、固定窗/可开启窗/非入口玻璃门三类，"天窗"划分为玻璃凸起天窗、塑料凸起天窗、玻璃和塑料不凸起天窗三类。选择美国《ASHRAE90.1—2013》中 2、3、5、7 气候区中窗墙面积比 0%～40%的非金属窗框传热系数限值要求与我国相关标准中对应气候区的限值进行比对，我国非金属窗框传热系数限值较美国标准要求从北至南差距逐步扩大，具体见表 1-0-3。

中美节能标准非金属窗框传热系数限值比较 [W/（m²·K）]　　表 1-0-3

气候区	中国	美国	相对差距
严寒地区	2.3	1.82	26.37%
寒冷地区	2.4	1.82	31.87%
夏热冬冷地区	2.6	1.99	30.65%
夏热冬暖地区	3.0	2.27	32.16%

3）供热供冷设备性能

供暖、通风和空气调节设备选择是建筑节能标准最重要的组成部分之一，包括如冷水机组、单元式空调机、分散式房间空调器、多联式空调（热泵）机组、锅炉等设备。对于相关设备，中美标准根据不同制冷量（制热量）划分等级方式不同，且我国标准按气候区不同给出不同限值，美国标准不分气候区对其性能进行统一要求，为方便比对，选择离心式水冷冷水机组的制冷性能系数进行比对。美国标准名义制冷量 528kW、1055kW、1407kW、2110kW 为节点，将离心式冷水机组按名义制冷量范围划分为 5 个等级，我国标准以名义制冷量 1163kW、2110 kW 为节点，将离心式冷水机组按名义制冷量范围划分为 3 个等级。将相同（或相近）名义制冷量的离心机组性能要求作对比，见表 1-0-4 和表 1-0-5。对制冷性能系数 COP 限值的要求，ASHRAE90.1—2010 的要求比中国高 3%～10%不等；2013 版调整后差距有所扩大，美国比中国整体高 6%～18%不等，名义制冷量越大的机组中美差距越小。对综合部分负荷性能系数 IPLV 限值的要求，ASHRAE90.1—2010

的要求比中国高 5%～14% 不等；2013 版调整后差距有所扩大，美国比中国整体高 1%～
24% 不等，名义制冷量越大的机组中美差距越小。

中美节能标准离心式水冷冷水机组制冷性能系数 *COP* 限值比较（W/W）　　表 1-0-4

中国各气候区 COP 限值							美国 COP 限值		
名义制冷量范围	严寒A、B区	严寒C区	温和地区	寒冷地区	夏热冬冷地区	夏热冬暖地区	名义制冷量范围	2010 版 COP	2013 版 COP
CC≤1163	5.00	5.00	5.10	5.20	5.30	5.40	CC≤1055	5.547	5.77
1163<CC≤2110	5.30	5.40	5.40	5.50	5.60	5.70	1055<CC≤2110	6.106	6.28
CC>2110	5.70	5.70	5.70	5.80	5.90	5.90	CC>2110	6.170	6.28

中美节能标准离心式水冷冷水机组综合部分负荷性能系数 *IPLV* 限值比较　　表 1-0-5

中国各气候区 IPLV 限值							美国 IPLV 限值		
名义制冷量范围	严寒A、B区	严寒C区	温和地区	寒冷地区	夏热冬冷地区	夏热冬暖地区	名义制冷量范围	2010 版 IPLV	2013 版 IPLV
CC≤1163	5.15	5.15	5.25	5.35	5.45	5.55	CC≤1055	5.901	6.401
1163<CC≤2110	5.40	5.50	5.55	5.60	5.75	5.85	1055<CC≤2110	6.406	6.286
CC>2110	5.95	5.95	5.95	6.10	6.20	6.20	CC>2110	6.525	6.28

从以上比较结果来看，本版标准与美国现行标准相比，对公共建筑围护结构的性能要求两国差别不大，非透光围护结构要求基本相当，窗的性能要求我国略低。标准离心式水冷机组性能要求总体低于美国 ASHRAE90.1—2013 标准的要求，差距最高达 20% 左右，对大型冷机的性能要求与美国比较接近。

三、征求意见的处理情况

主编单位于 2013 年 8 月根据编制组讨论会意见完成征求意见稿，以电子邮件方式和纸质文件同时发送的方式，发至各省市自治区建筑设计院、建筑研究院、行业协会、高校、建筑设备和建筑构件生产企业等相关单位征求意见。同时，得到住房和城乡建设部标准定额司领导的大力支持，以司函形式下发全国各级建筑行政主管部门征求意见。截至 10 月 15 日，共收到来自 120 个单位及专家个人的回复意见 953 条。浙江省、安徽省、新疆维吾尔自治区、贵州省、广东省、河南省、陕西省等地住建厅及天津市规划局、上海市规划和国土资源管理局、上海市建筑建材业市场管理总站等各级建设行政主管部门均组织专家进行研究讨论，并给主编单位回复了正式回函意见。主编单位在认真逐条梳理反馈意见之后，在编制组内部对意见进行分别讨论，修改出送审稿初稿。对个别重点问题进行定向编制组内外专家征集意见，于 2013 年 10 月底修改形成送审稿。

四、审查意见和结论

根据住房和城乡建设部建标〔2012〕5 号文的要求，由中国建筑科学研究院会同有关单位修订国家标准《公共建筑节能设计标准》GB 50189。《标准》（送审稿）审查会于 2013 年 11 月 7 日在北京召开。会议由住房和城乡建设部建筑环境与节能标准化委员会郭伟博士主持，住房和城乡建设部标准定额司田国民巡视员、住房和城乡建设部标准定额研究所林岚岚教授级高工、刘彬工程师及主编单位代表到会讲话。会议成立了由11位专家组成的审查委员会，标准编制组成员也参加了会议。

会议听取了编制组修订工作报告，对《标准》（送审稿）进行了逐条审查。经充分讨论，形成审查意见如下：

1. 送审资料齐全，《标准》（送审稿）内容完整，符合标准审查的要求。

2. 编制组在修订过程中进行深入调研，总结《标准》（2005版）实施中的经验和不足，借鉴发达国家相关建筑节能设计标准的最新成果，开展多项基础性研究工作，广泛征求意见，对具体内容进行反复讨论、协调和修改，保证了标准的质量。

3. 《标准》（送审稿）继承了《标准》（2005版）的结构框架和编制思路，在改进研究方法和扩展技术内容的同时保证了标准的延续性，并在原有基础上进行了扩展，涵盖建筑与建筑热工、供暖通风与空气调节、给水排水、电气、可再生能源应用，实现了建筑节能专业领域的全覆盖。

4. 《标准》（送审稿）以《标准》（2005版）的节能水平为基准，全面评价并明确了本次修订后我国公共建筑达到的节能水平。这种动态基准的评价方式可以更加全面体现历次标准修订的节能量提升，适应我国建筑行业快速发展的实际情况，也符合目前国际惯例。

5. 《标准》（送审稿）具有如下创新点：

1）首次建立了涵盖主要公共建筑类型及系统形式的典型公共建筑模型及数据库，为标准的编制及标准节能水平的评价奠定了基础。

2）首次采用SIR优选法研究确定了本次修订的节能目标，并将节能目标分解为围护结构、暖通空调系统及照明系统相应指标的定量要求，提高了标准的科学性。

3）首次分气候区规定了冷源设备及系统的能效限值，增强了标准的地区适应性，提高了节能设计的可操作性。

《标准》（送审稿）内容全面、技术指标合理，符合国情，具有科学性、先进性、协调性和可操作性，总体上达到了国际领先水平。《标准》的实施将进一步提升我国公共建筑能源利用效率，促进建筑节能技术应用，对我国城镇化进程的可持续发展产生重要作用。

审查委员会对编制组提出的强制性条文进行了审查，建议按照有关程序，报强制性条文咨询委员会进行审查。

审查委员会一致通过了《标准》（送审稿）审查，建议编制组根据审查意见，对送审稿进行修改和完善，尽快形成报批稿上报主管部门审批。

五、宣贯会

新版标准的贯彻实施是住房和城乡建设部（以下简称"住建部"）重点工作之一，经住建部标准定额司批准同意（建标实函［2015］112号），《公共建筑节能设计标准》GB 50189—2015宣贯培训列入2016年度工程建设标准培训工作计划，由该标准管理归口单位住房和城乡建设部建筑环境与节能标委会组织开展宣贯培训工作。

《公共建筑节能设计标准》GB 50189—2015的发布实施标志着中国建筑节能标准"三步走"最后一步的完成，具有里程碑的意义。为使有关人员深入理解、准确把握标准相关要求，推进全国公共建筑节能工作健康发展，住建部建筑环境与节能标委会于 2015 年 9 月在北京、上海举办新版《公共建筑节能设计标准》GB 50189—2015 首轮宣贯培训会。标准主编单位中国建筑科学研究院提供技术支持，宣贯培训会授课老师均为标准主要起草人，包括科研院所和全国顶级设计院共 14 位专家。培训内容包括对标准修订背景、原则及要点的解读、对标准条款的释义讲解，还包括对标准十大亮点的深入分析。

第 2 篇 《公共建筑节能设计标准》GB 50189—2015 内容释义与实施要点

1 总　　则

1.0.1 为贯彻国家有关法律法规和方针政策，改善公共建筑的室内环境，提高能源利用效率，促进可再生能源的建筑应用，降低建筑能耗，制定本标准。

【释义与实施要点】

本标准的宗旨。

1. 降低建筑能耗是中国可持续发展的战略举措

国务院办公厅于 2014 年发布的《能源发展战略行动计划（2014—2020 年）》明确提出，到 2020 年我国一次能源消费总量控制在 48 亿 t 标煤左右，煤炭消费总量控制在 42 亿 t 左右，非化石能源占一次能源消费比重达到 15％。2014 年 11 月 12 日中国政府与美国政府达成温室气体减排协议，承诺到 2030 年停止增加二氧化碳排放量。目前我国建筑用能约占能源消费总量的 27.5％，随着人们生活水平的提高，根据发达国家的发展经验，这一比例将逐步增加到 30％以上。在中国快速城镇化的大背景下，建筑用能的增长是影响未来中国能耗总量和能源利用效率的关键因素。

改革开放 30 多年来，中国建筑迅速发展。2000～2020 年既是城镇化的高速增长的窗口期，也是新建建筑快速增长的窗口期。《国家新型城镇化规划（2014—2020）》中数据显示，2007～2013 年中国城镇竣工投入运行的民用建筑建筑总量达 80.0 亿 m²，年均增长率为 5.6％。按 12 亿 m² 的年均增长量预测，到 2020 年，中国城镇建筑面积将达到 164 亿 m²，其中十三五期间新增建筑面积 60 亿 m²。城镇化快速发展直接带来对能源、资源的更多需求，迫切要求提高建筑能源利用效率，促进可再生能源的建筑应用，降低建筑能耗。在保证合理舒适度的前提下，降低建筑能耗是实现能耗总量控制，达到碳排放要求的有效途径。

公共建筑是城市构成的重要组成部分，是城镇化过程中资源能源的主要消费者，也是城镇化进程影响自然环境的主要因素之一。本标准 2005 版实施以来，我国新建公共建筑的能效水平有了显著提升，但从单位面积能耗来看，仍然是能耗高强度建筑群体。从 2001～2010 年的十年间，我国公共建筑面积增加了 1.4 倍，其平均的单位面积能耗增加了 1.2 倍，公共建筑能耗是我国当前能耗增长最快的建筑能耗分类。建筑单位面积用能强度分布向高能耗的"大型建筑"尖峰转移，是公共建筑单位面积能耗增长的最主要驱动因素。

随着建筑技术的不断革新，对设计提出更高水平的节能标准可以持续促进建筑节能整体水平的提升以及建筑部品产业水平的升级。特别对于公共建筑，由于其体量大、功能复杂、业态多样，长期以来都是建筑节能工作的重点及难点。从生态文明的理念和可持续发展的要求出发，都必须牢牢把握公共建筑的设计环节，提倡设计建造满足服务功能的高质量、高效率、经久耐用的公共建筑。本次修订针对 2005 版实施以来的问题，在全面提升建筑物围护结构性能和用能系统性能要求的同时，在立面和朝向规定、围护结构热工性能权衡判断、冷机的性能等方面细化了设计细节要求；并针对大堂非中空玻璃幕墙、多联机的广泛使用的等新情况增添了相应的技术规定。

2. 改善室内环境是建筑节能的前提条件

我国的建筑节能，是在建筑能源需求不断增长的过程中对能源利用效率提出的要求。

目前我国建筑用能中十分突出的问题是能源利用效率低。与相同气候条件的西欧或北美国家相比，中国的住宅单位采暖面积要多消耗 50%～100% 的能量，而且舒适性较差。一方面，我国正处在城镇化的快速发展时期，城镇化快速发展直接带来对能源、资源的更多需求，迫切要求提高建筑能源利用效率，保证合理舒适度的前提下，降低建筑能耗。另一方面，随着人民对生活质量要求的不断提升，提高我国既有建筑的舒适度势必引起建筑用能需求的增长。目前我国北方老旧建筑热舒适度普遍偏低，夏热冬冷地区建筑的冬季室内热舒适性差，仍缺乏合理有效的采暖措施，且我国建筑缺乏新风、热水等供应系统的问题普遍存在。夏热冬暖地区遮阳、通风等被动式节能措施未被有效应用，室内舒适性不高的同时增加了建筑能耗。因此，我国的公共建筑节能是通过提高能源利用效率减缓建筑对一次能源消耗量增长速率的过程。提高建筑用能效率，减少无端的能源浪费，降低建筑本身的用能需求，将有限的能源充分发挥作用，创造良好的室内环境，是建筑节能工作的目标。

维持良好的室内环境是建筑物的基本功能之一，建筑节能不能以牺牲室内环境为代价。中国的气候环境多种多样，但总的特点是冬寒夏热。为了广大人民群众的生存、健康和生活舒适，建筑在寒冬必须供暖，炎夏又要空调制冷，这就要求建筑围护结构做好保温隔热，并配备适当的供热和制冷设施。要提高人民生活水平，建造公共建筑和居住建筑，扩大建筑面积当然是必要的；更重要的，还是建筑内在性能质量的提高，使人民拥有越来越良好的居住和工作场所，从而生活更加舒适，身体更加健康。

我们所倡导的节能建筑既可以大大节省能源，实质上又是舒适建筑、健康建筑，低能耗建筑也就是高舒适度建筑，两者并不矛盾。许多已经住在节能房屋的居民都体会到，节能建筑冬暖夏凉，与非节能建筑相比，尽管同样都安有暖气和空调，但舒适程度两者却相差甚远。这是因为，节能建筑的外墙、门窗和屋面的保温隔热做得好得多，冬天其内表面温度较高，人体的辐射失热较少，不觉寒凉；夏天其内表面温度较低，辐射到人体的热量也较少，人体就不觉得炎热。再加上节能建筑室内蓄存的热量较多，又不易散失，热惰性较好，室温均匀稳定，也会令人十分舒适，而舒适的环境当然有利于身体健康。

由此可见，建筑节能是造福人民、造福社会的崇高事业，是建造舒适健康建筑的必由之路，对于代表人民群众根本利益的政府、对于有责任感的开发商、设计施工者和生产企业人员来说，建筑节能工作是自己义不容辞的光荣责任。

1.0.2 本标准适用于新建、扩建和改建的公共建筑节能设计。

【释义与实施要点】

本标准的适用范围。

中国房屋建筑划分为民用建筑和工业建筑。民用建筑又分为居住建筑和公共建筑，居住建筑主要是指住宅建筑。公共建筑则包含办公建筑（包括写字楼、政府部门办公楼等）、商业建筑（如商场、金融建筑等）、旅游建筑（如旅馆饭店、娱乐场所等）、科教文卫建筑（包括文化、教育、科研、医疗、卫生、体育建筑等）、通信建筑（如邮电、通信、广播用房）以及交通运输用房（如机场、车站建筑等）。在欧美国家，则一般将建筑分为居住建筑（residential building）和商用建筑（commercial building）。我国的公共建筑，属于国外所说的商用建筑范围。在公共建筑中，尤以办公建筑、大中型商场以及高档旅馆饭店等几类建筑，在建筑的标准、功能及设置全年空调供暖系统等方面有许多共性，而且其供暖空调能耗特别高，供暖空调节能潜力也最大。我国公共建筑的空调能耗是公共建筑能耗的主要部分。从建筑类型来看，办公建筑（如写字楼、政府办公楼等）、商业建筑（如商场、超市、金融建筑等）、酒店建筑（如宾馆、饭店、娱乐场所等）三个类型占到了公共建筑面积的 60% 以上，是节能工作的重点研究对象。

本标准适用于新建、扩建和改建的公共建筑的建筑节能设计。各类公共建筑在进行建筑节能设计时，必须遵循本标准的各项规定。

对全国新建、扩建和改建的公共建筑，本标准从建筑与建筑热工、供暖通风与空气调节、给水排水、电气和可再生能源应用等方面提出了节能设计要求。其中，扩建是指保留原有建筑，在其基础上增加另外的功能、形式、规模，使得新建部分成为与原有建筑相关的新建建筑；改建是指对原有建筑的功能或者形式进行改变，而建筑的规模和建筑的占地面积均不改变的新建建筑。不包括既有建筑节能改造。新建、扩建和改建的公共建筑的装修工程设计也应执行本标准。不设置供暖供冷设施的建筑的围护结构热工参数可不强制执行本标准，如：不设置供暖空调设施的自行车库和汽车库、城镇农贸市场、材料市场等。

宗教建筑、独立公共卫生间和使用年限在 5 年以下的临时建筑的围护结构热工参数可不强制执行本标准。

1.0.3 公共建筑节能设计应根据当地的气候条件，在保证室内环境参数条件下，改善围护结构保温隔热性能，提高建筑设备及系统的能源利用效率，利用可再生能源，降低建筑暖通空调、给水排水及电气系统的能耗。

【释义与实施要点】

本标准的节能目标及实施途径。

在公共建筑的全年能耗中，供暖空调系统的能耗约占 40%～50%，照明能耗约占 30%～40%，其他用能设备约占 10%～20%。而在供暖空调能耗中，外围护结构传热所导致的能耗约占 20%～50%（夏热冬暖地区大约 20%，夏热冬冷地区大约 35%，寒冷地区大约 40%，严寒地区大约 50%）。从目前情况分析，这些建筑在围护结构、供暖空调系统、照明、给水排水以及电气等方面，有较大的节能潜力。

公共建筑的节能设计，必须结合当地的气候条件，在保证室内环境质量，满足人们对室内舒适度要求的前提下，提高围护结构保温隔热能力，提高供暖、通风、空调和照明等系统的能源利用效率；在保证经济合理、技术可行的同时实现国家的可持续发展和能源发展战略，完成公共建筑承担的节能任务。

　　本次标准的修订参考了发达国家建筑节能标准编制的经验，根据我国实际情况，通过技术经济综合分析，确定我国不同气候区典型城市不同类型公共建筑的最优建筑节能设计方案，进而确定在我国现有条件下公共建筑技术经济合理的节能目标，并将节能目标逐项分解到建筑围护结构、供暖空调、照明等系统，最终确定本次标准修订的相关节能指标要求。

　　本次修订建立了代表我国公共建筑使用特点和分布特征的典型公共建筑模型数据库。数据库中典型建筑模型通过向国内主要设计院、科研院所等单位征集分析确定，由大型办公建筑、小型办公建筑、大型酒店建筑、小型酒店建筑、大型商场建筑、医院建筑及学校建筑等七类模型组成，各类建筑的分布特征是在国家统计局提供数据的基础上研究确定。

　　以满足国家标准《公共建筑节能设计标准》GB 50189—2005 要求的典型公共建筑模型作为能耗分析的"基准建筑模型"，"基准建筑模型"的围护结构、供暖空调系统、照明设备的参数均按国家标准《公共建筑节能设计标准》GB 50189—2005 规定值选取。通过建立建筑能耗分析模型及节能技术经济分析模型，采用年收益投资比组合优化筛选法对基准建筑模型进行优化设计。根据各项节能措施的技术可行性，以单一节能措施的年收益投资比（简称 SIR 值）为分析指标，确定不同节能措施选用的优先级，将不同节能措施组合成多种节能方案；以节能方案的全寿命周期净现值（NPV）大于零为指标对节能方案进行筛选分析，进而确定各类公共建筑模型在既定条件下的最优投资与收益关系曲线，在此基础上，确定最优节能方案。根据最优节能方案中的各项节能措施的 SIR 值，确定本标准对围护结构、供暖空调系统以及照明系统各相关指标的要求。年收益投资比（saving to investment ratio）即 SIR 值为使用某项建筑节能措施后产生的年节能量（单位：kgce/a）与采用该项节能措施所增加的初投资（单位：元）的比值，SIR 值即单位投资所获得的年节能量［单位：kgce/（a·元）］。

　　基于典型公共建筑模型数据库进行计算和分析，本标准修订后，与本标准 2005 版相比，由于围护结构热工性能的改善，供暖空调设备和照明设备能效的提高，全年供暖、通风、空气调节和照明的总能耗减少约 20%～23%。其中从北方至南方，围护结构分担节能率约 6%～4%；供暖空调系统分担节能率约 7%～10%；照明设备分担节能率约 7%～9%。该节能率仅体现了围护结构热工性能、供暖空调设备及照明设备能效的提升，不包含热回收、全新风供冷、冷却塔供冷、可再生能源等节能措施所产生的节能效益。由于给水排水、电气和可再生能源应用的相关内容为本次修订新增内容，没有比较基准，无法计算此部分所产生的节能率，所以未包括在内。该节能率是考虑不同气候区、不同建筑类型加权后的计算值，反映的是本标准修订并执行后全国公共建筑的整体节能水平，并不代表某单体建筑的节能率。

1.0.4　当建筑高度超过 150m 或单栋建筑地上建筑面积大于 200000m² 时，除应符合本标准的各项规定外，还应组织专家对其节能设计进行专项论证。

【释义与实施要点】

　　超高或超大型建筑节能设计。新增条文。

　　1. 超高或超大型建筑特点

　　随着我国城镇化的不断发展，高度超过 150m 超高层建筑及单栋地上建筑面积大于

200000m² 超大型建筑日益增多。1990 年，国内超过 200m 的超高层建筑物仅有 5 栋。截至 2013 年 10 月统计，国内超高层建筑约有 2600 栋，数量远超过了世界上其他国家，其中全球建筑高度排名前 20 名的超高层建筑中，国内就占有 10 栋。部分工程的建筑高度、层数、使用功能及空调系统形式等建筑基本信息统计，见表 2-1-1。

部分超高层建筑基本信息 表 2-1-1

工程名称	城市	建筑高度	层数	使用功能	空调系统形式
上海中心大厦	上海	632	124	写字楼 酒店 商业	VAV
台北 101 大厦	台北	509	101	写字楼 酒店 商业	VAV
上海环球金融中心	上海	492	101	写字楼 酒店 商业	VAV
香港环球贸易广场	香港	484	108	写字楼 酒店	VAV
金茂大厦	上海	420.5	88	写字楼 酒店 商业	VAV
信兴广场	深圳	384.0	69	写字楼	风机盘管＋新风
赛格广场	深圳	355.8	72	写字楼 酒店 商业	风机盘管＋新风
世茂国际广场	上海	333.3	60	酒店 商业	风机盘管＋新风
中州大厦	深圳	300.8	61	写字楼 公寓 酒店	VAV＋风机盘管
恒隆广场	上海	288.2	66	写字楼 商业	VAV

特大型建筑中，城市综合体发展较快，截至 2011 年末，我国重点城市的城市综合体存量已突破 8000 万 m²，其中北京就达到 1684 万 m²。部分工程的建设地点、使用功能等建筑信息统计，见表 2-1-2。

部分特大型建筑信息 表 2-1-2

工程名称	城市	使用功能						
		商业	办公	酒店	居住	餐饮	文化娱乐	停车
建外 SOHO	北京	•	•		•	•		•
昆泰国际中心	北京	•	•	•	•	•		•
上海商城	上海	•	•	•	•	•		•
国金中心	上海	•	•	•		•	•	•
国际广场	苏州	•	•		•	•		•
来福士广场	成都	•	•	•	•	•	•	•
国际广场	南京	•	•		•	•		•
财富中心	重庆	•	•		•	•		•
万达广场	青岛	•	•		•	•	•	•
中央国际广场	徐州	•	•	•	•	•	•	•

此类超高、超大型建筑多以商业用途为主，在建筑形式上追求特异，不同于常规建筑类型，且是能耗大户。如何加强对此类建筑能耗的控制，提高能源应用系统的方案合理性，选取最优设计方案，对建筑节能工作尤其重要。因此，要求此类建筑除满足本标准的要求外，其节能设计还应通过国家建设行政主管部门组织的专家论证，复核其建筑节能设计特别是能源应用系统设计方案的合理性，设计单位并依据论证会的意见完成此类建筑的

节能设计。

2. 专项论证内容

除满足本规范要求外，此类建筑的节能设计论证需审核建筑业态比例、作息时间等建筑基本参数信息资料，同时还要对以下建筑节能设计内容专题进行论证，并要求提交相应的分析计算书等材料：

1）外窗有效通风面积及有组织的自然通风设计；

2）自然通风的节能潜力计算；

3）暖通空调负荷计算；

4）暖通空调系统的冷热源方案优化设计；

5）暖通空调系统的节能措施，如新风量调节、热回收装置设置、水泵与风机变频、计量等；

6）可再生能源利用分析计算；

7）建筑物全年能耗模拟计算等。

1.0.5 施工图设计文件中应说明该工程项目采取的节能措施，并宜说明其使用要求。

【释义与实施要点】

设计文件中对节能措施使用要求的规定。新增条文。

设计达到节能要求并不能保证建筑做到真正的节能。实际的节能效益，必须依靠合理运行才能实现。

就目前我国的实际情况而言，在使用和运行管理上，不同地区、不同建筑存在较大的差异，相当多的建筑实际运行管理水平不高、实际运行能耗远远大于设计时对运行能耗的评估值，这一现象是严重阻碍了我国建筑节能工作的正常进行。设计文件应为工程运行管理方提供一个合理的、符合设计思想的节能措施使用要求。这既是各专业的设计师在建筑节能方面应尽的义务，也是保证工程按照设计思想来取得最优节能效果的必要措施之一。

节能措施及其使用要求包括以下内容：

1. 建筑设备及被动节能措施（如遮阳、自然通风等）的使用方法，建筑围护结构采取的节能措施及做法；

2. 机电系统（暖通空调、给水排水、电气系统等）的使用方法和采取的节能措施及其运行管理方式，如：

1）暖通空调系统冷源配置及其运行策略；

2）季节性（包括气候季节以及商业方面的"旺季"与"淡季"）使用要求与管理措施；

3）新（回）风风量调节方法，热回收装置在不同季节使用方法，旁通阀使用方法，水量调节方法，过滤器的使用方法等；

4）设定参数（如：空调系统的最大及最小新（回）风风量表）；

5）对能源的计量监测及系统日常维护管理的要求等。

需要特别说明的是：尽管许多大型公建的机电系统设置了比较完善的楼宇自动控制系统，在一定程度上为合理使用提供了相应的支持。但从目前实际使用情况来看，自动控制系统尚不能完全替代人工管理。因此，充分发挥管理人员的主动性依然是非常重要的节能措施。

1.0.6 公共建筑节能设计除应符合本标准的规定外，尚应符合国家现行有关标准的规定。

【释义与实施要点】

本标准与其他标准的协调。

本标准对公共建筑的建筑、热工以及暖通空调、给水排水、电气以及可再生能源应用设计中应该控制的、与能耗有关的指标和应采取的节能措施作出了规定。但公共建筑节能涉及的专业较多，相关专业均制定了相应的标准，并作出了节能规定。在进行公共建筑节能设计时，除应符合本标准外，尚应符合国家现行的有关标准的规定。

与公共建筑节能设计相关的标准主要包括《民用建筑供暖通风与空气调节设计规范》GB 50736、《民用建筑热工设计规范》GB 50176、《建筑照明设计标准》GB 50034 及《建筑给水排水设计规范》GB 50015 等。

2 术 语

2.0.1 透光幕墙 transparent curtain wall

可见光可直接透射入室内的幕墙。

【释义与实施要点】

透光幕墙专指可见光可以直接透过它而进入室内的幕墙。除玻璃外透光幕墙的材料也可以是其他透光材料。在本标准中，设置在常规的墙体外侧的玻璃幕墙不作为透光幕墙处理。

本标准中"透光幕墙"与外窗及外门透光部分均称为"透光围护结构"。

2.0.2 建筑体形系数 shape factor

建筑物与室外空气直接接触的外表面积与其所包围的体积的比值，外表面积不包括地面和不供暖楼梯间内墙的面积。

【释义与实施要点】

建筑体形系数。新增条文。

建筑体形系数是建筑设计和建筑节能设计中的重要概念。本标准中一些强制性的条文的规定与建筑体形系数有关，因此在此明确其定义，便于标准的实施。

2.0.3 单一立面窗墙面积比 single facade window to wall ratio

建筑某一个立面的窗户洞口面积与该立面的总面积之比，简称窗墙面积比。

【释义与实施要点】

单一立面窗墙面积比。新增条文。本标准中窗墙面积比均是以单一立面为对象，同一朝向不同立面不能合并计算窗墙面积比。

公共建筑的类型多、功能复杂，造型和立面丰富的程度比居住建筑要大很多，往往有不规则平立剖面的情况出现，既有规则与不规则三边、四边、多边形的情况出现，也有水平成高度的立面出现的可能。因此，上一版标准中"单一朝向"的概念，依据本标准中对朝向的认定，会产生多个立面均为同一朝向的情况，使窗墙面积比计算复杂和繁琐。因此，从简化计算，便于审查控制外窗传热系数限值角度出发，本标准窗墙面积比均是以单一立面为对象，同一朝向不同立面不能合并计算窗墙面积比。

建筑朝向按照东、南、西、北四个方位规定，其中东向为：东偏北30°至东偏南60°的范围；西向为：西偏北30°至西偏南60°的范围；南向为：南偏东30°至南偏西30°。按照上述的朝向规定，当建筑正南北向布置时，方形或矩形平面的建筑在东南西北朝向中各有一个立面（图2-2-1），而当建筑非正南、北向布置时，就会在某些朝向中有2个建筑立面，有一个朝向没有建筑立面（图2-2-2、图2-2-3）；若建筑为多边形或不规则平面时，则会在某些朝向中存在2个以上的立面（图2-2-4～图2-2-6）。

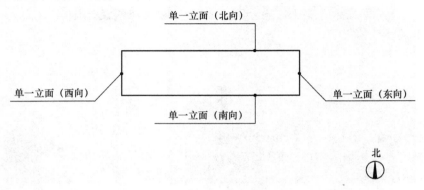

图 2-2-1　正南北向布置的建筑，每个朝向有一个建筑立面

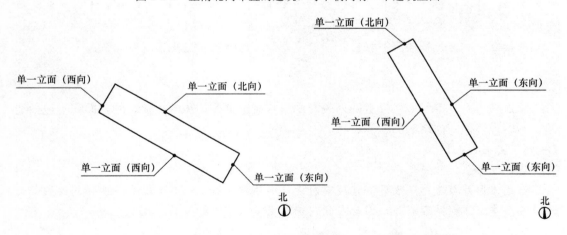

图 2-2-2　建筑非正南北布置，东或西向各有2个建筑立面

建筑立面是建筑围护结构的外墙部分，窗墙面积比的控制是为了保证外墙的热工性能，在以往的建筑节能设计中，将同一朝向的不同建筑立面综合计算窗墙比，结果开窗面积较大的主要立面与开窗面积较小或不开窗的山墙立面（次要立面）综合后不能真正体现建筑主要立面外墙的窗墙比，依据此综合窗墙比选用外窗传热系数削弱了该立面的保温隔热，难以保证该立面外墙和窗整体的热工性能。

本标准提出单一立面的窗墙比是为了有效的保证外围护结构的热工性能，同一朝向

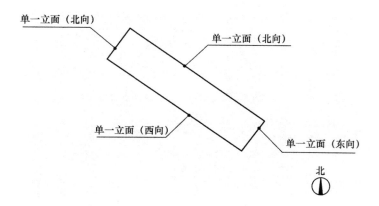

图 2-2-3　建筑非正南北布置，东、西向各有一个立面，北向有 2 个立面

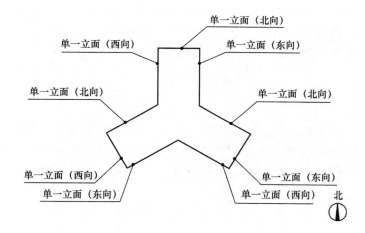

图 2-2-4　多边形建筑，某个朝向有 2 个以上的立面

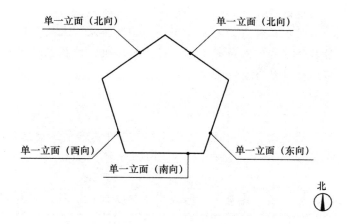

图 2-2-5　多边形建筑，某个朝向有 2 个以上的立面

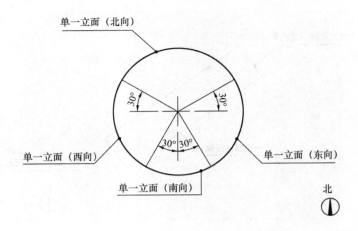

图 2-2-6 圆形平面建筑，各朝向单一立面的分界

中的外墙应根据建筑平面的转角为界单独计算窗墙面积比，从而真实的反映建筑立面的窗墙面积比，合理选择外窗传热系数。与老标准相比，本次修订标准强调单一立面窗墙比，实际上是更严格要求建筑围护结构的热工性能，确保功能房间所在外墙、外窗的保温隔热。

2.0.4 太阳得热系数（SHGC） solar heat gain coefficient

通过透光围护结构（门窗或透光幕墙）的太阳辐射室内得热量与投射到透光围护结构（门窗或透光幕墙）外表面上的太阳辐射量的比值。太阳辐射室内得热量包括太阳辐射通过辐射透射的得热量和太阳辐射被构件吸收再传入室内的得热量两部分。

【释义与实施要点】

太阳得热系数。新增条文。

通过透光围护结构（门窗或透光幕墙）成为室内得热量的太阳辐射部分是影响建筑能耗的重要因素。目前 ASHRAE 90.1 等标准均以太阳得热系数（SHGC）作为衡量透光围护结构性能的参数。主流建筑能耗模拟软件中也以太阳得热系数（SHGC）作为衡量外窗的热工性能的参数。为便于工程设计人员使用和同国际接轨，本次标准修订将太阳得热系数作为衡量透光围护结构（门窗或透光幕墙）性能的参数。人们最关心的也是太阳辐射进入室内的部分，而不是被构件遮挡的部分。

太阳得热系数（SHGC）不同于本标准 2005 版中的遮阳系数（SC）值。2005 版中遮阳系数（SC）的定义为通过透光围护结构（门窗或透光幕墙）的太阳辐射室内得热量，与相同条件下通过相同面积的标准玻璃（3mm 厚的透明玻璃）的太阳辐射室内得热量的比值。标准玻璃太阳得热系数理论值为 0.87。因此可按 SHGC 等于 SC 乘以 0.87 进行换算。

随着太阳照射时间的不同，建筑实际的太阳得热系数也不同。但本标准中透光围护结构的太阳得热系数是指根据相关国家标准规定的方法测试、计算确定的产品固有属性。新修订的《民用建筑热工设计规范》GB 50176 给出了 SHGC 的计算公式，如式（2-2-1）所示。本标准太阳得热系数对应的外表面对流换热系数 α_e 按夏季工况确定。

$$SHGC = \frac{\Sigma g \cdot A_g + \Sigma \rho \cdot \dfrac{K}{\alpha_e} \cdot A_f}{A_w}$$

(2-2-1)

式中　$SHGC$——门窗、幕墙的太阳得热系数；

　　　g——门窗、幕墙中透光部分的太阳辐射总透射比，按照国家标准 GB/T 2680 的规定计算；

　　　ρ——门窗、幕墙中非透光部分的太阳辐射吸收系数；

　　　K——门窗、幕墙中非透光部分的传热系数，$[W/(m^2 \cdot K)]$；

　　　α_e——外表面对流换热系数，$[W/(m^2 \cdot K)]$；

　　　A_g——门窗、幕墙中透光部分的面积，m^2；

　　　A_f——门窗、幕墙中非透光部分的面积，m^2；

　　　A_w——门窗、幕墙的面积，m^2。

　　本标准中第 3 章强制性条文中的 $SHGC$ 均为考虑外遮阳的综合性的太阳得热系数，计算时应在公式（2-2-1）基础上再乘上外遮阳构件的遮阳系数。详见本标准第 3.3.3 条。

2.0.5　可见光透射比　visible transmittance

透过透光材料的可见光光通量与投射在其表面上的可见光光通量之比。

2.0.6　围护结构热工性能权衡判断　building envelope thermal performance trade-off

当建筑设计不能完全满足围护结构热工设计规定指标要求时，计算并比较参照建筑和设计建筑的全年供暖和空气调节能耗，判定围护结构的总体热工性能是否符合节能设计要求的方法，简称权衡判断。

【释义与实施要点】

围护结构热工性能权衡判断。围护结构热工性能权衡判断是一种性能化的设计方法。为了降低空气调节和供暖能耗，本标准对围护结构的热工性能提出了规定性指标。当设计建筑无法满足规定性指标时，可以通过调整设计参数并计算能耗，最终达到设计建筑全年的空气调节和供暖能耗之和不大于参照建筑能耗的目的。这种方法在本标准中称之为权衡判断。

2.0.7　参照建筑　reference building

进行围护结构热工性能权衡判断时，作为计算满足标准要求的全年供暖和空气调节能耗用的基准建筑。

【释义与实施要点】

参照建筑是一个达到本标准要求的节能建筑，进行围护结构热工性能权衡判断时，用其全年供暖和空调能耗作为标准来判断设计建筑的能耗是否满足本标准的要求。

参照建筑的形状、大小、朝向以及内部的空间划分和使用功能与设计建筑完全一致，但其围护结构热工性能等主要参数应符合本标准的规定性指标。

2.0.8　综合部分负荷性能系数（IPLV）　integrated part load value

基于机组部分负荷时的性能系数值，按机组在各种负荷条件下的累积负荷百分比进行加权计算获得的表示空气调节用冷水机组部分负荷效率的单一数值。

【释义与实施要点】

综合部分负荷性能系数。空调系统运行时，除了通过运行台数组合来适应建筑冷量需求和节能外，在相当多的情况下，冷水机组处于部分负荷运行状态，为了控制机组部分负荷运行时的能耗，有必要对冷水机组的部分负荷时的性能系数作出一定的要求。参照国外的一些情况，本标准提出了用综合部分负荷性能系数 IPLV 来评价。IPLV 值是冷水机组在 4 个特定部分负荷工况条件下性能系数的加权平均值，相应的权重综合考虑了建筑类型、气象条件、建筑负荷分布特性以及运行时间，是根据 4 个特定部分负荷工况对应的累计负荷百分比计算得出的。IPLV 值中冷水机组 4 个特定部分负荷工况条件下的性能系数应基于现行国家标准《蒸汽压缩循环冷水（热泵）机组　第 1 部分：工业或商业用及类似用途的冷水（热泵）机组》GB 18430.1 规定的部分负荷工况测得。

2.0.9 集中供暖系统耗电输热比（EHR-h）　electricity consumption to transferred heat quantity ratio

设计工况下，集中供暖系统循环水泵总功耗（kW）与设计热负荷（kW）的比值。

【释义与实施要点】

新增条文。集中供暖系统耗电输热比（EHR-h）反映了集中供暖系统循环水泵功率配置与设计热负荷的关系，是表征集中供暖水系统设计合理性的指标，其值越小，节能性越好。本术语只针对末端为散热器或地面辐射供暖装置的集中供暖系统，符号（EHR-h）中 h 代表集中供暖系统，以区别于空调系统。

2.0.10 空调冷（热）水系统耗电输冷（热）比[EC(H)R-a]　electricity consumption to transferred cooling (heat) quantity ratio

设计工况下，空调冷（热）水系统循环水泵总功耗（kW）与设计冷（热）负荷（kW）的比值。

【释义与实施要点】

新增条文。空调冷（热）水系统耗电输冷（热）比反映了空调冷（热）水系统中循环水泵的功率配置与建筑冷热负荷的关系，是表征空调水系统设计合理性的指标，其值越小，节能性越好。本标准 2005 版中该性能参数称为空调冷热水系统输送能效比，因能效比有确定含义，通常越高越好，而该参数是越小越好，故本次修订改称耗电输热比，与集中供暖系统耗电输热比表述一致，也与现行国家标准《民用建筑供暖通风与空气调节设计规范》GB 50736 一致。符号[EC(H)R-a]中 a 代表空调系统，以区别于集中供暖系统。

2.0.11 电冷源综合制冷性能系数（SCOP）　system coefficient of refrigeration performance

设计工况下，电驱动的制冷系统的制冷量与制冷机、冷却水泵及冷却塔净输入能量之比。

【释义与实施要点】

新增条文。电冷源综合制冷性能系数（SCOP）是电驱动的冷源系统单位耗电量所能产出的冷量，反映了冷源系统效率的高低。

电冷源综合制冷性能系数（SCOP）可按下列公式计算：

$$SCOP = \frac{Q_c}{E_e}$$ (2-2-2)

式中　Q_c——冷源设计供冷量（kW）；

　　　E_e——冷源设计耗电功率（kW）。

对于离心式、螺杆式、涡旋/活塞式水冷式机组，E_e 包括冷水机组、冷却水泵及冷却塔的耗电功率。

对于风冷式机组，E_e 还应包括放热侧冷却风机消耗的电功率；对于蒸发冷却式机组 E_e 还应包括水泵和风机消耗的电功率。

冷源设计耗电功率不包括冷冻水循环泵的耗电功率；冷源设计供冷量、设计耗电功率均为设备名义工况下的参数。

2.0.12　风道系统单位风量耗功率（W_s）　energy consumption per unit air volume of air duct system

设计工况下，空调、通风的风道系统输送单位风量（m³/h）所消耗的电功率（W）。

【释义与实施要点】

新增条文。

空调通风的风道系统中，风机消耗的能源是相当可观的。由于公共建筑管道设置空间和机房设置位置等原因，在实际工程中，一些空调通风系统的设计存在作用半径过大、风道内风速偏高的情况，使得输送同样风量的风机安装容量需求过大，导致实际使用能耗偏高。为了使得设计过程中能够合理地确定机房位置（减少系统作用半径），以及风道系统的合理布置（包括风道走向、风道尺寸等，减少风道阻力），本条规定了在设计工况下，空调通风系统输送单位风量时的实际耗功率指标。

3　建筑与建筑热工

3.1　一　般　规　定

3.1.1　公共建筑分类应符合下列规定：

1　单栋建筑面积大于 300m² 的建筑，或单栋建筑面积小于或等于 300m² 但总建筑面积大于 1000m² 的建筑群，应为甲类公共建筑；

2　单栋建筑面积小于或等于 300m² 的建筑，应为乙类公共建筑。

【释义与实施要点】

建筑分类。新增条文。

本条中所指单栋建筑面积包括地下部分的建筑面积。对于单栋建筑面积小于等于 300m² 的建筑如传达室等，与甲类公共建筑的能耗特性不同。这类建筑的总量不大，能耗也较小，对全社会公共建筑的总能耗量影响很小，同时考虑到减少建筑节能设计工作量，故将这类建筑归为乙类，对这类建筑只给出规定性节能指标，不再要求做围护结构权衡判断。对于本标准中没有注明建筑分类的条文，甲类和乙类建筑应统一执行。

本次修订新增加了建筑分类的规定，体现了"抓大放小"的技术思路。与甲类建筑相比，本标准中对乙类建筑的技术要求相对简化，也同时减少乙类建筑节能设计工作量。

需要注意的是，第一款中"单栋建筑面积小于或等于 $300m^2$ 但总建筑面积大于 $1000m^2$ 的建筑群"，尽管单栋建筑面积小，但有时为多个建筑共用一个供冷、供热系统。例如度假酒店建筑群，虽然单栋建筑面积小于或等于 $300m^2$，但当建筑群总建筑面积大于 $1000m^2$ 时，在节能设计中应符合甲类建筑各项要求。

3.1.2 各城市的建筑热工设计分区应按表 3.1.2 确定。

表 3.1.2 代表城市建筑热工设计分区

气候分区及气候子区		代表城市
严寒地区	严寒 A 区	博克图、伊春、呼玛、海拉尔、满洲里、阿尔山、玛多、黑河、嫩江、海伦、齐齐哈尔、富锦、哈尔滨、牡丹江、大庆、安达、佳木斯、二连浩特、多伦、大柴旦、阿勒泰、那曲
	严寒 B 区	
	严寒 C 区	长春、通化、延吉、通辽、四平、抚顺、阜新、沈阳、本溪、鞍山、呼和浩特、包头、鄂尔多斯、赤峰、额济纳旗、大同、乌鲁木齐、克拉玛依、酒泉、西宁、日喀则、甘孜、康定
寒冷地区	寒冷 A 区	丹东、大连、张家口、承德、唐山、青岛、洛阳、太原、阳泉、晋城、天水、榆林、延安、宝鸡、银川、平凉、兰州、喀什、伊宁、阿坝、拉萨、林芝、北京、天津、石家庄、保定、邢台、济南、德州、兖州、郑州、安阳、徐州、运城、西安、咸阳、吐鲁番、库尔勒、哈密
	寒冷 B 区	
夏热冬冷地区	夏热冬冷 A 区	南京、蚌埠、盐城、南通、合肥、安庆、九江、武汉、黄石、岳阳、汉中、安康、上海、杭州、宁波、温州、宜昌、长沙、南昌、株洲、永州、赣州、韶关、桂林、重庆、达县、万州、涪陵、南充、宜宾、成都、遵义、凯里、绵阳、南平
	夏热冬冷 B 区	
夏热冬暖地区	夏热冬暖 A 区	福州、莆田、龙岩、梅州、兴宁、英德、河池、柳州、贺州、泉州、厦门、广州、深圳、湛江、汕头、南宁、北海、梧州、海口、三亚
	夏热冬暖 B 区	
温和地区	温和 A 区	昆明、贵阳、丽江、会泽、腾冲、保山、大理、楚雄、曲靖、泸西、屏边、广南、兴义、独山
	温和 B 区	瑞丽、耿马、临沧、澜沧、思茅、江城、蒙自

【释义与实施要点】

建筑热工设计的气候分区。

2015 年国家标准《民用建筑热工设计规范》GB 50176 完成了全面修订，将热工分区分为两个级别。

一级区划考虑 5 个热工分区的概念被广泛使用、深入人心。因此仍沿用《民用建筑热工设计规范》GB 50176—93 中严寒、寒冷、夏热冬冷、夏热冬暖、温和地区的区划方法和指标。

　　由于中国地域辽阔，每个热工一级区划的面积非常大。例如：同为严寒地区的黑龙江漠河和内蒙古额济纳旗，最冷月平均温度相差18.3℃，HDD18相差4110。对于寒冷程度差别如此大的两个地区，采用相同的设计要求显然是不合适的。因此，进行了二级分区。二级分区采用"HDD18、CDD26"做为区划指标。与一级区划指标（最冷、最热月平均温度）相比，该指标既表征了气候的寒冷和炎热的程度，也反映了寒冷和炎热持续时间的长短。采用该指标在一级区划的基础上进行细分，保证了与"大区不动"的指导思想一致；同时，该指标也与《严寒和寒冷地区居住建筑节能设计标准》JGJ 26—2010中的细化分区指标相同。

　　为了便于实际工程中的应用，本标准根据二级区划的原则，提供了典型地级市所在的二级区划。

3.1.3　建筑群的总体规划应考虑减轻热岛效应。建筑的总体规划和总平面设计应有利于自然通风和冬季日照。建筑的主朝向宜选择本地区最佳朝向或适宜朝向，且宜避开冬季主导风向。

【释义与实施要点】

　　建筑规划和朝向要求。

　　建筑的规划设计是建筑节能设计的重要内容之一，它是从分析建筑所在地区的气候条件出发，将建筑设计与建筑微气候、建筑技术和能源的有效利用相结合的一种建筑设计方法。分析建筑的总平面布置、建筑平、立、剖面形式、太阳辐射、自然通风等对建筑能耗的影响，也就是说在冬季最大限度地利用日照，多获得热量，避开主导风向，减少建筑物外表面热损失；夏季和过渡季最大限度地减少得热并利用自然能来降温冷却，以达到节能的目的。因此，建筑的节能设计应考虑日照、主导风向、自然通风、朝向等因素。

　　建筑总平面布置和设计应避免大面积围护结构外表面朝向冬季主导风向，在迎风面尽量少开门窗或其他孔洞，减少作用在围护结构外表面的冷风渗透，处理好窗口和外墙的构造型式与保温措施，避免风、雨、雪的侵袭，降低能源的消耗。尤其是严寒和寒冷地区，建筑的规划设计更应有利于日照并避开冬季主导风向。

　　夏季和过渡季强调建筑平面规划具有良好的自然风环境主要有两个目的，一是为了改善建筑室内热环境，提高热舒适标准，体现以人为本的设计思想；二是为了提高空调设备的效率。因为良好的通风和热岛强度的下降可以提高空调设备冷凝器的工作效率，有利于降低设备的运行能耗。通常设计时注重利用自然通风的布置形式，合理地确定房屋开口部分的面积与位置、门窗的装置与开启方法、通风的构造措施等，注重穿堂风的形成。

　　建筑的朝向、方位以及建筑总平面设计应综合考虑社会历史文化、地形、城市规划、道路、环境等多方面因素，权衡分析各个因素之间的得失轻重，优化建筑的规划设计，采用本地区建筑最佳朝向或适宜的朝向，尽量避免东西向日晒。

3.1.4　建筑设计应遵循被动节能措施优先的原则，充分利用天然采光、自然通风，结合围护结构保温隔热和遮阳措施，降低建筑的用能需求。

【释义与实施要点】

　　建筑设计的被动优先原则。新增条文。

建筑设计应根据场地和气候条件，在满足建筑功能和美观要求的前提下，通过优化建筑外形和内部空间布局，充分利用天然采光以减少建筑的人工照明需求，适时合理利用自然通风以消除建筑余热余湿，同时通过围护结构的保温隔热和遮阳措施减少通过围护结构形成的建筑冷热负荷，达到减少建筑用能需求的目的。

建筑物屋顶、外墙常用的隔热措施包括：

1. 浅色光滑饰面（如浅色粉刷、涂层和面砖等）；
2. 屋顶内设置贴铝箔的封闭空气间层；
3. 用含水多孔材料做屋面层；
4. 屋面遮阳；
5. 屋面有土或无土种植；
6. 东、西外墙采用花格构件或爬藤植物遮阳。

3.1.5 建筑体形宜规整紧凑，避免过多的凹凸变化。

【释义与实施要点】

建筑体形设计原则。新增条文。

合理确定建筑形状，必须考虑本地区气候条件，冬、夏季太阳辐射强度、风环境、围护结构构造等各方面的因素。应权衡利弊，兼顾不同类型的建筑造型，对严寒和寒冷地区尽可能地减少房间的外围护结构面积，使体形不要太复杂，凹凸面不要过多，避免因此造成的体形系数过大；夏热冬暖地区也可以利用建筑的凹凸变化实现建筑的自身遮阳，以达到节能的目的。但建筑物过多的凹凸变化会导致室内空间利用效率下降，造成材料和土地的浪费，所以应综合考虑。

通常控制体形系数的大小可采用以下方法：

1. 合理控制建筑面宽，采用适宜的面宽与进深比例；
2. 增加建筑层数以减小平面展开；
3. 合理控制建筑体型及立面变化。

3.1.6 建筑总平面设计及平面布置应合理确定能源设备机房的位置，缩短能源供应输送距离。同一公共建筑的冷热源机房宜位于或靠近冷热负荷中心位置集中设置。

【释义与实施要点】

建筑的平面布置要求。新增条文。

在建筑设计中合理确定冷热源和风动力机房的位置，尽可能缩短空调冷（热）水系统和风系统的输送距离是实现本标准中对空调冷（热）水系统耗电输冷（热）比（$EC(H)R$-a）、集中供暖系统耗电输热比（EHR-h）和风道系统单位风量耗功率（W_s）等要求的先决条件。

对同一公共建筑尤其是大型公建的内部，往往有多个不同的使用单位和空调区域。如果按照不同的使用单位和空调区域分散设置多个冷热源机房，虽然能在一定程度上避免或减少房地产开发商（或业主）对空调系统运行维护管理以及向用户缴纳空调用费等方面的麻烦，但是却造成了机房占地面积、土建投资以及运行维护管理人员的增加；同时，由于分散设置多个机房，各机房中空调冷热源主机等设备必须按其所在空调系统的最大冷热负荷进行选型，这势必会加大整个建筑冷热源设备和辅助设备以及变配电设施的装机容量和初投资，增加电力消耗和运行费用，给业主和国家带来不必要的经济损失。因此，本标准强调对同一公共建筑的不同使用单位和空调区域，宜集中设置一个冷热源机房（能源中心）。对于不同的用户和区域，可通过设置各自的冷热量计量装置来解决冷热费的收费问题。

集中设置冷热源机房后，可选用单台容量较大的冷热源设备。通常设备的容量越大，高能效设备的选择空间越大。对于同一建筑物内各用户区域的逐时冷热负荷曲线差异性较大，且同时使用率比较低的建筑群，采用同一集中冷热源机房，自动控制系统合理时，集中冷热源共用系统的总装机容量小于各分散机房装机容量的叠加值，可以节省设备投资和供冷、供热的设备房面积。而专业化的集中管理方式，也可以提高系统能效。因此集中设置冷热源机房具有装机容量低、综合能效高的特点。但是集中机房系统较大，如果其位置设置偏离冷热负荷中心较远，同样也可能导致输送能耗增加。因此，集中冷热源机房宜位于或靠近冷热负荷中心位置设置。

在实际工程中电线电缆的输送损耗也十分可观，因此应尽量减小高低压配电室与用电负荷中心的距离。

3.2 建 筑 设 计

3.2.1 严寒和寒冷地区公共建筑体形系数应符合表3.2.1的规定。

表3.2.1 严寒和寒冷地区公共建筑体形系数

单栋建筑面积 A（m²）	建筑体形系数
300<A≤800	≤0.50
A>800	≤0.40

【释义与实施要点】

严寒和寒冷地区建筑体形系数要求。强制性条文。

严寒和寒冷地区建筑物的体形系数是最重要的节能被动措施之一。对建筑能耗的影响较大，体形系数每增加0.01，能耗均增加2%～3%，因此需严格控制严寒和寒冷地区建筑物的体形系数，以达到节能又节材的效果。本条的主要技术要点是指单栋建筑的体形系数，并按面积分为两档。对于小于或等于300m²的单栋建筑，其体形系数不做限制。

本条根据本标准2005版强制性条文4.1.2条修改，不允许通过围护结构权衡判断的途径满足本条要求；同时为增加条文的合理性，根据实际工程情况略放宽了对体形系数的要求。

建筑体形系数是指建筑物与室外空气直接接触的外表面积与其所包围的体积的比值，外表面积中，不包括地面和不供暖楼梯间内墙的面积。建筑面积，应按各层外墙外包线围成的平面面积的总和计算。包括半地下室的面积，不包括地下室的面积。建筑体积，应按与计算建筑面积所对应的建筑物外表面和底层地面所围成的体积计算。室内地面低于室外地平面的高度超过室内净高1/2的为地下室，室内地面低于室外地平面高度超过室内净高

1/3，且不过 1/2 的为半地下室。

本条建筑面积的划分是按照建筑地上建筑面积划分的。

严寒和寒冷地区建筑体形的变化直接影响建筑供暖能耗的大小。建筑体形系数越大，单位建筑面积对应的外表面面积越大，传热损失就越大。但是，体形系数的确定还与建筑造型、平面布局、采光通风等条件相关。

随着公共建筑的建设规模不断增大，采用合理的建筑设计方案的单栋建筑面积小于 800m² 其体形系数一般不会超过 0.40。研究表明，2~4 层的低层建筑的体形系数基本在 0.40 左右，5~8 层的多层建筑体形系数在 0.30 左右，高层和超高层建筑的体形系数一般小于 0.25，实际工程中，单栋面积 300m² 以下的小规模建筑，或者形状奇特的极少数建筑有可能体形系数超过 0.50。因此根据建筑体形系数的实际分布情况，从降低建筑能耗的角度出发，对严寒和寒冷地区建筑的体形系数进行控制，制定本条文。在夏热冬冷和夏热冬暖地区，建筑体形系数对空调和供暖能耗也有一定的影响，但由于室内外的温差远不如严寒和寒冷地区大，尤其是对部分内部发热量很大的商场类建筑，还存在夜间散热问题，所以不对体形系数提出具体的要求。但也应考虑建筑体形系数对能耗的影响。

因此建筑师在确定合理的建筑形状时，必须考虑本地区的气候条件，冬、夏季太阳辐射强度、风环境、围护结构构造等多方面因素，综合考虑，兼顾不同类型的建筑造型，尽可能地减少房间的外围护结构，使体形不要太复杂，凹凸面不要过多，以达到节能的目的。

【检查要点】

应审核设计文件中节能计算书体形系数的计算过程中建筑面积、体积、外表面的计算是否符合标准的要求，计算结果是否准确、真实、可靠，数据是否符合本条的要求。

【示例】

例如严寒或寒冷地区某公共建筑的设计方案为两层，层高 3.3m，平面尺寸为 7m× 25m。这种设计方案下建筑面积为 350m²，建筑体形系数为 0.517，不符合本强制性条文的要求。应调整设计方案，如增加层高至 3.8m，其他设计均不变，则建筑体形系数为 0.497，可以满足本条要求。

3.2.2 严寒地区甲类公共建筑各单一立面窗墙面积比（包括透光幕墙）均不宜大于 0.60；其他地区甲类公共建筑各单一立面窗墙面积比（包括透光幕墙）均不宜大于 0.70。

【释义与实施要点】

建筑的窗墙面积比规定。

窗墙面积比的确定要综合考虑多方面的因素，其中最主要的是不同地区冬、夏季日照情况（日照时间长短、太阳总辐射强度、阳光入射角大小）、季风影响、室外空气温度、室内采光设计标准以及外窗开窗面积与建筑能耗等因素。一般普通窗户（包括阳台门的透光部分）的保温隔热性能比外墙差很多，窗墙面积比越大，供暖和空调能耗也越大。因此，从降低建筑能耗的角度出发，必须限制窗墙面积比。

我国幅员辽阔，南北方、东西部地区气候差异很大。窗、透光幕墙对建筑能耗高低的影响主要有两个方面，一是窗和透光幕墙的热工性能影响到冬季供暖、夏季空调室内外温差传热；二是窗和幕墙的透光材料（如玻璃）受太阳辐射影响而造成的建筑室内的得热。冬季通过窗口和透光幕墙进入室内的太阳辐射有利于建筑的节能，因此，减小窗和透光幕墙的传热系数抑制温差传热是降低窗口和透光幕墙热损失的主要途径之一；夏季通过窗口和透光幕墙进入室内的太阳辐射成为空调冷负荷，因此，减少进入室内的太阳辐射以及减小窗或透光幕墙的温差传热都是降低空调能耗的途径。由于不同纬度、不同朝向的墙面太阳辐射的变化很复杂，墙面日辐射强度和峰值出现的时间是不同的，因此，不同纬度地区窗墙面积比也有所差别。

近年来公共建筑的窗墙面积比有越来越大的趋势，这是由于人们希望公共建筑更加通透明亮，建筑立面更加美观，建筑形态更为丰富。但为防止建筑的窗墙面积比过大，本条规定要求严寒地区各单一立面窗墙面积比均不宜超过 0.60，其他地区的各单一立面窗墙面积比均不宜超过 0.70。

与非透光的外墙相比，在可接受的造价范围内，透光幕墙的热工性能要差很多。因此，不宜提倡在建筑立面上大面积应用玻璃（或其他透光材料）幕墙。如果希望建筑的立面有玻璃的质感，可使用非透光的玻璃幕墙，即玻璃的后面仍然是保温隔热材料和普通墙体。

3.2.3 单一立面窗墙面积比的计算应符合下列规定：

　1　凸凹立面朝向应按其所在立面的朝向计算；

　2　楼梯间和电梯间的外墙和外窗均应参与计算；

　3　外凸窗的顶部、底部和侧墙的面积不应计入外墙面积；

　4　当外墙上的外窗、顶部和侧面为不透光构造的凸窗时，窗面积应按窗洞口面积计算；当凸窗顶部和侧面透光时，外凸窗面积应按透光部分实际面积计算。

【释义与实施要点】

建筑单一立面窗墙面积比的计算规定。新增条文。

公共建筑形态比较复杂，因此，在确定公共建筑外墙不同朝向的窗墙面积比时，外立面的数量不仅仅只有东南西北四个立面，这里所讲的"单一立面窗墙面积比"是指建筑在某个朝向几个外立面中的某一个，即，用建筑某一个立面的窗户洞口面积与该立面的总面积之比，来定义建筑的窗墙面积比。

本标准中窗墙面积比按单一立面窗墙面积进行计算的，避免了各个朝向总的窗墙面积比计算时过于复杂。

1. 在某一建筑立面出现凸凹时，计算窗墙面积比，其外墙总面积计算相当于把凸凹的面积拉伸进行计算，即在单一立面（某一立面）凸凹的面积＋非凸凹的外墙面。同理单一立面窗洞口面积等于凸凹面上窗的面积＋非凸凹的外墙上窗洞口的总面积。即：

$$单一立面窗墙面积比 = \frac{凸凹面上窗洞口的总面积＋非凸凹的外墙上窗洞口的总面积}{单一立面凸凹墙的面积＋非凸凹的外墙面}$$

2. 公共建筑楼梯间和电梯间与建筑其他功能区在供暖空洞上并非空间完全独立，楼梯间和电梯间的建筑热环境与建筑其他功能区会相互影响，所以，楼梯间和电梯间的外墙和外窗均应参与计算；

3. 建筑某一个立面的窗墙面积比是按窗户洞口面积进行计算的，所以，外凸窗的顶部、底部和侧墙的面积不应计入外墙面积。

4. 当外墙上的外窗、顶部和侧面为透光构造的凸窗时，相当于增加了外窗透明部分的面积，因此，外凸窗面积应按透光部分实际面积计算。

在设计施工图中应按照建筑每个单个立面给出窗墙面积比和建筑每个单个立面的建筑外窗尺寸表和外窗数量。应审核设计施工图纸的建筑每个单个立面给出窗墙面积比和建筑每个单个立面的建筑外窗尺寸表和外窗数量。

3.2.4　甲类公共建筑单一立面窗墙面积比小于 0.40 时，透光材料的可见光透射比不应小于 0.60；甲类公共建筑单一立面窗墙面积比大于等于 0.40 时，透光材料的可见光透射比不应小于 0.40。

【释义与实施要点】

可见光透射比的规定。

玻璃或其他透光材料的可见光透射比直接影响到天然采光的效果和人工照明的能耗，因此，从节约能源的角度，除非一些特殊建筑要求隐蔽性或单向透射以外，任何情况下都不应采用可见光透射比过低的玻璃或其他透光材料。目前，中等透光率以上的中空玻璃大多数可见光透射比都可达到 0.4 以上，见表 2-3-1。

中空玻璃可见光透射比　　　　　　　　　　　　　　表 2-3-1

玻璃品种		可见光透射比	太阳光总透射比	遮阳系数	传热系数
中空玻璃	6 透明＋12 空气＋6 透明	0.71	0.75	0.86	2.8
	6 绿色吸热＋12 空气＋6 透明	0.66	0.47	0.54	2.8
	6 灰色吸热＋12 空气＋6 透明	0.38	0.45	0.51	2.8
	6 中等透光热反射＋12 空气＋6 透明	0.28	0.29	0.34	2.4
	6 低透光热反射＋12 空气＋6 透明	0.16	0.16	0.18	2.3
	6 高透光 Low-E＋12 空气＋6 透明	0.72	0.47	0.62	1.9
	6 中透光 Low-E＋12 空气＋6 透明	0.62	0.37	0.50	1.8
	6 较低透光 Low-E＋12 空气＋6 透明	0.48	0.28	0.38	1.8
	6 低透光 Low-E＋12 空气＋6 透明	0.35	0.20	0.30	1.8
	6 高透光 Low-E＋12 氩气＋6 透明	0.72	0.47	0.62	1.5
	6 中透光 Low-E＋12 氩气＋6 透明	0.62	0.37	0.50	1.4

该表选自 JGJ/T 151—2008 续表 C.0.1

根据国内一些主流生产玻璃的厂家公布的最新建筑用低辐射镀膜隔热玻璃的光学参数中，无论传热系数、太阳得热系数的高低，无论单银、双银还是三银镀膜玻璃的可见光透光率均可以保持在 45％～85％，因此，不论在哪个气候区，都可以选择到所需光学性能的玻璃品种，见表 2-3-2。

离线高性能可钢化低辐射镀膜玻璃光学参数　　　　　　表 2-3-2

| 镀膜种类 | 产品组合 | 镀膜面 | 标准厚度 | 可见光参数（%） | | | 热能参数（%） | | | 遮阳系数 | | U 值 | |
				透光率	外反射率	内反射率	透过率	外反射率	内反射率	EN	ISO	空气	氩气
PLANITHERM 1.3T	4-16-4	2	24	77	12	12	54	19	21	0.68	0.65	1.54	1.30
		3	24	77	11	12	54	21	19	0.76	0.72	1.55	1.30
	6-9-6	2	21	75	11	11	50	17	19	0.66	0.62	2.06	1.67
		3	21	75	11	12	47	20	19	0.72	0.69	2.06	1.67
	6-12-6	2	24	75	11	11	50	17	19	0.65	0.62	1.77	1.43
		3	24	75	11	12	50	19	17	0.72	0.69	1.77	1.43
PLANITHERM 1.16 II	4-16-4	2	24	80	12	12	53	23	23	0.66	0.63	1.43	1.16
		3	24	80	12	12	53	23	23	0.73	0.70	1.43	1.16
	6-9-6	2	21	78	12	12	49	21	21	0.64	0.61	1.98	1.56
		3	21	78	12	12	50	21	21	0.70	0.66	1.98	1.56
	6-12-6	2	24	78	12	12	49	21	21	0.64	0.61	1.67	1.30
		3	24	78	12	12	49	21	21	0.70	0.67	1.67	1.30

因此，本标准要求建筑在白昼更多利用自然光，当窗墙面积比较大时，透光围护结构的可见光透射比不应小于0.4，当窗墙面积比较小时，不应小于0.6。

3.2.5 夏热冬暖、夏热冬冷、温和地区的建筑各朝向外窗（包括透光幕墙）均应采取遮阳措施；寒冷地区的建筑宜采取遮阳措施。当设置外遮阳时应符合下列规定：

1 东西向宜设置活动外遮阳，南向宜设置水平外遮阳；

2 建筑外遮阳装置应兼顾通风及冬季日照。

【释义与实施要点】

遮阳措施的规定。

对本条所涉及的建筑，通过外窗透光部分进入室内的热量是造成夏季室温过热使空调能耗上升的主要原因，因此，为了节约能源，应对窗口和透光幕墙采取遮阳措施。

遮阳设计应根据地区的气候特点、房间的使用要求以及窗口所在朝向。遮阳设施遮挡太阳辐射热量的效果除取决于遮阳形式外，还与遮阳设施的构造、安装位置、材料与颜色等因素有关。遮阳装置可以设置成永久性或临时性。永久性遮阳装置包括在窗口设置各种形式的遮阳板等；临时性的遮阳装置包括在窗口设置轻便的窗帘、各种金属或塑料百叶等。永久性遮阳设施可分为固定式和活动式两种。活动式的遮阳设施可根据一年中季节的变化，一天中时间的变化和天空的阴暗情况，调节遮阳板的角度。遮阳措施也可以采用各种热反射玻璃和镀膜玻璃、阳光控制膜、低发射率膜玻璃等。

夏热冬暖、夏热冬冷、温和地区的建筑以及寒冷地区冷负荷大的建筑，由于窗和透光幕墙的太阳辐射得热，夏季增大了冷负荷，冬季则减小了热负荷，因此遮阳措施应根据负荷特性确定。

一般来说，公共建筑的窗墙面积比较大，对建筑能耗的影响很大。大量的调查和测试表明，在夏热冬暖、夏热冬冷、温和地区的建筑，通过外窗（包括透光幕墙）的传热量占整个建筑传热量的比例很大，而在通过外窗（包括透光幕墙）的传热量中，主要是太阳辐射得热，温差传热部分很小。特别是南方夏季时水平面太阳辐射强度可达 $1000W/m^2$ 以上，当阳光直射室内时，将严重影响室内热环境，增加建筑空调能耗。因此，太阳辐射通过外窗（包括透光幕墙）进入室内的热量是造成夏季室内过热的主要原因，减少辐射传热是公共建筑节能中的重要手段，应采用适当的遮阳措施。寒冷地区虽然太阳辐射相对来说较小一些，但影响也较大，所以提倡采用遮阳措施。

本条对严寒地区未提出遮阳要求。在严寒地区，阳光充分进入室内，有利于降低冬季供暖能耗。这一地区供暖能耗在全年建筑总能耗中占主导地位，如果遮阳设施阻挡了冬季阳光进入室内，对自然能源的利用和节能是不利的。因此，固定的遮阳措施一般不适用于严寒地区。

在设计外遮阳时，应根据地区的气候特点、日照规律、建筑要求及采光部位的朝向等进行综合考虑。夏季不同朝向墙面辐射日变化很复杂，不同朝向墙面日辐射强度和峰值出现的时间不同，因此，应选择不同的外遮阳方式。由于东西向的太阳高度角和方位角变化较大，宜设置活动外遮阳或综合遮阳，南向时太阳高度角一般较大，故宜设置水平外遮阳。

一般而言，外遮阳效果比较好，有条件的建筑应提倡活动外遮阳。

夏季外窗遮阳在遮挡阳光直接进入室内的同时，可能也会阻碍窗口的通风，设计时要加以注意。

3.2.6 建筑立面朝向的划分应符合下列规定：
1 北向为北偏西 60°至北偏东 60°；
2 南向为南偏西 30°至南偏东 30°；
3 西向为西偏北 30°至西偏南 60°（包括西偏北 30°和西偏南 60°）；
4 东向为东偏北 30°至东偏南 60°（包括东偏北 30°和东偏南 60°）。
【释义与实施要点】
建筑立面朝向的划分。新增条文。

确定各立面朝向的范围，便于设计时确定围护结构热工参数。提高标准执行的可操作性。与现行行业标准《严寒和寒冷地区居住建筑节能设计标准》JGJ 26—2010 协调一致。

3.2.7 甲类公共建筑的屋顶透光部分面积不应大于屋顶总面积的 20%。当不能满足本条的规定时，必须按本标准规定的方法进行权衡判断。
【释义与实施要点】
甲类公共建筑屋顶透光部分的规定。强制性条文。

本条根据本标准 2005 版强制性条文 4.2.6 条修改，为增加条文合理性将实施对象缩小为甲类建筑。

夏季屋顶水平面太阳辐射强度最大，屋顶的透光面积越大，相应建筑的能耗也越大，因此对屋顶透明部分的面积和热工性能应予以严格的限制。

由于公共建筑形式的多样化和建筑功能的需要，许多公共建筑设计有室内中庭，希望在建筑的内区有一个通透明亮，具有良好的微气候及人工生态环境的公共空间。但从目前已经建成的工程来看，大量的建筑中庭的热环境不理想且能耗很大，主要原因是由于夏季太阳照射的角度较高，对于水平式接近水平面的透光天窗的热辐射强度比接近垂直面的透光窗要大很多，使传热损失和太阳辐射得热过大，空调能耗加大。对夏热冬暖地区某公共建筑中庭进行测试后的结果显示，中庭四层内走廊气温达到40℃以上，平均热舒适值 $PMV \geqslant 2.63$，即使采用空调室内也无法达到人们所要求的舒适温度。

因此，对于需要视觉、采光效果而加大屋顶透光面积的甲类公共建筑，规定了屋顶透光面积不应大于屋顶总面积的20%，并使其传热系数 K 和得热系数 $SHGC$ 均能符合标准3.3条的规定。如果所设计的建筑满足不了规定性指标的要求，突破了限值，则必须按本标准第3.4节的规定对该建筑进行权衡判断。权衡判断时，参照建筑的屋顶透光部分面积应符合本条的规定，即缩小至屋顶总面积的20%。

透光部分面积是指实际透光面积，不含窗框面积，应通过计算确定。

屋顶总面积是指单栋建筑各层屋面的总面积，是裙房加楼层屋面的总面积。屋顶透光面积是指所有屋顶透光天窗面积的总和，坡屋面按坡度45°计算，与水平夹角大于45°的按垂直透光窗计算，小于45°的按屋面透光窗计算，屋面总面积和屋面透光窗面积，均按展开面积计算。

在设计中，可采用透光的低辐射镀膜玻璃或红外线屏蔽玻璃，且设置可调节的外遮阳设施可很好的达到节约空调能耗的结果。

设计单位在设计时，应对建筑屋顶的透光部分面积进行计算，透光面积是指实际透光面积，不含窗框面积。应确定是否满足屋顶透光部分面积不应大于屋顶总面积的20%并提供计算文件。当透光部分面积不能满足要求时，应在图纸中明确注明，并应进行权衡判断。进行权衡判断时，参照建筑的形状、大小、朝向、窗墙面积比、内部的空间划分和使用功能应与设计建筑完全一致。当设计建筑的屋顶透光部分的面积大于20%时，参照建筑的屋顶透光部分的面积应按比例缩小到20%。

【检查要点】

应以设计文件或计算书作为判定依据。

应审核设计文件中节能计算书中屋面总面积、采光天窗总面积的计算结果的真实、准确、数据是否符合小于等于20%的要求。如果超过了限值，应审核是否进行了权衡判断，参照建筑的采光天窗面积是否已缩小至20%的面积，权衡判断的结果应按3.4节的要求检查，权衡判断计算应按本标准附录B的规定进行，并应按本标准附录C提供相应的原始信息和计算结果。

3.2.8 单一立面外窗（包括透光幕墙）的有效通风换气面积应符合下列规定：

1 甲类公共建筑外窗（包括透光幕墙）应设可开启窗扇，其有效通风换气面积不宜小于所在房间外墙面积的10%；当透光幕墙受条件限制无法设置可开启窗扇时，应设置通风换气装置。

2 乙类公共建筑外窗有效通风换气面积不宜小于窗面积的30%。

【释义与实施要点】

外窗可开启面积的规定。

公共建筑一般室内人员密度比较大，建筑室内空气流动，特别是自然、新鲜空气的流动，是保证建筑室内空气质量符合国家有关标准的关键。无论在北方地区还是在南方地区，在春、秋季节和冬、夏季的某些时段普遍有开窗加强房间通风的习惯，这也是节能和提高室内热舒适性的重要手段。外窗的可开启面积过小会严重影响建筑室内的自然通风效果，本条规定是为了使室内人员在较好的室外气象条件下，可以通过开启外窗通风来获得热舒适性和良好的室内空气品质。

近来有些建筑为了追求外窗的视觉效果和建筑立面的设计风格，外窗的可开启率有逐渐下降的趋势，有的甚至使外窗完全封闭，导致房间自然通风不足，不利于室内空气流通和散热，不利于节能。现行国家标准《民用建筑设计通则》GB 50352 中规定：采用直接自然通风的房间，其生活、工作的房间的通风开口有效面积不应小于该房间地板面积的1/20。这是民用建筑通风开口面积需要满足的最低规定。通过对我国南方地区建筑实测调查与计算机模拟表明：当室外干球温度不高于28℃，相对湿度80%以下，室外风速在1.5m/s左右时，如果外窗的有效开启面积不小于所在房间地面面积的8%，室内大部分区域基本能达到热舒适性水平；而当室内通风不畅或关闭外窗，室内干球温度26℃，相对湿度80%左右时，室内人员仍然感到有些闷热。人们曾对夏热冬暖地区典型城市的气象数据进行分析，从5月到10月，室外平均温度不高于28℃的天数占每月总天数，有的地区高达60%～70%，最热月也能达到10%左右，对应时间段的室外风速大多能达到1.5m/s左右。所以做好自然通风气流组织设计，保证一定的外窗可开启面积，可以减少房间空调设备的运行时间，节约能源，提高舒适性。

甲类公共建筑大多内区较大，且设计时各层房间分隔情况并不明确，因此以房间地板面积为基数规定通风开口面积会出现无法执行的情况；而以外区房间地板面积计算，会造成通风开口面积过小，不利于节能。2005版标准中以窗面积作为基数，取决于该立面的窗墙比，开窗面积并不能得到有效保证。因此本次修订改进为以外墙面积作为通风换气面积的计算基数。以平层40m×40m的高层办公建筑为例，有效使用面积按67%计，即为1072m²，有效通风面积为该层地板面积5%时，相当于外墙面积的9.3%；有效通风面积为该层地板面积的8%时，相当于外墙面积的15%。考虑到对于甲类建筑，过大的有效通风换气面积会给建筑设计带来较大难度，因此取较低值，开启有效通风面积不小于外墙面积的10%，对于100m以下的建筑设计均可做到。当条件允许时应适当增加有效通风开口面积。

自然通风作为节能手段在体量较小的乙类建筑中能发挥更大作用，因此推荐较高值。以房间面积为6m（开间）×8m（进深），层高为3.6m的公共建筑为例，有效通风面积为房间地板面积的8%时，相当于外墙面积的17%。以窗墙比0.5计，为外窗面积的34%；以窗墙比0.6计，为外窗面积的28%。

需要强调的是，和2005版标准相比，本次修订规定的是"有效通风换气面积"而不是原来针对的"外窗可开启面积"。有效通风换气面积的计算方法见本标准第3.2.9条。

3.2.9 外窗（包括透光幕墙）的有效通风换气面积应为开启扇面积和窗开启后的空气流通界面面积的较小值。

【释义与实施要点】

外窗有效通风换气面积的确定。新增条文。

目前 7 层以下建筑窗户多为内外平开、内悬内平开及推拉窗形式；高层建筑窗户则多为内悬内平开或推拉扇开启；高层建筑的玻璃幕墙开启扇大多为外上悬开启扇，目前也有极少数外平推扇开启方式。

对于推拉窗，开启扇有效通风换气面积是窗面积的 50%；

对于平开窗（内外），开启扇有效通风换气面积是窗面积的 100%；

内悬窗和外悬窗开启扇有效通风换气面积具体分析如下。

根据现行行业标准《玻璃幕墙工程技术规范》JGJ 102 的要求："幕墙开启窗的设置，应满足使用功能和立面效果要求，并应启闭方便，避免设置在梁、柱、隔墙等位置。开启扇的开启角度不宜大于 30°，开启距离不宜大于 300mm。"这主要是出于安全考虑。

以扇宽 1000mm，高度分别为 500mm、800mm、1000mm、1200mm、1500mm、1800mm、2000mm、2500mm 的外上悬扇计算空气流通界面面积，如表 2-3-3。不同开窗角度下有效通风面积见图 2-3-1。

悬扇的有效通风面积计算　　　　　　　　　　　　　　　　　表 2-3-3

开启扇面积 （m²）	扇高（mm）	15°开启角度		30°开启角度	
		空气界面（m²）	下缘框扇间距（mm）	空气界面（m²）	下缘框扇间距（mm）
0.5	500	0.19	130	0.38	260
0.8	800	0.37	200	0.73	400
1.0	1000	0.52	260	1.03	520
1.2	1200	0.67	311	1.34	622
1.5	1500	0.95	388	1.90	776
1.8	1800	1.28	466	2.55	932
2.0	2000	1.53	520	3.05	1040
2.5	2500	2.21	647	4.41	1294

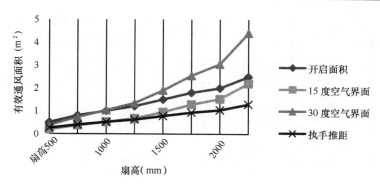

图 2-3-1　不同开窗角度下有效通风面积

由表 2-3-3 中可以看出，开启距离不大于 300mm 时，"有效通风换气面积"小于开启扇面积，仅为窗面积的 19%～67%。

当幕墙、外窗开启时，空气将经过两个"洞口"，一个是开启扇本身的固定洞口，一个是开启后的空气界面洞口。因此决定空气流量的是较小的洞口。如果以开启扇本身的固定洞口作为有效通风换气面积进行设计,将会导致实际换气量不足,这也是目前市场反映通风量不够的主要原因。另一方面,内开悬窗开启角度更小,约 15°左右,换气量更小。

3.2.10 严寒地区建筑的外门应设置门斗;寒冷地区建筑面向冬季主导风向的外门应设置门斗或双层外门,其他外门宜设置门斗或应采取其他减少冷风渗透的措施;夏热冬冷、夏热冬暖和温和地区建筑的外门应采取保温隔热措施。

【释义与实施要点】

外门的保温隔热要求。公共建筑的性质决定了它的外门开启频繁。在严寒和寒冷地区的冬季,外门的频繁开启造成室外冷空气大量进入室内,导致供暖能耗增加。设置门斗可以避免冷风直接进入室内,在节能的同时,也提高了门厅的热舒适性。除了严寒和寒冷地区之外,其他气候区也存在类似的现象,因此也应该采取各种可行的节能措施。

3.2.11 建筑中庭应充分利用自然通风降温,可设置机械排风装置加强自然补风。

【释义与实施要点】

建筑中庭的通风要求。建筑中庭空间高大,在炎热的夏季,太阳辐射将会使中庭内温度过高,大大增加建筑物的空调能耗。自然通风是改善建筑热环境,节约空调能耗最为简单、经济、有效的技术措施。采用自然通风能提供新鲜、清洁的自然空气(新风),降低中庭内过高的空气温度,减少中庭空调的负荷,从而节约能源。而且中庭通风改善了中庭热环境,提高了建筑中庭的舒适度,所以中庭通风应充分考虑自然通风,必要时设置机械排风。

由于自然风的不稳定性,或受周围高大建筑或植被的影响,许多情况下在建筑周围无法形成足够的风压,这时就需要利用热压原理来加强自然通风。它是利用建筑中庭高大空间内部的热压,即平常所讲的"烟囱效应",使热空气上升,从建筑上部风口排出,室外新鲜的冷空气从建筑底部被吸入。室内外空气温度差越大,进排风口高度差越大,则热压作用越强。

利用风压和热压来进行自然通风往往是互为补充,密不可分的。但是,热压和风压综合作用下的自然通风非常复杂,一般来说,建筑进深小的部位多利用风压来直接通风,进深较大的部位多利用热压来达到通风的效果。风的垂直分布特性使得高层建筑比较容易实现自然通风。但对于高层建筑来说,焦点问题往往会转变为建筑内部(如中庭、内天井)及周围区域的风速是否会过大或造成紊流,新建高层建筑对于周围风环境特别是步行区域有什么影响。在公共建筑中利用风压和热压来进行自然通风的实例是非常多的,它利用中庭的高大空间,外围护结构为双层通风玻璃幕墙,在内部的热压和外表面太阳辐射作用下,即平常所讲的"烟囱效应"热空气上升,形成良好的自然通风。

对于一些大型体育馆、展览馆、商业设施等,由于通风路径(或管道)较长,流动阻力较大,单纯依靠自然的风压,热压往往不足以实现自然通风。而对于空气和噪声污染比较严重的大城市,直接自然通风会将室外污浊的空气和噪声带入室内,不利于人体健康,在上述情况下,常采用机械辅助式自然通风系统,如利用土壤预冷、预热、深井水换热等,此类系统有一套完整的空气循环通道,并借助一定的机械方式来加速室内通风。

由于建筑朝向、形式等条件的不同,建筑通风的设计参数及结果会大相径庭;周边建筑或植被会改变风速、风向；建筑的女儿墙，挑檐，屋顶坡度等也会影响建筑围护结构表面的气流。因此建筑中庭通风设计必须具体问题具体分析，并且与建筑设计同步进行（而不是等到建筑设计完成之后再做通风设计）。

因此，对于建筑中庭空间高大，一般应考虑在中庭上部的侧面开一些窗口或其他形式的通风口，充分利用自然通风，达到降低中庭温度的目的。必要时，应考虑在中庭上部的侧面设置排风机加强通风，改善中庭热环境。尤其在室外空气的焓值小于建筑室内空气的焓值时，自然通风或机械排风能有效地带走中庭内的散热量和散湿量，改善室内热环境，节约建筑能耗。

3.2.12 建筑设计应充分利用天然采光。天然采光不能满足照明要求的场所，宜采用导光、反光等装置将自然光引入室内。

【释义与实施要点】

优先利用天然采光的规定。新增条文。

从节能的角度应优先利用建筑设计实现天然采光。当利用建筑设计实现的天然采光不能满足照明要求时，应根据工程的地理位置、日照情况进行经济、技术比较，合理的选择导光或反光装置。可采用主动式或被动式导光系统。主动式导光系统采光部分实时跟踪太阳，以获得更好的采光效果，该系统效率较高，但机械、控制较复杂，造价较高。被动式导光系统采光部分固定不动，其系统效率不如主动式系统高，但结构、控制较简单，造价低廉。自然光导光、反光系统只能用于一般照明的补充，不可用于应急照明。当采用天然光导光、反光系统时，宜采用照明控制系统对人工照明进行自动控制，有条件时可采用智能照明控制系统对人工照明进行调光控制。

3.2.13 人员长期停留房间的内表面可见光反射比宜符合表 3.2.13 的规定。

表 3.2.13 人员长期停留房间的内表面可见光反射比

房间内表面位置	可见光反射比
顶棚	0.7～0.9
墙面	0.5～0.8
地面	0.3～0.5

【释义与实施要点】

重要区域的房间内表面反射比规定。新增条文。

房间内表面反射比高，对照度的提高有明显作用。可参照国家标准《建筑采光设计标准》GB 50033 的相关规定执行。同样的灯具，在房间内表面反射比不同时，照度数值差距非常大。在精装修设计时，应充分考虑这一因素对照度的影响。

3.2.14 电梯应具备节能运行功能。两台及以上电梯集中排列时，应设置群控措施。电梯应具备无外部召唤且轿厢内一段时间无预置指令时，自动转为节能运行模式的功能。

【释义与实施要点】

电梯节能运行的功能要求。新增条文。

设置群控功能，可以最大限度地减少等候时间，减少电梯运行次数，提高电梯的利用率。

轿厢内一段时间无预置指令时，电梯自动转为节能方式主要是关闭部分轿厢照明。高速电梯可考虑采用能量再生电梯。目前这种具有功能的电梯不少，在电梯设计选型时，宜选用采用高效电机或具有能量回收功能的节能型电梯。

3.2.15 自动扶梯、自动人行步道应具备空载时暂停或低速运转的功能。

【释义与实施要点】

自动扶梯、自动人行步道节能运行的功能要求。新增条文。

自动扶梯、自动人行步道根据使用环境不同，使用率差别较大，若不具备空载时暂停或低速运转的功能，电机将长时间运行，会耗费大量电能。

3.3 围护结构热工设计

3.3.1 根据建筑热工设计的气候分区，甲类公共建筑的围护结构热工性能应分别符合表 **3.3.1-1～表 3.3.1-6** 的规定。当不能满足本条的规定时，必须按本标准规定的方法进行权衡判断。

表 3.3.1-1 严寒 A、B 区甲类公共建筑围护结构热工性能限值

围护结构部位		体形系数≤0.30	0.30<体形系数≤0.50
		传热系数 K［W/(m²·K)］	
屋面		≤0.28	≤0.25
外墙(包括非透光幕墙)		≤0.38	≤0.35
底面接触室外空气的架空或外挑楼板		≤0.38	≤0.35
地下车库与供暖房间之间的楼板		≤0.50	≤0.50
非供暖楼梯间与供暖房间之间的隔墙		≤1.2	≤1.2
单一立面外窗 (包括透光幕墙)	窗墙面积比≤0.20	≤2.7	≤2.5
	0.20<窗墙面积比≤0.30	≤2.5	≤2.3
	0.30<窗墙面积比≤0.40	≤2.2	≤2.0
	0.40<窗墙面积比≤0.50	≤1.9	≤1.7
	0.50<窗墙面积比≤0.60	≤1.6	≤1.4
	0.60<窗墙面积比≤0.70	≤1.5	≤1.4
	0.70<窗墙面积比≤0.80	≤1.4	≤1.3
	窗墙面积比>0.80	≤1.3	≤1.2
屋顶透光部分(屋顶透光部分面积≤20%)		≤2.2	
围护结构部位		保温材料层热阻 R［(m²·K)/W］	
周边地面		≥1.1	
供暖地下室与土壤接触的外墙		≥1.1	
变形缝(两侧墙内保温时)		≥1.2	

表 3.3.1-2 严寒 C 区甲类公共建筑围护结构热工性能限值

围护结构部位		体形系数≤0.30	0.30<体形系数≤0.50
		传热系数 K [W/(m²·K)]	
屋面		≤0.35	≤0.28
外墙(包括非透光幕墙)		≤0.43	≤0.38
底面接触室外空气的架空或外挑楼板		≤0.43	≤0.38
地下车库与供暖房间之间的楼板		≤0.70	≤0.70
非供暖楼梯间与供暖房间之间的隔墙		≤1.5	≤1.5
单一立面外窗(包括透光幕墙)	窗墙面积比≤0.20	≤2.9	≤2.7
	0.20<窗墙面积比≤0.30	≤2.6	≤2.4
	0.30<窗墙面积比≤0.40	≤2.3	≤2.1
	0.40<窗墙面积比≤0.50	≤2.0	≤1.7
	0.50<窗墙面积比≤0.60	≤1.7	≤1.5
	0.60<窗墙面积比≤0.70	≤1.7	≤1.5
	0.70<窗墙面积比≤0.80	≤1.5	≤1.4
	窗墙面积比>0.80	≤1.4	≤1.3
屋顶透光部分(屋顶透光部分面积≤20%)		≤2.3	
围护结构部位		保温材料层热阻 R [(m²·K)/W]	
周边地面		≥1.1	
供暖地下室与土壤接触的外墙		≥1.1	
变形缝(两侧墙内保温时)		≥1.2	

表 3.3.1-3 寒冷地区甲类公共建筑围护结构热工性能限值

围护结构部位		体形系数≤0.30		0.30<体形系数≤0.50	
		传热系数 K [W/(m²·K)]	太阳得热系数 SHGC(东、南、西向/北向)	传热系数 K [W/(m²·K)]	太阳得热系数 SHGC(东、南、西向/北向)
屋面		≤0.45	—	≤0.40	—
外墙(包括非透光幕墙)		≤0.50	—	≤0.45	—
底面接触室外空气的架空或外挑楼板		≤0.50	—	≤0.45	—
地下车库与供暖房间之间的楼板		≤1.0	—	≤1.0	—
非供暖楼梯间与供暖房间之间的隔墙		≤1.5	—	≤1.5	—
单一立面外窗(包括透光幕墙)	窗墙面积比≤0.20	≤3.0	—	≤2.8	—
	0.20<窗墙面积比≤0.30	≤2.7	≤0.52/—	≤2.5	≤0.52/—
	0.30<窗墙面积比≤0.40	≤2.4	≤0.48/—	≤2.2	≤0.48/—
	0.40<窗墙面积比≤0.50	≤2.2	≤0.43/—	≤1.9	≤0.43/—
	0.50<窗墙面积比≤0.60	≤2.0	≤0.40/—	≤1.7	≤0.40/—
	0.60<窗墙面积比≤0.70	≤1.9	≤0.35/0.60	≤1.7	≤0.35/0.60
	0.70<窗墙面积比≤0.80	≤1.6	≤0.35/0.52	≤1.5	≤0.35/0.52
	窗墙面积比>0.80	≤1.5	≤0.30/0.52	≤1.4	≤0.30/0.52

续表

围护结构部位	体形系数≤0.30		0.30<体形系数≤0.50	
	传热系数 K [W/(m²·K)]	太阳得热系数 SHGC (东、南、西向/北向)	传热系数 K [W/(m²·K)]	太阳得热系数 SHGC (东、南、西向/北向)
屋顶透光部分(屋顶透光部分面积≤20%)	≤2.4	≤0.44	≤2.4	≤0.35
围护结构部位	保温材料层热阻 R [(m²·K)/W]			
周边地面	≥0.60			
供暖、空调地下室外墙(与土壤接触的墙)	≥0.60			
变形缝(两侧墙内保温时)	≥0.90			

表 3.3.1-4　夏热冬冷地区甲类公共建筑围护结构热工性能限值

围护结构部位		传热系数 K [W/(m²·K)]	太阳得热系数 SHGC (东、南、西向/北向)
屋面	围护结构热惰性指标 D≤2.5	≤0.40	—
	围护结构热惰性指标 D>2.5	≤0.50	
外墙(包括非透光幕墙)	围护结构热惰性指标 D≤2.5	≤0.60	—
	围护结构热惰性指标 D>2.5	≤0.80	
底面接触室外空气的架空或外挑楼板		≤0.70	—
单一立面外窗 (包括透光幕墙)	窗墙面积比≤0.20	≤3.5	—
	0.20<窗墙面积比≤0.30	≤3.0	≤0.44/0.48
	0.30<窗墙面积比≤0.40	≤2.6	≤0.40/0.44
	0.40<窗墙面积比≤0.50	≤2.4	≤0.35/0.40
	0.50<窗墙面积比≤0.60	≤2.2	≤0.35/0.40
	0.60<窗墙面积比≤0.70	≤2.2	≤0.30/0.35
	0.70<窗墙面积比≤0.80	≤2.0	≤0.26/0.35
	窗墙面积比>0.80	≤1.8	≤0.24/0.30
屋顶透明部分(屋顶透明部分面积≤20%)		≤2.6	≤0.30

表 3.3.1-5　夏热冬暖地区甲类公共建筑围护结构热工性能限值

围护结构部位		传热系数 K [W/(m²·K)]	太阳得热系数 SHGC (东、南、西向/北向)
屋面	围护结构热惰性指标 D≤2.5	≤0.50	—
	围护结构热惰性指标 D>2.5	≤0.80	
外墙(包括非透光幕墙)	围护结构热惰性指标 D≤2.5	≤0.80	—
	围护结构热惰性指标 D>2.5	≤1.5	
底面接触室外空气的架空或外挑楼板		≤1.5	—

围护结构部位		传热系数 K [W/(m²·K)]	太阳得热系数 SHGC (东、南、西向/北向)
单一立面外窗 (包括透光幕墙)	窗墙面积比≤0.20	≤5.2	≤0.52/—
	0.20<窗墙面积比≤0.30	≤4.0	≤0.44/0.52
	0.30<窗墙面积比≤0.40	≤3.0	≤0.35/0.44
	0.40<窗墙面积比≤0.50	≤2.7	≤0.35/0.40
	0.50<窗墙面积比≤0.60	≤2.5	≤0.26/0.35
	0.60<窗墙面积比≤0.70	≤2.5	≤0.24/0.30
	0.70<窗墙面积比≤0.80	≤2.5	≤0.22/0.26
	窗墙面积比>0.80	≤2.0	≤0.18/0.26
屋顶透光部分(屋顶透光部分面积≤20%)		≤3.0	≤0.30

表 3.3.1-6　温和地区甲类公共建筑围护结构热工性能限值

围护结构部位		传热系数 K [W/(m²·K)]	太阳得热系数 SHGC (东、南、西向/北向)
屋面	围护结构热惰性指标 D≤2.5	≤0.50	—
	围护结构热惰性指标 D>2.5	≤0.80	
外墙(包括非透光幕墙)	围护结构热惰性指标 D≤2.5	≤0.80	—
	围护结构热惰性指标 D>2.5	≤1.5	
单一立面外窗 (包括透光幕墙)	窗墙面积比≤0.20	≤5.2	—
	0.20<窗墙面积比≤0.30	≤4.0	≤0.44/0.48
	0.30<窗墙面积比≤0.40	≤3.0	≤0.40/0.44
	0.40<窗墙面积比≤0.50	≤2.7	≤0.35/0.40
	0.50<窗墙面积比≤0.60	≤2.5	≤0.35/0.40
	0.60<窗墙面积比≤0.70	≤2.5	≤0.30/0.35
	0.70<窗墙面积比≤0.80	≤2.5	≤0.26/0.35
	窗墙面积比>0.80	≤2.0	≤0.24/0.30
屋顶透光部分(屋顶透光部分面积≤20%)		≤3.0	≤0.30

注：传热系数 K 只适用于温和 A 区，温和 B 区的传热系数 K 不作要求。

3.3.2　乙类公共建筑的围护结构热工性能应符合表 3.3.2-1 和表 3.3.2-2 的规定。

表 3.3.2-1　乙类公共建筑屋面、外墙、楼板热工性能限值

围护结构部位	传热系数 K [W/(m²·K)]				
	严寒 A、B 区	严寒 C 区	寒冷地区	夏热冬冷地区	夏热冬暖地区
屋面	≤0.35	≤0.45	≤0.55	≤0.70	≤0.90
外墙(包括非透光幕墙)	≤0.45	≤0.50	≤0.60	≤1.0	≤1.5
底面接触室外空气 的架空或外挑楼板	≤0.45	≤0.50	≤0.60	≤1.0	—
地下车库和供暖房 间之间的楼板	≤0.50	≤0.70	≤1.0	—	—

表 3.3.2-2 乙类公共建筑外窗(包括透光幕墙)热工性能限值

围护结构部位	传热系数 K [W/(m²·K)]					太阳得热系数 $SHGC$		
外窗(包括透光幕墙)	严寒A、B区	严寒C区	寒冷地区	夏热冬冷地区	夏热冬暖地区	寒冷地区	夏热冬冷地区	夏热冬暖地区
单一立面外窗(包括透光幕墙)	≤2.0	≤2.2	≤2.5	≤3.0	≤4.0	—	≤0.52	≤0.48
屋顶透光部分(屋顶透光部分面积≤20%)	≤2.0	≤2.2	≤2.5	≤3.0	≤4.0	≤0.44	≤0.35	≤0.30

【释义与实施要点】

3.3.1 条和 3.3.2 条根据本标准 2005 版强制性条文 4.2.2 修改,一方面根据当今我国建筑节能技术发展水平及节能工作要求更新了围护结构热工性能限值,另一方面满足了对甲、乙两类建筑区分要求。这两条均为强制性条文

提高建筑围护结构热工性能是降低公共建筑能耗的重要途径之一。由于我国幅员辽阔,各地气候差异很大。为了使建筑物适应各地不同的气候条件,满足节能要求,设计中应根据建筑物所处的建筑气候分区,确定建筑围护结构合理的热工性能参数。考虑到标准的可操作性,使用方便,本条文根据各城市建筑所处的建筑热工设计分区(表 3.1.2)编制出不同气候分区建筑围护结构热工性能规定性指标的限制值。设计中可根据建筑所处的建筑热工设计分区和最近的典型城市建筑围护结构热工指标进行设计。

1. 建筑围护结构的热工性能参数

建筑围护结构的热工性能参数是根据不同类型、不同气候区的典型建筑模型的最优节能方案确定的。并将同一气候区不同类型的公共建筑限值按其分布特征加权,得到该气候区公共建筑围护结构热工性能限值,经专家论证分析最终确定。非透光围护结构(外墙、屋顶)的热工性能主要以传热系数来衡量;对于非透明幕墙,如金属幕墙、石材幕墙等幕墙,没有透明玻璃幕墙所要求的自然采光、视觉通透等功能要求,从节能的角度考虑,应该作为实墙对待,此类幕墙采取保温隔热措施也较容易实现。

对于透光围护结构,传热系数 K 和太阳得热系数 $SHGC$ 是衡量外窗、透光幕墙热工性能的两个主要指标。透光围护结构的太阳得热系数是指通过玻璃、门窗或玻璃幕墙成为室内得热量的太阳辐射部分与投射到玻璃、门窗或玻璃幕墙构件上的太阳辐射照度的比值。成为室内得热量的太阳辐射部分包括太阳辐射通过辐射透射的得热量和太阳辐射被构件吸收再传入室内的得热量两部分。当使用外遮阳装置时,外窗(包括透光幕墙)的太阳得热系数等于外窗(包括透光幕墙)本身的太阳得热系数与外遮阳装置的遮阳系数的乘积。外窗(包括透光幕墙)本身的太阳得热系数和外遮阳的遮阳系数应按现行国家标准《建筑热工设计规范》GB 50176 的规定计算。本次修订以太阳得热系数($SHGC$)作为衡量透光围护结构性能的参数,一方面在名称上更贴近人们关心的太阳辐射进入室内得热量,另一方面国外标准及主流建筑能耗模拟软件中也是以太阳得热系数($SHGC$)作为衡量窗户或透光幕墙等透光围护结构热工性能的参数。

外墙的传热系数采用平均传热系数,主要考虑围护结构周边混凝土梁、柱、剪力墙等

"热桥"的影响，以保证建筑在冬季供暖和夏季空调时，围护结构的传热量不超过标准的要求。外墙平均传热系数的计算应按现行国家标准《民用建筑热工设计规范》GB 50176的规定计算，也可按照本标准的附录 A 外墙平均传热系数的计算确定。

屋面在整个建筑围护结构面积中所占的比例虽然远低于外墙，但顶层房间而言，却是比例最大的外围护结构，相当于五个面被室外气候所包围。无论是北方严寒、寒冷地区在冬季严酷的风雪侵蚀下，还是在我国南方夏热冬冷和夏热冬暖地区在夏季强烈的太阳辐射下，若屋面保温隔热性能太差，对顶层房间的室内热环境和建筑供暖空调能耗的影响却是比较严重的，因此标准对屋面的热工性能要求也比较高。

当建筑师追求通透、大面积使用透光幕墙时，要根据建筑所处的气候区和窗墙面积比选择玻璃（或其他透光材料），使幕墙的传热系数和玻璃（或其他透光材料）的热工性能符合本标准的规定。为减少做权衡判断的机会，方便设计，本次修订对窗墙面积比大于0.70 的情况，也做了节能性等效的热工权衡计算，并给出其热工性能限值。当采用较大的窗墙面积比时，其透光围护结构的热工性能所要达到的要求也更高，需要付出的经济代价也更大。因此，正常情况下，建筑应采用合理的窗墙面积比，尽量避免采用大窗墙面积比的设计方案。建议严寒地区甲类建筑单一立面窗墙面积比（包括透光幕墙）均不宜大于0.60；其他地区甲类建筑单一立面窗墙面积比（包括透光幕墙）均不宜大于 0.70。当采用大窗墙比时，透光围护结构的热工性能应尽量使用规定性指标，减少权衡判断的使用，以降低设计的难度和工作量。

乙类建筑的建筑面积小，其能耗总量也小，可适当放宽对该类建筑的围护结构热工性能要求，以简化该类建筑的节能设计，提高效率。

窗墙面积比是指单一立面窗墙面积比，其定义为建筑某一个立面的窗户洞口面积与建筑该立面总面积之比。本标准中窗墙面积比均是以单一立面为对象，同一朝向不同立面不能合在一起计算窗墙比。窗墙面积比计算时应对各单一立面分别计算。其中屋顶或顶棚面积，应按支承屋顶的外墙外包线围成的面积计算。外墙面积，应按不同朝向分别计算。某一朝向的外墙面积，由该朝向的外表面积减去外窗面积构成。外窗（包括阳台门上部透明部分）面积，应按不同朝向和有无阳台分别计算，取洞口面积。外门面积，应按不同朝向分别计算，取洞口面积。阳台门下部不透明部分面积，应按不同朝向分别计算，取洞口面积。

2. 不同气候区热工性能参数特点

由于严寒 A 区的公共建筑面积仅占全国公共建筑的 0.24%，该气候区的公共建筑能耗特点和严寒 B 区相近，因此，对严寒 A 和 B 区提出相同要求，以规定性指标作为节能设计的主要依据。严寒和寒冷地区冬季室内外温差大、供暖期长，建筑围护结构传热系数对供暖能耗影响很大，供暖期室内外温差传热的热量损失占主导地位。因此，在严寒、寒冷地区主要考虑建筑的冬季保温，对围护结构传热系数的限值要求相对高于其他气候区。在严寒和寒冷地区，如果建筑物地下室外墙的热阻过小，墙的传热量会很大，内表面尤其是墙角部位容易结露。同样，如果与土壤接触的地面热阻过小，地面的传热量也会很大，地表面也容易结露或产生冻脚现象。因此，从节能和卫生的角度出发，要求这些部位必须达到防止结露或产生冻脚的热阻值。因此对建筑周边地面、地下室外墙、变形缝的热工性能作出了规定。为方便计算本标准只对保温材料层的热阻性能提出要求，不包括土壤和混凝土地面。周边地面是指室内距外墙内表面2m以内的地面。

在夏热冬暖和夏热冬冷地区，空调期太阳辐射得热是建筑能耗的主要原因，因此，对窗和幕墙的玻璃（或其他透光材料）的太阳得热系数的要求高于北方地区。夏热冬冷地区要同时考虑冬季保温和夏季隔热，不同于北方供暖建筑主要考虑单向的传热过程。上海、南京、武汉、重庆、成都等地节能建筑工程的实际测试数据和能耗分析的结果都表明，在该气候区改变围护结构传热系数时，随着K值的减少，能耗并非按线性规律变化：提高屋顶热工性能总是能带来更好的节能效果，但是提高外墙的热工性能时，全年供冷能耗量增加，供热能耗量减少，变化幅度接近，导致节能效果不明显。但是考虑到随着人们生活水平的日益提高，该地区对室内环境热舒适度的要求越来越高，因此对该地区围护结构保温性能的要求也做出了相应的提高。

目前以供冷为主的南方地区越来越多的公共建筑采用轻质幕墙结构，其热工性能与重型墙体差异较大。本次修订分析了轻型墙体和重型墙体结构对建筑全年能耗的影响，结果表明，建筑全年能耗随着墙体热惰性指标D值增大而减小。这说明，采用轻质幕墙结构时，只对传热系数进行要求，难以保证墙体的节能性能。通过调查分析，常用轻质幕墙结构的热惰性指标集中在2.5以下，故本标准以围护结构热惰性指标D=2.5为界，分别给出传热系数限值，通过热惰性指标和传热系数同时约束。围护结构热惰性指标（D）是表征围护结构反抗温度波动和热流波动能力的无量纲指标。单一材料围护结构热惰性指标$D=R \cdot S$；多层材料围护结构热惰性指标$D=\sum (R \cdot S)$。式中R、S分别为围护结构材料层的热阻和材料的蓄热系数。

夏热冬暖地区主要考虑建筑的夏季隔热。该地区太阳辐射通过透光围护结构进入室内的热量是夏季冷负荷的主要成因，所以对该地区透光围护结构的遮阳性能要求较高。

夏热冬冷和夏热冬暖地区夏季太阳辐射强烈，要降低照到墙面的太阳辐射，减少墙表面对太阳辐射的吸收，提高墙体的隔热性能。如采用遮阳措施，墙面的垂直绿化、浅色饰面（浅色粉刷、浅色涂层）等均能提高墙体隔热性能。

温和地区气候温和，近年来，为满足旅游业和经济发展的需要，主要公共建筑都配置了供暖空调设施，公共建筑能耗逐年呈上升趋势。目前国家在大力推广被动建筑，提出被动优先、主动优化的原则，而在温和地区被动技术是最适宜的技术，因此，从控制供暖空调能耗和室内热环境角度，对围护结构提出一定的保温、隔热性能要求有利于该地区建筑节能工作，也符合国家提出的可持续发展理念。

温和A区的供暖度日数与夏热冬冷地区一致，温和B区的供暖度日数与夏热冬暖地区一致，因此，对于温和A区，从控制供暖能耗角度，其围护结构保温性能宜与具有相同供暖度日数的地区一致，一方面可以有效降低供暖能耗，另一方面围护结构热工性能的提升也将有效改善室内热舒适性，有利于减少供暖系统的设置和使用。温和地区空调度日数远小于夏热冬冷地区，但温和地区所处地理位置普遍海拔高、纬度低，太阳高度角较高、辐射强，空气透明度大，多数地区太阳年日照小时数为2100～2300小时，年太阳能总辐照量为4500～6000MJ/m²，太阳辐射是导致室内过热的主要原因。因此，要求其遮阳性能分别与相邻气候区一致，不仅能有效降低能耗，而且可以明显改善夏季室内热环境，为采用通风手段满足室内热舒适度、尽量减少空调系统的使用提供可能。但考虑到该地区经济社会发展水平相对滞后、能源资源条件有限，且温和地区建筑能耗总量占比较低，因此，本标准对温和 A 区围护结构保温性能的要求低于相同供暖度日数的夏热冬冷地区；对温和 B 区，也只对其遮阳性能提出要求，而对围护结构保温性能不作要求。

由于温和地区的乙类建筑通常不设置供暖和空调系统，因此未对其围护结构热工性能作出要求。

3. 权衡判断

对于公共建筑，往往受到社会历史、文化、建筑技术和使用功能等多种因素的影响，建筑的外围护结构材料比较丰富，建筑功能、材料及构造型式是多样化的，如机械地限制每个部位外围护结构的热工性能，将给建筑创作，丰富建筑特色带来不利的影响。因此，建筑某部分围护结构的热工指标有时难以满足本条文规定的要求，很可能突破条文的限制。为了体现公共建筑的社会历史、文化、建筑技术和使用功能等特点，同时又使所设计的建筑能够符合节能设计标准的要求，不拘泥于建筑围护结构的热工设计中某条规定性指标，而是着眼于总体性能是否满足节能标准的要求，采用权衡判断法。所以在设计过程中，如果所设计的甲类建筑某部分围护结构的热工指标不能满足规定的要求，突破了本条文表 3.3.1-1～3.3.1-6 中规定的限值，则该建筑必须采用第 3.4 节的权衡判断法（Trade-off）来判断其是否满足节能要求。

本标准 2005 版实施以来，编制组收到了大量的书面和电话询问，相当部分问题是对"公共建筑"的界定问题，即什么样的建筑要执行标准。如商店、饭馆、单位企业的大门传达室、值班室等建筑面积在 300m² 以下的独立公共建筑等，也必须按照标准执行吗？

因此，在本次修订中，对这类建筑进行了明确的规定。对于单栋建筑面积小于等于 300m² 的建筑如传达室、值班室、小商店等，由于这类建筑与甲类公共建筑的能耗特性不同。这类建筑的总量不大，能耗也较小，对全社会公共建筑的总能耗量影响很小，同时考虑到减少建筑节能设计工作量，故将这类建筑归为乙类，对这类建筑只给出规定性节能指标，相应对围护结构热工性能指标比甲类公共建筑要求低一些，也不再要求做围护结构权衡判断。

当甲类建筑的热工性能不符合表 3.3.1-1～3.3.1-5 的要求时，必须按照本标准 3.4 节进行权衡判断。优良的建筑围护结构热工性能是降低建筑能耗的前提，因此建筑围护结构的权衡判断只针对建筑围护结构，允许建筑围护结构热工性能的互相补偿（如建筑设计方案中的外墙的热工性能达不到本标准的要求，但外窗的热工性能高于本标准要求，最终使建筑物围护结构的整体性能达到本标准的要求），不允许使用高效的暖通空调系统对不符合本标准要求的围护结构进行补偿。

对乙类建筑只要求满足表 3.3.2-1～3.3.2-2 规定性指标要求，不允许权衡判断。

【检查要点】

（1）设计文件中应写明设计建筑采用的外墙、屋面、底面接触室外空气的架空或外挑楼板、地下车库与供暖房间之间的楼板、非供暖楼梯间与供暖房间之间的隔墙的构造和传热系数，各单一立面的窗墙比及相应外窗（包括透光幕墙）的构造、传热系数和太阳得热系数，屋顶透明部分的面积百分比及相应透光围护结构的传热系数和太阳得热系数，周边地面、供暖地下室外墙（与土壤接触的墙）、变形缝（两侧墙内保温时）的构造及保温材料层的厚度和热阻值。

外墙和屋面的传热系数是指平均传热系数，设计文件中应提供外墙平均传热系数的计算文件和计算过程。

设计文件中应进行单一立面窗墙比的计算,并提供计算过程。

设计文件中应按照本标准的要求计算外窗(包括透光幕墙)的传热系数和太阳得热系数,并提供计算文件。

审图机构应该对条文中涉及的围护结构的热工性能进行检查,看是否满足本条文要求,检查单一立面窗墙比、平均传热系数、外窗(包括透光幕墙)的传热系数和太阳得热系数的计算文件。

(2)当有参数不符合表3.3.1-1～3.3.1-5的要求时,应明确标明不符合要求的参数的围护结构的名称及相应热工参数,并按照本标准3.4节的要求使用权衡判断计算软件进行权衡判断计算,并提供计算书。

对使用权衡判断的项目,应重点审查是否满足本标准3.4节权衡判断计算的基本要求,不满足权衡判断前提条件的,应直接判定不符合本标准要求,设计单位应调整设计方案;满足权衡判断前提条件的,应审查是否使用专用的权衡判断计算软件,计算过程是否符合本标准要求,并对权衡判断计算的初始信息和计算结果进行检查。权衡判断应按本标准附录B的规定进行,并应按本标准附录C提供相应的原始信息和计算结果。

围护结构传热系数计算书参考形式见表2-3-4;外窗技术措施、外窗的热工参数,参考形式见表2-3-5所示。

钢筋混凝土外墙保温隔热设计计算表　　　　　表2-3-4

外墙类型 每层材料名称	厚度 (mm)	导热系数 $[W/(m \cdot K)]$	蓄热系数 $[W/(m^2 \cdot K)]$	热阻值 $[(m^2 \cdot K)/W]$	热惰性指标 $D = R \cdot S$	导热系数 修正系数
饰面涂料	不计入传热系数计算					
抗裂砂浆	5	0.86	10.75	0.006	0.06	1.00
EPS泡沫塑料保温板	50	0.039	0.28	1.165	0.33	1.10
钢筋混凝土	200	1.74	17.3	0.115	1.98	1.00
水泥砂浆找平层	20	0.93	11.37	0.022	0.24	1.00
墙体各层之和				1.308	2.60	
体热阻 $R_o = R_i + \sum R + R_e$	$0.04 + 1.308 + 0.11 = 1.458 (m^2 \cdot K/W)$					
墙体主体传热系数 K_P	$0.69 [W/(m^2 \cdot K)]$					

在表2-3-4基础上,再根据《民用建筑热工设计规范》GB 50176或本标准附录A,计算得到外墙平均传热系数。

外窗技术措施和热工参数　　　　　表2-3-5

朝向	单一立面	窗墙比	设计传热系数 $W/(m^2 \cdot K)$	气密性	K 的标准限值	门窗构造措施
东	东	0.16	3.3	4	$\leqslant 3.5$	塑钢中空玻璃窗 (6+12+6mm)
南	1	0.29	2.41	4	$\leqslant 2.6$	塑钢Low-E中空玻璃窗 (6+12+6mm) 太阳得热系数 $SHGC \leqslant 0.4$
	2	0.34	2.41	4	$\leqslant 2.6$	塑钢Low-E中空玻璃窗 (6+12+6mm) 太阳得热系数 $SHGC \leqslant 0.4$

朝向	单一立面	窗墙比	设计传热系数 W/(m² · K)	气密性	K 的标准限值	门窗构造措施
西	西	0.12	3.3	4	≤3.5	塑钢中空玻璃窗 (6+12+6mm)
北	北	0.22	2.78	4	≤3.0	塑钢 Low-E 中空玻璃窗 (6+9+6mm) 太阳得热系数 $SHGC \leqslant 0.4$

3.3.3 建筑围护结构热工性能参数计算应符合下列规定：

1 外墙的传热系数应为包括结构性热桥在内的平均传热系数，平均传热系数应按本标准附录 A 的规定进行计算；

2 外窗（包括透光幕墙）的传热系数应按现行国家标准《民用建筑热工设计规范》GB 50176 的有关规定计算；

3 当设置外遮阳构件时，外窗（包括透光幕墙）的太阳得热系数应为外窗（包括透光幕墙）本身的太阳得热系数与外遮阳构件的遮阳系数的乘积。外窗（包括透光幕墙）本身的太阳得热系数和外遮阳构件的遮阳系数应按现行国家标准《民用建筑热工设计规范》GB 50176 的有关规定计算。

【释义与实施要点】

围护结构热工性能参数的计算规定。

本条是对本标准第 3.3.1 条和 3.3.2 条中热工性能参数的计算方法进行规定。建筑围护结构热工性能参数是本标准衡量围护结构节能性能的重要指标。计算时应符合现行国家标准《民用建筑热工设计规范》GB 50176 的有关规定。

围护结构设置保温层后，其主断面的保温性能比较容易保证，但梁、柱、窗口周边和屋顶突出部分等结构性热桥的保温通常比较薄弱，不经特殊处理会影响建筑的能耗，因此本标准规定的外墙传热系数是包括结构性热桥在内的平均传热系数，并在附录 A 对计算方法进行了规定。

外窗（包括透光幕墙）的热工性能，主要指传热系数和太阳得热系数，受玻璃系统的性能、窗框（或框架）的性能以及窗框（或框架）和玻璃系统的面积比例等影响，计算时应符合《民用建筑热工设计规范》GB 50176 的规定。

外遮阳构件是改善外窗（包括透光幕墙）太阳得热系数的重要技术措施。有外遮阳时，本标准第 3.3.1 条和 3.3.2 条中外窗（包括透光幕墙）的遮阳性能应为由外遮阳构件和外窗（包括透光幕墙）组成的外窗（包括透光幕墙）系统的综合太阳得热系数。外遮阳构件的遮阳系数计算应符合《民用建筑热工设计规范》GB 50176 的规定。需要注意的是，外窗（包括透光幕墙）的太阳得热系数的计算不考虑内遮阳构件的影响。

3.3.4 屋面、外墙和地下室的热桥部位的内表面温度不应低于室内空气露点温度。

【释义与实施要点】

建筑热桥与防结露规定。

围护结构中窗过梁、圈梁、钢筋混凝土抗震柱、钢筋混凝土剪力墙、梁、柱、墙体和屋面及地面相接触部位的传热系数远大于主体部位的传热系数，形成热流密集通道，即为热桥。对这些热工性能薄弱的环节，必须采取相应的保温隔热措施，才能保证围护结构正常的热工状况和满足建筑室内人体卫生方面的基本要求。

热桥部位的内表面温度规定要求的目的主要是防止冬季供暖期间热桥内外表面温差小，内表面温度容易低于室内空气露点温度，造成围护结构热桥部位内表面产生结露，使围护结构内表面材料受潮、长霉，影响室内环境。因此，应采取保温措施，减少围护结构热桥部位的传热损失。同时也可避免夏季空调期间这些部位传热过大导致空调能耗增加。

3.3.5 建筑外门、外窗的气密性分级应符合国家标准《建筑外门窗气密、水密、抗风压性能分级及检测方法》GB/T 7106—2008 中第 4.1.2 条的规定，并应满足下列要求：

1 10 层及以上建筑外窗的气密性不应低于 7 级；

2 10 层以下建筑外窗的气密性不应低于 6 级；

3 严寒和寒冷地区外门的气密性不应低于 4 级。

【释义与实施要点】

建筑外门和外窗气密性的要求。

公共建筑一般对室内环境要求较高，为了保证建筑的节能，要求外窗具有良好的气密性，以抵御夏季和冬季室外空气过多地向室内渗漏，因此对外窗的气密性能要有较高的要求。根据国家标准《建筑外门窗气密、水密、抗风压性能分级及检测方法》GB/T 7106—2008，建筑外门窗气密性 7 级对应的分级指标绝对值为：单位缝长 $1.0 \geqslant q_1 [m^3/(m \cdot h)] > 0.5$，单位面积 $3.0 \geqslant q_2 [m^3/(m^2 \cdot h)] > 1.5$；建筑外门窗气密性 6 级对应的分级指标绝对值为：单位缝长 $1.5 \geqslant q_1 [m^3/(m \cdot h)] > 1.0$，单位面积 $4.5 \geqslant q_2 [m^3/(m^2 \cdot h)] > 3.0$。建筑外门窗气密性 4 级对应的分级指标绝对值为：单位缝长 $2.5 \geqslant q_1 [m^3/(m \cdot h)] > 2.0$，单位面积 $7.5 \geqslant q_2 [m^3/(m^2 \cdot h)] > 6.0$。

3.3.6 建筑幕墙的气密性应符合国家标准《建筑幕墙》GB/T 21086—2007 中第 5.1.3 条的规定且不应低于 3 级。

【释义与实施要点】

建筑幕墙气密性要求。

由于建筑幕墙的气密性能对建筑能耗影响较大，为了达到节能目标，本条文对建筑幕墙的气密性也作了相应的要求。原国家标准《建筑幕墙物理性能分级》GB/T 15225—1994 和行业标准《建筑幕墙》JG 3035—1996 同时废止，合并为国家标准《建筑幕墙》GB/T 21086—2007，故按新国家标准重新修改。

目前，我国幕墙材料、技术和工艺日益成熟，幕墙工程一般都能满足国家标准《建筑幕墙》GB/T 21086—2007 中第 5.1.3 条中 3 级的要求，故以幕墙气密性 3 级作为本标准的最低要求。

3.3.7 当公共建筑入口大堂采用全玻幕墙时，全玻幕墙中非中空玻璃的面积不应超过同一立面透光面积（门窗和玻璃幕墙）的 **15%**，且应按同一立面透光面积（含全玻幕墙面积）加权计算平均传热系数。

【释义与实施要点】

公共建筑底层入口大堂玻璃幕墙的要求。新增条文。强制性条文。

从 20 世纪 90 年代开始，我国许多的宾馆、酒店等公共建筑入口大堂采用了玻璃肋式的，从立面上看不到任何金属构件的全玻幕墙，主要目的就是通透、美观、采光效果佳，但由于是单层玻璃构造，其热工性能较差，传热系数均在 5.0 以上，如该种类型的面积过大，会使所在空间的能耗加大许多。因此，本条在两个技术层面对该种幕墙进行限制，一是面积要小于同一立面透光面积的 15%，且需要与同一立面的其他透光门窗加权平均传热系数符合本标准 3.3.1 和 3.3.2 条的规定，如果全玻幕墙是中空玻璃构造的则不受本条规定的限制。

本条文主要针对玻璃肋全玻幕墙。玻璃肋全玻幕墙是大片玻璃与支承框架均为玻璃的幕墙，又称玻璃框架玻璃幕墙，是一种全透明、全视野的玻璃幕墙。大片玻璃支承在玻璃框架上的形式有后置式、骑缝式、平齐式、突出式等。玻璃肋全玻幕墙的大片玻璃与玻璃框架在层高较低时，玻璃安装在下部的镶嵌槽内，上部镶嵌槽槽底与玻璃之间留有伸缩的空隙（图 2-3-4、图 2-3-5）。当层高较高时，由于玻璃较高、长细比较大，如玻璃安装在下部的镶嵌槽内，玻璃自重会使玻璃变形，导致玻璃破坏，需采用吊挂式。即大片玻璃与玻璃框架在上部设置专用夹具，将玻璃吊挂起来，下部镶嵌槽槽底与玻璃之间留有伸缩的空隙（图 2-3-3、图 2-3-6）。

图 2-3-2　点支承玻璃幕墙　　　　　　图 2-3-3　玻璃肋全玻幕墙（1）
（玻璃面板安装在点支承装置和　　　　（玻璃肋采用金属件连接、面板
点支承结构上，可以采用中空玻璃）　　　采用点支承，采用非中空玻璃）

透明玻璃幕墙是建筑围护结构组成的重要部分，透明玻璃幕墙的面积大小影响围护结构整体的保温隔热性能；框支承、点支承的玻璃幕墙（图 2-3-2）因其玻璃面板分别安装在金属框架上或点支承装置和点支承结构上，故可以采用中空玻璃，玻璃肋全玻幕墙由于受构造形式所限，采用中空玻璃有一定的难度，若玻璃肋全玻幕墙的玻璃面板采用中空玻璃，其四周密封的黑色胶缝无法呈现全透明的效果。

玻璃肋全玻幕墙在公共建筑上主要应用在建筑底层入口处的通高大堂，玻璃肋和玻璃面板悬挂在主体结构上，形成内外通透没有结构障碍的空间围护体，从使用功能上、室内采光、视觉效果上以及建筑立面造型上，都是建筑师运用的设计手法之一，也是建筑添彩点睛之处，但由于全玻幕墙采用的单层或夹胶玻璃等非中空玻璃的传热系数为 5.0～6.0 $[W/(m^2 \cdot K)]$，无法满足透明玻璃幕墙的热工性能要求；为了保证建筑围护结构整体的热工性能而又满足建筑师的设计要求，有必要控制全玻幕墙非中空玻璃的使用面积，且这部分非中空玻璃不足的热工性能，还应有其所在立面的透明围护部分共同承担，故本标准提出了非中空玻璃面积不能超过同一立面透光面积（门窗和玻璃幕墙）的 15%，且应按同一立面透光面积（含全玻幕墙面积）加权计算平均传热系数。

图 2-3-4　玻璃肋全玻幕墙（2）
（玻璃面板通过胶缝与玻璃肋
连接，采用非中空玻璃）

图 2-3-5　玻璃肋全玻幕墙（3）
（玻璃面板通过胶缝与玻璃
肋连接。采用非中空玻璃）

图 2-3-6　玻璃肋全玻幕墙（4）
（大片玻璃与玻璃框架在上部设置专用夹具，
将玻璃吊挂起来，采用非中空玻璃）

在设计中，严寒和寒冷地区应尽量采用中空玻璃构造的全玻幕墙；其他地区如采用单玻构造的全玻幕墙，一是要严格控制其使用面积，必须满足本条的规定；二是经过加权平均后的传热系数往往很难满足标准 3.3.1 条的要求，需要依据 3.4 节的要求进行围护结构热工性能的权衡判断，加强围护结构其他部分的热工性能来满足标准的规定。

在设计中，应注意控制玻璃肋全玻幕墙非中空玻璃的面积，不应超过所在立面所有透明面积的 15%，且应相应提高其他透明部分的热工性能，以弥补全玻幕墙热工性能的不足。

如全玻幕墙所在立面窗墙比（含全玻幕墙在内）为 0.7，按规定透明部分在夏热冬冷地区的传热系数限值为 $\leqslant 2.2[W/(m^2 \cdot K)]$，应根据全玻幕墙所占的比例和传热系数确定透明中空玻璃幕墙（含外窗）的传热系数，假定全玻幕墙所占比例为 10%，非中空玻璃的传热系数为 $6.0[W/(m^2 \cdot K)]$，则透明部分的中空玻璃幕墙（含外窗）传热系数限值应为：

$$K = 2.2 - (6.0 \times 0.1)/0.9 = 1.77[W/(m^2 \cdot K)];$$

若全玻幕墙所占比例为 15%，则该立面其他中空玻璃幕墙（含外窗）的传热系数为 1.5 [W/(m² · K)] 时，才能加权平均后满足 2.2 [W/(m² · K)] 的 K 值要求：

$$K = 1.5 \times 0.85 + 6.0 \times 0.15 = 2.175 \approx 2.2 [W/(m² · K)]$$

严寒地区、寒冷地区、夏热冬冷地区、夏热冬暖地区及温和地区设计全玻幕墙时，均应按本标准 3.3.7 条之规定确定全玻幕墙所在立面的中空玻璃外窗热工性能，并与非中空玻璃幕墙传热系数加权平均后满足所在气候区规定的外窗（包括透光幕墙）传热系数限值。

【检查要点】

如设计中采用了单玻构造的全玻幕墙，需要审核两项内容，一是单玻构造的面积计算是否符合本条的规定，方法是检查全玻幕墙的立面详图和构造详图，计算其面积是否严格控制在同一立面透光面积的 15% 及以下；二是检查节能计算书中采用全玻幕墙的立面中加权平均的传热系数是否真实、准确以及是否符合本标准 3.3.1、3.3.2 的规定，如超出限值应按 3.4 节进行围护结构热工性能的权衡判断。

本条文主要针对玻璃肋全玻幕墙，应审核设计图纸中玻璃幕墙的类型，采用框支承玻璃幕墙和点支承玻璃幕墙时，有条件采用中空玻璃，不应采用非中空玻璃。

采用全玻幕墙的建筑设计，应核实全玻幕墙所在立面中占外窗（包括透光幕墙）面积比例，不应超过 15%；寒冷地区、严寒地区应综合考虑全玻幕墙所在立面的窗墙比及透光幕墙面积比，当窗墙比达到 0.7 以上时，全玻幕墙比例宜控制在 10% 以下，否则难以找到更低传热系数的中空玻璃外窗（包括透光幕墙）用来加权计算该立面外窗的传热系数。

3.4 围护结构热工性能的权衡判断

3.4.1 进行围护结构热工性能权衡判断前，应对设计建筑的热工性能进行核查；当满足下列基本要求时，方可进行权衡判断：

1 屋面的传热系数基本要求应符合表 3.4.1-1 的规定。

表 3.4.1-1 屋面的传热系数基本要求

屋面传热系数 K [W/ (m² · K)]	严寒 A、B 区	严寒 C 区	寒冷地区	夏热冬冷地区	夏热冬暖地区
	≤0.35	≤0.45	≤0.55	≤0.70	≤0.90

2 外墙（包括非透光幕墙）的传热系数基本要求应符合表 3.4.1-2 的规定。

表 3.4.1-2 外墙（包括非透光幕墙）的传热系数基本要求

传热系数 K [W/ (m² · K)]	严寒 A、B 区	严寒 C 区	寒冷地区	夏热冬冷地区	夏热冬暖地区
	≤0.45	≤0.50	≤0.60	≤1.0	≤1.5

3 当单一立面的窗墙面积比大于或等于 0.40 时，外窗（包括透光幕墙）的传热系数和综合太阳得热系数基本要求应符合表 3.4.1-3 的规定。

表 3.4.1-3　外窗（包括透光幕墙）的传热系数和太阳得热系数基本要求

气候分区	窗墙面积比	传热系数 K [W/(m² · K)]	太阳得热系数 SHGC
严寒 A、B 区	0.40＜窗墙面积比≤0.60	≤2.5	—
	窗墙面积比＞0.60	≤2.2	
严寒 C 区	0.40＜窗墙面积比≤0.60	≤2.6	—
	窗墙面积比＞0.60	≤2.3	
寒冷地区	0.40＜窗墙面积比≤0.70	≤2.7	—
	窗墙面积比＞0.70	≤2.4	
夏热冬冷地区	0.40＜窗墙面积比≤0.70	≤3.0	≤0.44
	窗墙面积比＞0.70	≤2.6	
夏热冬暖地区	0.40＜窗墙面积比≤0.70	≤4.0	≤0.44
	窗墙面积比＞0.70	≤3.0	

【释义与实施要点】

围护结构热工性能权衡判断的基本要求。新增条文。

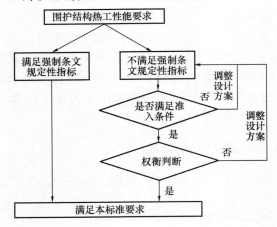

图 2-3-7　围护结构热工性能判定逻辑关系

为防止建筑物围护结构的热工性能存在薄弱环节，因此设定进行建筑围护结构热工性能权衡判断计算的前提条件。除温和地区以外，进行权衡判断的甲类公共建筑首先应符合本标准表 3.4.1 的性能要求。当不符合时，应采取措施提高相应热工设计参数，使其达到基本条件后方可按照本节规定进行权衡判断，满足本标准节能要求。建筑围护结构热工性能判定逻辑关系如图 2-3-7 所示。

根据实际工程经验，与非透光围护结构相比，外窗（包括透光幕墙）更容易成为建筑围护结构热工性能的薄弱环节，因此对窗墙面积比大于 0.4 的情况，规定了外窗（包括透光幕墙）的基本要求。

3.4.2　建筑围护结构热工性能的权衡判断，应首先计算参照建筑在规定条件下的全年供暖和空气调节能耗，然后计算设计建筑在相同条件下的全年供暖和空气调节能耗，当设计建筑的供暖和空气调节能耗不大于参照建筑的供暖和空气调节能耗时，应判定围护结构的总体热工性能符合节能要求。当设计建筑的供暖和空气调节能耗大于参照建筑的供暖和空气调节能耗时，应调整设计参数重新计算，直至设计建筑的供暖和空气调节能耗不大于参照建筑的供暖和空气调节能耗。

【释义与实施要点】

围护结构权衡判断总述。

公共建筑的设计往往着重考虑建筑外形立面和使用功能，有时由于建筑外形、材料和施工工艺条件等的限制难以完全满足本标准第3.3.1条的要求。因此，使用建筑围护结构热工性能权衡判断方法确保了所设计的建筑能够符合节能设计标准的要求的同时尽量保证设计方案的灵活性和建筑师的创造性。权衡判断不拘泥于建筑围护结构各个局部的热工性能，而是着眼于建筑物总体热工性能是否满足节能标准的要求。优良的建筑围护结构热工性能是降低建筑能耗的前提，因此建筑围护结构的权衡判断只针对建筑围护结构，允许建筑围护结构热工性能的互相补偿（如建筑设计方案中的外墙的热工性能达不到本标准的要求，但外窗的热工性能高于本标准要求，最终使建筑物围护结构的整体性能达到本标准的要求），不允许使用高效的暖通空调系统对不符合本标准要求的围护结构进行补偿。自本标准2005年使用建筑围护结构权衡判断方法以来，该方法已经成为本标准判定建筑物围护结构热工性能的重要手段之一，并得到了广泛的应用，保证了标准的有效性和先进性。但经过几年来的大规模应用，该方法也暴露出一些不完善之处。主要体现在设计师对方法的理解不够透彻，计算中一些主要参数的要求不够明确，工作量大，导致存在通过权衡判断的建筑的围护结构整体热工性能达不到本标准的要求的情况发生。本次标准修订通过软件比对、大量算例计算，对权衡判断方法进行了完善和补充，提高了方法的可操作性和有效性。

3.4.3　参照建筑的形状、大小、朝向、窗墙面积比、内部的空间划分和使用功能应与设计建筑完全一致。当设计建筑的屋顶透光部分的面积大于本标准第3.2.7条的规定时，参照建筑的屋顶透光部分的面积应按比例缩小，使参照建筑的屋顶透光部分的面积符合本标准第3.2.7条的规定。

【释义与实施要点】

参照建筑的设置规定。

权衡判断是一种性能化的设计方法，具体做法就是先构想出一栋虚拟的建筑，称之为参照建筑，然后分别计算参照建筑和实际设计的建筑的全年供暖和空调能耗，并依照这两个能耗的比较结果作出判断。当实际设计的建筑的能耗大于参照建筑的能耗时，调整部分设计参数（例如提高窗户的保温隔热性能、缩小窗户面积等等），重新计算设计建筑的能耗，直至设计建筑的能耗不大于参照建筑的能耗为止。

每一栋实际设计的建筑都对应一栋参照建筑。与实际设计的建筑相比，参照建筑除了在实际设计建筑不满足本标准的一些重要规定之处作了调整满足本标准要求外，其他方面都相同。参照建筑在建筑围护结构的各个方面均应完全符合本节能设计标准的规定。

3.4.4　参照建筑围护结构的热工性能参数取值应按本标准第3.3.1条的规定取值。参照建筑的外墙和屋面的构造应与设计建筑一致。当本标准第3.3.1条对外窗（包括透光幕墙）太阳得热系数未作规定时，参照建筑外窗（包括透光幕墙）的太阳得热系数应与设计建筑一致。

【释义与实施要点】

参照建筑围护结构热工性能设置规定。

参照建筑是进行围护结构热工性能权衡判断时，作为计算满足标准要求的全年供暖和空气调节能耗用的基准建筑。所以参照建筑围护结构的热工性能参数取值应按本标准第

3.3.1 条的规定取值。

建筑外墙和屋面的构造、外窗（包括透光幕墙）的太阳得热系数都与供暖和空调能耗直接相关，因此参照建筑的这些参数必须与设计建筑完全一致。

3.4.5 建筑围护结构热工性能的权衡计算应符合本标准附录 B 的规定，并应按本标准附录 C 提供相应的原始信息和计算结果。

【释义与实施要点】

权衡判断计算方法的规定。

权衡计算的目的是对围护结构的整体热工性能进行判断，是一种性能化评价方法，判断的依据是在相同的外部环境、相同的室内参数设定、相同的供暖空调系统的条件下，参照建筑和设计建筑的供暖、空调的总能耗。用动态方法计算建筑的供暖和空调能耗是一个非常复杂的过程，很多细节都会影响能耗的计算结果。因此，为了保证计算的准确性，本标准在附录 B 对权衡计算方法和参数设置等作出了具体的规定。

需要指出的是，进行权衡判断时，计算出的是某种"标准"工况下的能耗，不是实际的供暖和空调能耗。本标准在规定这种"标准"工况时尽量使它合理并接近实际工况。

权衡判断计算后，设计人员应按本标准附录 C 提供计算依据的原始信息和计算结果，便于审查及判定。

4 供暖通风与空气调节

4.1 一 般 规 定

4.1.1 甲类公共建筑的施工图设计阶段，必须进行热负荷计算和逐项逐时的冷负荷计算。

【释义与实施要点】

冷热负荷计算要求。强制性条文。本条文沿用本标准 2005 版强制性条文 5.1.1 条，将范围缩小至甲类公共建筑。本条是暖通空调设计部分必须强调的要求。

为防止有些设计人员错误地利用设计手册中供方案设计或初步设计时估算用的单位建筑面积冷、热负荷指标，直接作为施工图设计阶段确定空调的冷、热负荷的依据，特规定此条为强制要求。用单位建筑面积冷、热负荷指标估算时，总负荷计算结果偏大，从而导致了装机容量偏大、管道直径偏大、水泵配置偏大、末端设备偏大的"四大"现象。其直接结果是初投资增高、能量消耗增加，给国家和投资人造成巨大损失。因此，对于甲类建筑，施工图设计阶段必须进行热负荷、逐时空调冷负荷的计算，计算方法应符合国家标准《民用建筑供暖通风与空气调节设计规范》GB 50736—2012 的有关规定，该标准中 5.2 节和 7.2 节分别对热负荷、空调冷负荷的计算进行了详细规定。

需要说明的是，对于仅安装房间空气调节器的房间，通常只做负荷估算，不做空调施工图设计，所以不需进行逐项逐时的冷负荷计算。

【检查要点】

审核设计施工图纸的冷、热负荷计算书。

对于热负荷计算的审核，重点在于检查是否是对每一个房间进行计算。

对于冷负荷计算的审核，重点在于检查是否采用非稳态方法进行负荷计算。

目前对所采用的计算软件没有规定要求。

4.1.2　严寒A区和严寒B区的公共建筑宜设热水集中供暖系统，对于设置空气调节系统的建筑，不宜采用热风末端作为唯一的供暖方式；对于严寒C区和寒冷地区的公共建筑，供暖方式应根据建筑等级、供暖期天数、能源消耗量和运行费用等因素，经技术经济综合分析比较后确定。

【释义与实施要点】

严寒和寒冷地区供暖系统形式的选择。

严寒A区和严寒B区供暖期长，供暖温差较大，而公共建筑很多区域夜间是不使用的，室内维持5～10℃即可。要保证这样一个室温，供暖负荷就要占到设计供暖负荷的60%～70%左右，如此大比例的负荷采用自然对流供暖形式或辐射供暖形式较热风供暖形式更省低能耗，且节省运行费用，热风末端供暖方式可以作为调峰负荷使用；另一方面，严寒A区和严寒B区的冬季室外空气相对干燥，采用自然对流供暖形式或辐射供暖形式较热风供暖形式更舒适。因此不提倡采用热风末端作为唯一的供暖方式，考虑兼顾值班供暖的因素，通常采用热水集中供暖系统更为合理。

严寒C区和寒冷地区公共建筑的冬季供暖问题涉及很多因素，因此要结合实际工程通过具体的分析比较、优选后确定是否另设置热水集中供暖系统。

4.1.3　系统冷热媒温度的选取应符合现行国家标准《民用建筑供暖通风与空气调节设计规范》GB 50736的有关规定。在经济技术合理时，冷媒温度宜高于常用设计温度，热媒温度宜低于常用设计温度。

【释义与实施要点】

系统热媒温度的选取要求。新增条文。

提倡低温供暖、高温供冷的目的：一是提高冷热源效率，二是可以充分利用天然冷热源和低品位热源，尤其在利用可再生能源的系统中优势更为明显，三是可以与辐射末端等新型末端配合使用，提高房间舒适度。本条实施的一个重要前提是分析系统设计的技术经济性。例如，对于集中供暖系统，使用锅炉作为热源的供暖系统采用低温供暖不一定能达到节能的目的；单纯提高冰蓄冷系统供水温度不一定合理，需要考虑投资和节能的综合效益。此外，低温供热或高温供冷通常会导致投资的增加，因而在方案选择阶段进行经济技术比较后确定热媒温度是十分必要的。

4.1.4　当利用通风可以排除室内的余热、余湿或其他污染物时，宜采用自然通风、机械通风或复合通风的通风方式。

【释义与实施要点】

优先利用自然通风。新增条文。

建筑通风被认为是消除室内空气污染、降低建筑能耗的最有效的手段。当采用通风可以满足消除余热余湿要求时，应优先使用通风措施，可以大大降低空气处理的能耗。自然通风主要通过合理适度地改变建筑形式，利用热压和风压作用形成有组织气流，满足室内通风要求、减少能耗。复合通风系统与传统通风系统相比，最主要的区别在于通过智能化的控制与管理，在满足室内空气品质和热舒适的前提下，使一天的不同时刻或一年的不同季节交替或联合运行自然或机械通风系统以实现节能。

4.1.5 符合下列情况之一时，宜采用分散设置的空调装置或系统：

1 全年所需供冷、供暖时间短或采用集中供冷、供暖系统不经济；

2 需设空气调节的房间布置分散；

3 设有集中供冷、供暖系统的建筑中，使用时间和要求不同的房间；

4 需增设空调系统，而难以设置机房和管道的既有公共建筑。

【释义与实施要点】

空调装置或系统分散设置的情况。新增条文。

该条文与现行国家标准《民用建筑供暖通风与空气调节设计规范》GB 50736 第8.1.4 条一致。空调冷源或系统集中设置还是分散设置，直接影响空调系统的能耗。分散设置的空调装置或系统是指单一房间独立设置的蒸发冷却方式或直接膨胀式空调系统（或机组），包括为单一房间供冷的水环热泵系统或多联机空调系统。直接膨胀式与蒸发冷却式空调系统（或机组）的冷、热源的原理不同：直接膨胀式采用的是冷媒通过制冷循环而得到需要的空调冷、热源或空调冷、热风；而蒸发冷却式则主要依靠天然的干燥冷空气或天然的低温冷水来得到需要的空调冷、热源或空调冷、热风，在这一过程中没有制冷循环的过程。直接膨胀式又包括了风冷式和水冷式两类。这种分散式的系统更适宜应用在部分时间部分空间供冷的场所。

当建筑全年供冷需求的运行时间较少时，如果采用设置冷水机组的集中供冷空调系统，会出现全年集中供冷系统设备闲置时间长的情况，导致系统的经济性较差；同理，如果建筑全年供暖需求的时间少，采用集中供暖系统也会出现类似情况。因此，如果集中供冷、供暖的经济性不好，宜采用分散式空调系统。从目前情况看：建议可以以全年供冷运行季节时间 3 个月（非累积小时）和年供暖运行季节时间 2 个月，来作为上述的时间分界线。当然，在有条件时，还可以采用全年负荷计算与分析方法，或者通过供冷与供暖的"度日数"等方法，通过经济分析来确定。

分散设置的空调系统，虽然设备安装容量下的能效比低于集中设置的冷（热）水机组或供热、换热设备，但其使用灵活多变，可适应多种用途、小范围的用户需求。同时，由于它具有容易实现分户计量的优点，能对行为节能起到促进作用。因此，当空调房间布置过于分散或使用时间和要求不同的少数房间，建议采用分散设置的方式满足供暖供冷需求。

对于既有建筑增设空调系统时，如果设置集中空调系统，在机房、管道设置方面存在较大的困难时，分散设置空调系统也是一个比较好的选择。

4.1.6 采用温湿度独立控制空调系统时，应符合下列要求：

1 应根据气候特点，经技术经济分析论证，确定高温冷源的制备方式和新风除湿方式；

2 宜考虑全年对天然冷源和可再生能源的应用措施；

3 不宜采用再热空气处理方式。

【释义与实施要点】

温湿度独立控制空调系统节能设计。新增条文。

1. 系统特点

温湿度独立控制空调系统是由温度与湿度两套独立的空调系统组成，分别控制着空调区的温度与湿度。通常空调区的湿负荷是由送入的干燥新风来负担，空调区的显热负荷是由室内的末端装置来负担。

末端装置所需要的高温冷源可由多种方式获得，其冷媒供水温度应高于常规冷却除湿联合进行时的冷媒供水温度要求，因此，即便采用人工冷源，系统制冷能效比也高于常规系统，因此冷源效率得到了大幅提升。另外，由于夏季末端装置采用高温冷水，其换热面积增大，所以冬季所需的热媒供水温度可低于常规系统，这为使用可再生能源等低品位能源作为热源提供了条件。但目前处理湿负荷的技术手段还有待提高，设计不当则会导致投资过高或综合节能效益不佳，无法体现温湿度独立控制空调系统的优势。

2. 技术要求：

1) 新风除湿

新风除湿方式确定原则是尽可能利用建筑所在地的气候特点，通过对空调区全年湿度要求分析合理确定。干燥地区，可将室外新风过滤后直接送入空调区，以满足其除湿要求（干热地区室外新风可能需要经过适当的降温处理，但不需要除湿处理）；潮湿地区〔空气含湿量高于 12g/（kg·干空气）〕新风应进行除湿处理，新风在处理到设计要求的含湿量后送入空调区；空调区全年允许的湿度变化范围较大，冷却除湿方式能够满足使用要求时，可应用该方式。

2) 冷源

人工制备高温冷水、高温冷媒系统、蒸发冷却或天然冷源（如地表水、地下水等）等，都可作为温度独立控制空调系统的高温冷源。从节能角度出发，应根据尽可能减少人工冷源使用的原则，结合建筑所在地的气候特点进行分析论证后，合理确定高温冷源形式。

由于全年室外空气参数的变化，设计采用人工冷源时，过渡季节也可直接采用天然冷源或可再生能源等低品位能源，如室外空气的湿球温度较低时，可采用冷却塔制取的16～18℃高温冷水直接供冷。与采用 7℃冷水的常规系统相比，前者全年冷却塔供冷的时间远远多于后者，从而减少了冷水机组的运行时间。

当冬季供暖与夏季供冷采用同一个末端装置时，如夏季采用干式风机盘管或辐射末端装置等，冬季热水的供水温度可降低，同样也能满足供暖要求，这为低品位可再生热源利用创造了条件，设计中应充分考虑和应用。

3) 再热

温湿度独立控制空调系统的优势是温度和湿度的控制与处理方式分开进行，因此空气处理时通常不宜采用再热升温方式，以避免造成能源的浪费。现有的温湿度独立控制空调系统设计中，有采用热泵冷却除湿后用冷凝热再热的方式，也有采用表冷器除湿后用排风或冷却水等再热的方式，其共同点是利用废热进行再热，但这同样也会造成冷量的部分损失。

4.1.7 使用时间不同的空气调节区不应划分在同一个定风量全空气风系统中。温度、湿度等要求不同的空气调节区不宜划分在同一个空气调节风系统中。

【释义与实施要点】

空调风系统划分的原则。

本条应用过程中，应注意的主要是时间和设计参数问题。在公共建筑中，通常会存在大量不同使用功能的房间。这些房间在使用时间和对室内设计参数的要求是不尽相同的。

例如：如果把商场和餐厅放在同一空调风系统中，餐厅和商场都会存在单独使用的时段，全部同时送风的话，存在温控效果不佳、能源浪费的现象；如果单独为其中一个房间送风，则必须采用变风量系统，即使如此，这种情况下通常也存在调节困难，甚至无法正常使用；同时，由于变速，风机也将工作在非高效工作区，增大了能耗。

又例如：对于主体使用性质为办公的公共建筑，其内部除了办公室之外，可能还存在的房间有：餐厅（包括职工餐厅）、大型会议室、计算机信息中心等等。餐厅的使用时间在相当多的情况下都与办公室的使用时间不一致，其温湿度、新风量等设计参数也与办公室有明显的区别。如果将餐厅与办公室合为一个空调系统，假定采用定风量系统的话，由于空调风系统的送风温度通常是相同的，那么空调机组的送风量通常应根据这两个房间的最大送风量之和来确定（或者更精确的说：是根据两者逐时计算后得到的最大时刻值之和来确定）；由于它们在同时使用的时间交叉不多，必然导致的结果是：单独为某个房间使用时机组风量过大，浪费输送能耗。即使它们在某时刻同时使用，也会由于房间参数要求的不同而无法同时满足各自的参数要求，必须要增加末端空气加热器、加湿器等设备以及相应的控制系统，不但投资增加，而且重要的是会产生冷、热量的抵消损失，造成能量的极大浪费。

采用变风量系统尽管从理论上来说可以解决上述两种情况下产生的分区温度失控问题，减小空调机组的装机容量，但湿度问题仍然无法得到有效的解决。同时，对于不同的末端控制来说也会存在较大的困难并且由于变风量机组及末端要求运行时的最小风量限制问题而导致某个房间在不需要空调时仍然需要送一定量的空调风，浪费能源。在某些情况下（如过渡季），也可能两个房间会出现对供热和供冷的需求完全不一致的情况（如办公室需要供热而餐厅此时需要供冷）。从另一个角度来说，餐厅的气味会扩散到办公室中，这是空调设计不应该出现的情况。

同样，对于办公建筑的大型会议室，通常其使用具有相对的独立性且使用时间带有随机性，如果与办公室合为一个风系统，存在的情况是：办公室使用时，需要同时为会议室进行空调浪费能源。当然，对于一些在某个公司独立的办公区域内，可能也设置有面积较小的配套性会议室（或者由于二次装修分隔产生的会议室），这些会议室的使用频率较高，可能经常在上班时间使用。如果受到建筑平面布局、机房设置、投资等因素的限制，这些房间也可以与其同时使用的办公室合为一个系统。但这样的会议室应该限定是小型的配套会议室而不是大型会议室。

对于计算机信息中心等房间，其室内设计和运行控制参数应该是由机房工艺所决定的，普通办公室的舒适性空调通常无法满足机房的相关要求，这部分一般应采用机房专用空调设备来解决。

对于酒店、商业等公共建筑，情况与上述是相同的。

在《民用建筑供暖通风与空气调节设计规范》GB 50736—2012（以下简称《暖通规范》）中第7.3.2条也有类似的规定，如下：

"7.3.2 符合下列情况之一的空调区，宜分别设置空调风系统；需要合用时，应对标准高的空调区做处理。

1. 使用时间不同；

2. 温湿度基数和允许波动范围不同；

3. 空气的洁净度标准不同；

4. 噪声标准要求不同，以及有消声要求和产生噪声的空调区；

5. 空气中含有易燃易爆物质的空气调节区；

6. 需要同时供热和供冷的空调区。"

将《暖通规范》的上述条文与本标准5.3.1条的内容进行比较，也可以看到：本标准主要从节能角度反映了其中的部分内容，对于其他有关使用的问题，由于与节能的关系不大，在本标准中没有重复提出。

实际设计过程中，由于受到各种条件的限制，对空调设计人员来说也可能存在一定的困难。本条并非绝对的限制（非强制性条文）。因此在本条的条文解释中特别提出的"明显地不同时使用"的提示，要求设计人员应对具体情况进行合理的分析后来确定。

总体来看，设计人员应根据各个空调区的使用特性和要求进行合理划分空调风系统，是空调风系统设计的一个基本要求，也是绝大多数设计人员可以理解和在设计中能够考虑到的。但在实际工程设计中，一些设计人员有时忽视了不同空调区在使用时间等要求上的区别，在工程设计中出现把使用要求不同（比如明显地不同时使用）的空调区划分在同一空调风系统中的情况，不仅给运行与调节造成困难，同时也增大了能耗。因此本标准在此进一步从节能角度强调了其重要性。

4.2 冷源与热源

4.2.1 供暖空调冷源与热源应根据建筑规模、用途、建设地点的能源条件、结构、价格以及国家节能减排和环保政策的相关规定，通过综合论证确定，并应符合下列规定：

1 有可供利用的废热或工业余热的区域，热源宜采用废热或工业余热。当废热或工业余热的温度较高、经技术经济论证合理时，冷源宜采用吸收式冷水机组。

2 在技术经济合理的情况下，冷、热源宜利用浅层地能、太阳能、风能等可再生能源。当采用可再生能源受到气候等原因的限制无法保证时，应设置辅助冷、热源。

3 不具备本条第1、2款的条件，但有城市或区域热网的地区，集中式空调系统的供热热源宜优先采用城市或区域热网。

4 不具备本条第1、2款的条件，但城市电网夏季供电充足的地区，空调系统的冷源宜采用电动压缩式机组。

5 不具备本条第1款～第4款的条件，但城市燃气供应充足的地区，宜采用燃气锅炉、燃气热水机供热或燃气吸收式冷（温）水机组供冷、供热。

6 不具备本条第1款～5款条件的地区，可采用燃煤锅炉房、燃油锅炉供热，蒸汽吸收式冷水机组或燃油吸收式冷（温）水机组供冷、供热。

7 夏季室外空气设计露点温度较低的地区，宜采用间接蒸发冷却冷水机组作为空调系统的冷源。

8 天然气供应充足的地区，当建筑的电力负荷、热负荷和冷负荷能较好匹配、能充分发挥冷、热、电联产系统的能源综合利用效率且经济技术比较合理时，宜采用分布式燃气冷热电三联供系统。

9 全年进行空气调节，且各房间或区域负荷特性相差较大，需要长时间地向建筑同时供热和供冷，经技术经济比较合理时，宜采用水环热泵空调系统供冷、供热。

10 在执行分时电价、峰谷电价差较大的地区，经技术经济比较，采用低谷电能够明显起到对电网"削峰填谷"和节省运行费用时，宜采用蓄能系统供冷、供热。

11 夏热冬冷地区以及干旱缺水地区的中、小型建筑宜采用空气源热泵或土壤源地源热泵系统供冷、供热。

12 有天然地表水等资源可供利用、或者有可利用的浅层地下水且能保证100％回灌时，可采用地表水或地下水地源热泵系统供冷、供热。

13 具有多种能源的地区，可采用复合式能源供冷、供热。

【释义与实施要点】

供暖空调冷源与热源选择基本原则。

冷源与热源包括冷热水机组、建筑物内的锅炉和换热设备、直接蒸发冷却机组、多联机、蓄能设备等。

建筑能耗占我国能源总消费的比例已达27.6％，在建筑能耗中，暖通空调系统和生活热水系统耗能比例接近60％。公共建筑中，冷热源的能耗占空调系统能耗40％以上。当前各种机组、设备类型繁多，电制冷机组、溴化锂吸收式机组及蓄冷蓄热设备等各具特色，地源热泵、蒸发冷却等利用可再生能源或天然冷源的技术应用广泛。由于使用这些机组和设备时会受到能源、环境、工程状况使用时间及要求等多种因素的影响和制约，因此应客观全面地对冷热源方案进行技术经济比较分析，以可持续发展的思路确定合理的冷热源方案。

1. 热源应优先采用废热或工业余热，可变废为宝，节约资源和能耗。当废热或工业余热的温度较高、经技术经济论证合理时，冷源宜采用吸收式冷水机组，可以利用热源制冷。

2. 面对全球气候变化，节能减排和发展低碳经济成为各国共识。温家宝总理出席于2009年12月在丹麦哥本哈根举行的《联合国气候变化框架公约》，提出2020年中国单位国内生产总值二氧化碳排放比2005年下降40％～45％。随着《中华人民共和国可再生能源法》、《中华人民共和国节约能源法》、《民用建筑节能条例》、《可再生能源中长期发展规划》等一系列法规的出台，政府一方面利用大量补贴、税收优惠政策来刺激清洁能源产业发展；另一方面也通过法规，帮助能源公司购买、使用可再生能源。因此地源热泵系统、太阳能热水器等可再生能源技术应用的市场发展迅猛，应用广泛。与此同时，一些复合型可再生能源利用技术也在逐步得到应用，如光伏驱动空调（热泵）系统，利用太阳能发电并用以驱动热泵系统运行提供冷热源，多余电量回馈电网。当机组不工作，光伏发电系统所发电能全部用于并网逆变，向电网送电。

但是，由于可再生能源的利用与室外环境密切相关，从全年使用角度考虑，并不是任何时候都可以满足应用需求的，因此当不能保证时，应设置辅助冷、热源来满足建筑的需求。

3. 北方地区，发展城镇集中热源是我国北方供热的基本政策，发展较快，较为普遍。具有城镇或区域集中热源时，集中式空调系统应优先采用。

4. 电动压缩式机组具有能效高、技术成熟、系统简单灵活、占地面积小等特点，因此在城市电网夏季供电充足的区域，冷源宜采用电动压缩式机组。

5. 对于既无城市热网，也没有较充足的城市供电的地区，采用电能制冷会受到较大的限制，如果其城市燃气供应充足的话，采用燃气锅炉、燃气热水机作为空调供热的热源和燃气吸收式冷（温）水机组作为空调冷源是比较合适的。

6. 既无城市热网，也无燃气供应的地区，集中空调系统只能采用燃煤或者燃油来提供空调热源和冷源。采用燃油时，可以采用燃油吸收式冷（温）水机组。采用燃煤时，则只能通过设置吸收式冷水机组来提供空调冷源。这种方式应用时，需要综合考虑燃油的价格和当地环保要求。

7. 在高温干燥地区，可通过蒸发冷却方式直接提供用于空调系统的冷水，减少了人工制冷的能耗，符合条件的地区应优先推广采用。通常来说，当室外空气的露点温度低于$14\sim15℃$时，采用间接式蒸发冷却方式，可以得到接近$16℃$的空调冷水来作为空调系统的冷源。直接水冷式系统包括水冷式蒸发冷却、冷却塔冷却、蒸发冷凝等。

8. 从节能角度来说，能源应充分考虑梯级利用，例如采用热、电、冷联产的方式。《中华人民共和国节约能源法》明确提出："推广热电联产，集中供热，提高热电机组的利用率，发展热能梯级利用技术，热、电、冷联产技术和热、电、煤气三联供技术，提高热能综合利用率"。大型热电冷联产是利用热电系统发展供热、供电和供冷为一体的能源综合利用系统。冬季利用热电厂的热源供热，夏季采用溴化锂吸收式制冷机供冷，使热电厂冬夏负荷平衡，高效经济运行。

9. 用水环路将小型的水/空气热泵机组并联在一起，构成一个以回收建筑物内部余热为主要特点的热泵供暖、供冷的空调系统。需要长时间向建筑物同时供热和供冷时，可节省能源和减少向环境排热。水环热泵空调系统具有以下优点：（1）实现建筑物内部冷、热转移，（2）可独立计量，（3）运行调节比较方便等，在需要长时间向建筑物同时供热和供冷时，它能够减少向建筑物提供的供热量而节能。但由于水环热泵系统的初投资相对较大，且因为分散设置后每个压缩机的安装容量较小，使得COP值相对较低，从而导致整个建筑空调系统的电气安装容量相对较大，因此，在设计选用时，需要进行较细的分析。从能耗上看，只有当冬季建筑物内存在明显可观的冷负荷时，才具有较好的节能效果。

10. 蓄能系统的合理使用，能够明显提高城市或区域电网的供电效率，优化供电系统。同时，在分时电价较为合理的地区，也能为用户节省全年运行电费。为充分利用现有电力资源，鼓励夜间使用低谷电，国家和各地区电力部门制订了峰谷电价差政策。蓄冷空调系统对转移电力高峰，平衡电网负荷，有较大的作用。

11. 热泵系统属于国家大力提倡的可再生能源的应用范围，有条件时应积极推广。但是，对于缺水、干旱地区，采用地表水或地下水存在一定的困难，因此中、小型建筑宜采用空气源或土壤源热泵系统为主（对于大型工程，由于规模等方面的原因，系统的应用可能会受到一些限制）；夏热冬冷地区，空气源热泵的全年能效比较好，因此推荐使用；而当采用土壤源热泵系统时，中、小型建筑空调冷、热负荷的比例比较容易实现土壤全年的热平衡，因此也推荐使用。对于水资源严重短缺的地区，不但地表水或地下水的使用受到限制，集中空调系统的冷却水全年运行过程中水量消耗较大的缺点也会凸现出来，因此，这些地区不应采用消耗水资源的空调系统形式和设备（例如冷却塔、蒸发冷却等），而宜采用风冷式机组。

12. 当天然水可以有效利用或浅层地下水能够确保 100% 回灌时，也可以采用地下水或地表水源地源热泵系统。

13. 由于可供空气调节的冷热源形式越来越多，节能减排的形势要求出现了多种能源形式向一个空调系统供能的状况，实现能源的梯级利用、综合利用、集成利用。当具有电、城市供热、天然气、城市煤气等多种人工能源以及多种可能利用的天然能源形式时，可采用几种能源合理搭配作为空调冷热源。如"电＋气"、"电＋蒸汽"等。实际上很多工程都通过技术经济比较后采用了复合能源方式，降低了投资和运行费用，取得了较好的经济效益。城市的能源结构若是几种共存，空调也可适应城市的多元化能源结构，用能源的峰谷季节差价进行设备选型，提高能源的一次能效，使用户得到实惠。

本条所提到的主要是建筑空调系统的冷、热源选择。从一般的分类来说，这里所指的空调系统，主要指的是在夏季采用某些形式的冷源装置或冷媒对建筑进行降温；在冬季采用某些形式或热媒对建筑进行供热的系统，从本规范的分类来说，一般并不包括供暖供热系统（其区分的主要准则在于冬季新风系统的设置）。从广义上看，供暖、通风系统和空调系统并不存在必然的"界限"，在许多建筑中，目前已经有多种方式同时存在。因此，本条的内容中，关于热源部分的选择，对于供暖系统来说也具有一定的指导意义。

合理确定空调系统的冷、热源，是节能环保和可持续发展的客观要求，也是暖通空调设计人员应遵从的基本原则。尽管由于建筑物形式、功能的多样化，建筑地点不同等原因，使得建筑物空调系统的冷、热源形式的选择也是多种多样的。但是，多样化并不意味着冷、热源的选择可以"随意化"。所谓合理确定，实际上是一个优化问题，优化时，需要考虑建筑物规模、用途、建设地点的能源条件、结构、价格，以及国家节能减排和环保政策的相关规定等因素。本条在通过我国多年的空调系统实践的基础上，提出了相关的一些原则性要求。

本条的第 1～6 款，采用了"优化顺序"的编制方法，针对目前的情况提出了冷、热源形式选择的优先顺序和一般原则。

可再生能源的应用是当前和今后较长一段时期我国社会经济发展的必然要求，也是全球环境保护所必需的，设计人员应对此给予高度的重视。但是，"工业余热和废热"与"可再生能源"相比，一般来说前者具有相对较高的能源品质，利用时在投资等经济性方面相对较好，因此作为第一款优先提出。同时，这也从另一个方面提醒设计人员：能源利用的基本原则应该首先是"不浪费"现有的资源；我们不能在一边浪费大量可利用的热源的情况下，一边又花很大的代价去实现所谓的"可再生能源"应用甚至采用人工冷、热源，从而导致经济技术上的不尽合理。这也体现了"节约就是节能"的观点。

余热或废热通常可分为高温和低温两种。在空调冷、热源中，高温热源一般指的是能够直接用于空调制冷系统的热源（例如蒸汽和高温热水等），除此之外的宜称为低温热源。

用高温热源直接制冷时，一般采用热力制冷循环——吸收式制冷。显然，如果有高温的余热或废热，可以在夏季满足空调制冷要求的同时，在冬季提供建筑供热用热源，废热和预热的利用效率和经济性都是最好的。当然，在实施本条文第一款时，除了考虑热源的品质外，还应考虑热源位置、具体实施的技术措施以及相关的经济性等因素。

对于可再生能源而言，从目前来看，其热源品质大部分都还处于相对较低的状态（如水、地源热泵系统、太阳能热水等），或者能源供应量不能充分保证的情况（如风力发电、太阳能发电等，虽然品质较高，但总量有限且气候对其总量的影响较大）。因此就一般情况来说，除了水、地源热泵系统在某些条件下有可能能够全年满足要求外，采用风能、太阳能利用的系统，一般宜设置一定的辅助冷、热源，构成多种形式的复合能源系统。

总而言之，对于废热、余热和可再生能源，应该是以尽可能充分利用为原则，这样也就为减少人工能源的利用创造了较好的条件。

在人工热源的选择时，对于有城市集中热网的地区，优先考虑集中热网，对于整个城市的能源利用、节能环保都是非常有利的，对于建筑本身的经济性一般来说也是较好的选择。因此，有城市热网时，一般不宜再自建人工热源（有工艺要求，或者城市热网季节性供应无法满足建筑需要者除外）。当然，尽管有城市热网，如果建筑所在地距离城市热网较远（例如位于城市边沿地区），强制选择城市热网导致接入困难、投资较大，或者需要用较多的输送能耗时，则需要进行一定的技术论证和经济比较来确定。

就目前而言，电动压缩式制冷总体上依然是制冷效率较高的方式。因此对于城市夏季供电能力充足的地区，采用电动压缩式制冷作为空调系统的冷源，是较为合理的。当然，如果城市热网在夏季具有较可靠的供应量和品质（主要是温度）保证，经过充分的论证后，也可以在夏季采用城市热网来进行吸收式制冷，这样有利于整个城市的投资和能源利用。

既无余热、废热、可再生能源和城市热网，夏季电能供应又比较紧张的地区，如果冬季需要供热，只能自建本建筑的独立热源（及相应装置）。结合这一特点，在夏季制冷时已考虑采用吸收式制冷。从制冷、供热的全年综合效率来看，蒸汽锅炉房相对是更为合理的选择。在煤、燃气和燃油这三种主要的燃料选择时，以煤为燃料时，在许多大中城市中收到了环境保护的制约；以燃油为燃料时，在经济性方面目前是最差的；因此如果能够利用城市燃气为燃料，有利于环境保护、能源效率和经济性等的综合协调。

本条的7~12款则是针对具体的特点而做出的相应规定。这些规定在应用时，也需要结合1~6款的原则性规定来同时考虑。

在实际情况中，有两种情况比较明显：一是能源方式受到了较多的限制，这时只能是以限制条件去确定冷、热源的形式；相对来说，这时对于设计人员是比较容易选择的。二是有多种能源可提供，这时就存在了"优化"问题，需要通过合理的技术经济论证来确定，进行优化组合。通常，采用单一种类的能源，设计方便、也便于管理，但能源的利用率可能不是最优的；采用多种复合能源形式时，能够针对不同的需求合理用能，但在设计、控制和运行管理水平上需要提出更高的要求。

4.2.2 除符合下列条件之一外，不得采用电直接加热设备作为供暖热源：

1 电力供应充足，且电力需求侧管理鼓励用电时；

 2 无城市或区域集中供热，采用燃气、煤、油等燃料受到环保或消防限制，且无法利用热泵提供供暖热源的建筑；

 3 以供冷为主、供暖负荷非常小，且无法利用热泵或其他方式提供供暖热源的建筑；

 4 以供冷为主、供暖负荷小，无法利用热泵或其他方式提供供暖热源，但可以利用低谷电进行蓄热，且电锅炉不在用电高峰和平段时间启用的空调系统；

 5 利用可再生能源发电，且其发电量能满足自身电加热用电量需求的建筑。

【释义与实施要点】

电直接加热设备供暖的限制条件。强制性条文。

本条文根据本标准 2005 版强制性条文 5.4.2 条修改，将原 5.4.2 条拆分为本条和 4.2.3 条。本条和 4.2.3 条对供暖热源和加湿热源分别进行规定，表述更加严谨清晰，便于执行。同时删去了原条文中的非强制部分。

合理利用能源、提高能源利用率、节约能源是我国的基本国策。常见直接采用电能供热的设备有电热锅炉、电热水器、电热空气加热器等，用高品位的电能直接用于转换为低品位的热能进行供暖或空调，热效率低，运行费用高，是不合适的。国家有关强制性标准中早有"不得采用直接电加热的空调设备或系统"的规定。近些年来由于空调，供暖用电所占比例逐年上升，致使一些省市冬夏季尖峰负荷迅速增长，电网运行日趋困难，造成电力紧缺。2003 年夏季，全国 20 多个省、市不同程度出现了拉闸限电。入冬以后，全国大范围缺电现象愈演愈烈。而盲目推广电锅炉、电供暖，将进一步劣化电力负荷特性，影响民众日常用电，制约国民经济发展，为此必须严格限制。考虑到国内各地区的具体情况，在只有符合本条所指的特殊情况时方可采用。

1. 随着我国电力事业的发展和需求的变化，电能生产方式和应用方式均呈现出多元化趋势。同时，全国不同地区电能的生产、供应与需求也是不相同的，无法做到一刀切的严格规定和限制。因此如果当地电能富裕、电力需求侧管理从发电系统整体效率角度，有明确的供电政策支持时，允许适当采用直接电热。

2. 夏热冬暖地区或位居城市边远区域的建筑，冬季供暖一般无城市或区域集中供热热源可供利用，采用设置燃气、燃油或燃煤锅炉的方案又因受到消防及环保的严格要求和限制而无法实现。对这些地区的建筑采用热泵供暖是一个较好的选择，但是，考虑到建筑的规模、造型、性质以及空调系统的设置情况等，某些建筑可能无法设置热泵系统。由于这些建筑通常规模都比较小，且某些建筑还具有历史保护意义，在迫不得已的情况下，也允许适当地采用电能进行供热，但应在征求消防、环保等部门的批准后才能进行设计。

3. 对于一些设置了夏季集中空调供冷的建筑，其个别局部区域（例如：目前在一些南方地区，采用内、外区合一的变风量系统且加热量非常低时——有时采用窗边风机及低容量的电热加热、建筑屋顶的局部水箱间为了防冻需求等）有时需要加热且供暖负荷非常少（不超过夏季空调供冷时冷源设备电气安装容量的 20%），如果为这些要求专门设置空调热水系统，难度较大或者条件受到限制或者投入非常高。因此，如果所需要的直接电能供热负荷非常小时，允许适当采用直接电热方式。

4. 如同本条文第 3 款的说明一样，某些建筑以夏季供冷为主设置了集中空调供冷系统，其个别局部区域存在一定的供暖负荷，但由于条件受限无法利用热泵或其他方式提供供暖热源。当这些建筑冬季供热设计负荷较小、工程所在地电力供应充足且具有较大的峰谷电差政策时，可利用夜间低谷电蓄热方式进行供暖，但电锅炉不得在用电高峰和平段时间启用。为了保证整个建筑的变压器装机容量不因冬季采用电热方式而增加，要求冬季直接电能供热负荷不超过夏季空调供冷负荷的20%，且单位建筑空调面积的直接电能供热总安装容量不超过20W/m²。

1）关于利用低谷电进行蓄热的问题

标准中允许利用低谷电蓄热为空调系统提供供暖热源，允许电锅炉不在用电高峰和平段时间启用。这是因为在电厂负荷有较大的昼夜峰谷电差时，利用夜间低谷电蓄热供白天供暖，鼓励用户利用低谷电，不用高峰和平段电，可以达到削峰填谷的目的。以300MW发电机组为例，当负荷降到40%时，其供电1kWh煤耗将增加15%。因此，提高夜间负荷率、改善负荷特性，可以有效地降低发电煤耗，减少由燃煤引起的环境污染，提高发电、输配和配电设施的利用率，减少新增装机容量，降低电力成本，宏观上是一种合理的用能方式。由于节能是接在源头，对于建筑用户而言，必须得到经济上的补偿，即采用蓄热电供暖所增加的投资，应能从节省的电费中很快得到回报。

2）关于20W/m²的电热安装容量限制问题

此条的主要原则是：冬季空调供热用电能的电力负荷不能超过夏季空调制冷的电力安装容量。以一幢1万m²的办公建筑为例，如果采用电热，其供热电力负荷最大值200kW，当采用一定的夜间蓄热措施时，实际电力负荷大约为140~160kW（考虑20%~30%的蓄热削峰能力）。如果该建筑夏季设置空调系统，在严寒地区其空调冷负荷为500~800kW，其夏季制冷的电力负荷在150~250kW之间；在寒冷地区其空调冷负荷为700~900kW，其夏季制冷的电力负荷在200~350kW之间；在夏热冬冷和夏热冬暖地区其空调冷负荷为800~1100kW，其夏季制冷的电力负荷在250~350kW之间。因此规定冬季20W/m²的电热安装容量限制的思想是：对于严寒地区，直接采用电热应该限制（从实际情况来看，严寒地区的大部分区域也都有城市供热管网，应该充分利用）；对于寒冷地区，如果不采用蓄热方式，原则上也应是限制使用的。

3）关于电热负荷不超过夏季供冷负荷的20%的问题

这是另一个限制条件，其原则思想与2）是有相互联系的。仍然对于1万m²的办公建筑为例。严寒、寒冷、夏热冬冷地区其空调热负荷一般分别在900~1100kW、700~900kW、300~600kW，夏热冬暖地区则对供热的需求极少，一般不是考虑的重点。这些地区中，可能允许直接用电热的，主要是部分夏热冬冷地区的建筑；但当热负荷数值上超过冷负荷的20%时，电热容量超过了200kW，因此与限制条件2）思路也是一致的。

5. 对于太阳能、生物质能、风能等可再生能源发电，采取"实施发电、实时应用"的原则的利用效率最高，这样可以减少大量的蓄电池装置的使用，也有利于广义上的环保效益。但目前大部分设置了可再生能源发电的建筑，其发电量都比较少，很难满足自身的供热电热需求。为了防止个别项目打着利用可再生能源的旗号而实际上大量采用城市电网电能来直接供热，本条款做出了"其发电量能满足自身电加热用电量需求"的限制。因此，如果建筑本身设置了可再生能源发电系统，且发电量能够满足建筑本身的电热供暖需求，不消耗市政电能时，为了充分利用其发电的能力，允许采用这部分电能直接用于供暖。

在项目设计前，应首先落实项目所在地的能源条件和消防及环保部门的要求，主要是掌握当地电能是否富裕、电力需求侧管理是否有明确的供电支持政策，是否有区域或集中供热或其他热源可供利用，消防及环保部门是否允许在建筑物内（外）设置燃气、燃油或燃煤锅炉房等情况；其次，还应考虑到建筑的规模、屋面造型、性质以及当地的气候条件等是否适合设置热泵机组。当工程项目满足本条文所规定的五个条件之一时，设计中方可采用电直接加热设备作为供暖热源。但是，从有利于全社会的电力效益的角度出发，即使由于某些客观条件下无法选择热泵而需要采用电热设备为直接的热源时，也应采用低谷电蓄热的方式。这样不但降低了电网的峰值负荷，对于用电单位来讲，其运行费用较低，经济效益也是较好的。另外，从更大的原则上来说，直接电热的使用仍然是以限制为基本出发点的，采用直接电热只能是一个"被迫"的选择，设计中应严格把握。

【检查要点】

应检查设计说明中是否交代了采用电直接加热设备作为供暖热源的理由，然后再核实这些理由是否充分，是否满足本条所规定的五个条件之一。如不满足，则不应采用直接电热设备供暖。

对于符合本条规定各款条件之一的情况应按以下要求核查其证明材料：

第一款：出具当地电力供应充足或电力需求侧管理鼓励用电的文件；

第二款：出具无城市或区域集中供热的说明，出具采用燃气、煤、油等燃料受到环保或消防限值的文件，出具无法利用热泵提供供暖热源的技术文件；

第三款：出具无法利用热泵或其他方式提供供暖热源的技术文件，设计文件中包括计算书，显示建筑所需要的直接电能供热负荷不超过夏季空调供冷时冷源设备电气安装容量的 20%；

第四款：出具无法利用热泵或其他方式提供供暖热源的技术文件，设计文件中包括计算书，显示建筑冬季直接电能供热负荷不超过夏季空调供冷负荷的 20%且单位建筑面积的直接电能供热总安装容量不超过 $20W/m^2$，设计说明中阐明建筑具备利用低谷电进行蓄热，且电锅炉不在用电高峰和平段时间启用的条件；

第五款：提供可再生能源发电系统设计文件，发电量和建筑自身加热量需求计算书。

以设计文件、相关技术报告和政府部门文件为判定依据。

4.2.3 除符合下列条件之一外，不得采用电直接加热设备作为空气加湿热源：

1 电力供应充足，且电力需求侧管理鼓励用电时；

2 利用可再生能源发电，且其发电量能满足自身加湿用电量需求的建筑；

3 冬季无加湿用蒸汽源，且冬季室内相对湿度控制精度要求高的建筑。

【释义与实施要点】

电能作为空气加湿热源的限制条件。强制性条文。

用蒸汽加湿的特点是简单可靠且加湿能力大，如果有蒸汽源，这是最好的选择。由于并非每个建筑都具有蒸汽源的条件，这也是电极与电热式蒸汽加湿器在近几年有较大发展的原因之一，但其用电量较大的缺点也是非常明显的。因此，在电力供应充足且电力需求侧管理鼓励用电，或利用可再生能源发电且其发电量能满足自身空气加湿用电量需求时，方可采用电直接加热设备作为空气加湿热源。

无蒸汽源的大部分地区或建筑，对于舒适型空调，都可以通过其他的低能耗加湿方式

（高压喷雾、湿膜等）来解决。由于水加湿方式对空气无菌可能存在一些疑问，对于高精密的恒温恒湿空调系统的湿度控制方面也存在一定的难度。因此在冬季无加湿用蒸汽源时，为满足特殊环境的高标准卫生（例如无菌病房等）和可调性要求，允许适当放宽对采用电能加湿方式的限制，可采用电极（或电热）式蒸汽加湿器。

在项目设计前，应首先了解项目所在地电力供应情况。如果当地电力供应充足富裕，且电力需求侧管理有明确的供电支持政策，或建筑利用可再生能源发电，且其发电量能满足自身加湿用电量需求，那么工程设计中允许采用电直接加热设备作为空气加湿热源；对于冬季无加湿用蒸汽源且冬季室内相对湿度控制精度要求高的建筑，不采用蒸汽无法实现湿度的精度要求时，可用电极（或电热）式蒸汽加湿器。

【检查要点】

应检查设计说明中是否交代了采用电直接加热设备作为空气加湿热源的理由，然后再核实这些理由是否充分，是否确实满足了本条文所规定的三个条件之一。如不然，则不应采用电直接加热设备作为空气加湿热源。

对于符合本条规定各款条件之一的情况应按以下要求核查其证明材料：

第一款：出具当地电力供应充足或电力需求侧管理鼓励用电的文件；

第二款：提供可再生能源发电系统设计文件，发电量和建筑自身加热量需求计算书；

第三款：设计文件说明无加湿用蒸汽热源，且对房间湿度的精度要求或卫生要求做特别说明，说明不采用蒸汽则无法实现的理由。

以设计文件、相关技术报告和政府部门文件为判定依据。

4.2.4 锅炉供暖设计应符合下列规定：

1 单台锅炉的设计容量应以保证其具有长时间较高运行效率的原则确定，实际运行负荷率不宜低于50％；

2 在保证锅炉具有长时间较高运行效率的前提下，各台锅炉的容量宜相等；

3 当供暖系统的设计回水水温小于或等于50℃时，宜采用冷凝式锅炉。

【释义与实施要点】

锅炉供暖设计要求。

本条中各款提出的是选择锅炉时应注意的问题，以便能在满足全年变化的热负荷前提下，达到高效节能运行的要求。

1. 供暖及空调热负荷计算中，通常不计入灯光设备等得热，而将其作为热负荷的安全余量。但灯光设备等得热远大于管道热损失，所以确定锅炉房容量时无需计入管道热损失。负荷率不低于50％即锅炉单台容量不低于其设计负荷的50％。

2. 燃煤锅炉低负荷运行时，热效率明显下降，如果能使锅炉的额定容量与长期运行的实际负荷接近，会得到较高的热效率。作为综合建筑的热源往往会长时间在很低的负荷率下运行，由此基于长期热效率高的原则确定单台锅炉容量很重要，不能简单地以等容量选型。但在保证较高的长期热效率的前提下，又以等容量选型最佳，因为这样投资节约、系统简洁、互备性好。

3. 冷凝式锅炉即在传统锅炉的基础上加设冷凝式热交换受热面，将排烟温度降到40～50℃，使烟气中的水蒸气冷凝下来并释放潜热，可以使热效率提高到100％以上（以低位发热量计算），通常比非冷凝式锅炉的热效率至少提高 10%～12%。燃料为天然气时，烟气的露点温度一般在 55℃ 左右，所以当系统回水温度低于 50℃，采用冷凝式锅炉可实现节能。

4.2.5 在名义工况和规定条件下，锅炉的热效率不应低于表 4.2.5 的数值。

表 4.2.5 锅炉的热效率（%）

锅炉类型及燃料种类		锅炉额定蒸发量 D（t/h）/额定热功率 Q（MW）					
		$D<1$ / $Q<0.7$	$1{\leq}D<2$ / $0.7{\leq}Q<1.4$	$2<D<6$ / $1.4{<}Q{\leq}4.2$	$6{\leq}D{\leq}8$ / $4.2{\leq}Q{\leq}5.6$	$8<D{\leq}20$ / $5.6<Q{\leq}14.0$	$D>20$ / $Q>14.0$
燃油燃气锅炉	重油	86			88		
	轻油	88			90		
	燃气	88			90		
层状燃烧锅炉	Ⅲ类烟煤	75	78	80		81	82
抛煤机链条炉排锅炉						82	83
流化床燃烧锅炉				84			

【释义与实施要点】

锅炉名义工况下的热效率要求。强制性条文。

当前，我国多数燃煤锅炉运行效率低、热损失大。为此，在设计中要选用机械化、自动化程度高的锅炉设备，配套优质高效的辅机，减少炉膛未完全燃烧和排烟系统热损失，杜绝热力管网中的"跑、冒、滴、漏"，使锅炉在名义工况下产生最大热量而且平稳运行。燃气燃油锅炉由于技术新和智能化管理，不仅热效率较高，而且环保性能也好。

中华人民共和国国家质量监督检验检疫总局颁布的特种设备安全技术规范《锅炉节能技术监督管理规程》TSG G0002—2010 中，工业锅炉热效率指标分为目标值和限定值，达到目标值可以作为评价工业锅炉节能产品的条件之一。条文表中数值为该规程规定限定值，选用设备时必须要满足的。

锅炉选型时，应尽可能选择高效率锅炉，不仅节能、减少运行费用，还可以减少污染物的排放量和对大气的污染，有利于环境保护。在技术可行、经济合理的前提下，宜优先选择热效率更高的冷凝式燃气锅炉或真空热水锅炉。

【检查要点】

应检查设计图纸主要设备材料表中锅炉的选型、核查名义工况和规定条件下的锅炉热效率是否满足本条表 4.2.5 的限值要求。

4.2.6 除下列情况外，不应采用蒸汽锅炉作为热源：

1 厨房、洗衣、高温消毒以及工艺性湿度控制等必须采用蒸汽的热负荷；

2 蒸汽热负荷在总热负荷中的比例大于 70% 且总热负荷不大于 1.4MW。

【释义与实施要点】

采用蒸汽锅炉的限制条件。新增条文。

　　这一条款主要是考虑蒸汽锅炉与热水锅炉相比，其热效率、安全性、热输送损失以及投资上，热水锅炉都优于蒸汽锅炉，是早已被实践证明的事实，所以强调优先以水为锅炉供热介质的理念。但当蒸汽热负荷在总热负荷中的比例大于70%，而总热负荷不大于1.4MW时（即供暖热负荷小于0.42MW时），分设蒸汽供热与热水供热两套系统，往往导致系统复杂、投资偏高、锅炉选型困难，此时，在技术经济合理的条件下，可以统一供热介质，采用蒸汽锅炉。

4.2.7　集中空调系统的冷水（热泵）机组台数及单机制冷量（制热量）选择，应能适应负荷全年变化规律，满足季节及部分负荷要求。机组不宜少于两台，且同类型机组不宜超过4台；当小型工程仅设一台时，应选调节性能优良的机型，并能满足建筑最低负荷的要求。

【释义与实施要点】

　　集中空调系统的冷水机组台数及单机制冷量要求。

　　在大中型公共建筑中，或者对于全年供冷负荷变化幅度较大的建筑，冷水（热泵）机组的台数和容量的选择，应根据冷（热）负荷大小及变化规律确定，单台机组制冷量的大小应合理搭配，当单机容量调节下限的制冷量大于建筑物的最小负荷时，可选一台适合最小负荷的冷水机组，在最小负荷时开启小型制冷系统满足使用要求，这种配置方案已在许多工程中取得很好的节能效果。如果每台机组的装机容量相同，此时也可以采用一台或多台变频调速机组的方式。

　　对于设计冷负荷大于528kW以上的公共建筑，机组设置不宜少于两台，除可提高安全可靠性外，也可达到经济运行的目的。因特殊原因仅能设置一台时，应选用可靠性高，部分负荷能效高的机组。

4.2.8　电动压缩式冷水机组的总装机容量，应按本标准第4.1.1条的规定计算的空调冷负荷值直接选定，不得另作附加。在设计条件下，当机组的规格不符合计算冷负荷的要求时，所选择机组的总装机容量与计算冷负荷的比值不得大于1.1。

【释义与实施要点】

　　冷水机组总装机容量确定要求。新增条文。强制性条文。

　　实际情况来看，在目前所有的舒适性集中空调建筑中，几乎都不存在冷源的总供冷量不够的问题，大部分情况下，一年中冷水机组同时全开的时间很短甚至没有同时全部运行的要求。

　　目前，相当多的制冷站房的冷水机组总装机容量及输配系统配置过大。单台冷水机组的装机容量及输配系统配置的相应增加，导致了冷水机组低负荷工况下运行时能效降低、输配系统输配效率降低，特别是极低负荷下冷水机组运行能效大幅下降且输配系统输配能耗占比大幅上升，冷源系统运行能耗增加，不利于节能；同时，设备及管道系统的加大也造成了投资的浪费。因此，对设计的装机容量做出了本条规定。

　　目前大部分主流厂家的产品，都可以按照设计冷量的需求来配置和提供冷水机组，但也有一部分产品采用的是"系列化或规格化"生产。为了防止冷水机组的装机容量选择过大，本条对总容量进行了限制。

应该注意的是，本条规定的比值不超过 1.1 是一个限制值，不能理解为设备选择的"安全系数"。

对于一般的舒适性建筑的常规水冷冷水机组而言，本条规定能够满足使用要求。采用热泵（冷热水）机组供冷供热时，为满足供热需求而出现机组制冷量超出限值时，机组制冷容量可不受本条规定的限制；对于某些特定的建筑必须设置备用冷水机组时（例如数据机房、有特别要求的高星级酒店等工艺必须保证的建筑），其备用冷水机组的容量不统计在本条规定的装机容量之中。

在设计中应首先确定冷源配置负荷，冷源配置负荷以按本标准第 4.1.1 的规定计算的空调冷负荷值为基础，附加管路系统的损耗、空调冷水循环泵形成的损耗，同时考虑同时使用情况，一般情况下，冷源配置负荷不大于本标准第 4.1.1 的规定计算的空调冷负荷。

确定冷源配置负荷后，应按冷源配置负荷选择冷水机组，冷水机组制冷量应为设计工况和条件下的制冷量，一般情况冷水机组装机总容量应与冷源配置负荷相同。采用"系列化或规格化"生产的冷水机组时，如因规格限制冷水机组装机总容量不能与冷源配置负荷匹配时，装机总容量不能超过冷源配置负荷的 1.1。

【检查要点】

审核设计文件中的空调冷负荷计算书、冷水机组选择计算书等。核实空调冷负荷计算书中输入数据、空调冷负荷计算值等是否合理正确；核实冷水机组选择计算书中冷源配置负荷是否合理正确，包含附加管路系统的损耗、空调冷水循环泵形成的损耗、同时使用系数取值；核实冷水机组选择计算书冷水机组装机总容量是否满足本条规定的要求。审核设计图中冷水机组的台数及容量与计算书是否一致。

4.2.9 采用分布式能源站作为冷热源时，宜采用由自身发电驱动、以热电联产产生的废热为低位热源的热泵系统。

【释义与实施要点】

分布式能源的系统形式要求。新增条文。

分布式能源站作为冷热源时，需优先考虑使用热电联产产生的废热，综合利用能源，提高能源利用效率。热电联产如果仅考虑如何用热，而电力只是并网上网，就失去了分布式能源就地发电（Site generation）的意义，其综合能效还不及燃气锅炉，在现行上网电价条件下经济效益也很差，必须充分发挥自身产生电力的高品位能源价值。

采用热泵后综合一次能效理论上可以达到 2.0 以上，经济收益也可提高 1 倍左右。我国在城市开发中已经建成一批分布式能源热电联供或热电冷联供系统，但也遇到一系列问题，主要表现在：

1. 负荷不足，运行能效低。有多个项目供冷供回水温差小于 2℃，甚至有的低于 0.8℃。致使输送能耗占总能耗 40% 以上。

2. 经济性差。由于天然气价格不断上涨，而电力价格（上网电价）以燃煤发电价格为标杆，因此很多分布式能源系统刚投运便陷入亏损。

3. 系统普遍偏大。因为是国家投资，所以规划设计都是"大手笔"，多数规划设计单位沿用单体建筑设计中的指标估算方法，以较大的裕量高估负荷，形成能源系统大马拉小车。加之国内新开发园区入住率低、空置率高，更使得"小车"也不能满载。

4. 冷热定价不合理，却用行政手段强迫入住单位接受，使用户怨声载道。

这实际上是对分布式能源的理解有偏差。可以把分布式能源的发展过程分为三代，其各自特点见表 2-4-1。

分布式能源发展过程　　　　　　　　　　　　　　　　　　表 2-4-1

	第一代分布式能源	第二代分布式能源	第三代分布式能源
年代	1970～1990 年	1980～2010 年	2010 至现在
形式	热电厂	热电冷联供	能源微网
燃料	单一燃料（煤或天然气）	清洁燃料（天然气）	多种能源（可再生能源和清洁能源）现场发电
输出	热、电	热、电、冷、热水	热、电、冷、热水
输出能量品位	高品位	高品位+低品位	低品位
能源站	单一能源中心	单一能源中心	分布式能源站
发电机组	300MW（个别 500MW）以下	50MW 以下	6MW 以下
发出电力	上网	并网	借网或自组网直供电
电力用途	不考虑	满足建筑内基本负荷	自用，驱动分布式热泵、蓄能或供冷供热
输出热能	蒸汽、高温热水	冷水、高温/低温热水	冷水、低温热水
输送半径	10～20km	1km 以下	400m 以下
与用户关系	靠近用户	接近用户	贴近用户
最适合的应用	工业自备电厂	大型（单体）公共建筑冷热电联供	新建和改建城区供能
规划原则	供应侧规划、保证可靠性	供应侧规划、供冷能效优先	用户侧节能资源化、资源共享与分享、能效最大化
管理系统	机电控制	数字控制	互联网
负荷预测	指标法：全年最大负荷的叠加	指标法：设计日最大负荷的叠加	情景法：当地能耗实测数据与数值模拟结合
投资模式	政府或国有能源企业投资	政府、国有能源企业或业主投资	多种投资模式，第三方投资为主

从表 2-4-1 可以看出，第三代分布式能源中有个关键点，就是热电联产发出电力用来驱动热泵，与热电联产余热共同满足供冷供热需求（见图 2-4-1）。

过去在分布式能源设计理念中，有一个很大的误区，即认为热电联产的主要目的就是利用余热。这样考虑，对供应侧电力公司来说没有错，因为电力是它独家经营的，将发电的余热废热充分利用起来，能使电力公司得到更多的利益。而对以建筑供热为目的的需求侧用户来说，用高品位的天然气发电，如果不管电的用途，只考虑利用余热，即使综合一次能效率达到 80%，也不如用一台燃气锅炉，热效率可以达到 90% 以上。对于需求侧用户供冷来说，不管电的用途，只将热电联产余热用于 COP 为 1.3 的吸收式机组制冷，综合一次能效率也只能达到 88%（用产热更多的发电效率为 30% 的燃气轮机），还不如用电网电力驱动 COP=3.6 的空气源热泵供冷，其综合一次能源效率也能达到 126%。这样利用热电联产当做冷热源或区域能源，无论从能效还是从投资角度评价都不合理。

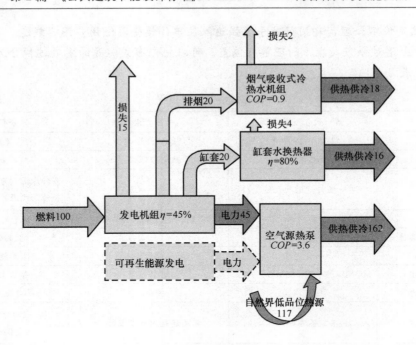

图 2-4-1 供冷供热流程图

图中的示意系统，用燃气驱动的内燃机发电，电力驱动 $COP=3.6$ 的空气源热泵。在供热模式下，系统一次能源综合能效比可以达到 196%。如果改用水源热泵，可将内燃机缸套冷却水用来提升水源热泵的热源水温度，以提高水源热泵的能效比。而在供冷模式下，由于吸收式机组能效比可以提高到 1.2 以上，缸套水、吸收机和热泵冷凝器的热量可以回收用于建筑卫生热水，此时系统综合一次能源效率可以提高到 202% 以上。

再来看经济性。假定在上图中产生的电力不是用来驱动热泵，而是电力上网。设天然气价格为 3.07 元/m³，电力上网收购价 0.76 元/kWh（脱硫电价标杆价 0.46 元/kWh，加上政府补贴 0.30 元/kWh），终端热价 0.55 元/kWh。则可以计算出：

电力上网情景下每立方米天然气可以得到 5.29 元收益，与天然气比价是 1.72。

电力驱动热泵情景下每立方米天然气可以得到 10.78 元收益，与天然气比价是 3.51，是电力上网情景下收益的 2.04 倍。

假定需求侧热负荷为 10000kW，如果分布式能源系统承担全部负荷，则在电力上网模式下需要发电机组容量约为 13MW，而在电力驱动热泵模式下只需要 2.3MW。这意味着初投资和天然气耗量的大幅度减小。

按照国家电力改革的趋势，不久将可以实现电力直供。这样可以将分布式热泵贴近用户甚至在用户的楼内安装，缩短甚至省去了能量损失很大的冷热输送管网。空气源热泵具有安装场所的灵活性，而水源热泵则可以通过能源总线系统（国外也称其为"燃网 Anergy grid"）集成共享来自土壤、地表水、污水甚至冷却塔的低品位热源/热汇，并取得更高的能源效率。某些水源新型设备（如磁浮离心机）在制冷工况下能效比达到 6 以上，在供热工况下能效比也有 5.5。

这样的分布式能源系统，需要有基于互联网（泛在网络 Ubiquitous network）的能源管理系统。这也使得第三代分布式能源系统有别于全分散的分体空调。

4.2.10 采用电机驱动的蒸气压缩循环冷水（热泵）机组时，其在名义制冷工况和规定条件下的性能系数（COP）应符合下列规定：

 1 水冷定频机组及风冷或蒸发冷却机组的性能系数（COP）不应低于表 4.2.10 的数值；

 2 水冷变频离心式机组的性能系数（COP）不应低于表 4.2.10 中数值的 0.93 倍；

 3 水冷变频螺杆式机组的性能系数（COP）不应低于表 4.2.10 中数值的 0.95 倍。

表 4.2.10 冷水（热泵）机组的制冷性能系数（COP）

类型		名义制冷量 CC（kW）	性能系数 COP（W/W）					
			严寒 A、B 区	严寒 C 区	温和地区	寒冷地区	夏热冬冷地区	夏热冬暖地区
水冷	活塞式/涡旋式	CC≤528	4.10	4.10	4.10	4.10	4.20	4.40
	螺杆式	CC≤528	4.60	4.70	4.70	4.70	4.80	4.90
		528＜CC≤1163	5.00	5.00	5.00	5.10	5.20	5.30
		CC＞1163	5.20	5.30	5.40	5.50	5.60	5.60
	离心式	CC≤1163	5.00	5.00	5.10	5.20	5.30	5.40
		1163＜CC≤2110	5.30	5.40	5.50	5.50	5.60	5.70
		CC＞2110	5.70	5.70	5.70	5.80	5.90	5.90
风冷或蒸发冷却	活塞式/涡旋式	CC≤50	2.60	2.60	2.60	2.60	2.70	2.80
		CC＞50	2.80	2.80	2.80	2.80	2.90	2.90
	螺杆式	CC≤50	2.70	2.70	2.70	2.70	2.90	2.90
		CC＞50	2.90	2.90	2.90	3.00	3.00	3.00

【释义与实施要点】

 冷水（热泵）机组的性能要求。强制性条文。

 本条沿用本标准 2005 版强制性条文 5.4.5 条的规定，更新了冷机效率限值，将定频机组和变频机组区别规定，并分气候区进行规定，增加了条文的合理性。

 冷水机组是公共建筑集中空调系统的主要耗能设备，其性能的高低很大程度影响空调系统的能效。为保证集中空调系统高效节能，特制定本条规定。

 我国地域辽阔，各气候区气候差异大，各气候区冷水机组运行时间不同，且各气候区冷水机组因冷却侧温度不同、运行时能效也不同。为保证全国不同气候区达到一致的节能率，在经济和技术分析的基础上，本次修订根据冷水机组的实际运行情况和节能潜力，对各气候区提出了不同的限值要求。严寒寒冷地区，冷水机组性能适当提升，建筑围护结构性能较大提升；夏热冬冷和夏热冬暖地区，冷水机组性能较大提升，建筑围护结构性能小幅提升。

 1. 制冷量分级

 2006～2011 年销售数据显示，冷量小于 528kW 的离心式冷水机组已基本停止生产和销售，528～1163kW 的离心式冷水机组也只占到该类机型总销售量的 0.1%，同时通过对冷量大于 1163kW 的离心式冷水机组的销售和性能的细分分析，确定对冷量小于等于 1163kW、1163～2110kW 和大于 2110kW 的离心式冷水机组的性能分别作出要求。对于水冷活塞式/涡旋式冷水机组，冷量小于 528kW 的机组占绝大部分，冷量为 528～1163kW 的机组只占到该类机型总销售量的 2% 左右，冷量大于 1163kW 的机组已基本停止生产，且大冷量机组的能效与螺杆式或离心式相比相差较大，不建议采用，本条仅对冷量不大于 528kW 机组的性能作出统一要求。水冷螺杆式和风冷/蒸发冷却机组冷量分级不变。

2. 冷水机组性能系数（COP）限值的确定

分析不同类型、不同冷量和性能水平的冷水机组在不同地区的销售情况，确定冷水机组的性能模型和价格模型，以最优节能方案中冷水机组的节能与年收益投资比作为目标，确定冷水机组性能系数（COP）的限值。

随着压缩机变频技术的不断发展和成熟，变频冷水机组在我国的应用呈不断上升的趋势。冷水机组变频后，有效地提升机组部分负荷运行性能，尤其是离心式冷水机组，变频后其综合部分负荷运行系数提高 30% 左右；但由于变频器及电抗器、滤波器功率损耗，变频后机组的满负荷运行性能有一定程度的降低，因此对变频机组的 COP 值做了一定的调降。目前我国的变频冷水机组主要为大容量的水冷离心式和螺杆式机组，两类机组变频后性能变化的差异较大，因此对离心式和螺杆式机组分别提出了不同的调降量要求，并根据现有变频冷水机组的性能数据进行了校核。

双工况冷水机组制造时需同时照顾两个工况的效率，其空调工况性能系数会比单工况机组低，本条没有强制要求。设计中应综合考虑两个工况的效率，也不应选用空调工况性能系数过低的机组。

水源热泵机组（特别是地下水水源热泵机组）冷凝侧温度及温差与带规冷水机组相差较大，不做强制要求。

对于热泵冷（热）水机组，其空调制冷工况的性能系数（COP）也应满足本条规定的要求。

对于风冷式机组，计算 COP 值时，机组消耗的功率应包含放热侧风机功率；对于蒸发冷却式机组，计算 COP 值时，机组消耗的功率应包含放热侧水泵和风机功率。

名义工况和规定条件应符合现行国家标准《蒸汽压缩循环冷水（热泵）机组低 1 部分：工业或商业用及类似用途的冷水（热泵）机组》GB/T 18430.1 的规定。使用侧冷水出口水温 7℃，水流量 0.172m³/(h·kW)；热源侧（或放热侧）水冷式冷却水进口水温 30℃，水流量 0.215m³/(h·kW)；蒸发器水侧污垢系数为 0.018m²·℃/kW，冷凝器水侧污垢系数为 0.044m²·℃/kW。

目前我国水冷冷水机组的设计工况多为冷凝侧温度 32℃/37℃，蒸发侧温度 7℃/12℃，而且设计时冷水温度及温差也不相同，两器污垢系数与规定条件相比也不相同；风冷或蒸发冷却式机组存在同样的问题。

实际设计中，可采用不同生产商的选型软件通过调整压缩机及两器等来匹配冷水机组，选择适合要求的设备；选择冷水机组时应分别按设计工况、设计条件和名义工况、规定条件来匹配，分别得出设计工况、设计条件和名义工况、规定条件下机组的 COP 值。

对水冷离心式冷水机组，也可根据设计工况及条件下的 COP_n 值按下式拟合出名义工

况及规定条件下的 COP 值，反之相同。

$$COP = COP_n / K_a \qquad (2\text{-}4\text{-}1)$$

$$K_a = A \times B \qquad (2\text{-}4\text{-}2)$$

$$A = 0.000000346579568 \times (LIFT)^4 - 0.00121959777 \times (LIFT)^2$$
$$+ 0.0142513850 \times (LIFT) + 1.33546833 \qquad (2\text{-}4\text{-}3)$$

$$B = 0.00197 \times (LE) + 0.986211 \qquad (2\text{-}4\text{-}4)$$

$$LIFT = LC - LE \qquad (2\text{-}4\text{-}5)$$

式中　COP——名义工况下机组的性能系数；

　　　COP_n——设计工况下机组的性能系数；

　　　LC——设计工况下机组冷凝器出口温度（℃）；

　　　LE——设计工况下机组蒸发器出口温度（℃）。

3. 冷水机组性能系数提升水平

根据《中国用能产品能效状况白皮书 2012》中的数据显示，2011 年我国销售的各类型冷水机组中，四级和五级能效产品占总量的 16%，三级及以上产品占 84%，其中节能产品（一级和二级能效）则占到了总量的 57%。此外，根据调研得到的数据显示，当前主要厂家生产的主流冷水机组性能系数与本标准 2005 版本限值相比，高出比例大致为 3.6%～42.3%，平均高出 19.7%。可见，当前我国冷水机组的性能已经有了较大幅度的提升。

本标准修订后，冷水机组性能系数（COP）限值与 2005 年版相比，各气候区均有提高。提高比例大致为 4%～23%，其中应用较多、容量较大的水冷螺杆式和离心式机组提高比例较大，全国加权平均提高比例为 12.9%，冷水机组性能提升带来的空调系统的节能率约为 4.5%。限值提高后，目前市场上有一部分产品性能将无法满足要求，从北到南为 11.5%～36.3%、全国加权平均 27.9% 的冷水机组需要改善性能。根据目前冷水机组的市场价格，按照修订后的性能系数限值要求，各类冷水机组初投资增量比例从北到南为 11%～21.7%、全国加权平均 19.1%，静态投资回收期约为 4～5 年。

修订后冷水机组性能系数限值与下表现行国家标准《冷水机组能效限定值及能源效率等级》GB 19577 相比，水冷活塞式/涡旋式机组能效等级在 3、4 级之间，水冷螺杆式机组能效等级在 1、3 级及之间，且大部分在 1、2 级，水冷离心式机组能效等级在 1、3 级之间，且大部分在 1、2 级。

冷水机组能效限定值及能源效率等级　　　　　　　　　表 2-4-2

类型	名义制冷量 CC（kW）	能效等级（COP）				
		1	2	3	4	5
风冷或蒸发冷却式	$CC \leqslant 50$	3.20	3.00	2.80	2.60	2.40
	$CC > 50$	3.40	3.20	3.00	2.80	2.60
水冷式	$CC \leqslant 528$	5.00	4.70	4.40	4.10	3.80
	$528 < CC \leqslant 1163$	5.50	5.10	4.70	4.30	4.00
	$CC > 1163$	6.10	5.60	5.10	4.60	4.20

【检查要点】

一般情况，设计文件中标注是冷水机组设计工况、设计条件下的 *COP* 值，审核时应注意名义工况、规定条件下的 *COP* 值是否满足本条规定的要求。双工况机组、水源热泵机组，不做强制性要求。

4.2.11 电机驱动的蒸气压缩循环冷水（热泵）机组的综合部分负荷性能系数（*IPLV*）应符合下列规定：

1 综合部分负荷性能系数（*IPLV*）计算方法应符合本标准第 4.2.13 条的规定；

2 水冷定频机组的综合部分负荷性能系数（*IPLV*）不应低于表 4.2.11 的数值；

3 水冷变频离心式冷水机组的综合部分负荷性能系数（*IPLV*）不应低于表 4.2.11 中水冷离心式冷水机组限值的 1.30 倍；

4 水冷变频螺杆式冷水机组的综合部分负荷性能系数（*IPLV*）不应低于表 4.2.11 中水冷螺杆式冷水机组限值的 1.15 倍。

表 4.2.11 冷水（热泵）机组综合部分负荷性能系数（*IPLV*）

类型		名义制冷量 *CC*（kW）	综合部分负荷性能系数 *IPLV*					
			严寒 A、B 区	严寒 C 区	温和地区	寒冷地区	夏热冬冷地区	夏热冬暖地区
水冷	活塞式/涡旋式	$CC \leqslant 528$	4.90	4.90	4.90	4.90	5.05	5.25
	螺杆式	$CC \leqslant 528$	5.35	5.45	5.45	5.45	5.55	5.65
		$528 < CC \leqslant 1163$	5.75	5.75	5.75	5.85	5.90	6.00
		$CC > 1163$	5.85	5.95	6.10	6.20	6.30	6.30
	离心式	$CC \leqslant 1163$	5.15	5.15	5.25	5.35	5.45	5.55
		$1163 < CC \leqslant 2110$	5.40	5.50	5.55	5.60	5.75	5.85
		$CC > 2110$	5.95	5.95	5.95	6.10	6.20	6.20
风冷或蒸发冷却	活塞式/涡旋式	$CC \leqslant 50$	3.10	3.10	3.10	3.10	3.20	3.20
		$CC > 50$	3.35	3.35	3.35	3.35	3.40	3.45
	螺杆式	$CC \leqslant 50$	2.90	2.90	2.90	3.00	3.10	3.10
		$CC > 50$	3.10	3.10	3.10	3.20	3.20	3.20

【释义与实施要点】

冷水（热泵）机组的综合部分负荷性能系数要求。

实际运行中，冷水机组绝大部分时间处于部分负荷工况下运行，只选用单一的满负荷性能指标来评价冷水机组的性能不能全面地体现出冷水机组的真实能效，还需考虑冷水机组在部分负荷运行时的能效。发达国家也多将综合部分负荷性能系数（IPLV）作为冷水机组性能的评价指标，美国供暖、制冷与空调工程师学会（ASHRAE）标准 ASHARE 90.1—2013 以 COP 和 IPLV 作为评价指标，提供了 Path A 和 Path B 两种等效的办法，并给出了相应的限值。因此，本次标准修订对冷水机组的满负荷性能系数（COP）以及水冷冷水机组的综合部分负荷性能系数（IPLV）均做出了要求。

编制组调研了国内主要冷水机组生产厂家，获得不同类型、不同冷量和性能水平的冷水机组在不同城市的销售数据，对冷水机组性能和价格进行分析，确定我国冷水机组的性能模型和价格模型，以此作为分析的基准。以最优节能方案中冷水机组的节能目标与年收益投资比（SIR 值）作为目标，确定冷水机组的性能系数（COP）限值和综合部分负荷性能系数（IPLV）限值。

本标准 2005 版本中只对水冷螺杆和离心式冷水机组的综合部分负荷性能系数（IPLV）提出了要求，而未对风冷机组和水冷活塞或水冷涡旋式机组作出要求，本次标准修订增加了这部分要求。同时根据不同制冷量冷水机组的销售数据及性能特点对冷水机组的冷量分级进行了调整，冷量分级原则同本标准第 4.2.10 条。

当前我国的变频冷水机组主要集中于大冷量的水冷式离心机组和螺杆机组，机组变频后，部分负荷性能的变化差别较大。因此对变频离心和螺杆式冷水机组分别提出不同的调整量要求，并根据现有的变频冷水机组性能数据进行校核确定。

如本标准第 4.2.10 条条文说明所述，很多时候冷水机组样本上只给出了相应的设计工况（非名义工况）下的 NPLV 值，没有统一的评判标准，用户和设计人员很难判断机组性能是否达到相关标准的要求。

因此，为给用户和设计人员提供一个可供参考方法，拟合出适用于我国离心式冷水机组的设计工况（非名义工况）下的 NPLV 限值修正公式供设计人员参考。

水冷离心式冷水机组非名义工况修正可参考以下公式：

$$IPLV = NPLV / K_a \qquad (2\text{-}4\text{-}6)$$
$$K_a = A \times B \qquad (2\text{-}4\text{-}7)$$
$$A = 0.000000346579568 \times (LIFT)^4 - 0.00121959777$$
$$\times (LIFT)^2 + 0.0142513850 \times (LIFT) + 1.33546833 \qquad (2\text{-}4\text{-}8)$$
$$B = 0.00197 \times LE + 0.986211 \qquad (2\text{-}4\text{-}9)$$
$$LIFT = LC - LE \qquad (2\text{-}4\text{-}10)$$

式中　IPLV——名义工况下离心式冷水（热泵）机组的性能系数；

NPLV——设计工况（非名义工况）下离心式冷水（热泵）机组的性能系数；

LC——冷水（热泵）机组满负荷时冷凝器出口温度（℃）；

LE——冷水（热泵）机组满负荷时蒸发器出口温度（℃）；

上述 NPLV 值的修正计算方法仅适用于水冷离心式机组。

4.2.12 空调系统的电冷源综合制冷性能系数（SCOP）不应低于表 4.2.12 的数值。对多台冷水机组、冷却水泵和冷却塔组成的冷水系统，应将实际参与运行的所有设备的名义制冷量和耗电功率综合统计计算，当机组类型不同时，其限值应按冷量加权的方式确定。

表 4.2.12 电冷源综合制冷性能系数 (*SCOP*)

类型		名义制冷量 CC (kW)	综合制冷性能系数 *SCOP* (W/W)					
			严寒 A、B 区	严寒 C 区	温和地区	寒冷地区	夏热冬冷地区	夏热冬暖地区
水冷	活塞式/涡旋式	CC≤528	3.3	3.3	3.3	3.3	3.4	3.6
	螺杆式	CC≤528	3.6	3.6	3.6	3.6	3.6	3.7
		528<CC<1163	4	4	4	4	4.1	4.1
		CC≥1163	4	4.1	4.2	4.4	4.4	4.4
	离心式	CC≤1163	4	4	4	4.1	4.1	4.2
		1163<CC<2110	4.1	4.2	4.2	4.4	4.4	4.5
		CC≥2110	4.5	4.5	4.5	4.5	4.6	4.6

【释义与实施要点】

空调系统的电冷源综合制冷性能系数。新增条文。

1. 条文制定的必要性与适用范围

空调系统耗电量是包含空调冷热源、输送系统和空调末端设备在内整个空调系统，整体更优才能达到节能的最终目的。空调冷热源在整个空调系统中耗能最大，其性能的优劣对空调系统整体节能性的影响举足轻重。空调冷热源的驱动能源有电和化石能源，其中空调冷源中绝大部分项目是以电为主要能源，因此制定以电为能源的空调冷源系统的冷源综合制冷性能系数 (*SCOP*)，用以衡量整个空调系统电冷源系统能效水平还是必要的，故增设本条文。

空调冷源系统的冷源综合制冷性能系数 (*SCOP*) 适用于水为冷热量输送介质的电制冷系统。但本条文定义的电冷源综合制冷性能系数 (*SCOP*) 中没有包含冷水泵的能耗，一方面考虑到标准中对冷水泵已经提出了输送系数指标要求，另一方面由于系统的大小和复杂程度不同，冷水泵的选择变化较大，对 *SCOP* 绝对值的影响相对较大，故不包括冷水泵可操作性更强。

本条文适用于采用冷却塔冷却、风冷或蒸发冷却的冷源系统，不适用于通过换热器换热得到的冷却水的冷源系统。由于在利用地表水、地下水或地埋管中循环水作为冷却水时，为了避免水质或水压等各种因素对系统的影响而采用了板式换热器进行系统隔断，这时会增加循环水泵，整个冷源的综合制冷性能系数 (*SCOP*) 就会下降；同时对于地源热泵系统，机组的运行工况也不同，因此，不适用于本条文规定。此外，根据现行国家标准《蒸气压缩循环冷水 (热泵) 机组第 1 部分：工业或商业用及类似用途的冷水 (热泵) 机组》GB/T 18430.1 的规定，风冷机组的制冷性能系数 (*COP*) 计算中消耗的总电功率包括了放热侧冷却风机的电功率，因此风冷机组名义工况下的制冷性能系数 (*COP*) 值即为其综合制冷性能系数 (*SCOP*) 值。

2. 计算公式及取值

电冷源综合制冷性能系数 (*SCOP*) 为名义制冷量 (kW) 与冷源系统主机、冷却水泵和冷却水塔的总耗电量（kW）之比。电冷源综合制冷性能系数（SCOP）应按下式计算：

$$SCOP = \sum (Q_i / P_i) \geqslant \sum (\omega_i \cdot SCOP_i) \qquad (2\text{-}4\text{-}11)$$

其中，Q_i——第 i 台电制冷机组的名义制冷量，kW；

P_i——第 i 台电制冷机组名义工况下的耗电功率和配套冷却水泵和冷却水塔的总耗电量，kW；

$SCOP_i$——查表 4.2.12，取对应制冷机组的电冷源综合制冷性能系数；

ω_i——第 i 台电制冷机组的权重。

$$\omega_i = Q_i / \sum Q_i \qquad (2\text{-}4\text{-}12)$$

不等号的左式为设计电冷源综合制冷性能系数，右式为电冷源综合制冷性能系数最低限值。当左式计算值大于等于右式计算值，即为合格。

在计算电冷源综合制冷性能系数（SCOP）时，参数的选用应符合下列要求：

1）制冷机的名义制冷量、机组耗电功率应采用名义工况运行条件下的技术参数；当设计与此不一致时，应进行修正；

2）当设计设备表上缺乏机组耗电功率，只有名义制冷性能系数（COP）数值时，机组耗电功率可通过名义制冷量除以名义性能系数获得；

3）冷却水泵的耗电功率应按设计水泵的流量、扬程和水泵效率计算确定，计算公式为：

$$P = G \cdot H / (323 \cdot \eta_b) \qquad (2\text{-}4\text{-}13)$$

式中　G——设计要求的水泵流量，m^3/h；

H——设计要求的水泵扬程，mH_2O；

η_b——设计要求的水泵效率，％。

冷却水泵的流量、扬程和效率应按设备表上的设计参数选取。原水泵功率计算式中换算系数采用的是 367，在考虑了电机效率与传动效率 0.88 后，统一采用 323。

4）冷却塔风机配置电功率，按实际参与运行冷却塔的电机配置功率计入。设计阶段可将冷却塔的设计工况下的水量换算成名义工况下冷却塔水量，然后可根据冷却水塔样本查对风机配置功率。冷却塔的设计工况通常是指室外环境湿球温度 28℃，进出水塔水温为 37℃、32℃工况下该冷却塔的冷却水流量。

3. 设计实例计算

某夏热冬冷地区的冷源系统，设备配置见表 2-4-3。

冷源定额设备配置表　　　　　　　　　　　　　　　表 2-4-3

制冷主机				冷却水泵			冷却水塔	
压缩机类型	额定制冷量（kW）	性能系数 COP	台数	设计流量（m³/h）	设计扬程（mH₂O）	水泵效率（％）	名义工况下冷却水量（m³/h）	样本风机配置功率（kW）
螺杆式	1407	5.6	1	300	28	74	400	15
离心式	2813	6.0	3	600	29	75	800	30

1）设计冷源系统的电冷源综合制冷性能系数（SCOP）

总制冷量＝1407×1＋2813×3＝9846kW

总耗电功率＝1407/5.6＋3×2813/6.0＋300×28/（323×0.74）＋3×600×29/（323×0.75）＋15＋3×30 ＝2013.4kW

$$SCOP＝9846/2013.4＝4.89$$

2）电冷源综合制冷性能系数限值计算见表 2-4-4。

电冷源综合制冷性能系数计算表　　　　　　　　　　　　表 2-4-4

制冷主机			系统限定值计算		
压缩机类型	额定制冷量（kW）	权数	单机 SCOP 限值	加权平均 SCOP	限值
螺杆式	1407	0.1429	4.4	0.629	
离心式	2813	0.2857	4.6	1.314	4.57
	2813	0.2857	4.6	1.314	
	2813	0.2857	4.6	1.314	

由计算结果可知，设计 SCOP＝4.89，大于限定值 4.57，判定合格。

可见，电冷源综合制冷性能系数（SCOP）考虑了机组和冷却水输送设备以及冷却塔的匹配性，一定程度上能够督促设计人员重视冷源选型时各设备之间的匹配性，提高系统的节能性。但该系数仅仅是对制冷系统在机组满负荷条件下设备配置的合理性进行评定，并不能全面代表该系统设备配置和运行就是合理的；随着全年气候的变化，部分负荷条件下的适应性、运行调节的控制性能和控制策略都将影响整个系统的最终运行性能，因此设计人员必须进一步注意到这方面的问题。

4.2.13 电机驱动的蒸气压缩循环冷水（热泵）机组的综合部分负荷性能系数（IPLV）应按下式计算：

$$IPLV = 1.2\% \times A + 32.8\% \times B + 39.7\% \times C + 26.3\% \times D \qquad (4.2.13)$$

式中　A——100％负荷时的性能系数（W/W），冷却水进水温度 30℃/冷凝器进气干球温度 35℃；

　　　B——75％负荷时的性能系数（W/W），冷却水进水温度 26℃/冷凝器进气干球温度 31.5℃；

　　　C——50％负荷时的性能系数（W/W），冷却水进水温度 23℃/冷凝器进气干球温度 28℃；

　　　D——25％负荷时的性能系数（W/W），冷却水进水温度 19℃/冷凝器进气干球温度 24.5℃。

【释义与实施要点】

综合部分负荷性能系数（IPLV）计算公式及检测条件。

冷水机组在相当长的运行时间内处于部分负荷运行状态，为了降低机组部分负荷运行时的能耗，对冷水机组的部分负荷时的性能系数作出要求。

IPLV 是对机组 4 个部分负荷工况条件下性能系数的加权平均值，相应的权重综合考虑了建筑类型、气象条件、建筑负荷分布以及运行时间，是根据4个部分负荷工况的累积负荷百分比得出的。

相对于评价冷水机组满负荷性能的单一指标COP而言，IPLV的提出提供了一个评价冷水机组部分负荷性能的基准和平台，完善了冷水机组性能的评价方法，有助于促进冷水机组生产厂商对冷水机组部分负荷性能的改进，促进冷水机组实际性能水平的提高。

受IPLV的计算方法和检测条件所限，IPLV具有一定适用范围：

1. IPLV只能用于评价单台冷水机组在名义工况下的综合部分负荷性能水平；

2. IPLV不能用于评价单台冷水机组实际运行工况下的性能水平，不能用于计算单台冷水机组的实际运行能耗；

3. IPLV不能用于评价多台冷水机组综合部分负荷性能水平。

IPLV在我国的实际工程应用中出现了一些误区，主要体现在以下几个方面：

1. 对IPLV公式中4个部分负荷工况权重理解存在偏差，认为权重是4个部分负荷对应的运行时间百分比；

2. 用IPLV计算冷水机组全年能耗，或者用IPLV进行实际项目中冷水机组的能耗分析；

3. 用IPLV评价多台冷水机组系统中单台或者冷机系统的实际运行能效水平。

IPLV的提出完善了冷水机组性能的评价方法，但是计算冷水机组及整个系统的效率时，仍需要利用实际的气象资料、建筑物的负荷特性、冷水机组的台数及配置、运行时间、辅助设备的性能进行全面分析。

从2005年至今，我国公共建筑的分布情况以及空调系统运行水平也发生了很大的变化，这些都会导致IPLV计算公式中权重系数的变化，为了更好的反映我国冷水机组的实际使用条件，本次标准修订对IPLV计算公式进行了更新。

本次标准修订建立了我国典型公共建筑模型数据库，数据库包括了各类型典型公共建筑的基本信息、使用特点及分布情况，同时调研了主要冷水机组生产厂家的冷机性能及销售等数据，为建立更完善的IPLV计算方法提供了数据基础。根据对国内主要冷水机组生产厂家提供的销售数据的统计分析结果，选取我国21个典型城市进行各类典型公共建筑的逐时负荷计算。这些城市的冷机销售量占到了统计期（2006～2011年）销售总量的94.8%，基本覆盖我国冷水机组的实际使用条件。

编制组对我国各气候区内21个典型城市的6类常用冷水机组作为冷源的典型公共建筑分别进行了IPLV公式的计算，以各城市冷机销售数据、不同气候区内不同类型公共建筑面积分布为权重系数进行统计平均，确定全国统一的IPLV计算公式。

IPLV规定的工况为现行国家标准《蒸气压缩循环冷水（热泵）机组第1部分：工业或商业用及类似用途的冷水（热泵）机组》GB/T 18430.1中标准测试工况，即蒸发器出水温度为7℃，冷凝器进水温度为30℃，冷凝器的水流量为0.215m³/（h·kW）；在非名义工况（即不同于IPLV规定的工况）下，其综合部分负荷性能系数即NPLV也应按公式（4.2.13）计算，但4种部分负荷率条件下的性能系数的测试工况，应满足GB/T 18430.1中NPLV的规定工况。

4.2.14 采用名义制冷量大于7.1kW、电机驱动的单元式空气调节机、风管送风式和屋顶式空气调节机组时，其在名义制冷工况和规定条件下的能效比（EER）不应低于表 4.2.14 的数值。

表 4.2.14　单元式空气调节机、风管送风式和屋顶式空气调节机组能效比（EER）

类型		名义制冷量 CC（kW）	能效比 EER（W/W）					
			严寒 A、B 区	严寒 C 区	温和地区	寒冷地区	夏热冬冷地区	夏热冬暖地区
风冷	不接风管	7.1<CC≤14.0	2.70	2.70	2.70	2.75	2.80	2.85
		CC>14.0	2.65	2.65	2.65	2.70	2.75	2.75
	接风管	7.1<CC≤14.0	2.50	2.50	2.50	2.55	2.60	2.60
		CC>14.0	2.45	2.45	2.45	2.50	2.55	2.55
水冷	不接风管	7.1<CC≤14.0	3.40	3.45	3.45	3.50	3.55	3.55
		CC>14.0	3.25	3.30	3.30	3.35	3.40	3.45
	接风管	7.1<CC≤14.0	3.10	3.10	3.15	3.20	3.25	3.25
		CC>14.0	3.00	3.00	3.05	3.10	3.15	3.20

【释义与实施要点】

单元式机组的能效比（EER）规定。强制性条文。

本条沿用本标准 2005 版强制性条文 5.4.8 条的规定，更新了限值，并分气候区进行规定，增加了条文的合理性。

近几年单元式空调机竞争激烈，主要表现在价格上而不是在提高产品质量上。目前，中国市场上空调机产品的能效比值高低相差达 40%，落后的产品标准已阻碍了行业的健康发展，本条规定了单元式空调机最低能效比（EER）限值，就是为了引导技术进步，鼓励采用高效产品，同时促进生产厂家生产节能产品。

现行国家标准《单元式空气调节机》GB/T 17758 已经开始采用制冷季节能效比 SEER、全年性能系数 APF 作为单元机的能效评价指标，但目前大部分厂家尚无法提供其机组的 SEER、APF 值，现行国家标准《单元式空气调节机能效限定值及能源效率等级》GB 19576 仍采用 EER 指标，因此，本标准仍然沿用 EER 指标。EER 为名义制冷工况下，制冷量与消耗的电量的比值，名义制冷工况应符合现行国家标准《单元式空调机组》GB/T 17758 的有关规定。

【检查要点】

应按工程所在位置对应的气候分区，审核设计图纸是否标明对应类型机组名义制冷量，且其能效比（EER）值是否符合条文的规定。

4.2.15　空气源热泵机组的设计应符合下列规定：

1　具有先进可靠的融霜控制，融霜时间总和不应超过运行周期时间的 20%；

2　冬季设计工况下，冷热风机组性能系数（COP）不应小于 1.8，冷热水机组性能系数（COP）不应小于 2.0；

3　冬季寒冷、潮湿的地区，当室外设计温度低于当地平衡点温度时，或当室内温度稳定性有较高要求时，应设置辅助热源；

4 对于同时供冷、供暖的建筑，宜选用热回收式热泵机组。

【释义与实施要点】

空气源热泵机组的选型原则。

1. 空气源热泵的单位制冷量的耗电量较水冷冷水机组大，价格也高，为降低投资成本和运行费用，应选用机组性能系数较高的产品。此外，先进科学的融霜技术是机组冬季运行的可靠保证。机组在冬季制热运行时，室外空气侧换热盘管低于露点温度时，换热翅片上就会结霜，会大大降低机组运行效率，严重时无法运行，为此必须除霜。除霜的方法有很多，最佳的除霜控制应判断正确，除霜时间短，融霜修正系数高。近年来各厂家为此都进行了研究，对于不同气候条件采用不同的控制方法。设计选型时应对此进行了解，比较后确定。

2. 空气源热泵机组比较适合于不具备集中热源的夏热冬冷地区。对于冬季寒冷、潮湿的地区使用时必须考虑机组的经济性和可靠性。室外温度过低会降低机组制热量；室外空气过于潮湿使得融霜时间过长，同样也会降低机组的有效制热量，因此设计师必须计算冬季设计状态下机组的 COP，当热泵机组失去节能上的优势时就不应采用。对于性能上相对较有优势的空气源热泵冷热水机组的 COP 限定为 2.0；对于规格较小、直接膨胀的单元式空调机组限定为 1.8。冬季设计工况下的机组性能系数应为冬季室外空调或供暖计算温度条件下，达到设计需求参数时的机组供热量（W）与机组输入功率（W）的比值。

普通空气源热泵的制热设计温度一般为 $-15℃$，在 $-15℃$ 以上保证机组能正常可靠地工作，但在 $-15℃$ 左右制热运行不一定能保证用户的热舒适性要求，为此一般在设计温度 $-15℃$ 以上就已需要增加电辅热，增加电辅热后明显降低了整机的电能利用效率。

低温空气源热泵是一种以低位热能作能源的中小型热泵机组，目前国内主要有超低温空气源多联式热泵和超低温空气源单元式热泵等产品，能正常提取低环境温度下的空气热能，且制热能效 COP 在室外 $-25℃$ 下也能达到 2.0 以上，适用严寒地区整个冬季的供暖，优于直接电热取暖装置和锅炉供热装置。

低温空气源热泵由于采用了低温增焓或双级压缩等技术，制热能效 COP 随室外环境温度下降的衰减率明显优于普通空气源热泵，并且在超低温度 $-15℃$ 至 $-25℃$ 时的制热能效和制热量低温空气源热泵比普通空气源热泵优势明显，能弥补普通空气源热泵在低温环境下的制热能力和制热能效的不足。在设计温度 $-15℃$ 下的制热能力可达到名义制冷量的 100%，是相同名义制冷量的普通空气源热泵的制热能力的 2 倍，制热能效 COP 是其 1.5 倍。长江以北地区冬季寒冷时间长，宜选用低温空气源热泵。

本条性能要求，是针对空气源热泵用于冬季供暖的统一性的最低要求，工程设计时应根据当地冬季室外计算条件，尽可能选择高效产品。

3. 空气源热泵的平衡点温度是该机组的有效制热量与建筑物耗热量相等时的室外温度。当这个温度高于建筑物的冬季室外计算温度时，就必须设置辅助热源。

空气源热泵机组在融霜时机组的供热量就会受到影响，同时会影响到室内温度的稳定度，因此在稳定度要求高的场合，同样应设置辅助热源。设置辅助热源后，应注意防止冷凝温度和蒸发温度超出机组的使用范围。辅助加热装置的容量应根据在冬季室外计算温度情况下空气源热泵机组有效制热量和建筑物耗热量的差值确定。

4. 对于同时供冷、供暖的建筑，宜选用热回收式热泵机组。热回收式热泵机组，如热回收式多联空调热泵机组，能独立地按区域需求同时提供制冷量和制热量，其能效＝（所有室内机制冷量＋所有室内机制热量）/机组消耗功率，很明显机组放出的热也作为有用能的一部分后，机组能效显著提高，一般能达到 5.0 以上，所以同时有供冷、供暖需求的建筑选用热回收式热泵机组能大大地提高电能的利用效率。

4.2.16　空气源、风冷、蒸发冷却式冷水（热泵）式机组室外机的设置，应符合下列规定：

　　1　应确保进风与排风通畅，在排出空气与吸入空气之间不发生明显的气流短路；
　　2　应避免污浊气流的影响；
　　3　噪声和排热应符合周围环境要求；
　　4　应便于对室外机的换热器进行清扫。

【释义与实施要点】

　　空气源热泵或风冷制冷机组室外机设置要求。新增条文。

　　1. 空气源热泵机组的运行效率，很大程度上与室外机与大气的换热条件有关；室外机进、排风的通畅，防止进、排风短路是布置室外机时的基本要求。当受位置条件等限制时，应创造条件，避免发生明显的气流短路；如在室外机集中布置时，可采用加装送风管、抬高室外机机组、增加与周边墙体距离等方法予以解决；当室外机布置在室外机机房时，可采用加置排风帽，改变排风方向等方法予以解决，必要时可以借助于数值模拟方法辅助气流组织设计。此外，控制进、排风的气流速度也是有效的避免短路的一种方法；通常机组进风气流速度宜控制在 1.5～2.0m/s，排风口的排气速度不宜小于 7m/s，在设计时，需计算进排风及风管的阻力损失，将其控制在室外机的机外静压范围内。

　　2. 室外机除了避免自身气流短路外，还应避免其他外部含有热量、腐蚀性物质及油污微粒等的排放气体的影响，如厨房油烟排气和其他室外机的排风等。

　　3. 室外机的运行会对周围环境产生热污染和噪声影响，因此室外机应与周围建筑物保持一定的距离，以保证热量的有效扩散和噪声的自然衰减。对周围建筑物产生噪声干扰，应符合国家现行标准《声环境质量标准》GB 3096 的要求。

　　4. 保持室外机换热器干净可以保证其运行的高效率，很有必要创造室外机的清扫条件。

　　建筑中预留放置空调室外机的地方不够、位置不合理，会极大地降低空调能效，同时空间不够，给安装和检修带来极大不便，同时给安装维修人员造成人身安全隐患。

　　对全国范围内的主要 27 个城市的调查情况显示，商品房预留给室外机位最主要的方式是"左右上下密封、前面安装格栅"，如图 2-4-2 所示。

　　通过对商品房预留位置的大小与市场主流的 1.5 匹空调的外机尺寸作比较，结果表明约 5% 的楼盘不能将室外机放进，约 70% 的楼盘尺寸空间偏小，导致能效下降，空调运行寿命降低。

图 2-4-2　商品房室外机位图

有试验数据表明，普通家用空调室外机安装方式如为"左右上下为墙壁、前面安装格栅"能效衰减会比较严重，同时空调能效随着安装空间的逐步变小，能效衰减明显，最高衰减70%（能效比由3.15变为0.93），因此，对于风冷机组，安装空间对机组的运行能效至关重要，在实际工程设计时应充分考虑机组进风和排风的空间需求。

为了满足空调的高效运行，可参考采用以下措施：

1）保证室外机与周围遮拦物的间距不小于30cm，室外机左右两侧用开放式的百叶、镂空栏杆等装饰性通透构件代替实体墙；

2）拦风百叶的透过率不小于0.6；

3）拦风百叶倾斜角度最好为水平或略微向下倾斜。

4.2.17 采用多联式空调（热泵）机组时，其在名义制冷工况和规定条件下的制冷综合性能系数 *IPLV*（C）不应低于表4.2.17的数值。

表4.2.17　多联式空调（热泵）机组制冷综合性能系数 *IPLV*（C）

名义制冷量CC （kW）	制冷综合性能系数 *IPLV*（C）					
	严寒A、B区	严寒C区	温和地区	寒冷地区	夏热冬冷地区	夏热冬暖地区
CC≤28	3.80	3.85	3.85	3.90	4.00	4.00
28＜CC≤84	3.75	3.80	3.80	3.85	3.95	3.95
CC＞84	3.65	3.70	3.70	3.75	3.80	3.80

【释义与实施要点】

多联机制冷综合性能系数［*IPLV*（C）］规定。新增条文。强制性条文。

近年来多联机在公共建筑中的应用越来越广泛，并呈逐年递增的趋势。相关数据显示，2011年我国集中空调产品中多联机的销售量已经占到了总量的34.8%（包括直流变频和数码涡旋机组），多联机已经成为我国公共建筑中央空调系统中非常重要的用能设备，建筑节能设计标准中必须对其提出要求。2005版标准中没有涉及多联机的内容。

现行国家标准《多联式空调（热泵）机组》GB/T 18837正在修订中，而现行国家标准《多联式空调（热泵）机组能效限定值及能源效率等级》GB 21454中以 *IPLV*（C）作为其能效考核指标。因此，本标准采用制冷综合性能指标 *IPLV*（C）作为能效评价指标。名义制冷工况和规定条件应符合现行国家标准《多联式空调（热泵）机组》GB/T 18837的有关规定。

表2-4-5为摘录自现行国家标准《多联式空调（热泵）机组能效限定值及能源效率等级》GB 21454—2008中多联式空调（热泵）机组的能源效率等级限值要求。

多联式空调（热泵）机组的能源效率等级限值　　　　　表2-4-5

制冷量CC （kW）	制冷综合性能系数				
	1	2	3	4	5
CC≤28	3.60	3.40	3.20	3.00	2.80
28＜CC≤84	3.55	3.35	3.15	2.95	2.75
CC＞84	3.50	3.30	3.10	2.90	2.70

市场调查数据显示，到 2011 年市场上的多联机产品已经全部为节能产品（一级和二级），而一级能效产品更是占到了总量的 98.8%，多联机产品的广阔市场推动了其技术的迅速发展。

条文中表 4.2.17 中规定的制冷综合性能指标限值均高于现行国家标准《多联式空调（热泵）机组能效限定值及能源效率等级》GB 21454—2008 中的一级能效要求。

【检查要点】

应按工程所在位置对应的气候分区，审核设计图纸是否标明对应多联式空调（热泵）机组制冷综合性能系数 $IPLV$（C）值，且其数值是否符合条文的规定。

4.2.18 除具有热回收功能型或低温热泵型多联机系统外，多联机空调系统的制冷剂连接管等效长度应满足对应制冷工况下满负荷时的能效比（EER）不低于 2.8 的要求。

【释义与实施要点】

多联机空调系统的设计要求。新增条文。

多联机空调系统是利用制冷剂（或称：冷媒）输配能量的，在系统设计时必须考虑制冷剂连接管（或称：配管）内制冷剂的重力与摩擦阻力对系统性能的影响。因此，设计系统时应根据系统的制冷量和能效比衰减程度来确定每个系统的服务区域大小，以提高系统运行时的能效比。

设定因管长衰减后的主机制冷能效比（EER）不小于 2.8，也体现了对制冷剂连接管合理长度的要求。"制冷剂连接管等效长度"是指室外机组与最远室内机之间的气体管长度与该管路上各局部阻力部件的等效长度之和。"对应制冷工况下的满负荷"是考虑制冷剂连接管等效长度后的多联机制冷量与主机输入功率的比值，其中满负荷是维持 GB/T 18837《多联式空调（热泵）机组》中名义制冷量时的工况。

本条文相比国家现行标准《多联机空调系统工程技术规程》JGJ 174 及《民用建筑供暖通风与空气调节设计规范》GB 50736 中的相应条文减少了"当产品技术资料无法满足核算要求时，系统冷媒管等效长度不宜超过 70m"的要求。这是因为随着多联机行业的不断发展及进步，各厂家均能提供齐全的技术资料，不存在无法核算的情况。

制冷剂连接管越长，多联机系统的能效比损失越大。目前市场上的多联机通常采用 R410A 制冷剂，由于 R410A 制冷剂的黏性和摩擦阻力小于 R22 制冷剂，故在相同的满负荷制冷能效比衰减率的条件下，其连接管允许长度比 R22 制冷剂系统长。根据厂家技术资料，当 R410A 系统的制冷剂连接管实际长度为 90～100m 或等效长度在 110～120m 时，满负荷时的制冷能效比（EER）下降 13%～17%，制冷综合性能系数 $IPLV$（C）下降 10% 以内。而目前市场上优良的多联机产品，其满负荷时的名义制冷能效比可达到 3.30，连接管增长后其满负荷时的能效比（EER）为 2.74～2.87。设计实践表明，多联机空调系统的连接管等效长度在 110～120m 已能满足绝大部分大型建筑室内外机位置设置的要求。然而，对于一些特殊场合，则有可能超出该等效长度，故采用衰减后的主机制冷能效比（EER）限定值（不小于 2.8）来规定制冷剂连接管的最大长度具有科学性，不仅能适应特殊场合的需求，而且有利于产品制造商提升技术，一方面继续提高多联机的能效比，另一方面探索减少连接管长度对性能衰减影响的技术途径，以推动多联机企业的可持续发展。

需要说明的是，本条技术指标仍局限于对产品自身性能的约束。随着多联机系统应用规模逐渐扩大，实际工程设计中应从系统整体能效出发，进行优化设计，除考虑主机能效外，还应综合考虑室内机能耗、同时使用系数等因素，合理确定每个系统服务区域的范围，提高多联机系统的整体能效水平。

此外，现行国家标准《多联式空调（热泵）机组》GB/T 18837 及《多联式空调（热泵）机组能效限定值及能源效率等级》GB 21454 均以综合制冷性能系数［IPLV（C）］作为多联机的能效评价指标，但由于计算连接管长度时［IPLV（C）］需要各部分负荷点的参数，各厂家很少能提供该数据，且计算方法较为复杂，对设计及审图造成困难，故本条使用满负荷时的制冷能效比（EER）作为评价指标，而不使用［IPLV（C）］指标。

由于热回收型及低温热泵性多联机的主要设计及运行工况与普通多联机有所不同，其室外机组的管路、压缩机构造均较普通多联机复杂，因此，该类型产品在额定制冷工况下的主机额定 EER 值相较普通多联机低，但由于其热回收及低温制热工况下的运行效率较普通多联机组的优势非常明显，若从满负荷时的主机能效比进行规定，反而会限制此类系统的推广，故本条文对这两类多联机不做要求。

4.2.19 采用直燃型溴化锂吸收式冷（温）水机组时，其在名义工况和规定条件下的性能参数应符合表 4.2.19 的规定。

表 4.2.19 直燃型溴化锂吸收式冷（温）水机组的性能参数

工况		性能参数	
冷（温）水进/出口温度 （℃）	冷却水进/出口温度 （℃）	性能系数（W/W）	
		制冷	供热
12/7（供冷）	30/35	≥1.20	—
—/60（供热）	—	—	≥0.90

【释义与实施要点】

溴化锂吸收式机组性能参数要求。强制性条文。本条沿用本标准 2005 版强制性条文 5.4.9 条的规定，更新了限值，根据近年的应用情况去掉了蒸汽双效的相关内容。

直燃型溴化锂吸收式冷（温）水机组的性能参数取自《直燃型溴化锂吸收式冷（温）水机组》GB/T 18362。

【检查要点】

应按工程设计图纸，审核图纸是否标明选用的直燃型溴化锂吸收式冷（温）水机组的性能系数，且其数值及工况是否符合条文的规定。

4.2.20 对冬季或过渡季存在供冷需求的建筑，应充分利用新风降温；经技术经济分析合理时，可利用冷却塔提供空气调节冷水或使用具有同时制冷和制热功能的空调（热泵）产品。

【释义与实施要点】

过渡季利用新风或冷却塔免费制冷的规定。

对于冬季或过渡季需要供冷的建筑，当条件适合时，首先应尽量直接采用室外新风做冷源，这是最经济实用的方法，节能效果和经济性更优于其他冷源形式。当建筑物室内空间有限，无法安装风管，或新风、排风口面积受限制等原因时，在室外条件许可时，也可采用冷却塔直接提供空调冷水的方式，减少全年运行冷水机组的时间。通常的系统做法是：当采用开式冷却塔时，用被冷却塔冷却后的水作为一次水，通过板式换热器提供二次空调冷水（如果是闭式冷却塔，则不通过板式换热器，直接提供），再由阀门切换到空调冷水系统之中向空调机组供冷水，同时停止冷水机组的运行。不管采用何种形式的冷却塔，都应按当地过渡季或冬季的气候条件，计算空调末端需求的供水温度及冷却水能够提供的水温，并得出增加投资和回收期等数据，当技术经济合理时可以采用。

例如，风机盘管加新风系统，冬季新风送风温度不应过高，即使采用冷却塔供冷，供冷量也应扣除新风负担的冷量，才能使冷却塔供冷运行时间更长。

冬季采用冷却塔供应冷水，应配置分区两管制或四管制可独立送冷水的水系统，并应根据内区的规模和负荷情况，考虑经济性，设计适合冬夏两季的冷水泵、冷却水泵、冷却塔等设备配置。且经负荷和技术分析可不采用冷却塔供冷时，不应盲目采用一次投资较高或冬季无法供热的分区二管制等内区冬季供冷水的系统。

也可考虑采用水环热泵等可同时具有制冷和制热功能的系统，实现能量的回收利用。水环热泵空调系统具有在建筑物内部进行冷、热量转移的特点，与利用自然冷源等效。对有较大内区且常年有稳定的大量余热的办公、商场等建筑，采用水环热泵空调系统是比较合适的。但其节能运行的必要条件是在冬季建筑内部有较大且稳定的余热，而热量转移的关键是按内外区分别布置末端机组，即一台末端机组不应同时服务于建筑内区和外区。在实际设计中，应进行供冷、余热和供热需求的热平衡计算（并考虑一定的安全余量），以确定是否设置辅助热源及确定其容量，并通过适当的经济技术比较后确定是否适合采用此系统。一般工程的外区需热量均大于内区余热量，因此规定应尽量利用内区余热量；但当外区需热量较小（小于内区余热量的70%）时，则按需热量利用余热。

4.2.21 采用蒸汽为热源，经技术经济比较合理时，应回收用汽设备产生的凝结水。凝结水回收系统应采用闭式系统。

【释义与实施要点】

对蒸汽源系统回收凝结水的要求。

目前一些供暖，空调用气设备的凝结水未采取回收措施或由于设计不合理和管理不善，造成大量的热量损失。为此应认真设计凝结水回收系统，做到技术先进，设备可靠，经济合理。凝结水回收系统一般分为重力、背压和压力凝结水回收系统，可按工程的具体情况确定。从节能和提高回收率考虑，应优先采用闭式系统即凝结水与大气不直接相接触的系统。

4.2.22 对常年存在生活热水需求的建筑，当采用电动蒸汽压缩循环冷水机组时，宜采用具有冷凝热回收功能的冷水机组。

【释义与实施要点】

对冷水机组冷凝热回收功能的要求。新增条文。

本条文主要是提倡在满足制冷要求的情况下，选用冷凝热回收功能的冷水机组，对冷凝热进行回收利用，达到节能的目的。

空调在制冷的同时需要排除大量的冷凝热，通常这部分热量由冷却系统通过冷却塔散发到室外大气中。从能量守恒角度来看，制冷量与压缩机功率之和近似等于冷凝器的放热量，冷凝热可达制冷量的 1.2～1.3 倍。一座面积 2 万 m² 的现代建筑，冷负荷为 2400kW，而冷凝废热排放高达 3120kW。而宾馆、医院、洗浴中心等在空调供冷季节也有较大或稳定的热水需求，如果能将冷凝热全部或部分回收来加热生活热水，不但可以消除冷凝热对环境造成的污染，而且还可以省下加热设备及减小加热耗能，降低整个暖通系统的运行费用，减少初投资；达到变废为宝的作用，达到节能的效果。

冷凝热回收机组有以下优点：

1. 热回收系统充分利用空调系统的废热，将空调系统中产生的低品位热量有效地利用起来，达到了节约能源的目的。

2. 热回收系统减少了排到环境的废热；同时，由于取消冷却塔，减小了建筑物周围的噪声，有效地保护了建筑物周围的环境。

3. 使用热回收系统，建筑可以简化或者省去热水加热系统，更加方便与安全，同时也简化了系统的运行管理。

4. 使用热回收系统，是利用废热来加热生活热水，降低了使用生活热水的费用。

5. 和不具有冷凝热回收的冷水机组相比，具有一机多用的功能，除能一年四季提供中央空调冷、热空气调节外，还能一年四季为房间提供恒温的中央热水，而且能效高、运行费用省的特点。

带热回收功能的机组又可分为全热回收机组和部分热回收机组。全热回收机组回收冷凝侧排出的全部热量，部分热回收机组则是回收冷凝热中品味较高的部分热量。两者的相关特点见表 2-4-6。

全热和部分热回收特点　　　　　　　　　　　表 2-4-6

热回收形式	全热回收	部分热回收
配置	增加与常规冷凝器同等大小的热回收冷凝器	增加小尺寸的热回收冷凝器
应用	大量热负荷需求（盘管预热），或是生活热水的预热	可作为锅炉补充水的预热
出水温度	高（出水温度过高也会影响机器效率）	较全热回收低，受正常运行时冷却水温影响
回收热量控制	可控	不可控
机组效率影响	降低	提升
系统效率影响	提升	提升

强调"常年"二字，主要是针对夏季和过渡季空调机组需要制冷运行的季节，如在需制冷运行的季节无热水需求，回收废热制热水则不能被充分利用。在无冷需求的冬季，热回收机组可进入供暖，热水模式，满足制热和制热水需求。

【冷凝热回收案例一】：

该宾馆裙楼空调系统配置 2 台 300RT 螺杆机和 1 台 120RT 热回收螺杆机，需要在 4

月至11月每天24小时提供制冷，制冷季节大部分时间需要全部开启，过渡季节需开启1台。如图2-4-3所示。同时由于酒店常年有热水的需求，因此采用热回收机组能带来大量能耗以及系统运行费用的节省。

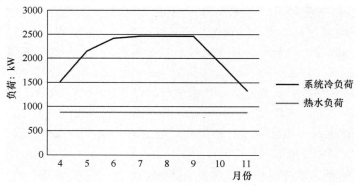

图 2-4-3　供冷季节系统冷热负荷图

系统的原理如图2-4-4所示，热回收机组接到回收总管上，这种系统连接方式相对于常规并联系统，热回收机组会优先加载，回收更多的热量。

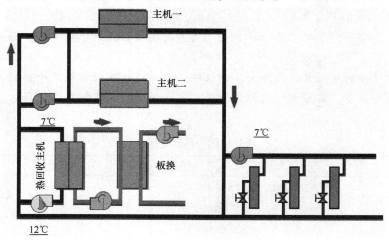

图 2-4-4　热回收机组系统原理

热回收经济效益分析：

宾馆每日用水量为200m，生活热水温度按50度，4～11月城市平均供水温度按15度计算，则每日所需生活热水用热负荷为：

$$Q = n \times c \times \Delta t$$
$$= 200 \times 1.0 \times 10^3 \times (50 - 15)$$
$$= 7.0 \times 10^6 \text{ kcal}$$

根据《建筑给水排水设计规范》GB 50015—2009 第5.3.1条计算可知，宾馆小时生活用热水设计负荷为：

$$Q_h = 2.6 \times Q \div 860 \div 24$$
$$= 882 \text{kW}$$

　　增加的热回收机组在热回收模式下的制冷量为370kW，热回收量为485kW，不进行热回收时，机组的制冷效率$COP=4.96$；进行热回收时，机组的制冷效率$COP=3.21$。

　　比较条件：

　　天然气价：2.5元/m³

　　天然气热值：36.34MJ/m³

　　锅炉燃烧效率：0.9

　　平均电价：0.8元/（kW·h）

　　热回收机组在4月至11月间运行，总的热回收量为：

$$Q=485\times24\times30\times8\times3600=1.0\times10^{10}\text{kJ}$$

　　机组回收的热量如果使用天然气锅炉供热，需要使用的天然气量为：

$$1.0\times10^{7}\text{MJ}/36.34/0.9=3.0\times10^{5}\text{m}^{3}$$

　　全年需要使用的燃气费用：$2.5\times3.0\times10^{5}=75$万元

　　全年热回收机组在热回收模式下较不进行热回收时多耗：

$$(370\div3.21-370\div4.96)\times24\times30\times8=2.3\times10^{5}\text{kWh}$$

　　采用热回收能带来费用的节省：$75-23\times0.8=56.6$万元

【冷凝热回收案例二】：

　　湖南某所大学，学生宿舍共六层，每层有20个房间，每个房间四个人，空调总面积3000m²，每人每天用热水量为40L，在这种热水需求量比较大，且常年需要使用热水的公共建筑，适合使用具有冷凝热回收的冷水机组。

　　选用4台模块式冷水热泵机组，单台制冷量为130kW，制热量为140kW，能效比为3.36。

　　另外选用1台模块式热回收机组，制冷量为71kW，制热量为80kW，制热水量为86kW，综合能效$SCOP$为6.7。

　　则总制冷量为591kW制热量为640kW，制热水量为86kW。冷负荷为同时使用的所有房间的最大冷负荷相加，并考虑一个同时使用系数。经计算冷负荷为590kW，制冷量满足需求。热负荷计算域冷负荷类似，计算热负荷为575kW，制冷量满足需求。按一天12个小时制热水计算，把水从15℃加热至55℃，可制取热水22100L/d，满足热水需求。

　　湖南全年使用空调的情况一般为240天，125天不使用空调，即在240天里，使用空调机组制冷的同时，利用回收的冷凝热量，可提供免费热水多达5400吨。节省热水费用多达20万元。

　　当使用地区冬季的最低环境温度在0～−10℃范围时，机组制热效率将随着室外气温的下降而下降，此时可考虑选配辅助电加热器。建议用户选配功率为主机容量25%的辅助电加热器，即每60kW机组容量选配15kW的辅助电加热器。环境温度低于−10℃时可选更高。

4.3　输　配　系　统

4.3.1　集中供暖系统应采用热水作为热媒。

【释义与实施要点】

　　集中供暖系统热媒要求。

制定本条文的主要目的，是为了贯彻第四号国家节能指令《国务院关于节约工业锅炉用煤的指令》（国发［1982］102 号）。

第四号国家节能指令明确规定："新建供暖系统应采用热水供暖"。所以，本标准明确规定，在设计集中供暖系统时，应采用热水作为供暖系统的热媒。以热水为热媒的最大优点，是可以根据室外气象条件的变化，改变温度和循环水量，做到质与量同时进行调控，从而达到最大限度的节能。

4.3.2 集中供暖系统的热力入口处及供水或回水管的分支管路上，应根据水力平衡要求设置水力平衡装置。

【释义与实施要点】

集中供暖系统水力平衡及热计量装置。

制定本条文的目的，在于强调水力平衡的重要性和装置水力平衡设备的必要性。同时，为了实现量化管理，所以，对热量计量也作出了明规定。

管路系统的水力平衡，是管网设计的一个重要环节。水力平衡不好，就会造成水力失调，其结果如系统中上边过热，下边欠热或不热；或离热源近的过热，离热源远的欠热甚至不热。这不仅影响使用，而且还会浪费能量，因此，设计中必须重视。

水力平衡有静态与动态的区别：

静态水力失调是由于实际管网系统的特性阻力系数与设计管网系统的特性阻力系数不一致而导致的；其结果是各用户的实际流量偏离设计流量。静态水力失调是稳态的，是系统本身所固有的。

动态水力失调是由于系统运行过程中，用户端阀门开度发生改变而引起的。因为，随着流量的变化，管网系统的压力分布必然产生波动，其结果是使其他用户端的流量也发生改变，并偏离设计值。动态水力失调是变化的，它不是系统本身所固有的，是在系统运行过程中产生的。

静态水力失调，可以通过在管网系统中设置静态水力平衡装置，并在系统初调时将系统的管道特性阻力系数调节至与设计值相一致来克服。在实际管道特性阻力系数与设计值保持一致的前提下，当系统总流量达到设计流量时，各末端设备的流量必然也同时达到设计流量，从而可以实现静态的水力平衡。

动态水力失调，可以通过在管道系统中设置动态平衡装置来克服；当其他用户阀门开度发生变化时，通过动态水力平衡装置的作用，可以使自身的流量并不随之发生变化，因此，末端设备的流量不互相干扰。

实现静态水力平衡的判断依据是：当系统中的所有动态水力平衡设备，均处于设计参数状态（设计流量或压差），末端设备的温控阀均处于全开位置（这时系统是完全定流量系统，各处流量均不变），系统所有末端设备的流量均达到设计值。

由此可见，实现静态水力平衡的目的是保证末端设备同时达到设计流量，即设备所需的最大流量。避免了一般水力失调系统一部分设备还没有达到设计流量，而另一部分已远远高于设计流量的状况。因此它解决的是静态平衡和系统能力问题，即保证系统能均衡地输送足够的水量到各个末端设备。

由于供暖系统在运行过程中，大部分时间都处于部分负荷工况下工作。因此，管道里的流量都低于设计值。也就是说，实际上在大部分时间里，末端设备并不需要向用户提供这么多的流量。因此，热媒系统应该采用变流量调节，即在运行过程中，各分支环路的流量应随着负荷的变化而改变。所以，系统不但要实现静态水力平衡，还要实现动态水力平衡。

对于变流量系统，实现动态水力平衡的判断依据是：在系统运行各个末端设备的流量达到系统瞬时要求值（这个流量是由末端设备的实际瞬时负荷所决定的）的同时，各个末端设备的流量变化只受设备负荷变化的影响，而不受管网系统压力波动的影响，即系统中各个末端设备的流量变化不互相干扰。

很明显，要实现上述的全面水力平衡，不配置必要的水力平衡设备是无法实现的；为此，本条文明确规定，要配置水力平衡设备。

4.3.3 在选配集中供暖系统的循环水泵时，应计算集中供暖系统耗电输热比（*EHR-h*），并应标注在施工图的设计说明中。集中供暖系统耗电输热比应按下式计算：

$$EHR\text{-}h = 0.003096\sum(G \times H/\eta_{b})/Q \leqslant A(B + \alpha\sum L)/\Delta T \qquad (4.3.3)$$

式中　*EHR-h*——集中供暖系统耗电输热比；

　　　　G——每台运行水泵的设计流量（m³/h）；

　　　　H——每台运行水泵对应的设计扬程（m）；

　　　　η_{b}——每台运行水泵对应的设计工作点效率；

　　　　Q——设计热负荷（kW）；

　　　　ΔT——设计供回水温差（℃）；

　　　　A——与水泵流量有关的计算系数，按本规范表 4.3.9-2 选取；

　　　　B——与机房及用户的水阻力有关的计算系数，一级泵系统时 *B* 取 17，二级泵系统时 *B* 取 21；

　　　　$\sum L$——热力站至供暖末端（散热器或辐射供暖分集水器）供回水管道的总长度（m）；

　　　　α——与 $\sum L$ 有关的计算系数；

　　　　当 $\sum L \leqslant 400$m 时，$\alpha = 0.0115$；

　　　　当 $400\text{m} < \sum L < 1000\text{m}$ 时，$\alpha = 0.003833 + 3.067/\sum L$；

　　　　当 $\sum L \geqslant 1000$m 时，$\alpha = 0.0069$。

【释义与实施要点】

集中热水供暖系统的耗电输热比。

规定集中供暖系统耗电输热比（*EHR-h*）的目的是为了防止采用过大的循环水泵，提高输送效率。公式（4.3.3）同时考虑了不同管道长度、不同供回水温差因素对系统阻力的影响。本条计算思路与现行行业标准《严寒和寒冷地区居住建筑节能设计标准》JGJ 26 第 5.2.16 条一致，但根据公共建筑实际情况对相关参数进行了调整。

居住建筑集中供暖时，可能有多幢建筑，存在供暖外网的可能性较大，但公共建筑的热力站大多数建在自身建筑内，因此，在确定公共建筑耗电输热比（*EHR-h*）时，需要考虑一定的区别，即重点不是考虑外网的长度，而是热力站的供暖半径。这样，原居住建筑计算时考虑的室内干管部分，在这里统一采用供暖半径即热力站至供暖末端的总长度替代了，并同时对 B 值进行了调整。

考虑室内干管比摩阻与 $\sum L \leqslant 400\text{m}$ 时室外管网的比摩阻取值差距不大，为了计算方便，本标准在 $\sum L \leqslant 400\text{m}$ 时，全部按照 $\alpha = 0.0115$ 来计算。与现行行业标准《严寒和寒冷地区居住建筑节能设计标准》JGJ 26 相比，此时略微提高了要求，但对于公共建筑是合理的。

1. 公式不等号左侧的系统 $EHR\text{-}h$ 实际值计算式

1）分子为水泵功率，应分别计算并联水泵和直接串联的各级水泵的功率后叠加；分母采用了系统的设计热负荷 Q，避免了应用多级泵和混水泵时，水温差、流量、效率等难以确定的情况发生。

2）原则上应按所选的各水泵的性能曲线确定水泵在设计工况点的效率 η_b，但实际工程设计过程中常缺乏准确资料。根据国家标准《清水离心泵能效限定值及节能评价值》GB 19762 中提供的水泵性能参数，即使同一系列的水泵，由于流量不同，η_b 也存在一定的差距，在满足水泵工作在高效区的要求的前提下，将 GB 19762 标准提供的数据整理如下：当水泵水流量 $\leqslant 60\text{m}^3/\text{h}$ 时，水泵平均效率取 63%；当 $60\text{m}^3/\text{h} <$ 水泵水流量 $\leqslant 200\text{m}^3/\text{h}$ 时，水泵平均效率取 69%；当水泵水流量 $> 200\text{m}^3/\text{h}$ 时，水泵平均效率取 71%，所选择的水泵效率不宜小于这些数值。根据市场产品情况，目前有许多厂家水泵的效率可以大大超出上述数值，个别大流量泵甚至可超过 90%，因此设计选择的空间还是很大，但水泵价格可能会高一些。

2. 公式不等号右侧的 $EHR\text{-}h$ 限定值计算式

1）温差 ΔT 的确定

按设计要求选取，与《严寒和寒冷地区居住建筑节能设计标准》JGJ 26—2010 保持一致。

2）A 值是在公式推导过程中引进的参数（$A = 0.002662/\eta_\text{b}$），反映了水泵效率的影响，是按本文 1—2）不同流量时的效率取值计算得出，更符合实际情况。

3）$\alpha \sum L$ 则反映系统管道长度引起的摩擦阻力，$\sum L$ 为从热力站至最远端散热器或辐射供暖分集水器的供回水管道总长度。

4）B 值反映了系统内除上述总输送管道（$\sum L$）之外的其他设备、附件和管道的水流阻力，其值在行业标准《严寒和寒冷地区居住建筑节能设计标准》JGJ 26 第 5.2.16 条 20.4 基础上，考虑公共建筑特点，同时兼顾辐射末端的阻力要求，经调整计算获得。对一级泵系统，B 取 17，对二级泵系统，B 值增加 4。

4.3.4　集中供暖系统采用变流量水系统时，循环水泵宜采用变速调节控制。

【释义与实施要点】

集中供暖变流量系统控制。新增条文。

制定本条的主要目的，是强调对于集中供暖变流量水系统，循环水泵采用变速调节控制，相对于其他调节形式更节能。因为变速调节时，水泵轴功率随出水流量减少而降低，理论上最大降低幅度为输出流量变化率的三次方，即如果流量减少为额定值的 50%，轴功率最低可降至额定值的 12.5%。

对于变流量系统，采用变速调节，能够更多的节省输送能耗，水泵调速技术是目前比较成熟可靠的节能方式，容易实现且节能潜力大，调速水泵的性能曲线宜为陡降型。

目前最普遍采用的水泵变速调节技术为变频调速。变频调速控制方式根据系统的规模和特性，有以下几种控制方式：

1. 控制回水温度：这种方式简单，但响应较慢，滞后较长，节能效果相对较差，因此不推荐采用。

2. 控制水泵负担区域的供回水干管进出口压差恒定：该方式简便易行，是目前采用最多的方式；但流量调节幅度相对较少。

3. 控制管网末端最不利压差恒定：该方式流量调节幅度相对较大，节能效果明显，是规范推荐的方式；但该方式投资相对较高，控制较复杂，在实际应用中受到一定限制。

4.3.5　集中空调冷、热水系统的设计应符合下列规定：

1　当建筑所有区域只要求按季节同时进行供冷和供热转换时，应采用两管制空调水系统；当建筑内一些区域的空调系统需全年供冷、其他区域仅要求按季节进行供冷和供热转换时，可采用分区两管制空调水系统；当空调水系统的供冷和供热工况转换频繁或需同时使用时，宜采用四管制空调水系统。

2　冷水水温和供回水温差要求一致且各区域管路压力损失相差不大的中小型工程，单台水泵功率较大时，经技术经济比较，在确保设备的适应性、控制方案和运行管理可靠的前提下，空调冷水可采用冷水机组和负荷侧均变流量的一级泵系统，且一级泵应采用调速泵。

3　系统作用半径较大、设计水流阻力较高的大型工程，空调冷水宜采用变流量二级泵系统。当各环路的设计水温一致且设计水流阻力接近时，二级泵宜集中设置；当各环路的设计水流阻力相差较大或各系统水温或温差要求不同时，宜按区域或系统分别设置二级泵，且二级泵应采用调速泵。

4　提供冷源设备集中且用户分散的区域供冷的大规模空调冷水系统，当二级泵的输送距离较远且各用户管路阻力相差较大，或者水温（温差）要求不同时，可采用多级泵系统，且二级泵等负荷侧各级泵应采用调速泵。

【释义与实施要点】

集中空调冷（热）水系统设计原则。

技术要求与现行国家标准《民用建筑供暖通风与空气调节设计规范》GB 50736 一致。

1. 空调水管路系统制式选择。

1）两管制的空调水系统最简单，一次投资也最节省。发热量不大，不存在大量内区的一般民用建筑的空调供冷和供热需求，是大致随季节变化的，且冬夏季之间存在有较明显的"过渡季"，使得每年两次进行季节转换即可满足要求，因此没有特殊需要，应采用两管制水系统。

2）分区两管制空调水系统，是按建筑物空调区域的负荷特性将空调水路分为冷水和冷热水合用的两种两管制系统；需全年供冷水区域的末端设备只供应冷水，其余区域末端设备根据季节转换，供应冷水或热水。工程中还有其他将四管制和两管制结合的各种做法，但不能都称为分区两管制系统，典型的内外区集中送新风的风机盘管加新风的分区两管制系统如图 2-4-5 所示。

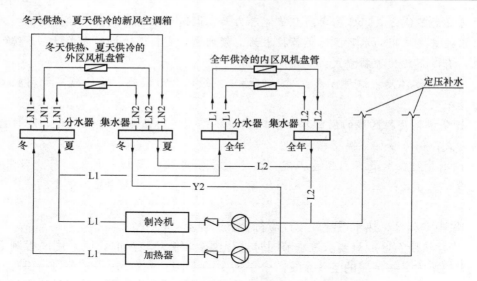

图 2-4-5　典型的风机盘管加新风分区两管制水系统

建筑物内存在需全年供冷的区域时（不仅限于内区），这些区域在非供冷季首先应该直接采用室外新风做冷源，例如全空气系统可增大新风比、独立送新风的系统可增大新风量。只有在新风冷源不能满足供冷量需求时，才需要在供热季设置为全年供冷区域单独供冷水的管路，即分区两管制系统。

对于一般工程，如仅在理论上存在一些内区，但实际使用时发热量常比夏季采用的设计数值小且不长时间存在，或这些区域面积或总冷负荷很小、冷源设备无法为之单独开启，或这些区域冬季即使短时温度较高也不影响使用，如为之采用相对复杂投资较高的分区两管制系统，工程中常出现不能正常使用，甚至在冷负荷小于热负荷时房间温度过低而无供热手段的情况。因此本条文仅将分区两管制系统作为冬季解决内区等需全年供冷的区域室温过热问题的手段之一提出，工程中应考虑建筑物是否真正存在面积和冷负荷较大的需全年供应冷水的区域，确定最经济和满足要求的空调管路制式。

3）一些标准很高的工程，例如五星级宾馆、温湿度控制要求严格的建筑等，房间确实存在冷热负荷变化大、供冷和供热工况转换频繁的情况，或存在同时需要供冷和需要供热的房间，要求供冷和供热系统同时运行时，宜采用四管制水系统。四管制水系统初投资较高，但由于其使用的灵活性和保证性，随着经济水平的提高，在高档建筑中采用的实例逐渐增多。

2. 一级泵系统

根据现行国家标准《民用建筑供暖通风与空气调节设计规范》GB 50736—2012，集中空调冷水系统是否为变流量，均是对输配系统而言（不包括末端），空调冷水系统分类如图 2-4-6 所示。

变流量一级泵系统包括冷水机组定流量、冷水机组变流量两种形式。

1）冷水机组定流量、负荷侧变流量的一级泵系统，形式简单，通过末端用户设置的两通阀自动控制各末端的冷水量需求，同时，系统的运行水量也处于实时变化之中，在一般情况下均能较好地满足要求，是目前应用最广泛、最成熟的系统形式。当系统作用半径

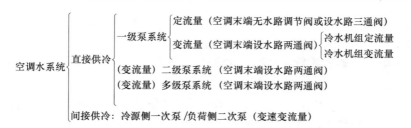

图 2-4-6 空调冷水系统分类图

较大或水流阻力较高时，循环水泵的装机容量较大，由于水泵为定流量运行，使得冷水机组的供回水温差随着负荷的降低而减少，不利于在运行过程中水泵的运行节能，因此一般适用于最远环路总长度在 500m 之内的中小型工程。通常大于 55kW 的单台水泵应调速变流量，大于 30kW 的单台水泵宜调速变流量。

冷水机组定流量的变流量一级泵系统如图 2-4-7 所示。

为保证流经冷水机组蒸发器的流量恒定，设置由系统压差控制的电动旁通调节阀，是一个通常的成熟做法。由于在实际工程中经常发现旁通阀选择过大的情况（有的设计图甚至按照水泵或冷水机组的接管来选择阀门口径），使旁通阀的调节能力很差，因此电动旁通阀口径应通过计算阀门的流通能力（也称为流量系数）来确定。

对于设置多台相同容量冷水机组的系统而言，旁通阀的设计流量就是一台冷水机组的流量，这样可以保证多台冷水机组在减少运行台数之前，各台机组都能够定流量运行。

对于设置冷水机组大小搭配的系统来说，从目前的情况看，多台运行的时间段内，通常是大机组在联合运行（这时小机组停止运行的情况比较多），因此旁通阀的设计流量按照大机组的流量来确定与上述的原则是一致的。即使

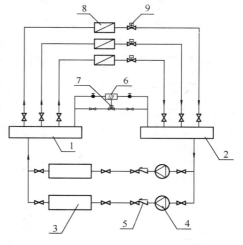

图 2-4-7 冷水机组定流量的一级泵
系统示意图

1—分水器；2—集水器；3—冷水机组；4—冷水循环泵；5—止回阀；6—压差控制器；7—电动旁通调节阀；8—末端空气处理装置；9—电动两通阀

在大小搭配运行的过程中，按照大容量机组的流量来确定可能无法兼顾小容量机组的情况，但从冷水机组定流量运行的安全要求这一原则出发，这样的选择也是相对安全的。当然，如果要兼顾小容量机组的运行情况（无论是大小搭配还是小容量机组可能在低负荷时单独运行），也可以采用大小口径搭配（并联连接）的"旁通阀组"来解决。但这一方法在控制方式上更为复杂一些。

2）随着冷水机组性能的提高，循环水泵能耗所占比例上升，尤其当单台冷水机组所需流量较大时或系统阻力较大时，冷水机组变流量运行水泵的节能潜力较大。但该系统涉及冷水机组允许变化范围，减少水量对冷机性能系数的影响，以及对设备、控制方案和运行管理等的特殊要求，因此应经技术和经济比较，指与其他系统相比，节能潜力较大，并

确有技术保障的前提下，可以作为供选择的节能方案。此时，一级泵应采用变速泵。

系统设计时，应重点考虑以下两个方面：

一是冷水机组对变水量的适应性：重点考虑冷水机组允许的变流量范围和允许的流量变化速率；

二是设备控制方式：需要考虑冷水机组的容量调节和水泵变速运行之间的关系，以及所采用的控制参数和控制逻辑。

冷水机组应能适应水泵变流量运行的要求，其最低流量应低于 50% 的额定流量，其最高流量应高于额定流量；同时，应具备至少 30% 流量变化/分钟的适应能力。一般离心式机组宜为额定流量的 30%～130%，螺杆式机组宜为额定流量的 40%～120%。从安全角度来讲，适应冷水流量快速变化的冷水机组能承受每分钟 30%～50% 的流量变化率；从对供水温度的影响角度来讲，机组允许的每分钟流量变化率不低于 10%（具体产品有一定区别）。流量变化会影响到机组供水温度，因此机组还应有相应的控制功能。本处所提到的额定流量指的是供回水温差为 5℃ 时蒸发器的流量。

冷水机组变流量的一级泵系统如图 2-4-8 所示。

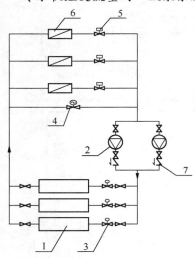

图 2-4-8 冷水机组变流量的
一级泵系统示意图

1—冷水机组；2—变频调速冷水循环水泵；3—电动隔断阀；4—电动旁通调节阀；5—电动两通阀；6—末端空气处理装置；7—止回阀

水泵采用变速调节时，已经能够在很长的运行时段内稳定地控制相关的参数（如压差等）。但是，当系统用户所需的总流量低至单台最大冷水机组允许的最小流量时，水泵转数不能再降低，实际上已经与"机组定流量、负荷侧变流量"的系统原理相同。为了保证在冷水机组达到最小运行流量时还能够安全可靠的运行，供回水总管之间还应设置最大流量为单台冷水机组最小允许流量的旁通调节阀，此时系统的控制和运行方式与冷水机组定流量方式类似。流量下限一般不低于机组额定流量的 50%，或根据设备的安全性能要求来确定。当机组大小搭配时，由于机组的规格不同（甚至类型不同，如：离心机与螺杆机搭配），也有可能出现小容量机组的最小允许流量大于大容量机组允许最小流量的情况，因此此时旁通阀的最大设计流量为各台冷水机组允许的最小流量中的"最大值"。旁通阀的控制可采用流量、温差或压差控制方式。

3）水泵的变流量运行，可以有效降低运行能耗，还可以根据年运行小时数量来降低冷水输配侧的管径，达到降低初投资的目的。美国 ANSI/ASHRAE/IES Standard 90.1—2004 就有此规定，但是只是要求 300kPa、37kW 以上的水泵变流量运行，而到 ANSI/ASHRAE/IES Standard 90.1—2010 出版时，有了更严格的要求，即当末端采用两通阀进行开关量或模拟量控制负荷，只设置一台冷水泵且其功率大于 3.7kW 或冷水泵超过一台且总功率大于 7.5kW 时，水泵必须变流量运行，并且其流量能够降到设计流量的 50% 或以下，同时其运行功率低于 30% 的设计功率；当冷水机组不能适应变流量运行且冷水泵总功率小于 55kW 时，或者末端虽然有采用两通阀进行开关量或模拟量控制负荷，但是其数量不超过 3 个时，冷水泵可不做变流量运行。

3. 二级泵系统

1）机房内冷源侧阻力变化不大，因此多数情况下，系统设计水流阻力较高的原因是系统的作用半径造成的，因此系统阻力是推荐采用二级泵或多级泵系统的充要条件。当空调系统负荷变化很大时，首先应通过合理设置冷水机组的台数和规格解决小负荷运行问题，仅用靠增加负荷侧的二级泵台数无法解决根本问题，因此"负荷变化大"不列入采用二级泵或多级泵的条件。

2）各区域水温一致且阻力接近时完全可以合用一组二级泵，多台水泵根据末端流量需要进行台数和变速调节，大大增加了流量调解范围和各水泵的互为备用性。且各区域末端的水路电动阀自动控制水量和通断，即使停止运行或关闭检修也不会影响其他区域。以往工程中，当各区域水温一致且阻力接近，仅使用时间等特性不同，也常按区域分别设置二级泵，带来如下问题：

一是水泵设置总台数多于合用系统，有的区域流量过小采用一台水泵还需设置备用泵，增加投资；

二是各区域水泵不能互为备用，安全性差；

三是各区域最小负荷小于系统总最小负荷，各区域水泵台数不可能过多，每个区域泵的流量调节范围减少，使某些区域在小负荷时流量过大、温差过小、不利于节能。

3）当系统各环路阻力相差较大时，如果分区分环路按阻力大小设置和选择二级泵，有可能比设置一组二级泵更节能。阻力相差"较大"的界限推荐值可采用 0.05MPa，通常这一差值会使得水泵所配电机容量规格变化一档。

4）工程中常有空调冷热水的一些系统与冷热源供水温度的水温或温差要求不同，又不单独设置冷热源的情况。可以采用再设换热器的间接系统，也可以采用设置二级混水泵和混水阀旁通调节水温的直接串联系统。后者相对于前者有不增加换热器的投资和运行阻力，不需再设置一套补水定压膨胀设施的优点。因此增加了当各环路水温要求不一致时按系统分设二级泵的推荐条件。

分布式布置二级泵系统如图 2-4-9 所示。

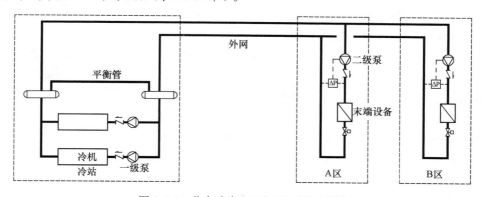

图 2-4-9　分布式布置二级泵系统示意图

"平衡管"的设置在二级泵和多级泵空调水系统设计中非常重要。"平衡管"，有的资料中也称为"盈亏管"、"耦合管"。在一些中、小型工程中，也有的采用了"耦合罐"形式，其工作原理都是相同的。无论平衡管设在何处，两端即为相邻各级泵负担阻力的分界点，可使不完全同步调节的各级泵之间流量达到平衡。一级泵和二级泵之间流量达到平衡，可保证蒸发器流量恒定，因此应在供回水总管之间冷源侧和负荷侧分界处设置平衡管。

当分区域设置的二级泵采用分布式布置时，如平衡管远离机房设在各区域内，定流量运行的一级泵则需负担外网阻力，并按最不利区域所需压力配置，系统循环泵总功率很大，较近各区域平衡管前的一级泵多余资用压头需用阀门调节克服，或流量通过平衡管旁通，不符合节能原则。因此推荐平衡管位置应在冷源机房内，如图 4.3.5—4 所示。

一级泵和二级泵流量在设计工况完全匹配时，平衡管内无水量通过即接管点之间无压差。当一级泵和二级泵的流量调节不完全同步时，平衡管内有水通过，使一级泵和二级泵保持在设计工况流量，并保证冷水机组蒸发器的流量恒定，同时二级泵根据负荷侧的需求运行。在旁通管内有水流过时，也应尽量减小旁通管阻力保证旁通流量，因此管径应尽可能加大，不宜小于总供回水管管径。

一级泵和二级泵之间平衡管两端之间的压力平衡是非常重要的。目前一些二级泵或多级泵系统，存在运行不良的情况，特别是空调系统的回水直接从平衡管旁通后进入了供水管的情况比较普遍，导致冷水系统供水温度逐渐升高、末端无法满足要求而不断要求加大二级泵转速的"恶性循环"情况的发生，其原因就是二级泵选择扬程过大造成的。为此工程中有在平衡管上设单流阀的做法，只允许在一级泵流量大于二级泵流量时，供水通过旁通管流回。当二级泵流量过大时，单流阀阻止流量平衡，负荷侧多余流量进入冷机，会带来主机蒸发器管壁过度冲蚀，供水温度上升等问题。因此设计中应进行详细的水力计算，以保证平衡管两端之间的压力平衡。

5）二级泵采用变频调速泵，比仅采用台数调节更加节能，因此规定采用。

4. 多级泵系统

对于冷水机组集中设置且各单体建筑用户分散的区域供冷等大规模空调冷水系统，当输送距离较远且各用户管路阻力相差非常悬殊的情况下，即使采用二级泵系统，也可能导致二级泵的扬程很高，运行能耗的节省受到限制。这种情况下，在冷源侧设置定流量运行的一级泵、为共用输配干管设置变流量运行的二级泵、各用户或用户内的各系统分别设置变流量运行的三级泵或四级泵的多级泵系统，可降低二级泵的设计扬程，也有利于单体建筑的运行调节。如用户所需水温或温差与冷源不同，还可通过三级（或四级）泵和混水阀满足要求。

二级泵等负荷侧水泵采用变频调速泵，比仅采用台数调节更加节能，因此规定采用。空调冷水三级泵系统如图 2-4-10 示例。

二级泵与三级泵之间也有流量调节可能不同步的问题，但没有保证蒸发器流量恒定问题。以图 2-4-10 所示的三级泵系统为例，如二级泵与三级泵之间设置平衡管，当各三级泵用户远近不同，且二级泵按最不利用户配置时，近端用户需设置节流装置克服较大的剩余资用压头，或多于流量通过平衡管旁通。当系统控制精度要求不高时如不设置平衡管，近端用户三级泵可以利用二级泵提供的资用压头而减少扬程，最近端用户甚至可以不设三级泵，对节能有利。因此，二级泵与三级泵之间没有规定必须设置平衡管。但当各级泵之间要求流量平衡控制较严格时，应设置平衡管；当末端用户需要不同水温或温差时，还应

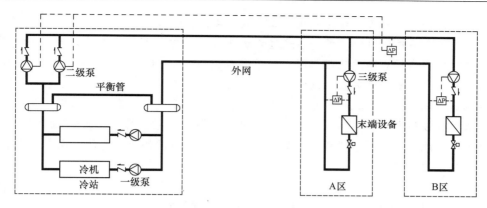

图 2-4-10　空调冷水三级泵系统示例

设置混水旁通管。

　　图 2-4-11 为一个设平衡管的末端混水系统示例。以平衡管两端为界，混水泵负担末端（分集水器、加热管及其阀门等管件）阻力，系统总循环泵负担平衡管前阻力（相当于一级泵）。假设热源为热水锅炉水泵需要定流量运行。当系统末端需热量减少时，因温控阀的调节，热源侧流量大于末端所需流量，多余流量通过平衡管流回，否则反之。平衡管保证了热源侧和负荷侧所需流量的平衡，也保证了通过控制阀门开度调节分水器进口水温的准确性。当楼内供热管路系统需要冲洗时，可关闭负荷侧供回水阀门，平衡管作为旁通管使用。

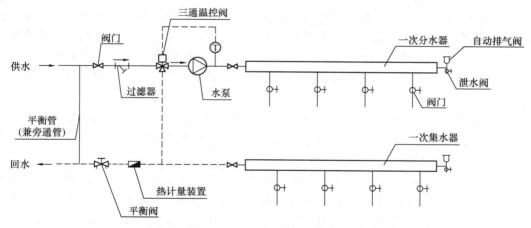

图 2-4-11　热源侧水泵定流量运行的地板供暖末端混水系统举例

　　如果图 2-4-11 的热源设备是不需要定流量的换热器，则可不设置平衡管（旁通管上加装阀门，运行时关闭），系统压差根据各末端三通温控阀高温进水侧的关闭程度变化时，总循环泵（一级泵）可以根据压差信号变频运行。

4.3.6　空调水系统布置和管径的选择，应减少并联环路之间压力损失的相对差额。当设计工况下并联环路之间压力损失的相对差额超过 15% 时，应采取水力平衡措施。

【释义与实施要点】

　　空调水系统水力平衡。新增条文。

本条提到的水力平衡，都是指设计工况的平衡情况。

强调空调水系统设计时，首先应通过系统布置和选定管径减少压力损失的相对差额，但实际工程中常常较难通过管径选择计算取得管路平衡，因此只规定达不到15%的平衡要求时，可通过设置平衡装置达到空调水管道的水力平衡。

空调水系统的平衡措施除调整管路布置和管径外，还包括设置根据工程标准、系统特性正确选用并在适当位置正确设置可测量数据的平衡阀（包括静态平衡和动态平衡）、具有流量平衡功能的电动阀等装置；例如末端设置电动两通阀的变流量的空调水系统中，各支环路不应采用定流量阀。

4.3.7　采用换热器加热或冷却的二次空调水系统的循环水泵宜采用变速调节。

【释义与实施要点】

一般换热器不需要定流量运行，因此推荐在换热器二次水侧的二次循环泵采用变速调节的节能措施。变频调速技术是水泵节能的重要措施，节能效果好、回收期短、经济性好。

需要强调的一点是：不论是采用定速台数控制还是采用变速控制，其中一个关键的思想是实时控制，即"供需平衡"。因此采用二次泵系统，必须设置相对完善的控制系统而不是由人工来确定二次泵的运行台数（或者转速）。

一般情况下，二次泵转速可采用定压差方式进行控制。压差信号的取得方法通常有二种：（1）取二次水泵环路中主供、回水管道的压力信号。由于信号点的距离近，该方法易于实施。（2）取二次水泵环路中各个远端支管上有代表性的压差信号。如有一个压差信号未能达到设定要求时，提高二次泵的转速，直到满足为止；反之，如所有的压差信号都超过设定值，则降低转速。显然，方法（2）所得到的供回水压差更接近空调末端设备的使用要求，因此在保证使用效果的前提下，它的运行节能效果较前一种更好，但信号传输距离远，要有可靠的技术保证。

当技术可靠时，也可采用变压差方式——根据空调机组（或其他末端设备）的水阀开度情况，对控制压差进行再设定，尽可能在满足要求的情况下降低二次泵的转速以达到节能的目的。

设计中还要注意的一个问题是：即使二次泵根据供、回水压差采用变速控制，一般情况下也有必要在供、回水总管上再设旁通电动阀。这是因为：由于水泵性能特点、减振要求等原因，对二次泵的转速变化是有范围限制的，我们不可能使二次泵的转速从额定值到零之间改变，因此，当二次泵降低至最低转速（此最低转速应由设计人员提出，根据有关研究表明，水泵的最小运转频率一般在30～35Hz左右）时，如果系统压差继续升高，则应打开旁通来进行系统的水量平衡和控制——此时与一次泵系统通过压差控制旁通电动阀的做法在原理上完全相同。

4.3.8　除空调冷水系统和空调热水系统的设计流量、管网阻力特性及水泵工作特性相近的情况外，两管制空调水系统应分别设置冷水和热水循环泵。

【释义与实施要点】

两管制空调水系统冷热水循环泵的设置。新增条文。

　　由于冬夏季空调水系统流量及系统阻力相差很大，两管制系统如冬夏季合用循环水泵，一般按系统的供冷运行工况选择循环泵，供热时系统和水泵工况不吻合，往往水泵不在高效区运行，且系统为小温差大流量运行，浪费电能；即使冬季改变系统的压力设定值，水泵变速运行，水泵冬季在设计负荷下也可能长期低速运行，降低效率，因此不允许合用。

　　如冬夏季冷热负荷大致相同，冷热水温差也相同（例如采用直燃机、水源热泵等），流量和阻力基本吻合，或者冬夏不同的运行工况与水泵特性相吻合时，从减少投资和机房占用面积的角度出发，也可以合用循环泵。

　　值得注意的是，当空调热水和空调冷水系统的流量和管网阻力特性及水泵工作特性相吻合而采用冬、夏共用水泵的方案时，应对冬、夏两个工况情况下的水泵轴功率要求分别进行校核计算，并按照轴功率要求较大者配置水泵电机，以防止水泵电机过载。

4.3.9　在选配空调冷（热）水系统的循环水泵时，应计算空调冷（热）水系统耗电输冷（热）比[$EC(H)R\text{-}a$]，并应标注在施工图的设计说明中。空调冷（热）水系统耗电输冷（热）比计算应符合下列规定：

1　空调冷（热）水系统耗电输冷（热）比应按下式计算：

$$EC(H)R\text{-}a = 0.003096 \, \Sigma(G \times H/\eta_{\mathrm{b}})/Q \leqslant A(B + \alpha \Sigma L)/\Delta T \qquad (4.3.9)$$

式中　$EC(H)R\text{-}a$——空调冷（热）水系统循环水泵的耗电输冷（热）比；

　　　　G——每台运行水泵的设计流量（m³/h）；

　　　　H——每台运行水泵对应的设计扬程（m）；

　　　　η_{b}——每台运行水泵对应的设计工作点效率；

　　　　Q——设计冷（热）负荷（kW）；

　　　　ΔT——规定的计算供回水温差（℃），按表4.3.9-1选取；

　　　　A——与水泵流量有关的计算系数，按表4.3.9-2选取；

　　　　B——与机房及用户的水阻力有关的计算系数，按表4.3.9-3选取；

　　　　α——与ΣL有关的计算系数，按表4.3.9-4或表4.3.9-5选取；

　　　　ΣL——从冷热机房出口至该系统最远用户供回水管道的总输送长度（m）；

表 4.3.9-1　**ΔT 值**（℃）

冷水系统	热水系统			
	严寒	寒冷	夏热冬冷	夏热冬暖
5	15	15	10	5

表 4.3.9-2　**A 值**

设计水泵流量 G	G≤60m³/h	60m³/h<G≤200m³/h	G>200m³/h
A 值	0.004225	0.003858	0.003749

表 4.3.9-3 *B* 值

系统组成		四管制单冷、单热管道 B 值	两管制热水管道 B 值
一级泵	冷水系统	28	—
	热水系统	22	21
二级泵	冷水系统	33	—
	热水系统	27	25

表 4.3.9-4 四管制冷、热水管道系统的 *α* 值

系统	管道长度 ΣL 范围（m）		
	$\Sigma L \leqslant 400$m	400m$<\Sigma L<1000$m	$\Sigma L \geqslant 1000$m
冷水	$\alpha = 0.02$	$\alpha = 0.016 + 1.6/\Sigma L$	$\alpha = 0.013 + 4.6/\Sigma L$
热水	$\alpha = 0.014$	$\alpha = 0.0125 + 0.6/\Sigma L$	$\alpha = 0.009 + 4.1/\Sigma L$

表 4.3.9-5 两管制热水管道系统的 *α* 值

系统	地区	管道长度 ΣL 范围（m）		
		$\Sigma L \leqslant 400$m	400m$<\Sigma L<1000$m	$\Sigma L \geqslant 1000$m
热水	严寒	$\alpha = 0.009$	$\alpha = 0.0072 + 0.72/\Sigma L$	$\alpha = 0.0059 + 2.02/\Sigma L$
	寒冷 夏热冬冷	$\alpha = 0.0024$	$\alpha = 0.002 + 0.16/\Sigma L$	$\alpha = 0.0016 + 0.56/\Sigma L$
	夏热冬暖	$\alpha = 0.0032$	$\alpha = 0.0026 + 0.24/\Sigma L$	$\alpha = 0.0021 + 0.74/\Sigma L$
冷水		$\alpha = 0.02$	$\alpha = 0.016 + 1.6/\Sigma L$	$\alpha = 0.013 + 4.6/\Sigma L$

2 空调冷（热）水系统耗电输冷（热）比计算参数应符合下列规定：

1）空气源热泵、溴化锂机组、水源热泵等机组的热水供回水温差应按机组实际参数确定；直接提供高温冷水的机组，冷水供回水温差应按机组实际参数确定。

2）多台水泵并联运行时，*A* 值应按较大流量选取。

3）两管制冷水管道的 *B* 值应按四管制单冷管道的 *B* 值选取；多级泵冷水系统，每增加一级泵，*B* 值可增加 5；多级泵热水系统，每增加一级泵，*B* 值可增加 4。

4）两管制冷水系统 *α* 计算式应与四管制冷水系统相同。

5）当最远用户为风机盘管时，ΣL 应按机房出口至最远端风机盘管的供回水管道总长度减去 100m 确定。

【释义与实施要点】

空调冷热水系统循环水泵的耗电输冷（热）比。新增条文。

空调冷（热）水系统耗电输冷（热）比反映了空调水系统中循环水泵的耗电与建筑冷热负荷的关系，公式（4.3.9）中，不等号的左侧是系统实际 *EC*（*H*）*R-a* 计算值，要求不大于右侧的限定值，对此值进行限制是为了保证系统阻力和水泵的扬程在合理的范围内，以降低水泵能耗。

与本标准 2005 版相比，本条文根据实际情况对计算公式及相关参数进行了调整。本标准 2005 版中，系统阻力以一个统一规定的水泵的扬程 *H* 来代替，而实际工程中，水系统的供冷半径差距较大，如果用一个规定的水泵扬程（标准规定限值为 36m）并不能完全

反映实际情况，也会给实际工程设计带来一些困难。因此，本条文在修改过程中的一个思路就是：系统半径越大，允许的限值也相应增大。故把机房及用户的阻力和管道系统长度引起的阻力分别计算，以 B 值反映了系统内除管道之外的其他设备和附件的水流阻力，$\alpha \sum L$ 则反映系统管道长度引起的阻力。同时也解决了管道长度阻力 α 在不同长度时的连续性问题，使得条文的可操作性得以提高。公式中采用设计冷（热）负荷计算，避免了由于应用多级泵和混水泵造成的水温差和水流量难以确定的状况发生。

1. 公式不等号左侧的系统 $EC(H)R\text{-}a$ 实际值计算式

1) 分子为水泵功率，应分别计算并联水泵和直接串联的各级水泵的功率后叠加；分母采用了系统的设计总冷（热）负荷 $\sum Q$，避免了应用多级泵和混水泵时，水温差、流量、效率等难以确定的情况发生。

2) 原则上应按所选的各水泵的性能曲线确定水泵在设计工况点的效率 η_b，但实际工程设计过程中常缺乏准确资料。根据国家标准《清水离心泵能效限定值及节能评价值》GB 19762 中提供的水泵性能参数，即使同一系列的水泵，由于流量不同，η_b 也存在一定的差距，在满足水泵工作在高效区的要求的前提下，将 GB 19762 标准提供的数据整理如下：当水泵水流量 $\leqslant 60\text{m}^3/\text{h}$ 时，水泵平均效率取 63%；当 $60\text{m}^3/\text{h} <$ 水泵水流量 $\leqslant 200\text{m}^3/\text{h}$ 时，水泵平均效率取 69%；当水泵水流量 $> 200\text{m}^3/\text{h}$ 时，水泵平均效率取 71%，所选择的水泵效率不宜小于这些数值。根据市场产品情况，目前有许多厂家水泵的效率可以大大超出上述数值，个别大流量泵甚至可超过 90%，因此设计选择的空间还是很大，但水泵价格可能会高一些。

2. 公式不等号右侧的 $EC(H)R\text{-}a$ 限定值计算式

1) 温差 ΔT 的确定

对于冷水系统，要求不低于 5℃ 的温差是必需的，也是正常情况下能够实现的。对于空调热水系统，规范将国内四个气候区分别作了最小温差的限制。

需要注意的是，对于寒冷地区的空调热水，以往的实际工程中也常采用风机盘管等末端设备的标准供热工况温差采用 10℃，这时对于常用的两管制系统，如按供冷工况计算确定了符合 ECR_{-a} 限值的管网，供热工况时往往不能满足 EHR_{-a} 限值要求，需通过放大管径降低系统阻力 H，或选择高效水泵提高 η_b 等措施，使实际能效比不大于限定值。因此，工程设计时，寒冷地区空调热水供回水温差不宜小于 15 ℃。

对空气源热泵、溴化锂机组、水源热泵等机组，其供热效率是节能的关键问题，不能单纯强调加大供回水温差，因此热水供回水温差按机组标准工况时的实际参数确定。

对直接提供高温冷水的机组，还涉及平均水温对系统冷却能力的影响等，冷水供回水温差应按设计要求的机组实际参数确定。

2) A 值是在公式推导过程中引进的参数（$A = 0.002662/\eta_b$），反映了水泵效率的影响，是按本文 1—2) 不同流量时的效率取值计算得出，更符合实际情况。

3) $\alpha \sum L$ 则反映系统管道长度引起的摩擦阻力。对于系统中"从冷热机房至该系统最远用户的供回水管道的总输送长度 $\sum L$"和"用户"范围的分界，对于塔式建筑，"用户"指各层的水平支路管道和末端设备；当管道设于大面积单层或多层建筑时，"用户"范围的管道长度可按 100m 确定；此外，宾馆空调系统，每间客房经常设置独立立管，$\sum L$ 如包括立管长度，B 值中包括的末端阻力又过大，计算出的限值过大，$\sum L$ 计算时也应减

100m。因此，当最远用户为空调机组时，$\sum L$ 为从机房出口至最远端空调机组的供回水管道总长度；当最远用户为风机盘管时，$\sum L$ 应减去 100m 计算。

4) B 值反映了系统内除上述冷热机房至用户区的总输送管道（$\sum L$）之外的其他设备、附件和管道的水流阻力，由三部分组成：（1）机房内阻力，包括制冷机及其辅助设备、机房内管道阻力；（2）用户区阻力，包括进入用户区域的管道和设备阻力；（3）采用二级泵（或多级泵）系统时，增加的辅助设备（水泵进出口阀门等）的阻力。公式编制过程中将这三部分阻力按常规系统的数值进行了统计计算，并将统计结果列入本规范条文的表 4.3.9-3 中。

4.3.10 当通风系统使用时间较长且运行工况（风量、风压）有较大变化时，通风机宜采用双速或变速风机。

【释义与实施要点】

双速或变速风机的采用。新增条文。

本条文的目的是强调在工程设计中对于长期频繁运行特别是伴有运行工况有较大变化的系统，如常年需要通风，但随气候、工艺或季节等因素所需实际风量有较大变化的通风系统。这样的系统采取合理的调节手段会获得明确的节能效果，经济效益显著。

1. 对本条的理解

在通风系统管路特性线不改变的前提下，随着通风机转速的改变，流量也随之变化，扬程随转速的 2 次方成比例改变，而功率则随转速的 3 次方成比例改变。

流量、扬程和轴功率关系：

$$G/G_1 = n/n_1 \tag{2-4-14}$$
$$H/H_1 = (n/n_1)^2 \tag{2-4-15}$$
$$N/N_1 = (n/n_1)^3 \tag{2-4-16}$$

式中 G、H、N——叶轮转速 n 时的流量、扬程和轴功率。

例如：一个管路特性不变的通风系统，当风机转速减少至一半时，则流量也减少为一半，而功率则减到原有功率的 12.5%。

采用调节阀调节通风系统的流量，节省投资、简单方便，应用也较为普遍，但相比改变风机转速，则是通过阀门的节流改变了系统的管道特性。变速调节基本遵循相似工况，效率基本相似，而节流与调速相比，工作点左移，效率会按左移的幅度明显降低，功率也基本与扬程成同等幅度降低。显然，通过转速调节风量比通过阀门调节风量节能意义更大。

结合电动机转速公式分析：

$$n = (1-S)60f/P \tag{2-4-17}$$

式中 S——电机的转差率；

f——电源频率；

P——电机的极对数。

可以看出，通过改变频率或极对数都可以改变电机转速，从而达到调节风量的目的。

2. 本条文技术要求和注意的问题

1) 双速风机通常是配置变极电机的风机。工程设计中采用双速风机时，既要注意风机样本中高速工况应满足设计额定工况，同时也要核对低速工况是否符合系统的实际运行需求（实际运行中占大多数时间的工况）。选择原则是既要经济更要实用。实践证明，选择具有合理两档风量调节的空调或通风系统，其系统适应能力和节能意义都比较明显。

2）采用变频调速风机具有更优越的连续调节性，适应和调节范围更广，但只有配置合理的控制逻辑（如：温度参数、压力参数或浓度参数等模拟量与频率对应进行设定范围的连续调节），才能有效发挥其优势。

设计中要综合分析比较，确定采用合理可行的调节手段，以达到真正的节能目的。

4.3.11　设计定风量全空气空气调节系统时，宜采取实现全新风运行或可调新风比的措施，并宜设计相应的排风系统。

【释义与实施要点】

定风量系统的新风设计要求。

本条文的目的是强调设计定风量空调系统应考虑全年运行的情况，尽可能利用室外空气这样的自然能，减少人工冷、热源的耗量。

1. 对本条的理解

1）设计工况是可以满足室外气象条件和室内设计条件下的最大要求。由于空调系统是全年运行的（或者说是在某个季节、时间段连续运行的），因此从节能上我们必须考虑到全年运行工况，而不仅仅是设计工况。在建筑需要供冷时，如果能够直接利用室外较低温度的新风来供冷，可以因此而替代或减少人工冷量的消耗。在过渡季，水系统开始供热水时，某系统如果采用最小新风比会导致混合温度高于要求的送风温度，为了满足其室内要求而将供热水改为供冷水显然是不经济和不现实的，这样会延长供冷的运行时间，或因与关联系统无法协调而难于实现；因此，这时应采用调节新风比来满足送风温度的要求，同时也能减少或消除对空气加热的能耗。上述两种方式对于节能及环保都具有重大意义，尤其前者是大多数空调设计人员都能够认识到的，由此带来的另一个优点是更有利于室内空气品质的提升。

2）本条提到的"过渡季"概念。关于这一概念，存在一些含混不清的理解，有些人将"过渡季"理解为"春秋季节"。实际上，空调专业所提到的"过渡季"正如条文说明中明确的"指的是与室内外空气参数相关的一个空调工况分区范围，其确定的依据是通过室内外空气参数的比较而定的"。因此就全国来说，一些城市在炎热夏季的早晚也可能出现"过渡季"工况，反之在春、秋季节，也可能在午后出现空调夏季工况。

2. 本条文实施的关键因素

设计空调系统时，系统的能量（热）平衡重要，系统的质量（风）平衡同样重要，即：风平衡和热平衡。一些设计人员重视系统的热平衡，却忽视了系统的风平衡。使得设计的系统在运行时往往达不到理想的效果。

1）应设有与全新风运行相对应的机械排风系统，防止全新风运行时，因排风不利使房间正压过大无法按要求的风量送风。为了满足必要的新风量，同时维持室内必需的正压值，通常排风量的变化应与新风进风量的变化同步。

2）空调机组新风管的设计要考虑到全新风时的风量要求。目前一些工程尽管设计中提出了过渡季节采用全新风送风，但由于新风管设计过小（仅按照最小新风量来设计），实际上无法做到。

3）如果在设计时考虑变新风比的运行模式，空调机房宜尽量设置在靠近外墙的位置，以方便新风、排风管道的布置。同时，由于这里强调的是实时的参数比较和节能控制，为了保证实施的有效、充分地利用新风，空调系统的自动控制装置是必不可少的。

4）几种不同系统的特点比较：

（1）双风机空调系统（定风量送风机＋定风量回风机），如图 2-4-12 所示。

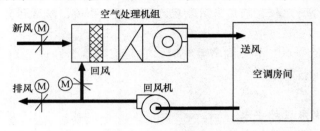

图 2-4-12　双风机空调系统（定风量送风机＋定风量回风机）

该系统的优点是：送、回风机定速运行，通过新风、回风和排风阀的模拟量调节来实现新风送风量改变。在夏季过渡季（即室内需要供冷、同时室外空气的焓值低于室内空气焓值）时采用调节新风量可以减少冷源的冷量消耗，在冬季过渡季（水系统已经供热水、室外温度低于室内温度）时，通过调节新风比来最大可能的减少供热需求并满足室内设计参数。这是一个最典型的双风机系统采用焓值控制的形式。需要注意的是此方式通常要占用较多的空调机房面积。

（2）双风机空调系统（定风量送风机＋变速排风机），如图 2-4-13 所示。

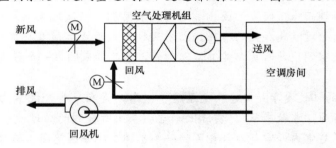

图 2-4-13　双风机空调系统（定风量送风机＋变速排风机）

该系统可实现的功能与（1）是完全相同的，只是采用的手段不同而已。在夏季过渡季，排风机改速运行，调节新风阀、回风阀的开度，实现全新风或部分新风的运行模式；在冬季过渡季，调节新风阀与回风阀的开度和排风机的转速可实现对新风比的控制。与（1）相比，由于排风机可以不放在空调机房内，因此系统设计更为灵活。

（3）双风机空调系统（定风量送风机＋定风量排风机）——系统形式与图 4.3.11-2相同。

该系统与（1）、（2）实现的功能是不完全相同的，主要体现在冬季过渡季工况之中。在冬季过渡季时，由于排风量不能连续调节（风机定速），因此当采用最小新风比时会导致房间温度过高，不得不采用全新风方式，但这时有可能又将导致室温过低，因此需要用热水对全新风进行加热而不是像（1）、（2）方式那样可通过调节新风比（在某些时段不用加热也能）满足要求。因此与前两种方式相比，它将多消耗一部分加热量。实际工程中选用双速送风机与双速排风机，其简单的运行模式仍然可以带来显著的节能效果。

4.3.12 当一个空气调节风系统负担多个使用空间时，系统的新风量应按下列公式计算：

$$Y = X/(1+X-Z) \tag{4.3.12-1}$$
$$Y = V_{ot}/V_{st} \tag{4.3.12-2}$$
$$X = V_{on}/V_{st} \tag{4.3.12-3}$$
$$Z = V_{oc}/V_{sc} \tag{4.3.12-4}$$

式中　Y——修正后的系统新风量在送风量中的比例；

V_{ot}——修正后的总新风量（m^3/h）；

V_{st}——总送风量，即系统中所有房间送风量之和（m^3/h）；

X——未修正的系统新风量在送风量中的比例；

V_{on}——系统中所有房间的新风量之和（m^3/h）；

Z——新风比需求最大的房间的新风比；

V_{oc}——新风比需求最大的房间的新风量（m^3/h）；

V_{sc}——新风比需求最大的房间的送风量（m^3/h）。

【释义与实施要点】

系统的新风量计算公式。

本条文系参考美国供暖制冷空调工程师学会标准《Ventilation for Acceptable Indoor Air Quality》ASHRAE 62.1 中第 6 章的内容。考虑到一些设计采用新风比最大的房间的新风比作为整个空调系统的新风比，这将导致系统新风比过大，浪费能源。采用上述计算公式将使得各房间在满足要求的新风量的前提下，系统的新风比最小，因此本条规定可以节约空调风系统的能耗。

举例说明式（4.3.12）的用法：假定一个全空气空调系统为表 2-4-7 中的几个房间送风：

案例计算表 表 2-4-7

房间用途	在室人数	新风量（m^3/h）	总风量（m^3/h）	新风比（%）
办公室	20	680	3400	20
办公室	4	136	1940	7
会议室	50	1700	5100	33
接待室	6	156	3120	5
合计	80	2672	13560	20

如果为了满足新风量需求最大（新风比最大的房间）的会议室，则须按该会议室的新风比设计空调风系统。其需要的总新风量变成：$13560 \times 33\% = 4475$（m^3/h），比实际需要的新风量（$2672m^3/h$）增加了 67%。

现用式（4.3.12）计算，在上面的例子中，V_{ot}＝未知；$V_{st}=13560m^3/h$；$V_{on}=2672m^3/h$；$V_{oc}=1700m^3/h$；$V_{sc}=5100m^3/h$。因此可以计算得到：

$$Y = V_{ot}/V_{st} = V_{ot}/13560$$
$$X = V_{on}/V_{st} = 2672/13560 = 19.7\%$$
$$Z = V_{oc}/V_{sc} = 1700/5100 = 33.3\%$$

代入方程 $Y = X/(1+X-Z)$ 中，得到

$$V_{ot}/13560 = 0.197/(1+0.197-0.333) = 0.228$$

可以得出 $V_{ot} = 3092\text{m}^3/\text{h}$。

4.3.13　在人员密度相对较大且变化较大的房间，宜根据室内 CO_2 浓度检测值进行新风需求控制，排风量也宜适应新风量的变化以保持房间的正压。

【释义与实施要点】

根据 CO_2 浓度控制新风量设计要求。新增条文。

二氧化碳并不是污染物，但可以作为评价室内空气品质的指标，现行国家标准《室内空气质量标准》GB/T 18883 对室内二氧化碳的含量进行了规定。当房间内人员密度变化较大时，如果一直按照设计的较大的人员密度供应新风，将浪费较多的新风处理用冷、热量。我国有的建筑已采用了新风需求控制。要注意的是，如果只变新风量、不变排风量，有可能造成部分时间室内负压，反而增加能耗，因此排风量也应适应新风量的变化以保持房间的正压。在技术允许条件下，CO_2 浓度检测与 VAV 变风量系统相结合，同时满足各个区域新风与室内温度要求。

4.3.14　当采用人工冷、热源对空气调节系统进行预热或预冷运行时，新风系统应能关闭；当采用室外空气进行预冷时，应尽量利用新风系统。

【释义与实施要点】

新风系统的节能。

采用人工冷、热源进行预热或预冷运行时新风系统应能关闭，其目的在于减少处理新风的冷、热负荷，降低能量消耗；在夏季的夜间或室外温度较低的时段，直接采用室外温度较低的空气对建筑进行预冷，是一项有效的节能方法，应该推广应用。

尽管本条是针对两种不同情况来制定的，但它们又是相互有联系的。

绝大多数公共建筑或者其内部的大部分房间（比如大型会议厅、报告厅甚至办公建筑等）是非 24 小时连续使用的，当它重新使用时，由于房间墙体、楼板、家具等物体的蓄热特性，需要预先开启空调系统进行预冷或预热运行，以保证使用时能够达到正常的室内参数。如果采用人工冷、热源来进行预冷或预热，关闭新风后（即循环系统）不但能够更快的达到要求的室内参数，而且也能够减少由于并不需要的新风处理所消耗的能量。由于房间几乎没有人员，这种做法也不会产生卫生方面的问题。

第二种情况的预冷是针对空调区域或空调房间而言的。当室外参数较低且空调房间不使用（如夜间）时，如果能充分利用较低的室外参数对建筑进行预冷，显然能够减少（甚至完全不用）使用人工冷源进行预冷的能耗，是节省能耗的一项有效方法，应该推广应用。为此，设计时应在新风口的取风面积、新风管道的截面积、排风系统和自动控制系统等方面积极创造条件。应该注意的是：这里提到的室外参数不仅仅指的是室外温度，也要考虑到室外空气的湿度问题。如果室外空气的含湿量很高，尽管采用它可以使室内温度下

降，但由此带来的室内湿度过大会引起人员的不舒适，反过来又会因此采用较多的人工冷源来除湿。因此采用对室外空气参数和室内设计参数的实时比较后，通过自动控制系统来实现这一做法是较为合理的。

4.3.15　空气调节内、外区应根据室内进深、分隔、朝向、楼层以及围护结构特点等因素划分。内、外区宜分别设置空气调节系统。

【释义与实施要点】

建筑内、外区划分的要求。

建筑物外区和内区的负荷特性是不同的。外区由于与室外空气相邻，围护结构的负荷随季节改变有较大的变化；内区则由于远离围护结构，室外气候条件的变化，对它几乎没有影响，而由于室内内部负荷的原因通常常年需要供冷。因此，要明确的一点是：内、外区是某些空调建筑的固有特性，与空调风系统的方式并不存在必然的联系，只是不同空调系统方式对内、外区的解决方法不同而已。

体量较大的公共建筑物，如大型商场、写字楼等，往往空调区的进深也较大，存在空调内、外区之分。关于空调内、外区的划分，目前有多种不同的方式，从原则上看，并没有一个固定的标准。如何划分内、外区，与房间的进深、分隔、朝向、维护结构热工性能以及房间内部负荷特点等许多因素有关，这里提出一些建议供读者参考：

1. 采用负荷平衡法划分内、外区

负荷平衡法的基本原则是：在冬季室内设计状态下，如果室内空调冷负荷 CL（W）已经大于通过围护结构散向室外的热量 Q_r（即通常计算的冬季热负荷，单位：W），那么，根据热平衡原理，在设计状态下，该房间需要在冬季进行供冷，供冷量为 $Ql = CL - Q_r$（W）。当房间面积为 A（m²）时，室内空调冷负荷指标为 $cl = CL/A$（W/m²），外区面积为：$A_w = Q_r/cl$（m²），由此可以确定内、外区的分界线。

上述方法适用于进深和室内冷负荷比较大、垂直于进深方向不再进行二次分隔的房间，典型的例如商场等使用功能。对于商场来说，同时还要考虑楼层问题，从实际情况来看，由于热空气上浮因素的影响，在冬季一层商场的分区线比其他楼上层更靠内一些，此情况越往上层越明显。

房间开窗的大小、房间朝向等因素也对划分有一定影响。有些南向房间采用大面积的中空玻璃，冬季由于大量的太阳辐射得热，可以不用启动供暖设备而获得满意的环境温度，有时甚至会需要降温；但这时北向房间却需要运行供暖设备。在这种情况下，设计中将南北空调系统或南北空调二管制的供水管路分开设置，并能分别供冷与供热，会取得很好的使用效果。

同样，对于不同的围护结构也会产生负荷特性的差异。例如，房间外围护全部采用热惰性大、热阻也大的墙体材料时，该房间可以视同内区房间。

冬季内、外区对空调的需求存在很大的差异，因此宜分别设计和配置空调系统。这样，不仅可以方便运行管理，而且还可以方便地根据不同的负荷情况分别进行空气处理，获得最佳的空调效果，避免了冬季空气处理时的冷热量的抵消损失，节省能源的消耗，减少运行费用。同时也为内区充分利用室外空气的冷量进行免费空调提供了方便。

2. 考虑房间分隔因素

这一方法更多的适用于办公室。对于办公建筑来说，办公室内、外区的划分标准与许多因素有关，其中房间分隔是一个重要的因素，设计中需要灵活处理。如果在垂直于进深方向有明确的分隔，则分隔处一般为内、外区的分界线。对于出租、出售的办公室，大多数这类办公建筑在用户使用之前都有可能进行新的房间分隔以满足内部办公使用的个性化要求。从目前的情况以及根据国外有关资料介绍，比较多的办公建筑在分隔时，隔墙与外围护结构的距离大约为 3～5m 的范围，说明这样的分隔对于大部分办公室的使用是较为合理的。为了设计尽可能满足不同的使用需求，也可以将上述从 3m 至 5m 的范围作为过渡区，在空调负荷计算时，内、外区都计算此部分负荷，这样只要分隔线在 3～5m 之间变动，都是能够满足要求的。这样的做法可能会使设计状态下的末端空调冷负荷值略微偏大（3～5m 范围的内部冷负荷重复计算的原因），但对于房间的灵活分隔会带来较大的好处，同时整个建筑的运行能耗也不会有明显的增加。

内、外区由于冬季的负荷性质不同，如果采用同一个风系统，必须要求在送风末端有附加的措施来保持对送风温度的不同要求。通常是系统送风温度按照内区要求来设计，在外区末端设置再热设备对送风加热满足外区供热的要求。显然，这样的做法在冬季和某些过渡季节存在冷、热量的抵消而耗能，因此本条建议内、外区空调风系统分别设置。但考虑到在 VAV 系统设计中，内、外区合一风系统，外区采用末端再热的方式也是目前比较流行、使用灵活性较高（相当于四管制系统）、设计相对简单、对一些高标准办公建筑有一定适用性的做法，因此本条文采用推荐的语气。

总之，本条文主要是要求设计人员在设计时，必须注意各种房间的负荷特性，防止由于设计不当造成不必要的冷、热量混合损失。

4.3.16 风机盘管加新风空调系统的新风宜直接送入各空气调节区，不宜经过风机盘管机组后再送出。

【释义与实施要点】

风机盘管系统的新风送风方式。本条文的目的是要提高新风的利用效率，以最少的新风耗能，达到人员要求的卫生条件。

本条应用时要注意的一点是：这里提到的新风，指的是经过了空调机进行热、湿处理的新风，直接从室外（或者经过热回收装置）引入的新风不在本条规定的范围之内。

直接送入空调区应该是空调设计的一个基本原则。如果新风送入风机盘管，可能出现的问题是：

1. 风机盘管运行与不运行（或者在不同转速下运行）时的新风量会发生较大的变化，由于新风量的需求与室温控制并没有严格的对应关系，因此有可能造成新风量不足。

2. 夏季经过处理后的新风温度已经较低，送入风机盘管回风后，由于传热温差的减小，降低了风机盘管的制冷能力。冬季也是同样道理。尤其是新风量占风机盘管风量的较大比例时折中现象更为明显。

3. 这种方式导致房间换气次数的下降（与新风直接送入房间的做法相比）。

因此采用新风量直接送入各空调区域，可保证各个空调区得到所需要的新风风量，符合以最少的新风耗能，达到人员要求的卫生条件的原则。

在设计中布置新风风口时，应尽可能地均匀布置，并应远离排风口，避免新、排风短路。

4.3.17 空气过滤器的设计选择应符合下列规定：

1 空气过滤器的性能参数应符合现行国家标准《空气过滤器》GB/T 14295 的有关规定；

2 宜设置过滤器阻力监测、报警装置，并应具备更换条件；

3 全空气空气调节系统的过滤器应能满足全新风运行的需要。

【释义与实施要点】

空气过滤器的选配要求。

本条的主要目的是要对过滤器的阻力有所控制，以保证节能的要求。

空气过滤器阻力过大，会消耗风机的动力，造成输送动力的加大，因此本条文对公共建筑中常用的粗、中效空气过滤器的阻力参数作出要求。粗、中效空气过滤器的性能应符合现行国家标准《空气过滤器》GB/T 14295 的有关规定：

1. 粗效过滤器的初阻力小于或等于 50Pa（粒径大于或等于 2.0μm，效率不大于 50%且不小于 20%）；终阻力小于或等于 100Pa；

2. 中效过滤器的初阻力小于或等于 80Pa（粒径大于或等于 0.5μm，效率小于 70%且不小于 20%）；终阻力小于或等于 160Pa；

由于全空气空调系统要考虑到空调过渡季全新风运行的节能要求，因此其过滤器应能满足全新风运行的需要。

在一些设计中，全空气系统的新风管上单独设置了空气过滤器。由于全空气空调系统要考虑到空调过渡季全新风运行的节能要求，因此在这里特别提醒新风管上的过滤器设置时不能只考虑最小新风量的情况。

为确保空气过滤器的阻力不大于要求的值，在选配时应采用符合上述国家标准的产品，并应根据产品技术参数，保证过滤风速在规定值以内，防止有些产品因降低造价而随便提高过滤风速的情况发生。

4.3.18 空气调节风系统不应利用土建风道作为送风道和输送冷、热处理后的新风风道。当受条件限制利用土建风道时，应采取可靠的防漏风和绝热措施。

【释义与实施要点】

土建式风道的限制。

编制时的两个基本考虑是：（1）从实际了解到的现有工程情况来看，许多采用土建风道（指用砖，混凝土，石膏板等材料构成的风道）的空调工程的漏风情况严重，给工程带来了相当多的隐患；而且由于大部分是隐蔽工程无法检查，导致系统调试不能正常进行，处理过的空气无法送到设计要求的地点，造成能量严重浪费。（2）由于没有很好的对土建风道进行保温，混凝土等墙体的蓄热量大，会吸收大量的送风能量，导致热损失大而浪费能量。尤其是对于非连续使用的场所更会严重影响空调效果。一些工程甚至因为漏风或热损失加大后无法满足运行要求而不得不增加或者更换更大的空调设备，对投资和能量都是极大的浪费。

考虑到在工程设计中，由于建筑形式的变化越来越丰富，功能要求也越来越多，因受条件限制或为了结合建筑的需求，从综合的建筑整体设计考虑或者为了某些特定功能的实现，存在一些用砖，混凝土，石膏板等材料构成的土建风道、回风竖井的情况。此外，在一些下送风方式（如剧场等）的设计中，为了管道的连接及与室内设计配合，有时也需要采用一些局部的土建式封闭空腔作为送风静压箱。因此对这类土建风道或送风静压箱提出严格的防漏风和绝热要求。

设计绝热层时除了选择绝热层表面具有防吹散功能外，绝热材料的端部也应具有防吹散措施，并采用稳妥的固定方法。

4.3.19 空气调节冷却水系统设计应符合下列规定：

1 应具有过滤、缓蚀、阻垢、杀菌、灭藻等水处理功能；

2 冷却塔应设置在空气流通条件好的场所；

3 冷却塔补水总管上应设置水流量计量装置；

4 当在室内设置冷却水集水箱时，冷却塔布水器与集水箱设计水位之间的高差不应超过 8m。

【释义与实施要点】

对空调冷却水系统的要求。

做好冷却水系统的水处理，对于保证冷却水系统尤其是冷凝器的传热，提高传热效率有重要意义。

为保证水质，规定应采取相应措施，包括传统的化学加药处理，以及其他物理方式，并建议设置水冷管壳式冷凝器自动在线清洗装置，可以有效降低冷凝器的污垢热阻，保持冷凝器换热管内壁较高的洁净度，从而降低冷凝端温差（制冷剂冷凝温度与冷却水的离开温度差）和冷凝温度。目前在线清洗装置主要是清洁球和清洁毛刷两大类产品，在应用中各有特点，设计人员应根据冷水机组产品的特点合理选用。

在目前的一些工程设计中，只片面考虑建筑外立面美观等原因，将冷却塔安装区域用建筑外装修进行遮挡，忽视了冷却塔通风散热的基本要求，对冷却效果产生了非常不利的影响，导致了冷却能力下降，冷水机组不能达到设计的制冷能力，只能靠增加冷水机组的运行台数等非节能方式来满足建筑空调的需求，加大了空调系统的运行能耗。因此，强调冷却塔的工作环境应在空气流通条件好的场所。

冷却塔的"飘水"问题是目前一个较为普遍的现象，过多的"飘水"导致补水量的增大，增加了补水能耗。在补水总管上设置水流量计量装置的目的就是要通过对补水量的计量，让管理者主动地建立节能意识，同时为政府管理部门监督管理提供一定的依据。

在室内设置水箱存在占据室内面积、水箱和冷却塔的高差增加水泵电能等缺点，因此是否设置应根据具体工程情况确定，且应尽量减少冷却塔和集水箱高差。

在冷却塔下部设置集水箱作用如下：

1. 冷却塔水靠重力流入集水箱，无补水、溢水不平衡问题；

2. 可方便地增加系统间歇运行时所需存水容积，使冷却水循环泵能稳定工作；

3. 为多台冷却塔统一补水、排污、加药等提供了方便操作的条件；

4. 冬季使用的系统，为防止停止运行时冷却塔底部存水冻结，可在室内设置集水箱，节省冷却塔底部存水的电加热量。

4.3.20 空气调节系统送风温差应根据焓湿图表示的空气处理过程计算确定。空气调节系统采用上送风气流组织形式时，宜加大夏季设计送风温差，并应符合下列规定：

1 送风高度小于或等于 5m 时，送风温差不宜小于 5℃；

2 送风高度大于 5m 时，送风温差不宜小于 10℃。

【释义与实施要点】

空调系统的送风温差确定。

本条的目的是希望防止设计中出现大风量小温差的情况。

作为施工图设计，应进行 $h-d$ 图的详细计算，才能确定合理的送风量和由此确定合理的送风温差，这是每个空调设计人员都十分清楚的。但目前的一些设计中，有的采用估算的送风换气次数方式来直接作为系统（或房间）的送风量计算依据，由于民用建筑负荷特点的复杂性——使用功能、房间朝向、维护结构热工做法等等都不尽相同，这种估算有时是非常不精确的。目前反映出来的大部分问题是送风量偏大，送风温差偏小，实际上浪费了空气输送的能耗，因此本条首先重新明确了风量按 $h-d$ 图计算的重要性和要求。

对于湿度要求不高的舒适性空调而言，降低一些湿度要求，加大送风温差，可以达到很好的节能效果。送风温差加大一倍，送风量可减少一半左右，风系统的材料消耗和投资相应可减 40% 左右，动力消耗则下降 50% 左右。送风温差在 4～8℃ 之间时，每增加 1℃，送风量约可减少 10%～15%。而且上送风气流在到达人员活动区域时已与房间空气进行了比较充分的混合，温差减小，可形成较舒适环境，该气流组织形式有利于大温差送风。由此可见，采用上送风气流组织形式空调系统时，夏季的送风温差可以适当加大。

当房间高度（或送风高度）大于 5m 时，一般来说，这样的房间大都属于人员不长期停留的房间——如大厅、多功能厅、展厅、候机（车）厅等，相对而言，人员对湿度的要求可以适当降低，因此本条建议适当加大送风温差。从实际情况来看：类似办公室等人员长期停留的房间的夏季送风温差大约在 8～10℃ 左右，大空间一般可达到 12℃ 以上（房间夏季设计温度 26～28℃ 时，送风温度计算值大约为 14～16℃），因此这一规定通常是可以做到的。

采用置换通风或者下送风方式时，在夏季过低的送风温度会导致人员的舒适感下降（房间下部空气过冷），影响空调系统的正常使用，因此本条文不适用于置换通风方式。

4.3.21 在同一个空气处理系统中，不宜同时有加热和冷却过程。

【释义与实施要点】

空气处理系统中同时加热冷却的限制。

本条明确强调了空气处理系统不应同时加热和冷却。在前面的若干条文中的编制过程中，也已经考虑到了这一问题，作为一个原则规定是所有设计人员都能理解的。对于民用建筑内的绝大多数房间的舒适性空调来说，这一点也是可以做到的。

在空气处理过程中，同时有冷却和加热过程出现，肯定是既不经济，也不节能的，设计中应尽量避免。对于夏季具有高温高湿特征的地区来说，若仅用冷却过程处理，有时会使相对湿度超出设定值，如果时间不长，一般是可以允许的；如果对相对湿度的要求很严格，则宜采用二次回风或淋水旁通等措施，尽量减少加热用量。

对于置换通风方式，由于要求送风温差较小，当采用一次回风系统时，如果系统的热湿比较小，有可能会使处理后的送风温度过低，若采用再加热显然降低利用置换通风方式所带来的节能效益。因此，置换通风方式适用于热湿比较大的空调系统，或者可采用二次回风的处理方式。

采用变风量系统（VAV）也通常使用热水盘管对冷空气进行再加热。

考虑到一些特殊用途房间的情况，如室内游泳池等余湿量大、夏季冷负荷较小的房间，由于其热湿比很小，采用最大送风温差送风时要求的送风温度很低（有时由于冷源的原因甚至做不到），一旦提高送风温度将导致室内相对湿度的严重偏移（过大），这时不得不采用冷却后再热的方式。一些采用独立新风负担全部室内余湿且新风从地面送风的系统为了防止送风温度过低，有时也需要再热的方式。类似上述这样的系统不受本条文的约束。

4.3.22 空调风系统和通风系统的风量大于 10000m³/h 时，风道系统单位风量耗功率 (W_s) 不宜大于表 4.3.22 的数值。风道系统单位风量耗功率 (W_s) 应按下式计算：

$$W_s = P/(3600 \times \eta_{CD} \times \eta_F) \tag{4.3.22}$$

式中　W_s——风道系统单位风量耗功率 $[W/(m³/h)]$；

　　　P——空调机组的余压或通风系统风机的风压（Pa）；

　　　η_{CD}——电机及传动效率（%），η_{CD} 取 0.855；

　　　η_F——风机效率（%），按设计图中标注的效率选择。

表 4.3.22　风道系统单位风量耗功率 $W_s[W/(m³/h)]$

系统形式	W_s 限值
机械通风系统	0.27
新风系统	0.24
办公建筑定风量系统	0.27
办公建筑变风量系统	0.29
商业、酒店建筑全空气系统	0.30

【释义与实施要点】

风道系统单位风量耗功率。

在本标准 2005 版执行过程中发现，2005 版中风机的单位耗功率的规定中对总效率 η_t 和风机全压的要求存在一定的问题：

1. 设计人员很难确定实际工程的总效率 η_t；

2. 对于空调机组，由于内部组合的变化越来越多，且设计人员很难计算出其所配置的风机的全压要求。这些都导致实际执行和节能审查时存在一定的困难。因此进行修改。

由于设计人员并不能完全掌控空调机组的阻力和内部功能附件的配置情况。作为节能设计标准，规定 W_s 的目的是要求设计师对常规的空调、通风系统的管道系统在设计工况下的阻力进行一定的限制，同时选择高效的风机。

近年来，我国的机电产品性能取得了较大的进步，风机效率和电机效率得到了较大的提升。本次修订按照新的风机和电机能效等级标准的规定来重新计算了风道系统的 W_s 限值。在计算过程中，将传动效率和电机效率合并后，作为后台计算数据，这样就不需要暖通空调的设计师再对此进行计算。

首先要明确的是，W_s 指的是实际消耗功率而不是风机所配置的电机的额定功率。因此不能用设计图（或设备表）中的额定电机容量除以设计风量来计算 W_s。设计师应在设计图中标明风机的风压（普通的机械通风系统）或机组余压（空调风系统）P，以及对风机效率 η_F 的最低限值要求。这样即可用上述公式来计算实际设计系统的 W_s，并和表 4.3.22 对照来评判是否达到了本条文的要求。

4.3.23 当输送冷媒温度低于其管道外环境温度且不允许冷媒温度有升高，或当输送热媒温度高于其管道外环境温度且不允许热媒温度有降低时，管道与设备应采取保温保冷措施；绝热层的设置应符合下列规定：

1 保温层厚度应按现行国家标准《设备及管道绝热设计导则》GB/T 8175 中经济厚度计算方法计算；

2 供冷或冷热共用时，保冷层厚度应按现行国家标准《设备及管道绝热设计导则》GB/T 8175 中经济厚度和防止表面结露的保冷层厚度方法计算，并取大值；

3 管道与设备绝热厚度及风管绝热层最小热阻可按本标准附录 D 的规定选用；

4 管道和支架之间，管道穿墙、穿楼板处应采取防止"热桥"或"冷桥"的措施；

5 采用非闭孔材料保温时，外表面应设保护层；采用非闭孔材料保冷时，外表面应设隔汽层和保护层。

【释义与实施要点】

管道与设备绝热要求。

近年来，随着我国高层和超高层建筑物数量的增多以及由于绝热材料的燃烧而产生火灾事故的惨痛教训，对绝热材料的燃烧性能要求会越来越高，规范建筑中使用的绝热材料燃烧性能要求很有必要，设计采用的绝热材料燃烧性能必须满足相应的防火设计规范的要求。相关防火规范包括《建筑设计防火规范》GB 50016、《高层民用建筑设计防火规范》GB 50045。

本条文为绝热材料选用的基本原则，其中包括绝热材料的性能要求与绝热材料的选择要求。《设备及管道绝热设计导则》GB/T 8175 中也规定得比较详细。

1. 材料的性能要求：

对保温材料性能提出了如下要求：

1）保温材料的主要性能：包括热导率、密度、抗压强度。

2）保温材料的性能资料：允许最高使用温度、耐火性、吸水率、热膨胀系数、收缩率、抗折强度、腐蚀性及耐蚀性等。

保冷材料的性能要求：

1）保冷材料的主要性能：热导率、密度、抗压强度、吸水率、耐火性（氧指数）。

2）保冷材料应具有性能指标：最低和最高安全使用温度、线膨胀（收缩）系数、抗折强度、燃烧性能、防潮性能、腐蚀性、耐蚀性、化学稳定性、抗冻性、透气性等。

2. 无论是保温或保冷材料，选用时都应遵照的原则：

材料允许使用温度均应满足正常操作情况下介质的最高或最低温度。

多种材料可选情况下，应进行综合比较，优先选用经济效益高的材料；综合比较的内容包括：热导率、密度、吸水率、吸潮率、耐火性、施工性能、造价、寿命等各个方面。

高温或低温条件下，经综合经济比较后，可选用两种或多种复合材料。

为了保证暖通空调项目中绝热工程的性能和经济性，本条文对上述绝热材料与选用提出了原则性的要求。

近年来，随着我国高层和超高层建筑物数量的增多以及由于绝热材料的燃烧而产生火灾事故的惨痛教训，尤其是室内大面积采用的空调风管道绝热材料的耐火性、烟密度等性能都会直接影响到房间使用人员的生命安全。国家对绝热材料的燃烧性能要求越来越重视，规范建筑中使用的绝热材料燃烧性能要求很有必要，设计采用的绝热材料燃烧性能必须满足相应的防火设计规范的要求。表 2-4-8 总结了常用绝热材料的燃烧性能。

常用绝热材料性能表 表 2-4-8

序号	绝热材料名称	最高使用温度（℃）	推荐使用温度（℃）	使用密度（kg/m³）	导热系数参考公式 [（W/(m·K)]
1	岩棉及矿渣棉毡	600	400	100～120	$\lambda=0.0364+0.00018T_m$
2	岩棉及矿渣棉管、板	600	350	≤200	$\lambda=0.033+0.00018T_m$
3	玻璃棉管、板	350	300	≥45	$\lambda=0.031+0.00017T_m$
4	玻璃棉板	300	300	≥32	$\lambda=0.035+0.00017T_m$
5	硬质聚氨酯泡沫塑料	−60～110	−60～110	30～60	$\lambda=0.024+0.00014T_m$（保温时） $\lambda=0.024+0.00009T_m$（保冷时）
6	橡塑泡沫塑料	105	60～80	40～80	$\lambda=0.0338+0.000138T_m$
7	酚醛发泡管瓦、板	160	−196～130	70～140	$\lambda=0.026+0.00013T_m$
8	硅酸铝板	800～1200	800～1200	64	$T_m \leqslant 400℃：$ $\lambda=0.042+0.0002T_m$
9	硅酸铝毡			64～192	$T_m > 400℃：$ $\lambda=0.122+0.00036（T_m-400）$
10	硅酸钙制品	650	550	240	$\lambda=0.0563+0.00011T_m$

注：除酚醛发泡材料外，其他材料数据均引自《工业设备及管道绝热工程设计规范》GB 50264—97 附录 A。

4.3.24 严寒和寒冷地区通风或空调系统与室外相连接的风管和设施上应设置可自动联锁关闭且密闭性能好的电动风阀，并采取密封措施。

【释义与实施要点】

风系统停用时的气密性保证。新增条文。

严寒寒冷地区建筑物的冬季热损失，是通过建筑围护结构的外表面向室外传导、辐射热量以及室内外空气对流造成的。随着建筑节能标准的提高，传导和辐射部分的热损失正在减少；但是，室内空气通过连通室内和室外的风道，在热压作用下，向外无组织自由流出时会带走大量热量，在整个冬季风道始终敞开必将造成相当大的热损失，尤其是在热压大的高层建筑中，通过各类风道流失的热量会更多。

在欧洲的超低能耗建筑以及被动式建筑中，已强制性要求必须在竣工时做建筑气密性检测，目的就是要控制室内外空气因对流造成的热损失。美国建筑节能标准 ASHRAE STANDARD 90.1—2010 中的 6.4.3.4.2 的 3 条中，也有类似的规定和要求。

4.3.25 设有集中排风的空调系统经技术经济比较合理时，宜设置空气—空气能量回收装置。严寒地区采用空气热回收装置时，应对热回收装置的排风侧是否出现结霜或结露现象进行核算。当出现结霜或结露时，应采取预热等保温防冻措施。

【释义与实施要点】

设置空气—空气能量回收装置的原则。

空气能量回收过去习惯称为空气热回收。空调系统中处理新风所需的冷热负荷占建筑物总冷热负荷的比例很大，为有效地减少新风冷热负荷，宜采用空气—空气能量回收装置回收空调排风中的热量和冷量，用来预热和预冷新风，可以产生显著的节能效益。美国建筑节能标准 ASHRAE 90.1—2010 中的 6.5.6.1 条和表 6.5.6.1 对排风热回收也有明确规定。

现行国家标准《空气—空气能量回收装置》GB/T 21087 将空气热回收装置按换热类型分为全热回收型和显热回收型两类，同时规定了内部漏风率和外部漏风率指标。由于热回收原理和结构特点的不同，空气热回收装置的处理风量和排风泄漏量存在较大的差异。当排风中污染物浓度较大或污染物种类对人体有害时，在不能保证污染物不泄漏到新风送风中时，空气热回收装置不应采用转轮式空气热回收装置，同时也不宜采用板式或板翅式空气热回收装置。

在进行空气能量回收系统的技术经济比较时，应充分考虑当地的气象条件、能量回收系统的使用时间等因素。在满足节能标准的前提下，如果系统的回收期过长，则不应采用能量回收系统。

在严寒地区和夏季室外空气比焓低于室内空气设计比焓而室外空气温度又高于室内空气设计温度的温和地区，宜选用显热回收装置；在其他地区，尤其是夏热冬冷地区，宜选用全热回收装置。空气热回收装置的空气积灰对热回收效率的影响较大，设计中应予以重视，并考虑热回收装置的过滤器设置问题。

对室外温度较低的地区（如严寒地区），如果不采取保温、防冻措施，冬季就可能冻结而不能发挥应有的作用，因此，要求对热回收装置的排风侧是否出现结霜或结露现象进行核算，当出现结霜或结露时，应采取预热等措施。

常用的空气热回收装置性能和适用对象参见表 2-4-9。

常用空气热回收装置性能和适用对象　　　　　表 2-4-9

项目	热回收装置形式					
	转轮式	液体循环式	板式	热管式	板翅式	溶液吸收式
热回收形式	显热或全热	显热	显热	显热	全热	全热
热回收效率	50%～85%	55%～65%	50%～80%	45%～65%	50%～70%	50%～85%
排风泄漏量	0.5%～10%	0	0～5%	0～1%	0～5%	0
适用对象	风量较大且允许排风与新风间有适量渗透的系统	新风与排风热回收点较多且比较分散的系统	仅需回收显热的系统	含有轻微灰尘或温度较高的通风系统	需要回收全热且空气较清洁的系统	需回收全热并对空气有过滤的系统

采用不同的热回收装置出现结露或结霜的温度不同，应参考生产设备厂家的测试资料，部分转轮式热回收装置在−10℃以上，可以不用预热，必须强调的是采用预热装置的，预热后的空气温度不应过高（不宜高于5℃），否则，空气热回收装置的功效没有充分发挥；通常热回收装置的能效不应低于50％。

4.3.26　有人员长期停留且不设置集中新风、排风系统的空气调节区或空调房间，宜在各空气调节区或空调房间分别安装带热回收功能的双向换气装置。

【释义与实施要点】

双向换气装置设计要求。

本条针对小型分散机组而言，如所处的气候区、送回风比、送风量适宜，设置热回收装置节能效益好，可设带热回收装置通风系统。

采用双向换气装置，让新风与排风在装置中进行显热或全热交换，可以从排出空气中回收50％以上的热量和冷量，有较大的节能效果，因此应该提倡。人员长期停留的房间一般是指连续使用超过3h的房间。

当安装带热回收功能的双向换气装置时，应注意：

1. 热回收装置的进、排风入口过滤器应便于清洗；

2. 风机停止使用时，新风进口、排风出口设置的密闭风阀应同时关闭，以保证管道气密性。

4.4　末　端　系　统

4.4.1　散热器宜明装；地面辐射供暖面层材料的热阻不宜大于0.05m²·K/W。

【释义与实施要点】

散热器安装要求。

散热器暗装在罩内时，不但散热器的散热量会大幅度减少；而且，由于罩内空气温度远远高于室内空气温度，从而使罩内墙体的温差传热损失大大增加。为此，应避免这种错误做法，规定散热器宜明装。

面层热阻的大小，直接影响到地面的散热量。实测证明，在相同的供暖条件和地板构造的情况下，在同一个房间里，以热阻为0.02(m²·K/W)左右的花岗岩、大理石、陶瓷砖等做面层的地面散热量，比以热阻为0.10(m²·K/W)左右的木地板为面层时要高30％~60％；比以热阻为0.15(m²·K/W)左右的地毯为面层时高60％~90％。由此可见，面层材料对地面散热量的巨大影响。为了节省能耗和运行费用，采用地面辐射供暖供冷方式时，要尽量选用热阻小于0.05(m²·K/W)的材料做面层。

4.4.2　夏季空气调节室外计算湿球温度低、温度日较差大的地区，宜优先采用直接蒸发冷却、间接蒸发冷却或直接蒸发冷却与间接蒸发冷却相结合的二级或三级蒸发冷却的空气处理方式。

【释义与实施要点】

蒸发冷却的适用条件。新增条文。

随着建筑节能标准的提高，在干热气候区，夏季空调负荷变得更小，采用一些外遮阳、自然通风等被动式建筑技术，即可满足夏季室内空气凉爽的舒适性要求。

西北干热气候区，由于不需除湿或除湿量很小，夏季水系统应采用高温冷源，间接蒸发冷水机组，天然地下水等就可满足很多舒适性空调要求；水系统的末端装置建议采用地面辐射供冷供热水系统或干式风机盘管。

4.4.3　设计变风量全空气空气调节系统时，应采用变频自动调节风机转速的方式，并应在设计文件中标明每个变风量末端装置的最小送风量。

【释义与实施要点】

变风量空调系统节能设计。

1. 系统特点

相对于全空气定风量空调系统而言，全空气变风量空调系统具有控制灵活、卫生、节约电能等特点，近年来在我国应用有所发展。

对变风量系统而言，当空调区负荷变化时，系统主要通过改变其风机风量来调节空调区的风量，以达到维持空调区设计参数和节省风机能耗的目的。全空气变风量空调系统按其所服务空调区数量，分带末端装置的变风量空调系统和区域变风量空调系统两种形式，其中带末端装置的变风量空调系统是指系统服务于多个空调区，区域变风量空调系统是指系统服务于单个空调区。

2. 技术要求

1) 风机调速

从节能角度出发，在保证空调区舒适度的前提下，如何减少送回风机输配能耗是系统节能的设计重点。变风量空调系统的系统风量改变实现方法很多，如风机出口（或送风总管上）风阀调节法、风机入口电动导流叶片调节法、多台并联风机台数调节法及风机转速调节法等，其常用调节方法介绍如下：

(1) 风机入口电动导流叶片调节法

此方法的基本依据是：随着导流叶片的开度变小，其预旋作用使进入风机（尤其是离心风机）叶片时的气流方向发生改变，风机进口处的速度三角形发生变化，因此在一定程度上改变了风机的性能曲线（同时管路性能曲线也有所改变）。但是，通过对实际产品的实测效果表明：该方法对风机性能曲线的改善是非常有限的。分析起来主要原因是由于民用建筑中的风机风量都比较小，因此风机入口导叶风阀的直径与风阀中心至风机叶轮的距离的比值不大，这样风阀所起到的预旋作用在风机吸入口段产生了流场的"均匀化"从而降低了对预旋效果的利用。从产品的角度来看，入口电动导流叶片在制造等方面也存在一些问题，导致叶片的调节灵敏度和可靠性不够。

(2) 多台并联风机台数调节法

该方法的工作原理主要是利用风机的运行台数来适应风量的变化需求。但是，从原理分析来说，该方法只能做到分级调节（如并联两台风机时，只能是两级调节），显然这与VAV系统实时风量控制的要求是不一致的。严格来说，采用这种调节方式的系统并不是真正意义上的变风量系统。

(3) 风机转速调节法

该方法的基本原理是：从理论上来说，利用风机相似工况下的能耗与转速的 3 次方成正比，以达到风机节能的目的。从现有风机产品的特性曲线来看，不同风量下的风机高效率区的变化基本上是由设计工况点指向坐标的原点（或者与管路的性能曲线接近），因此可以看出，风机转速的调节是有利于风机节能的方式。风机转速调节也有多种方式：

①改变电机的级数方式

采用改变电机的级数进行变速，只能进行多级变速，不能实现无级变速，使用时节能效果有限。并且在大多数情况下，对具有一定容量的风机，实现级数自动控制是比较困难的。

②改变电机的供电电压方式

改变电机的供电电压进行变速的方法，理论上具有较好的调节性能，但只适用于特殊电机，对于空调系统来说，存在适用性差的缺点，难于推广。

③机械变速装置方式

通过联轴器、皮带轮等机械方法来改变风机的转速，尽管电机转速没有下降，但由于电机负载降低，同样可以达到节能的目的。但是，这些机械方法变速都存在相对较大的能量传递损失和一定的机械零件的磨损，影响了系统的效率，降低了装置的寿命。

④电机变频调速方式

尽管在变频调速过程中存在风机的效率损失（因而风机的实际能耗并不遵守 3 次方规律）和变频调节器的损失，但总的来说，在全年空调运行的大多数情况下仍然是最节能的。由于技术的进步，变频调节器的价格不断下降，因此只要设计和运行合理，这部分投资将会很快得到回收。

综上所述，变频调节风机转速方法的节能效果最好，因此新修订的条文要求系统采用变频调节风机转速方法，取消原条文的推荐做法，并与《民用建筑供暖通风与空气调节设计规范》GB 50736 要求统一。

2）末端装置

设计变风量系统时，尽管从节能上来看将送风量尽可能减少是有利的。但变风量空调系统在运行过程中，随着送风量的变化，送至空调区的新风量也相应改变。因此设计时应考虑到系统最小送风量的要求，因为：（1）由于卫生要求的原因，必须满足最小新风量的要求（即使房间处于低负荷时，因为负荷的高低并不一定反映室内人员的多少）；（2）离心式风机在风量过低时候会引起喘振，或者转速过低时会引起减震系统的共振；（3）气流组织的要求。另外，变风量系统调试时必须应用上述最小风量的要求值，因此，在设计时设计人员应明确每个系统和每个末端装置的最小风量要求，这样安装完成后的系统和末端的初调试才能正常进行，以确保系统正常节能运行。故本条提出了"应在设计文件中标明每个变风量末端装置必需的最小送风量"的要求。

4.4.4 建筑空间高度大于等于 10m 且体积大于 10000m³ 时，宜采用辐射供暖供冷或分层空气调节系统。

【释义与实施要点】

宜采用分层空调系统的条件。

大空间公共建筑采用辐射供暖方式，利于消除室内温度垂直失调现象，减少供暖量，此外，全面辐射供暖室内设计温度可降低 2℃，全面辐射供冷设计温度可提高 0.5～

1.5℃，也有利于降低负荷，同时低温供暖、高温供冷，也利于提高热源和冷源效率。

在高大空间中，利用合理的气流组织，仅对下部空间（空气调节区域）进行空气调节，而对上部较大非空调区进行通风排热，这种空气调节方式称为分层空气调节，如图2-4-14所示。与全室空气调节相比，分层空气调节供冷时具有较好的节能效果，一般可达30%左右，但供暖时则并不节能。

1. 实践证明，对高度大于10m、体积大于10000m³的高大空间，采用双侧对送、下部回风的气流组织方式是合适的，是能够达到分层空调的要求。当空调区跨度较小时，采用单侧送风也可以满足要求。

2. 分层空调必须实现分层，即能形成空调区和非空调区。为了保证这一重要原则，必须侧送多股平行气流应互相搭接，以便形成覆盖。双侧对送射流的末端不需要搭接，按相对喷口中点距离的90%计算射程即可。送风口的构造，应能满足改变射流出口角度的要求，可选用圆形喷口、扁形喷口和百叶风口等。

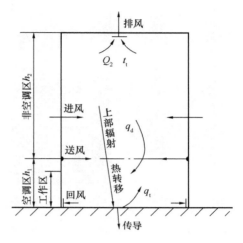

图2-4-14 分层空调示意图

3. 为保证空调区达到设计要求，应减少非空调区向空调区的热转移。为此，应设法消除非空调区的散热量。实验结果表明，当非空调区内的单位体积散热量大于$4.2W/m^3$时，在非空调区适当部位设置送排风装置，可以达到较好的效果。

4.4.5 机电设备用房、厨房热加工间等发热量较大的房间的通风设计应满足下列要求：

1 在保证设备正常工作前提下，宜采用通风消除室内余热。机电设备用房夏季室内计算温度取值不宜低于夏季通风室外计算温度。

2 厨房热加工间宜采用补风式油烟排气罩。采用直流式空调送风的区域，夏季室内计算温度取值不宜低于夏季通风室外计算温度。

【释义与实施要点】

发热量大房间的通风设计要求。新增条文。

1. 对于机电设备用房的通风降温，应严格依照设备工艺对环境参数的要求。所确定的室内空气参数标准不应无故提高，这样就可以提高通风降温的运行时间，减少或取消空调（人工）降温的需求。当室内计算温度参数低于室外通风计算温度时，理论上完全可以通过通风降温的方式消除机电设备用房的室内余热。对于室内计算温度参数高于室外通风计算温度时，可以采用复合通风的方式（结合通风、空调）消除机电设备用房的室内余热。

2. 厨房加工间由于生产工艺的特殊性，大量进行排油烟（局部排风）和全面排风，为满足室内空气参数的要求，需要进行大量的补风。特别是非过渡季，直流空调补风会有大量能耗。合理的岗位补风是降低能耗的有效方法。条文中推荐的补风式油烟排气罩——如图2-4-15所示，可将室外风经补风管直接引入罩体（或根据气候区和季节条件进行必

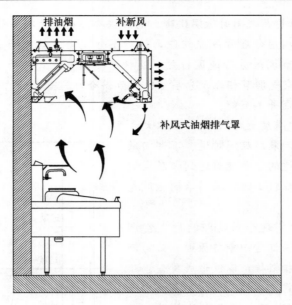

图 2-4-15　补风式厨房排风罩

要的预处理）形成有组织的罩边（岗位）补风。可避免由于大量排风造成室内负压过大，减少直流空调的送风风量，降低空调能耗，同时对罩下方的空气有一定的诱导作用，有利于室内烟气的顺利排除，是宾馆、饭店等大中型厨房通风的有效节能措施。

4.5　监测、控制与计量

4.5.1　集中供暖通风与空气调节系统，应进行监测与控制。建筑面积大于 20000m² 的公共建筑使用全空气调节系统时，宜采用直接数字控制系统。系统功能及监测控制内容应根据建筑功能、相关标准、系统类型等通过技术经济比较确定。

【释义与实施要点】

集中供暖和空调系统的监测与控制的总原则。设计时要结合具体工程情况通过技术经济比较确定具体的控制内容。

为了对暖通空调设备的运行进行操作，均应具备一定的控制手段。设备运行状况不仅影响到室内温湿度等各项参数，也直接影响到能源消耗。为了降低运行能耗，供暖通风与空调系统应进行必要的监测与控制。通常的实现方式可分为三种：现场检测和就地手工操作、现场检测和就地自动控制、远程监测、自动控制和集中管理。20 世纪 80 年代后期，直接数字控制（DDC）系统开始进入我国，经过 20 多年的实践，证明其在设备及系统控制、运行管理等方面具有较大的优越性且能够较大的节约能源，在大多数工程项目的实际应用中都取得了较好的效果。就目前来看，多数大、中型工程也是以此为基本的控制系统形式的。

由于实际情况错综复杂，作为一个总的原则，设计时要求结合具体工程情况通过技术经济比较确定具体的控制内容。监测控制的内容可包括参数检测、参数与设备状态显示、自动调节与控制、工况自动转换、能量计量以及中央监控与管理等。为节能管理提供量化依据，监控总站宜具有能源计量报表管理及趋势分析等基本功能。

4.5.2 锅炉房、换热机房和制冷机房应进行能量计量，能量计量应包括下列内容：

1 燃料的消耗量；

2 制冷机的耗电量；

3 集中供热系统的供热量；

4 补水量。

【释义与实施要点】

对能量计量的要求。新增条文。强制性条文。

加强建筑用能的量化管理，是建筑节能工作的需要。根据《民用建筑节能条例》规定，实行集中供热的建筑应当安装供热系统调控装置、用热计量装置和室内温度调控装置。因此，对锅炉房、换热机房和冷热源机房处计量能源消耗和输出冷热量，是实现用能总量量化管理的前提和条件，同时在能源机房大型用能设备相对集中，设置能量计量装置也便于操作。

冷热源系统中，最常使用的循环介质是水。通常暖通空调中的水系统为闭式循环水，然而目前水系统跑冒滴漏现象普遍，系统补水造成的能源浪费现象严重，因此对冷热源站的总补水量也应采用计量手段加以控制。

在能耗集中的锅炉房、换热机房和制冷机房，应计量的内容包括：输入的燃料、电量和热量，输出的冷量和热量（若有发电也要计量电量），以及消耗的水量。

在设计中，暖通空调专业应在水管布置上考虑安装冷热量表的位置和空间，另外需要向相关专业提出设置电表、水表、燃气（油、煤）计量装置的要求。应能计量机房的总用能和总输出能量，表具布置在总管还是分支管路上需根据具体设计确定。

冷热量的测量通常采用供回水流量与温差相乘方式得到，冷热量表中的一对温度传感器是经过标定的，而且含积分计算器件，可直接输出冷热量结果，测量误差可根据产品说明书确定。通常冷热量表需要安装在直管段的水流稳定区域，且前后与局部阻力部件有一定距离的要求，不过也有弯管冷热量表等特殊产品，而电磁式冷热量表对水质和环境的电磁兼容性等都有一定要求，安装条件需要根据具体产品的要求确定。

水量和电量的计量均有相关的表具，通常显示的结果为累计值，计量时段内的能耗量需要进行差值计算得到。

对于电制冷/热泵机房，应计量制冷/热泵机组的耗电量和供冷（热）量，以及冷水和冷却水的补水量。

对于吸收式制冷/供热机房，应计量输入的燃气（油）量或余热量（热水或蒸汽）和供冷（热）量，以及冷水和冷却水的补水量。

对于锅炉房，应计量输入的燃气（油、煤）量和供热量，以及补水量。

对于换热机房，应计量输入的冷热量和供出的冷热量，以及补水量。

对于有可再生能源和发电的机房，也需要分别进行相关冷热量和电量的计量。

【检查要点】

审核设计图纸中冷热量表、燃气（油、煤）表、水表、电表的选用及位置符合设计及产品要求。

4.5.3 采用区域性冷源和热源时，在每栋公共建筑的冷源和热源入口处，应设置冷量和热量计量装置。采用集中供暖空调系统时，不同使用单位或区域宜分别设置冷量和热量计量装置。

【释义与实施要点】

对设置冷（热）量计量装置的要求，与现行行业标准《供热计量技术规程》JGJ 173 的规定协调统一。新增条文。

集中空调系统的冷（热）量计量和我国北方地区的供热热计量一样，是一项重要的建筑节能措施。设置能量计量装置不仅有利于管理与收费，用户也能及时了解和分析用能情况，加强管理，提高节能意识和节能的积极性，自觉采取节能措施。目前在我国出租型公共建筑中，集中空调费用多按照用户承租建筑面积的大小，用面积分摊方法收取，这种收费方法的效果是用与不用一个样、用多用少一个样，使用户产生"不用白不用"的心理，使室内过热或过冷，造成能源浪费，不利于用户健康，还会引起用户与管理者之间的矛盾。公共建筑集中空调系统，冷热量的计量也可作为收取空调使用费的依据之一，空调按用户实际用量收费是未来的发展趋势。它不仅能够降低空调运行能耗，也能够有效地提高公共建筑的能源管理水平。

我国已有不少单位和企业对集中空调系统的冷热量计量原理和装置进行了广泛的研究和开发，并与建筑自动化（BA）系统和合理的收费制度结合，开发了一些可用于实际工程的产品。当系统负担有多栋建筑时，应针对每栋建筑设置能量计量装置。同时，为了加强对系统的运行管理，要求在能源站房（如冷冻机房、热交换站或锅炉房等）应同样设置能量计量装置。但如果空调系统只是负担一栋独立的建筑，则能量计量装置可以只设于能源站房内。

当实际情况要求并且具备相应的条件时，推荐按不同楼层、不同室内区域、不同用户或房间设置冷、热量计量装置的做法。

4.5.4 锅炉房和换热机房应设置供热量自动控制装置。

【释义与实施要点】

公共建筑项目中自建的锅炉房及换热机房的节能控制要求。新增条文。强制性条文。

供热量自动控制装置的主要目的是对供热系统进行总体调节，使供水水温或流量等参数在保持室内温度的前提下，随室外空气温度的变化进行调整，始终保持锅炉房或换热机房的供热量与建筑物的需热量基本一致，实现按需供热，达到最佳的运行效率和最稳定的供热质量。

锅炉房和换热机房设置供热量自动控制装置，可以提高供热系统运行的可靠性和调节性，使热网的水力达到平衡，解决热源近端太热、远端不热的问题，达到整个供暖系统近端及远端都"不冷不热"，同时提高换热效率，节省能耗。

锅炉房的供热量应有锅炉运行台数的自动联动控制；各锅炉和水泵的供热负荷大小，应随着热用户对热量需求的多少，自动调节供热量的多少。换热站应按照用户侧的用热量多少变化，自动调节热源侧电动阀的大小，以适应供热量的变化。

锅炉房或换热站带有的供热系统，如果是既有定流量的老系统，也有变流量的新系统，可将二类不同特点的系统分开设置，也可以通过在管网的分界点供回水管上设置动态平衡阀、定流量阀，以及最小压差限定控制，来适应满足变流量系统的变化。

设计时，依据用户侧负荷变化，按照供热热媒温度设定、流量变化，设置管网压差或流量信号传感器，控制调节器依信号自动调节循环水泵，热源侧流量、锅炉的运行台数。供热量的自动控制可以由计算机监控系统或者就地自动控制装置实现。

气候补偿器是供暖热源常用的供热量控制装置，属于就地自动控制装置。设置气候补偿器后，可以通过在时间控制器上设定不同时间段的不同室温节省供热量；合理地匹配供水流量和供水温度，节省水泵电耗，保证散热器恒温阀等调节设备正常工作；还能够控制一次水回水温度，防止回水温度过低而减少锅炉寿命。虽然不同企业生产的气候补偿器的功能和控制方法不完全相同，但气候补偿器都具有能根据室外空气温度或负荷变化自动改变用户侧供（回）水温度或对热媒流量进行调节的基本功能。

当采用计算机监控系统时，应设置室外温度传感器和供回水温度传感器，随室外温度变化调整供水温度或流量的算法应在计算机上编程实现。人员对设备的运行操作可以在远程通过计算机界面实现。程序内置的温度补偿曲线能通过多组点进行修正及平移，使温度补偿能够更加准确地适应不同室外天气及工况条件，提升室内舒适度与系统节能效果。同时，自控系统可以针对系统漏水、失水的现象，采用定压补水控制，保证系统恒压状态。

【检查要点】

审核设计图纸中的相关传感器和控制器设置齐全，设计说明中对自控的要求明确。设计文件上，必须给出满足上述要求的，设有压差传感器、气候补偿、变频器等的自动控制工艺流程图。

4.5.5　锅炉房和换热机房的控制设计应符合下列规定：

1　应能进行水泵与阀门等设备连锁控制；

2　供水温度应能根据室外温度进行调节；

3　供水流量应能根据末端需求进行调节；

4　宜能根据末端需求进行水泵台数和转速的控制；

5　应能根据需求供热量调节锅炉的投运台数和投入燃料量。

【释义与实施要点】

锅炉房和换热机房的节能控制要求。新增条文。

第1款，泵阀与锅炉的连锁控制，是实现供热量按需控制和减小运行时间的重要手段，也是节能控制的基本要求。同时，应满足工艺连锁要求及设备保护要求，如自动补水、自动泄压及超压、低压保护等。

供热量控制调节包括质调节（供水温度）和量调节（供水流量）两部分，需要根据室外气候条件和末端需求变化进行调节。根据实际工程经验，以量调节为主、辅助分阶段质调节的方式既有利于节能、又可以保证设备的运行稳定。对于未设集中控制系统的工程，可以设置气候补偿器和时间控制器等装置来实现第2款和第3款的要求；已有集中控制系统的工程，应由自控软件编程实现。详见第4.5.4条的说明。

第4款，根据末端需要调节输送的流量和热量，以使供热需求和供给达到平衡，可以提高换热效率及用户舒适度。水泵台数梯级控制和转速调节更有利于输送系统的运行节能，推荐采用。

第5款，对锅炉台数和燃烧过程的控制调节，可以实现按需供热，提高锅炉运行效率，节省运行能耗并减少大气污染。锅炉的热水温度、烟气温度、烟道片角度、大火、中火、小火状态等能效相关的参数应上传至建筑能量管理系统，根据实际需求供热量调节锅炉的投运台数和投入燃料量。

4.5.6 供暖空调系统应设置室温调控装置；散热器及辐射供暖系统应安装自动温度控制阀。

【释义与实施要点】

供暖空调系统设置室温调控装置和自控阀的要求。新增条文。强制性条文

《中华人民共和国节约能源法》第三十七条规定：使用空调供暖、制冷的公共建筑应当实行室内温度控制制度。用户能够根据自身的用热需求，利用空调供暖系统中的调节阀主动调节和控制室温，是实现按需供热、行为节能的前提条件。

以往传统的室内供暖系统中安装使用的手动调节阀，对室内供暖系统的供热量能够起到一定的调节作用，但因其缺乏感温元件及自力式动作元件，无法对系统的供热量进行自动调节，从而无法有效利用室内的自由热，降低了节能效果。因此，对散热器和辐射供暖系统均要求能够根据室温设定值自动调节。

对于散热器和地面辐射供暖系统，主要是设置自力式恒温阀、电热阀和电动通断阀等。散热器恒温控制阀具有感受室内温度变化并根据设定的室内温度对系统流量进行自力式调节的特性，有效利用室内自由热从而达到节省室内供热量的目的。

对于其他供暖空调系统，主要是设置温控器和相应的感温元件、电动通断阀或调节阀、电动风阀（变风量末端）或风机档位调节等措施。温控器可以根据配套的感温元件感受室内温度变化并根据设定的室内温度对水阀的通断或调节、风阀或风机档位等进行控制。

节能建筑中，来自建筑空间内的人体、照明、通信电脑等设备的散热以及来自太阳光的自由热在建筑热负荷所占的份额越来越大，恒温控制阀能自动感应到来自自由热和外部热源供热联合供热形成的室内温度，并相应地自动控制进入散热器内的流量，人们可根据需求设定以稳定的室内舒适温度，也避免了手动阀门无法控制温度过高或过低现象。散热器恒温控制阀的选用应注意流量系数应与散热器系统一致，双管的选用高阻力阀门、单管跨越式用低阻力阀门，一些进口产品有预设定阻力值调节，不同刻度值代表不同流量系数；散热器恒温控制阀的温感应正确测得房间温度，不应受窗帘或罩子，管道或电气设备得热量，以及窗户吹来风的影响和干扰。地面辐射供热水系统的集分水器各支路房间特性差异不大，可在每组集分水器的回水总管上设一集中自动温控装置，温度传感器应有效传递典型房间的室内温度。

对于散热器系统，应在每组散热器设置自力式恒温阀或电动调温阀。恒温阀感温包应与散热器支管道平行。

对于地面辐射供暖系统，应在户内系统入口处设置自动控温的调节阀，户内分集水器每支环路上可设手动流量调节阀。自动控温可以采用自力式的温度控制阀、恒温阀或温控器加电热阀等。

对于风机盘管系统，主要是设置温控器和电动阀或风机档位等措施。

对于带变风量末端的空调系统，主要是设置变风量末端控制器（含温控器和电动调节风阀）。

对于不带变风量末端的空调系统，主要是应用于大开间场所，通常是在空调机组处设置控制器来控制电动水阀、电动风阀和/或风机调速，宜在室内设置温度传感器和温度控制面板，当空调区域温度比较均匀时可以由回风温度代替室温，通常可以由自控系统集中设定空调室温。

【检查要点】

审核设计图纸中的室温调控装置符合系统设计要求及建筑设备监控系统的相关要求。

设计文件上，必须给出散热器恒温控制阀或集分水器自动温控阀的设计说明和主要技术参数。

4.5.7 冷热源机房的控制功能应符合下列规定：

1 应能进行冷水（热泵）机组、水泵、阀门、冷却塔等设备的顺序启停和连锁控制；

2 应能进行冷水机组的台数控制，宜采用冷量优化控制方式；

3 应能进行水泵的台数控制，宜采用流量优化控制方式；

4 二级泵应能进行自动变速控制，宜根据管道压差控制转速，且压差宜能优化调节；

5 应能进行冷却塔风机的台数控制，宜根据室外气象参数进行变速控制；

6 应能进行冷却塔的自动排污控制；

7 宜能根据室外气象参数和末端需求进行供水温度的优化调节；

8 宜能按累计运行时间进行设备的轮换使用；

9 冷热源主机设备 3 台以上的，宜采用机组群控方式；当采用群控方式时，控制系统应与冷水机组自带控制单元建立通信连接。

【释义与实施要点】

冷热源机房的节能控制要求。

冷热源机房自动控制的主要目的是保证提供给空调末端设备的参数在合理范围内，根据室外气象参数和室内负荷的变化控制机房提供的冷热量，实现冷热量的"按需供应"，达到最佳的运行效果和稳定的供冷热质量。冷热量控制调节手段包括质（供水温度）调节和量（供水流量）调节两部分，根据实际工程经验，以量调节为主、辅助分阶段质调节的方式既有利于节能、又可以保证设备的运行稳定。

第 1 款，设备的顺序启停和连锁控制是为了保证设备的运行安全，是控制的基本要求。从大量工程应用效果看，水系统"大流量小温差"是个普遍现象。末端空调设备不用时水阀没有关闭，为保证使用支路的正常水流量，导致运行水泵台数增加，建筑能耗增大。因此，该控制要求也是运行节能的前提条件。

第 2 款，冷水机组是暖通空调系统中能耗最大的单体设备，其台数控制的基本原则是保证系统冷负荷要求，节能目标是使设备尽可能运行在高效区域。冷水机组的最高效率点通常位于该机组的某一部分负荷区域，因此采用冷量控制方式有利于运行节能。但是，由于监测冷量的元器件和设备价格较高，因此在有条件时（如采用了 DDC 控制系统时），优先采用此方式。对于一级泵系统冷机定流量运行时，冷量可以简化为供回水温差；当供水温度不做调节时，也可简化为总回水温度来进行控制，工程中需要注意简化方法的使用条件。

第 3 款，水泵的台数控制应保证系统水流量和供水压力/供回水压差的要求，节能目标是使设备尽可能运行在高效区域。而水泵的最高效率点通常位于某一部分流量区域，因此采用流量控制方式有利于运行节能。对于一级泵系统冷机定流量运行时和二级泵系统，一级泵台数与冷机台数相同，根据连锁控制即可实现；而一级泵系统冷机变流量运行时的一级泵台数控制和二级泵系统中的二级泵台数控制推荐采用此方式。由于价格较高且对安装位置有一定要求，选择流量和冷量的监测仪表时应统一考虑。

对于设置了变频器的并联水泵，应该多台水泵同频率调节。水泵的台数和频率的控制调节，应根据水路的阻力特性按照运行效率最优（即节能）原则确定。例如三台并联水泵，设计工况选为水泵的高效工作点，即设计总流量为 300%，现在仅需要 180% 流量，为设计总流量的 0.6 倍；此时如果管路阻力特性不变，需要的扬程约是设计值的 0.36 倍，此时仍开三台泵，每台转速（流量）为设计值的 0.6 倍，则水泵工作点仍为该转速的效率最高点；而如果管路阻力特性加大（由于水阀调节等原因），需要的扬程仍保持或接近设计扬程，则开两台泵，每台转速（流量）为 90%，工作点可能比开三台泵更接近效率最高点。因此，推荐根据系统所需流量和扬程（结合压差测量）确定水泵工作点，与水泵曲线的高效区进行比较，控制其运行台数，使水泵工作在高效区域，达到节能的效果。

第 4 款，二级泵系统水泵变速控制才能保证符合节能要求，二级泵变速调节的节能目标是减少设备耗电量。实际工程中，有压力/压差控制和温差控制等不同方式，温差的测量时间滞后较长，压差方式的控制效果相对稳定。而压差测点的选择通常有两种：（1）取水泵出口主供、回水管道的压力信号。由于信号点的距离近，易于实施。（2）取二级泵环路中最不利末端回路支管上的压差信号。由于运行调节中最不利末端会发生变化，因此需要在有代表性的分支管道上各设置一个，其中有一个压差信号未能达到设定要求时，提高二次泵的转速，直到满足为止；反之，如所有的压差信号都超过设定值，则降低转速。显然，方法（2）所得到的供回水压差更接近空调末端设备的使用要求，因此在保证使用效果的前提下，它的运行节能效果较前一种更好，但信号传输距离远，要有可靠的技术保证。但若压差传感器设置在水泵出口并采用定压差控制，则与水泵定速运行相似，因此，推荐优先采用压差设定值优化调节方式以发挥变速水泵的节能优势。

第 5 款，关于冷却水的供水温度，不仅与冷却塔风机能耗相关，更会影响到冷机能耗。从节能的观点来看，较低的冷却水进水温度有利于提高冷水机组的能效比，但会使冷却塔风机能耗增加，因此对于冷却侧能耗有个最优化的冷却水温度。但为了保证冷水机组能够正常运行，提高系统运行的可靠性，通常冷却水进水温度有最低水温限制的要求。为此，必须采取一定的冷却水水温控制措施。通常有三种做法：（1）调节冷却塔风机运行台数；（2）调节冷却塔风机转速；（3）供、回水总管上设置旁通电动阀，通过调节旁通流量保证进入冷水机组的冷却水温高于最低限值。在（1）、（2）两种方式中，冷却塔风机的运行总能耗也得以降低。

第 6 款，冷却水系统在使用时，由于水分的不断蒸发，水中的离子浓度会越来越高。为了防止由于高离子浓度带来的结垢等种种弊病，必须及时排污。排污方法通常有定期排污和控制离子浓度排污。这两种方法都可以采用自动控制方法，其中控制离子浓度排污方法在使用效果与节能方面具有明显优点。

第 7 款，提高供水温度会提高冷水机组的运行能效，但会导致末端空调设备的除湿能力下降、风机运行能耗提高，因此供水温度需要根据室外气象参数、室内环境和设备运行情况，综合分析整个系统的能耗进行优化调节，推荐在有条件时采用。

实际可行的方法是在采用变供水温度控制时还需对供水温度上限进行限定，利用通信方式采集末端的负荷用量（如水阀开度、最不利回路压差等），调整供水温度设定值；再通过通信方式由冷水机组自带控制单元实现供水温度的调节。

第8款，来源于设备保养的要求，有利于延长设备的使用寿命，也属于广义节能的范畴。

第9款，机房群控是冷、热源设备节能运行的一种有效方式，水温和水量等调节对于冷水机组、循环水泵和冷却塔风机等运行能效有不同的影响，因此机房总能耗是总体的优化目标。冷水机组内部的负荷调节等都由自带控制单元完成，而且其传感器设置在机组内部管路上，测量比较准确和全面。采用通信方式，可以将其内部监测数据与系统监控结合，保证第2款和第7款的实现。

4.5.8 全空气空调系统的控制应符合下列规定：

1 应能进行风机、风阀和水阀的启停连锁控制；

2 应能按使用时间进行定时启停控制，宜对启停时间进行优化调整；

3 采用变风量系统时，风机应采用变速控制方式；

4 过渡季宜采用加大新风比的控制方式；

5 宜根据室外气象参数优化调节室内温度设定值；

6 全新风系统送风末端宜采用设置人离延时关闭控制方式。

【释义与实施要点】

全空气空调系统的节能控制要求。

第1款，风阀、水阀与风机连锁启停控制，是一项基本控制要求。实际工程中发现很多工程没有实现，主要是由于冬季防冻保护需要停风机、开水阀，这样造成夏季空调机组风机停时往往水阀还开，冷水系统"大流量，小温差"，造成冷水泵输送能耗增加、冷机效率下降等后果。实际项目中，在需要防冻保护地区，应设置本连锁控制与防冻保护逻辑的优先级，而且防冻保护逻辑只在冬季工况有效。

第2款，绝大多数公共建筑中的空调系统都是间歇运行的，因此保证使用期间的运行是基本要求。推荐优化启停时间即尽量提前系统运行的停止时间和推迟系统运行的启动时间，可以减少设备运行时间，这是节能的重要手段。

第3款，变风量采用风机变速控制是最节能的方式。尽管风机变速的初投资有一定增加，但其节能所带来的效益能够较快地回收投资，而且对于采用变风量系统的工程而言，这部分投资占比不高，因此近年来风机变速已成为普遍使用的节能措施。

第4款，在条件合适的地区应充分利用全空气空调系统的优势，尽可能利用室外自然冷源，最大限度地利用新风降温，提高室内空气品质和人员的舒适度，降低能耗；加大新风比是一项有效的节能手段。加大新风比（免费供冷）工况的判别方法可采用固定温度法、温差法、固定焓法、电子焓法、焓差法等，根据建筑所处的气候分区进行选取，具体可参考 ASHRAE 标准90.1。以往工程中推荐采用焓差法，从理论分析该方法的节能性最好，然而实施时要同时检测温度和湿度，且湿度传感器误差大、故障率高，需要经常维护，数年来在国内、外的实践效果不够理想。而固定温度和温差阀，在工程中实施最为简单方便。因此，对变新风比控制方法不做限定。

第 5 款，室内温度设定值对空调风系统、水系统和冷热源的运行能耗均有影响。根据相关文献，夏季室内温度设定值提高 1℃，空调系统总体能耗可下降 6% 左右。因此，推荐根据室外气象参数优化调节室内温度设定值，这既是一项节能手段，同时也有利于提高室内人员舒适度。

第 6 款，新风是为了满足人员的卫生需求而设置的。新建建筑、酒店、高等学校等公共建筑同时使用率相对较低，不使用的房间在空调供冷/供暖期，一般只关闭水系统，风系统不会主动关闭，造成能源浪费。

4.5.9 风机盘管应采用电动水阀和风速相结合的控制方式，宜设置常闭式电动通断阀。公共区域风机盘管的控制应符合下列规定：

1 应能对室内温度设定值范围进行限制；

2 应能按使用时间进行定时启停控制，宜对启停时间进行优化调整。

【释义与实施要点】

风机盘管的节能控制要求。

根据《民用建筑节能条例》和《公共机构节能条例》等法律法规，对公共区域风机盘管的控制功能提出更高要求，采用群控方式可以实现。

通常情况下，房间内的风机盘管往往采用室内温控器就地自动控制水阀方式，风机档位由用户选定。推荐设置常闭式电动通断阀，风机盘管停止运行时能够及时关断水路，实现水泵的变流量调节，有利于水系统节能。考虑到对室温控制精度要求很高的场所会采用电动调节阀，严寒地区在冬季夜间维持部分流量进行值班供暖等情况，不做统一限定。

第 1 款，由于室温设定值对能耗有影响和响应政府对空调系统冬、夏季运行温度的号召，要求对公共区域的室温设定值进行限制，即对冬季的上限和夏季的下限进行限定，用户自行调节设定值时不能超过限值；另外也可以从监控机房统一设定室内温度和启停时间，避免因为用户频繁操作、设定范围过大等导致的能源消耗，而且对运行管理也更为方便。

第 2 款，风机盘管可以采用水阀通断/调节和风机分档/变速等不同控制方式，由温控器控制水阀保证各末端能够"按需供水"，以实现整个水系统为变水量系统。现在已有风机盘管的温控器可通过定时或模式切换方式，并可定义舒适、预舒适、待机等模式，对风机盘管进行分时或按需控制。

室温控制器采用集中监控系统后，除可根据时间定时控制外，还可具有人体存在或窗磁状态监测功能，能够进行正常或节能工作模式的切换，实现按需供冷/热以便节能。

以酒店客房为例，通常根据客人入住情况间歇运行，而且对室内舒适度水平要求也很高。采用集中监控系统后，如图 2-4-16 所示，可以通过客房控制器对风机盘管运行模式进行切换，在满足舒适度的前提下，尽量减少空调等设备的运行时间。实际做法如下：

在客人办理入住时，客房控制器通过酒店管理系统获取房态信号，将风机盘管切换至预舒适模式（之前为节能模式）；

在客人进入客房时，将风机盘管切换为舒适模式，同时连锁开启灯光等设备；

在客人暂时离开时，将风机盘管切换为预舒适模式，同时延时关闭灯光、插座等设备；

在客人退房时，将风机盘管切换为节能模式。

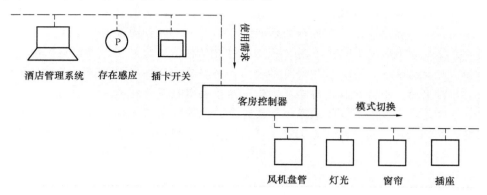

图 2-4-16　酒店客房集中监控系统

4.5.10　以排除房间余热为主的通风系统，宜根据房间温度控制通风设备运行台数或转速。

【释义与实施要点】

排除余热通风系统的节能控制要求。

对于排除房间余热为主的通风系统，根据房间温度控制通风设备运行台数或转速，可避免在气候凉爽或房间发热量不大的情况下通风设备满负荷运行的状况发生，既可节约电能，又能延长设备的使用年限。在有条件的地区，还可以利用夜间外温较低的特点，适当进行夜间冷风吹扫，排出余热适当蓄冷，进一步节能。

通常采用的控制方法有：（1）控制通风设备运行台数；（2）对于单台风机采用改变风机的转速的方法，可以通过改变电机的极数进行多级变速运行，也可以通过变频实现连续可调变速；（3）双位控制；根据设定温度的上、下限，控制风机的启、停运行。从温控效果来说，其中方法（2）中变频的方法最佳，方法（1）与（2）中的多级变速运行其次，方法（3）稍差。从节能来说，这三种方法都可以达到很好的效果。由于目前工程设计中很多场合采用一台风机，而且大多针对房间温度要求不是很严格的情况，因此方法（3）是一种投资小，见效快的方法。

4.5.11　地下停车库风机宜采用多台并联方式或设置风机调速装置，并宜根据使用情况对通风机设置定时启停（台数）控制或根据车库内的一氧化碳浓度进行自动运行控制。

【释义与实施要点】

地下车库通风系统的节能控制要求。

对于车辆出入明显有高峰时段的地下车库，采用每日、每周时间程序控制风机启停的方法，节能效果明显。在有多台风机的情况下，也可以根据不同的时间启停不同的运行台数的方式进行控制。

采用 CO 浓度自动控制风机的启停（或运行台数），有利于在保持车库内空气质量的前提下节约能源，但由于 CO 浓度探测设备比较贵；因此适用于高峰时段不确定的地下车库在汽车开、停过程中，通过对其主要排放污染物 CO 浓度的监测来控制通风设备的运行。国家相关标准规定一氧化碳 8h 时间加权平均允许浓度为 $20mg/m^3$，短时间接触允许 $30mg/m^3$。

就目前来看，这两种方式并没有"谁优谁劣"的问题，主要取决于具体的对象。定时控制是建立在对车库的车流量有充分的调研资料的基础上的，通常来说适合于全年车流量随时间的变化较为有规律的车库，通常可以通过对风机的运行时间进行控制软件编程来实现。例如：对于居住区、办公楼等每日车辆出入明显有高峰时段的地下车库。CO 浓度控制则强调实时概念，有利于在保持车库内空气质量的前提下节约能源，更属于自动控制的范畴；该方法是建立在对 CO 传感器的设置数量、设置位置以及对汽车的排放特性等参数较为明确的基础上的，同时在投资上也多于前者。对于同一个车库来说，根据实际需要选用一种方式即可。

4.5.12 间歇运行的空气调节系统，宜设置自动启停控制装置。控制装置应具备按预定时间表、按服务区域是否有人等模式控制设备启停的功能。

【释义与实施要点】

间歇运行的空调系统的节能控制要求。

对于间歇运行的空调系统，在保证使用期间满足要求的前提下，应尽量提前系统运行的停止时间和推迟系统运行的启动时间，这是节能的重要手段。在运行条件许可的建筑中，宜使用基于用户反馈的控制策略（Request-based Control），包括最佳启动策略（Optimal Start）和分时再设及反馈策略（Trim and Respond）。

5 给 水 排 水

5.1 一 般 规 定

5.1.1 给水排水系统的节水设计应符合现行国家标准《建筑给水排水设计规范》GB 50015 和《民用建筑节水设计标准》GB 50555 有关规定。

【释义与实施要点】

给水排水系统节水设计。新增条文

建筑给水排水节水与建筑节能密切相关、存在着一定的内在联系。建筑给水排水的能耗虽然在建筑能耗中所占的比例不大，但是通过节水节能设计，可降低使用能耗、提高能源利用效率、保护环境。为降低能耗，应合理设计给水、热水和排水系统，正确计算用水量，合理选用水泵等用能设备，通过节约用水达到节能的目的。

合理设计给水、热水和排水系统，正确计算用水量，首先应根据工程项目的功能、使用人数等，合理选用用水定额。国家现行标准《建筑给水排水设计规范》GB 50015—2003（2009 年版）表 3.1.10 列出了最高日用水定额、小时变化系数等。当使用人数（或单位）较多时可以选用用水定额和小时变化系数的下限值计算最高日和最大时用水量，降低设计流量，进而降低给水设备能耗。例如，1500 床的三级甲等医院工程项目，属超大型医院。设计计算医院住院部最高日和最大时用水量，查《建筑给水排水设计规范》GB

50015—2003（2009 年版）表 3.1.10，医院住院部（设有公共卫生间、盥洗室）的生活用水最高用水定额为 100～200 L/(床·日)，小时变化系数为 2.5～2.0。该项目使用人数较多，计算最高日用水量、最大时用水量时，选用最高日用水定额的下限值 100L/(床·日)，小时变化系数选用 2.0，计算得出住院部最高日用水量为 150m³/d，最大时用水量为 12.5m³/h。如果仍选用最高日用水定额的上限值 200L/(床·日)，小时变化系数选用 2.5，最高日用水量 300m³/d，最大时用水量为 31.25m³/h，最高日用水量翻倍增加，导致给水水箱容积过大、给水泵的流量增加、用电功率增加，能耗增加，不符合节能设计要求。所以，设计人员应根据工程项目的功能、使用人数（或单位）、供水安全程度等因素综合考虑，合理选用用水定额，节约用水，减少能耗。

《民用建筑节水设计标准》GB 50555—2010 表 3.1.2 列出了平均日生活用水节水用水定额，全年用水量计算、非传统水源利用率计算等应按《民用建筑节水设计标准》GB 50555 有关规定执行。需要注意建筑功能或给水设备的使用时间、使用天数，不能一概按 365 天计算全年用水量，如办公楼的使用天数应减去休息日，又如冷却塔的使用时间段与空调系统使用时间一致。

节水系统设计应符合现行国家标准《建筑给水排水设计规范》GB 50015 和《民用建筑节水设计标准》GB 50555 的有关规定。如：

1. 利用市政给水管网压力直接供水、叠压供水
2. 采用分区给水方式，平衡用水点压力
3. 控制用水点给水压力限流出水
4. 设置水表计量
5. 采用节水型卫生器具、设备
6. 采用节能型设备
7. 采用余热、废热和可再生能源
8. 采用换热效果好阻力损失小的水加热设备
9. 采用内壁较光滑的供水管材降低阻力损失
10. 利用非传统水源
………………

5.1.2 计量水表应根据建筑类型、用水部门和管理要求等因素进行设置，并应符合现行国家标准《民用建筑节水设计标准》GB 50555 的有关规定。

【释义与实施要点】

给水系统、热水系统计量要求。新增条文。

计量用水是建筑节水的重要手段，采用该技术主要是为了监控给水系统、热水系统的用水量、水量漏损等，现行国家标准《民用建筑节水设计标准》GB 50555 对设置用水计量水表的位置作了明确要求。冷却塔循环冷却水、游泳池和游乐设施、空调冷（热）水系统等补水管上需要设置用水计量表；公共建筑中的厨房、公共浴室、洗衣房、锅炉房、建筑物引入管等有冷水、热水量计量要求的水管上都需要设置计量水表，控制用水量，达到节水、节能要求。通过计量也可以及时发现卫生器具冲洗阀故障漏水、水箱进水阀故障进水、水位超过溢流口却不能及时发现造成用水浪费等现象等。

计量水表选用应符合国家现行标准《封闭满管道水流量的测量饮用冷水水表和热水水表》GB/T 788.1～3、《IC 卡冷水水表》CJ/T 133、《电子远传水表》CJ/T 224、《冷水水表检定规程》JJC 162 和《饮用水冷水水表安全规则》CJ 266 的规定。

5.1.3　有计量要求的水加热、换热站室，应安装热水表、热量表、蒸汽流量计或能源计量表。

【释义与实施要点】

关于水加热、换热站室热媒计量的一些原则性的规定。新增条文

有集中供应热水系统时，对于热源有计量要求的水加热、换热站室，应安装热水表、热量表、蒸汽流量计或热源计量表。通过对热媒、热源计量以便控制热媒或热源的消耗，落实到节约用能。

1. 热水表

热水表可以计量热水使用量，但是不能计量热量的消耗量，故热水表不能替代热量表。

2. 热量表

给水排水专业接触较少，它是一种适用于测量在热交换环路中，载热液体所吸收或转换热能的仪器。热量表是通过测量热媒流量和焓差值来计算出热量损耗，热量损耗一般以"kJ"或"MJ"表示，也有采用"kWh"表示。在水加热、换热器的热媒进水管和热媒回水管上安装温度传感器，进行热量消耗计量。

3. 蒸汽流量计

热媒为蒸汽时，在蒸汽管道上安装蒸汽流量计进行计量。

4. 热源计量表

热源为燃气或燃油时，需要设燃气计量表或燃油计量表进行计量。

5.1.4　给水泵应根据给水管网水力计算结果选型，并应保证设计工况下水泵效率处在高效区。给水泵的效率不宜低于现行国家标准《清水离心泵能效限定值及节能评价值》GB 19762 规定的泵节能评价值。

【释义与实施要点】

给水系统设计和选用水泵时的节能要求。新增条文。

给水系统设计应该根据《建筑给水排水设计规范》GB 50015、《民用建筑节水设计标准》GB 50555 的规定，正确计算给水泵的流量、扬程，选用保证设计工况下水泵效率处在高效区的给水泵。给水泵是耗能设备，常年工作着，水泵产品的效率对节约能耗起着关键作用，应选择符合现行标准《清水离心泵能效限定值及节能评价值》GB 19762—2007 规定、通过节能认证的水泵产品，以节约能耗。

现行国家标准《清水离心泵能效限定值及节能评价值》GB 19762—2007 规定了"泵能效限定值"、"泵目标能效限定值"和"泵节能评价值"。其中"泵能效限定值"、"泵目标能效限定值"是强制性的，"泵节能评价值"是推荐性的，"泵节能评价值"是指在标准规定测试条件下，满足节能认证要求应达到的泵规定点的最低效率。"泵节能评价值"比"泵能效限定值"和"泵目标能效限定值"要求更高，故要求所选用的给水泵效率不应低

于国家标准"泵节能评价值"。《清水离心泵能效限定值及节能评价值》GB 19762—2007 给出了泵节能评价值的计算方法，水泵比转速按下式计算：

$$n_s = \frac{3.65n\sqrt{Q}}{H^{3/4}}$$ (2-5-1)

式中　Q——流量（m^3/s）（双吸泵计算流量时取 $Q/2$）；

　　　H——扬程（m）（多级泵计算取单级扬程）；

　　　n——转速（r/min）；

　　　n_s——比转速，无量纲。

计算得出比转速后，查《清水离心泵能效限定值及节能评价值》GB 19762 中的图表，即可计算得出"泵规定点效率值"、"泵能效限定值"和"泵节能评价值"。

本条条文说明给出了常用水泵的给水泵节能评价值，供设计人员参考。当采用其他类型的水泵时，需要按现行国家标准《清水离心泵能效限定值及节能评价值》GB 19762 的规定进行计算、查表确定泵节能评价值。

5.1.5 卫生间的卫生器具和配件应符合现行行业标准《节水型生活用水器具》CJ 164 的有关规定。

【释义与实施要点】

卫生器具节水要求。新增条文。

"节水型生活用水器具"指比同类常规产品能减少流量或用水量，提高用水效率、体现节水技术的器件、用具。

由城市建设研究院、国家建筑材料工业建筑五金水暖产品质量监督检测测试中心、北京市节约用水管理中心等单位编制的标准《节水型生活用水器具》CJ 164—2014 中对节水型生活用水器具的要求作出了规定：水嘴流量均匀性不应大于 0.033L/s，在动态压力（0.1±0.01）MPa 水压下，流量等级见表 2-5-1，延时自闭水嘴延时时间见表 2-5-2。便器产品宜采用双档冲洗结构，小档排水量不应大于名义用水量的 70%，其用水量分级见表2-5-3。淋浴器流量均匀性不应大于 0.033L/s，流量等级见表 2-5-4。

水嘴流量等级　　　　　　　　　　　　　　　　　　表 2-5-1

流量等级	1 级	2 级
流量 Q（L/s）	$Q\leqslant0.100$	$0.100<Q\leqslant0.125$

水嘴延时时间　　　　　　　　　　　　　　　　　　表 2-5-2

水嘴类型	水压/MPa	延时时间/s
洗面器水嘴	0.3±0.02	15±5
淋浴器水嘴	0.3±0.02	30±5

坐便器用水量分级　　　　　　　　　　　　　　　　表 2-5-3

用水量等级	1 级	2 级
用水量（L）	4.0	5.0

淋浴器流量　　　　　　　　　　　　　　　　　　　表 2-5-4

流量等级	1 级	2 级
流量 Q（L/s）	$Q\leqslant0.08$	$0.08<Q\leqslant0.12$

《节水型生活用水器具》标准对洗衣机、洗碗机的用水量也做出了规定，但该标准不适用于浴缸水嘴和洗衣机水嘴。

由于卫生器具要求节水，减少了用水量，对污物在排水管道内的输送距离是有影响的。在设计时，除了要选用上述节水型生活用水器具以外，器具排水点应靠近排水立管，排水横支管应直线敷设减少转弯，并应通过计算确定管径，不应随意放大管径，排水管道敷设满足坡度要求，以确保排水顺畅。据工程人员反映，虽然坐便器采用了节水型用水器具，但是需要注意排水输送距离、管道坡度的问题，若排水不畅，将会造成一次冲洗不净，需要冲二次，有时甚至需要冲三次，那就不是节约用水，而是浪费水了。所以，节约用水不但要设计好给水系统，还要设计好排水系统，真正做到节约用水，降低能耗。

5.2　给水与排水系统设计

5.2.1　给水系统应充分利用城镇给水管网或小区给水管网的水压直接供水。经批准可采用叠压供水系统。

【释义与实施要点】

利用城镇给水管网或小区给水管网的水压压力直接供水的原则性规定。新增条文。

本条引用现行国家标准《民用建筑节水设计标准》、《建筑给水排水设计规范》的有关条文，为减少给水泵的能耗，可以充分利用供给小区的城镇给水管网的水压或者小区给水管网的水压，供给建筑物的地下室、底层或楼层的用水。当满足使用条件和技术要求时，可以采用叠压给水系统供水。叠压给水是利用室外给水管网余压直接抽水再增压的二次供水方式，充分利用了给水管网的压力，有效的节省了能耗。但是必须征得当地供水主管部门的认可，才能够从城镇给水管网直接吸水。以下七种情况不得采用叠压供水：（1）供水管网经常性停水的区域；（2）供水管网可资利用水头过低的区域；（3）供水管网供水压力波动过大的区域；（4）使用管网叠压供水设备以后对周边现有（或规划）用户用水会造成严重影响的区域；（5）现有供水管网供水总量不能满足用水需求的区域；（6）供水管网管径偏小的区域；（7）供水行政主管部门及供水部门认为不宜使用管网叠压供水设备的其他区域。

5.2.2　二次加压泵站的数量、规模、位置和泵组供水水压应根据城镇给水条件、小区规模、建筑高度、建筑的分布、使用标准、安全供水和降低能耗等因素合理确定。

【释义与实施要点】

给水系统二次加压泵站节能设计的要求。新增条文。

本条引用了现行国家标准《建筑给水排水设计规范》GB 50015—2003（2009 年版）第 3.3.2 条的规定。从节能角度，给水二次加压站位置与能耗也有很大的关系，如果位置设置不合理，会造成能源浪费。随着建筑行业的发展，大型城市综合体越来越多，小区规模越来越大，用地红线内的建筑群增多，为降低给水能耗，应合理布置二次加压泵站的位置，宜设于服务范围的中心区域或靠近用水大户。例如，某 6 层楼的酒店工程项目，建筑物长约 400 余米，而给水泵房设于建筑物的端头位置，给水泵的扬程需要满足最不利用水点的给水压力，造成了靠近泵房的用水点给水压力超过了用水点处供水压力，必须减压，浪费了能源。如果将给水泵房设计在建筑的中间部位，可以降低给水泵的扬程，降低能耗。所以，给排水设计人员应注意这方面的问题，合理布置给水泵站，既要安全供水也要降低能耗。

5.2.3 给水系统的供水方式及竖向分区应根据建筑的用途、层数、使用要求、材料设备性能、维护管理和能耗等因素综合确定。分区压力要求应符合现行国家标准《建筑给水排水设计规范》GB 50015 和《民用建筑节水设计标准》GB 50555 的有关规定。

【释义与实施要点】

给水系统竖向分区设计要求。新增条文。

给水系统需要根据建筑的用途、层数、使用要求、材料设备性能、维护管理和能耗等因素，进行竖向分区供水。分区供水的目的不仅为了防止损坏给水配件，同时可避免过高的供水压力造成不必要的浪费。每区供水压力不大于 0.45MPa，合理采取减压限流的节水措施，分区内低层部分的用水点处供水压力不大于 0.20MPa。

一般低层部分可以利用城镇给水管网压力直接供水，中区和高区可以采用给水泵加压至屋顶水箱（或分区水箱），再自流分区减压供水至用水点的供水方式，也可以采用变频泵组供水并联供水方式。对于建筑高度大于 100m 的高层建筑，可以采用串联供水方式。

5.2.4 变频调速泵组应根据用水量和用水均匀性等因素合理选择搭配水泵及调节设施，宜按供水需求自动控制水泵启动的台数，保证在高效区运行。

【释义与实施要点】

变频调速泵组节能设计要求。新增条文。

变频泵的使用已经有很多年了，但是用了变频泵不一定就是节能的，所以强调"应根据用水量和用水均匀性等因素合理选择搭配水泵及调节设施"，合理选用变频泵及变频泵组，使变频泵、变频泵组运行在高效区内。建议给水流量大于 $10m^3/h$ 时，变频组工作水泵由 2 台以上水泵组成比较合理，泵组不宜多于 5 台水泵。设计可以根据公共建筑的用水量、用水的均匀性合理选择大泵、小泵搭配，泵组也可以配置气压罐，供小流量用水，避免水泵频繁启动，以降低能耗。中国工程建设协会标准《数字集成全变频恒压控制供水设备应用技术规程》CECS 393—2015 规定，将数字集成全变频控制恒压供水设备中的每台水泵均独立配置一个数字集成水泵专用变频控制器，各变频控制器通过 CAN 总线技术相互通信、联动控制、协调工作，根据系统流量变化自动调节水泵转速，使泵组实现全变频控制运行，实现多台工作泵运行情况下的效率均衡，无论系统运行工况如何变化水泵始终在高效区运行，不会出现能耗浪费现象，与普通继电器电路单变频控制恒压供水设备相比，采用数字集成全变频水泵专用控制技术的恒压供水设备具有更理想的节能效果。

5.2.5 地面以上的生活污、废水排水宜采用重力流系统直接排至室外管网。

【释义与实施要点】

建筑物内地面以上的生活污、废水排水采用重力流系统的规定。新增条文。

重力排水不需要对水进行增压，利用流体所受重力流动，以达到排水目的，不需要动力，不需要能耗。压力排水需通过排水泵增压，将生活污废水提升后排至室外，需要消耗电能。

在工程项目设计中，一般都会对地面以上的生活污、废水排水采用重力流系统排水方式，地面以下的生活污、废水排水重力流排至地下室污水集水坑，然后用排水潜水泵提升排出室外，由于仅仅是地下室部分的排水，排水量一般不会太大，排水的流量也不会太大，所以需要消耗电能不大。但是也有的工程建筑物地面以上的生活污、废水排水排至地下室污水集水坑，没有利用流体的重力流动，采用排水潜水泵提升排出室外，这样排水量较大，排水泵的流量较大，增加了能耗。故除特殊情况以外，地面以上的生活污、废水排水宜采用重力流系统排至室外管网。

5.3　生　活　热　水

5.3.1　集中热水供应系统的热源，宜利用余热、废热、可再生能源或空气源热泵作为热水供应热源。当最高日生活热水量大于 5m³ 时，除电力需求侧管理鼓励用电，且利用谷电加热的情况外，不应采用直接电加热热源作为集中热水供应系统的热源。

【释义与实施要点】

集中热水热源节能设计。新增条文。

集中热水供应系统的热源能耗在公共建筑能耗中占有一定比例，其方案受到能源、环境、工程使用时间及要求等多种因素影响和制约，为此必须对热源方案进行分析比较后合理确定。

1. 余热、废热及可再生能源利用

为降低集中热水供应系统的热源能耗，热源应优先考虑到利用废热或工业余热，以实现变废为宝、节约资源、能源梯级利用和降低能耗的目的。废热是指集中空调系统制冷机组排放的冷凝热、蒸汽凝结水热等。

可再生能源利用是我国的基本国策，目前国家及地方相继出台了推广太阳能利用的相关政策，其中太阳能热水系统是其主要利用形式，设计中应按相关规定采用。当采用太阳能热水系统时，为保证热水温度稳定和保证水质，可优先考虑采用集热与辅热设备分开设置的系统形式。

2. 电力利用

合理利用能源、提高能源利用率、节约能源是我国的基本国策。用高品位的电能直接转换为低品位的热能进行集中热水供应，其热效率低，运行费用高，是不合理的。若当地供电部门鼓励采用低谷时段电力，并给予较大的电价优惠政策时，可采用利用谷电电加热的蓄热式电热水炉，但系统电加热必须保证在峰时段与平时段不使用，并设有足够热容量的蓄热装置。

最高日生活热水量 5m³ 作为限定值，是以酒店生活热水用量进行测算，酒店一般最少 15 套客房，以每套客房 2 床计算，取最高日用水定额 160L/(床·日)，则最高日热水量为 4.8m³。当最高日生活热水量大于 5m³ 时，除非当地电力供应富裕、电力需求侧管理从发电系统整体效率角度，有明确的供电政策支持，且允许采用低谷电直接电加热外，不允许采用直接电加热作为热源或集中太阳能热水系统的辅助热源；当最高日生活热水量小于 5m³ 时，应根据当地电力供应状况，可采用利用低谷电电加热作为热源。

5.3.2 以燃气或燃油作为热源时，宜采用燃气或燃油机组直接制备热水。当采用锅炉制备生活热水或开水时，锅炉额定工况下热效率不应低于本标准表 4.2.5 中的限定值。

【释义与实施要点】

燃气或燃油作为热源制备生活热水的规定。新增条文。

集中热水供应系统除有其他用蒸汽要求外，不建议采用燃气或燃油锅炉制备高温、高压蒸汽再进行热交换后供应生活热水的热源方式，这是因为蒸汽的热焓比热水要高得多，将水由低温状态加热至高温、高压蒸汽再通过热交换转化为生活热水是能量的高质低用，造成能源浪费，所以建议采用直接加热方式制备热水。医院的中心供应中心（室）、酒店的洗衣房等有需要用蒸汽的要求，需要设蒸汽锅炉，此时制备生活热水可以采用汽-水热交换器。其他没有用蒸汽要求的公共建筑可以利用工业余热、废热、太阳能、燃气热水炉等方式制备生活热水。当采用锅炉制备生活热水或开水时，锅炉额定工况下热效率不应低于本规范表 4.2.5 中的限定值。

5.3.3 当采用空气源热泵热水机组制备生活热水时，制热量大于 10kW 的热泵热水机在名义制热工况和规定条件下，性能系数（COP）不宜低于表 5.3.3 的规定，并应有保证水质的有效措施。

表 5.3.3　热泵热水机性能系数（COP）（W/W）

制热量 H（kW）	热水机型式		普通型	低温型
$H \geqslant 10$	一次加热式		4.40	3.70
	循环加热	不提供水泵	4.40	3.70
		提供水泵	4.30	3.60

【释义与实施要点】

空气源热泵热水机组节能要求。新增条文。

本条文是推荐性条文，建议在经济合理性评估的基础上优先选择符合表 5.3.3 规定的高能效产品，经评估后也可以选用其他能效指标的合格产品。

近年来，热泵热水器得到持续发展，2014 年中国空气源热泵行业总容量首次进入 60～70 亿区间，相比上一年度，全年度行业增长率达到 26.3%，与 2013 全年度行业增长率 26.2% 几乎相同，2012 年增长率为 9.7%，2011 年增长率为 39.5%。与此同时，产品技术也在同步升级。

热泵热水器相比电热水器而言，原理上就更省电，由于当前市场仍主要是 5 级能效的产品作为主流，且预计仍将持续相当长一段时间，故 2012 年 6 月 4 日财政部、国家发展改革委、工业和信息化部联合发布"关于印发节能产品惠民工程高效节能家用热水器推广实施细则的通知"，其中对于热泵热水机（器）只要满足 GB/T 23137 和 GB/T 21362 规定的性能要求，且企业符合细则规定，均能够享受节能补贴，推广期限为 2012 年 6 月 1 日至 2013 年 5 月 31 日。高效节能空气源热泵热水器（机）推广财政补贴标准见表 2-5-5。

高效节能空气源热泵热水器（机）推广财政补贴标准　　　　表 2-5-5

产品类型	能效水平	规格（W）	补贴标准（元/台、套）
静态加热式空气源热泵热水器（机）	$3.4 \leqslant COP < 4.0$	额定制热量≤4500	300
		额定制热量>4500	350
	$COP \geqslant 4.0$	额定制热量≤4500	500
		额定制热量>4500	550
一次加热式和循环加热式空气源热泵热水器（机）	$3.7 \leqslant COP < 4.4$	额定制热量≤4500	350
		额定制热量>4500	400
	$COP \geqslant 4.4$	额定制热量≤4500	550
		额定制热量>4500	600

2013 年 6 月 9 日《热泵热水机（器）能效限定值及能效等级》GB 29541—2013 正式发布，并于 2013 年 10 月 1 日起正式实施。该标准将热泵热水机能源效率分为 1、2、3、4、5 五个等级，1 级表示能源效率最高，2 级表示达到节能认证的最小值，3、4 级代表了我国多联机的平均能效水平，5 级为标准实施后市场准入值。

国内研究报告表明，以 2011 年为例计算，电热水器的年国内销售量是 1310 万台，假设将各热工分区的电热水器销售全部替换成热泵热水器（其中电热水器按照能效等级为一级进行比较），替代之后，用能较多的寒冷地区年省电量可达 45 亿度，据数据显示，北京市一年用电总量大概为 500 亿度，那么这里节省下来的电能可供北京市用电 110 天。

在"PM2.5"日益受到重视的今天，替代后可以减少粉尘排放 1.8 万 t，可见减排之后为减少雾霾已作出了一定贡献。SO_2 和 NO_x 是造成酸雨直接因素，CO_2 是造成全球温室效应的最主要因素之一，因此，减少这些有害物质的排放对于生态平衡和环境保护具有重大意义。

以家用热泵热水器的实际工程为例，工程位于贵州省贵阳市南明区，贵阳是低纬度高海拔的高原地区，属于亚热带湿润温和型气候。贵阳市年平均气温 15.3℃，年极端最高温度 35.1℃，年极端最低温度－7.3℃，该热泵热水器安装于用户某处隔间内，隔间与阳台相通，热水器主机与水箱安装紧凑。使用制热量 3.5kW 的主机配 150L 的水箱，采用 R22 为制冷剂，其额定制热量为 3500W，额定能效比为 3.9，额定产水量为 75L/h，出水温度在 35～55℃可调。

采集统计了用户在 2011 年 8 月 5 日～11 月 5 日三个月期间使用该热水器的用水和用电情况，热水器内的热水温度设定值为 53℃，控制水温回差为±5℃，即当水箱内的热水温度到达 58℃时停止制热，当水温低于 48℃时再次启动热泵机组。三个月内该用户的热水使用量为 10.4t，热泵热水器的总耗电量为 119.58 kWh；除 8 月 5、6 日两天未使用热水外，每天使用热水约 120L/d，耗电 1.36kWh；正常情况下，两天内的平均能效比为 2.5～4.0 之间，三个月内的平均能效比为 3.45，相对于电热水器而言，可节能 245%。合理选用热泵热水机能够达到节能、减排的目标。

条文要求"并应有保证水质的有效措施"，在保证供水水质的要求外，还考虑长期使用，可能存在微生物繁殖，影响用户健康，目前微生物灭杀的主要方式有：高温、清洗、化学等方式，热水机的热水使用方式与空调水系统不同，热水机使用侧热水为消耗型、流动型，微生物的繁殖和维护没有空调系统那么严重，只要能够定期进行使用水箱的清洗、置换就能够达到防霉、防菌的目的。由于热泵在高水温下机组运行能效较低，且对于机组可靠性也有较大影响，所以在灭杀微生物的方法上建议采用多种方式结合使用：定期消毒、清洗、排污和辅助热源高温消毒。一般空气源热泵热水机组热水出水温度低于 60℃，为避免热水管网中滋生军团菌，需要采取措施抑制细菌繁殖。如定期每隔 1～2 周采用 65℃ 的热水供水 1 天，抑制细菌繁殖生长，但必须有用水时防止烫伤的措施，可以设置混水阀、恒温水嘴等。

5.3.4 小区内设有集中热水供应系统的热水循环管网服务半径不宜大于 300m 且不应大于 500m。水加热、热交换站室宜设置在小区的中心位置。

【释义与实施要点】

集中热水供应系统管网服务半径限定。新增条文。

对从水加热、热交换站室至最远建筑或用水点的服务半径做了规定，限制热水循环管网服务半径，一是减少管路上热量损失和输送动力损失，管线过长增大运行能耗和成本，不利于系统的运行管理；中国建筑设计研究院在广州亚运城集中热水供应系统管网设计中，研究了热水管道敷设长度与热量损失的关系。据广州亚运城的太阳能——热泵热水系统的外网计算，当室外热水管道管长约 1000m 时，其每日的外管网热损失与整个系统的集取太阳能的有效得热量相等。热损失计算举例见表 2-5-6。

11 月 14 日媒体村低区热水供水管网各管段热损失计算表

（该日周围空气平均温度为 23℃） 表 2-5-6

管段	管径 DN（mm）	管道外径 d（mm）	保温层外径 D（mm）	保温层导热系数 λ [W/(m·℃)]	管道外表面平均温度 t_1（℃）	保温层外表面放热系数 a_1 [W/(m²·℃)]	管长 L（m）	热损失 Q（MJ）
1～2	150	159	242.2	0.031	52.33	11.6	550.18	613.62
2～3	150	159	242.2	0.031	50.15	11.6	277.68	286.64
3～4	150	159	242.2	0.031	49.47	11.6	219.87	221.27
4～5	100	108	213	0.031	48.78	11.6	172.40	106.28
3～6	150	159	242.2	0.031	49.81	11.6	282.55	288.06
6～7	150	159	242.2	0.031	49.02	11.6	218.65	216.33
总计							1721.33	1732.2

可见管道过长的集中热水供应系统热循环能耗是热水系统不可忽视的大问题。因此，缩短管道长度可以有效降低管网热损失，所以需要对热水管网的服务半径做出限定。

二是管线过长致使管网末端温度降低，管网内容易滋生军团菌。要求水加热、热交换站室位置尽可能靠近热水用水量较大的建筑或部位，或者设置在小区热水管网中心位置，可以减少热水管线的敷设长度，以降低热损耗，达到节能目的。

5.3.5 仅设有洗手盆的建筑不宜设计集中生活热水供应系统。设有集中热水供应系统的建筑中，日热水用量设计值大于等于 5m³ 或定时供应热水的用户宜设置单独的热水循环系统。

【释义与实施要点】

集中生活热水供应系统设计。新增条文。

为降低能耗，对不宜设置集中热水供应系统的情况做出了限定。《建筑给水排水设计规范》GB 50015 规定，办公楼集中盥洗室仅设有洗手盆时，每人每日热水用水定额为 5～10L，热水用量较少，如设置集中热水供应系统，管道长，热损失大，为保证热水出水温度还需要设热水循环泵，能耗较大，故限定仅设有洗手盆的建筑，不宜设计集中生活热水供应系统。当办公建筑内仅有集中盥洗室的洗手盆供应热水时，可采用小型贮热容积式电加热热水器。对于管网输送距离较远、用水量较小的个别用户不宜设置集中热水系统，可以设置局部加热设备，这样可以减少管路上的热量损失和输送动力损失。热水用量较大的用户有浴室、洗衣房、厨房等，宜设计单独的热水回路，有利于管理与计量。

为避免使用热水时放空大量冷水而造成水和能源的浪费，集中生活热水系统应设循环系统，保证配水点达到出水温度的最长时间不超过 10s，即不循环的配水管长度允许为 7m 左右，该要求来源于现行国家标准《民用建筑节水设计标准》GB 50555 的相关规定。

5.3.6 集中热水供应系统的供水分区宜与用水点处的冷水分区同区，并应采取保证用水点处冷、热水供水压力平衡和保证循环管网有效循环的措施。

【释义与实施要点】

冷水、热水压力平衡设计。新增条文。

冷水系统、生活热水供应系统内水压的不稳定，会使冷热水混合器或混合龙头的出水温度波动很大，不仅浪费水，使用不方便，有时还会造成烫伤事故。故要求保证热水供应系统内冷水、热水压力平衡，达到节水、节能和用水舒适的目的。热水供应系统需要与冷水系统分区一致，闭式热水供应系统的各区水加热器、贮热水罐的进水应由同一区的给水系统专管供应；由热水箱和热水供水泵联合供水的热水供应系统的热水供水泵扬程应与相应供水范围的给水泵压力协调，保证系统冷热水压力平衡；高层、多层建筑设集中供应热水系统时应分区设水加热器，其进水管均应由相应分区的给水系统设专管供应，以保证热水系统压力的相对稳定。当不能满足上述情况时，应有保证系统冷、热水压力平衡的措施。如采用质量可靠的减压阀等管道附件来解决系统冷热水压力平衡的问题；对于由城镇给水管直接补水，经水加热设备供热水的系统，水加热器的进水管道上须设倒流防止器，其相应的给水系统也宜经倒流防止器后引出，以保证该系统的冷热水压力平衡等。在设计中，还要考虑冷、热水管的水头损失相近，选用水头损失小的水加热器等。

集中热水供应系统要求采用机械循环，保证干管、立管的热水循环，支管可以不循环，采用多设立管的形式，减少支管的长度，有必要时可以采用支管电伴热保温，在保证用水点使用温度的同时也需要注意节能。

5.3.7 集中热水供应系统的管网及设备应采取保温措施，保温层厚度应按现行国家标准《设备及管道绝热设计导则》GB/T 8175 中经济厚度计算方法确定，也可按本标准附录 D 的规定选用。

【释义与实施要点】

热水管道绝热计算的基本原则。新增条文。

集中热水供应系统减少热损耗的一个重要设计要点是对热水供水、循环水管网及水加热设备或换热设备进行保温。

详见附录 D 释义。

5.3.8 集中热水供应系统的监测和控制宜符合下列规定：

1 对系统热水耗量和系统总供热量值宜进行监测；

2 对设备运行状态宜进行检测及故障报警；

3 对每日用水量、供水温度宜进行监测；

4 装机数量大于等于 3 台的工程，宜采用机组群控方式。

【释义与实施要点】

集中热水供应系统的监测和控制设计。新增条文。

本条对集中热水系统的监测和控制的设置提出了原则性规定，设计时要求结合具体工程情况通过技术经济比较确定具体的监控内容。

集中热水系统监测和控制的设置，是提高能源有效利用率的一个重要措施之一。

控制的基本原则是：（1）让设备尽可能高效运行；（2）让相同型号的设备的运行时间尽量接近以保持其同样的运行寿命（通常优先启动累计运行小时数最少的设备）；（3）满足用户侧低负荷运行的需求。

设备运行状态的监测及故障报警是系统监控的一个基本内容。

集中热水系统采用风冷或水源热泵作为热源时，当装机数量多于 3 台时采用机组群控方式，可以有一定的优化运行效果，可以提高系统的综合能效。

由于工程的情况不同，本条内容可能无法完全包含一个具体工程中的监控内容，因此设计人员还需要根据项目具体情况确定一些应监控的参数和设备。

6 电 气

6.1 一 般 规 定

6.1.1 电气系统的设计应经济合理、高效节能。

【释义与实施要点】

电气方案设计的节能要求。新增条文。

电气系统设计既要考虑经济性，又要考虑合理性，不能单纯追求一方面。

6.1.2 电气系统宜选用技术先进、成熟、可靠，损耗低、谐波发射量少、能效高、经济合理的节能产品。

【释义与实施要点】

电气设计中的产品选择原则。新增条文。

电气系统与其他系统不同，可靠性至关重要，系统和设备都要求成熟，其次才是技术先进。损耗低是为了节约电能，谐波会带来损耗发热，故希望设备谐波发射量少。

6.1.3 建筑设备监控系统的设置应符合现行国家标准《智能建筑设计标准》GB 50314 的有关规定。

【释义与实施要点】

建筑设备监控系统的设置规定。新增条文。

建筑设备监控系统可以自动控制建筑设备的启停，使建筑设备工作在合理的工况下，可以大量节约建筑物的能耗。现行国家标准《智能建筑设计标准》GB 50314 对设置有详细规定。

6.2 供 配 电 系 统

6.2.1 电气系统的设计应根据当地供电条件，合理确定供电电压等级。

【释义与实施要点】

供电电压的等级确定。新增条文。

供电电压等级高，相对来说供电能力强，损耗小，但供电电压等级由当地供电部门确定，不是甲方或设计部门确定。设备容量较大时，宜采用 10kV 或以上供电电源，目的是降低线路损耗。现行行业标准《民用建筑电气设计规范》JGJ 16—20008 第 3.4.2 条也有相关规定："当用电设备总容量在 250kW 及以上或变压器容量在 160kVA 及以上时，宜以 10(6)kV 供电"。

6.2.2 配变电所应靠近负荷中心、大功率用电设备。

【释义与实施要点】

配变电所的设置位置要求。新增条文。

不但配变电所要靠近负荷中心，各级配电都要尽量减少供电线路的距离。"配变电所位于负荷中心"，一直是一个概念，提倡配变电所位于负荷中心是电气设计专业的要求，但建筑设计需要整体考虑，配变电所设置位置也是电气设计与建筑设计协商的结果，考虑配变电所位于负荷中心主要是考虑线缆的电压降不满足规范要求时，需加大线缆截面，浪费材料资源，同时，供电距离长，线损大，不节能。《全国民用建筑工程设计技术措施：电气》2009 中 3.1.3 第 2 款规定"低压线路的供电半径应根据具体供电条件，干线一般不超过 250m，当供电容量超过 500kW（计算容量），供电距离超过 250m 时，宜考虑增设变电所。"且 IEC 标准也在考虑"当建筑面积＞20000m、需求容量＞2500kVA 时，用多个小容量变电所供电。"故以变电所到末端用电点的距离不超过 250m 为宜。

在公共建筑中大功率用电设备，主要指电制冷的冷冻机组。

6.2.3 变压器应选用低损耗型，且能效值不应低于现行国家标准《三相配电变压器能效限定值及能效等级》GB 20052 中能效标准的节能评价值。

【释义与实施要点】

变压器的选择要求。新增条文。

低损耗变压器即空载损耗和负载损耗低的变压器。现有配电变压器能效标准国标为《三相配电变压器能效限定值及能效等级》GB 20052。

原标准名称为《三相配电变压器能效限定值及节能评价值》GB 20052—2006，现行标准名称更改为《三相配电变压器能效限定值及能效等级》GB 20052—2013。此处三相配电变压器指10kV级无励磁变压器。变压器的空载损耗和负载损耗是变压器的主要损耗，故应加以限制。现行国家标准《三相配电变压器能效限定值及能效等级》GB 20052—2013规定了配电变压器能效限定值及节能评价值。表2-6-1和表2-6-2给出了变压器的能效限定值。

油浸式配电变压器能效限定值 表 2-6-1

额定容量（kVA）	损耗（W）			短路阻抗 UK（％）
	空载 P_O	负载 P_K		
		Dyn11/Yzn11	Yyn0	
30	100	630	600	4.0
50	130	910	870	
63	150	1090	1040	
80	180	1310	1250	
100	200	1580	1500	
125	240	1890	1800	
160	280	2310	2200	
200	340	2730	2600	
250	400	3200	3050	
315	480	3830	3650	
400	570	4520	4300	
500	680	5410	5150	
630	810	6200		4.5
800	980	7500		
1000	1150	10300		
1250	1360	12000		
1600	1640	14500		

注：引自《三相配电变压器能效限定值及能效等级》GB 20052—2013。

干式配电变压器能效限定值 表 2-6-2

额定容量（kVA）	损耗（W）				短路阻抗 UK（％）
	空载 P_O	负载 P_K			
		B（100℃）	F（120℃）	H（145℃）	
30	190	670	710	760	
50	270	940	1000	1070	
80	370	1290	1380	1480	

续表

额定容量（kVA）	损耗（W）				短路阻抗 UK（%）
	空载 P_O	负载 P_K			
		B（100℃）	F（120℃）	H（145℃）	
100	400	1480	1570	1690	
125	470	1740	1850	1980	
160	540	2000	2130	2280	
200	620	2370	2530	2710	
250	720	2590	2760	2960	4
315	880	3270	3470	3730	
400	980	3750	3990	4280	
500	1160	4590	4880	5230	
630	1340	5530	5880	6290	
630	1300	5610	5960	6400	
800	1520	6550	6960	7460	
1000	1770	7650	8130	8760	
1250	2090	9100	9690	10370	6
1600	2450	11050	11730	12580	
2000	3050	13600	14450	15560	
2500	3600	16150	17170	18450	

注：引自《三相配电变压器能效限定值及能效等级》GB 20052—2013（原标准条文说明中给出的是 2006 版）。

6.2.4 变压器的设计宜保证其运行在经济运行参数范围内。

【释义与实施要点】

变压器的设计要求。新增条文。

电力变压器经济运行计算可参照现行国家标准《电力变压器经济运行》GB/T 13462。配电变压器经济运行计算可参照现行行业标准《配电变压器能效技术经济评价导则》DL/T 985。

引自现行行业标准《民用建筑电气设计规范》JGJ 16 中的相关规定。在现行国家标准《电力变压器经济运行》GB/T 13462 中，关于电力变压器经济运行区有明确的计算方法。《配电变压器能效技术经济评价导则》DL/T 985—2012 是 2005 的修订版，对配电变压器能效技术经济评价中的基本原则、参数选择与成本评价都做了详细的规定，通过综合计算配电变压器设备的初始投资以及经济使用期内各年因空载损耗和负载损耗所产生的损耗费用等，筛选推荐出技术可行、经济最优的方案（即计算期总费用最小的变压器）。该方法综合考虑了变压器价格、损耗、负荷特点、电价等技术经济指标对变压器经济性的影响，有助于变压器用户全面、正确地认识高效节能变压器的经济性。

DL/T 985—20012 标准替代 DL/T 985—2005；其中重要的调整是修改了综合能效费用的计算公式，区别列出了供电企业和非供电企业的综合能效费用的计算方法；简化了参数计算；调整了变压器年最大负载损耗小时数的计算方法。

变压器成本包括：环境负担与货币表现（包括采购成本、使用维护成本、运行成本、社会成本）、全寿命周期成本等。

可以通过配电变压器能效技术经济评价软件计算。

《全国民用建筑工程设计技术措施-节能专篇-电气》2.5.2 中提出："变压器的经常性负载应在变压器额定容量的 60％为宜"。

6.2.5　配电系统三相负荷的不平衡度不宜大于 15％。单相负荷较多的供电系统，宜采用部分分相无功自动补偿装置。

【释义与实施要点】

配电系统三相负荷的不平衡度要求。新增条文。

系统单相负荷达到 20％以上时，容易出现三相不平衡，且各相的功率因数不一致，故采用部分分相补偿无功功率。

6.2.6　容量较大的用电设备，当功率因数较低且离配变电所较远时，宜采用无功功率就地补偿方式。

【释义与实施要点】

容量较大用电设备的补偿规定。新增条文。

容量较大的用电设备一般指单台 AC380V 供电的 250kW 及以上的用电设备，功率因数较低一般指功率因数低于 0.8，离配变电所较远一般指距离在 150m 左右。

6.2.7　大型用电设备、大型可控硅调光设备、电动机变频调速控制装置等谐波源较大设备，宜就地设置谐波抑制装置。当建筑中非线性用电设备较多时，宜预留滤波装置的安装空间。

【释义与实施要点】

谐波抑制的规定。新增条文。

大型用电设备、大型可控硅调光设备一般指 250kW 及以上的设备。

谐波会引起变压器、电动机的损耗增加，中性线过热，载流导体的集肤效应加重，功率因数降低等。故谐波较大时，应就地设置谐波抑制装置。

谐波对于控制、通信网络、继电保护、电能计量等二次系统及电容器、电机、变压器、开关设备等一次系统都可能造成影响和危害。

谐波对系统的影响，最明显的是补偿电容器在某些条件下与系统产生谐振，在小谐波源的激发下，导致谐波严重放大。谐波对损耗以及对电能计量的影响也是非常显见的。

谐波不良影响按三类划分，即热影响、冷影响和谐振影响。

热影响：因发热而产生的不良影响，有长期性和积累效应，主要是谐波或合成谐波的幅值在起作用。如对感应电机和同步电机的影响，电容器组的热效应，电度表的计量误差以及机械振动等都属于此类。

冷影响：是瞬间产生的不良影响，主要是谐波或合成谐波的瞬时幅值或相位在起作用。如对继电保护和自动装置等弱电设备的影响，对电容器组和绝缘电缆的电介质的影响等属于此类。

谐振影响：是网络的拓扑结构和参数对谐波源激励的一种响应，它发生时将引起相关元件的过电流或过电压。

谐波是电力系统中的一种污染源，会造成一系列危害，因此必须严加控制。但控制谐波是需要付出相当的成本代价的，尤其是随着电力电子技术普及，谐波源越来越多，这种控制成本也越来越大，因此过严的要求会导致社会资源的很大浪费。

《电能质量公用电网谐波》GB/T 14549 均有具体规定。

6.3　照　　明

6.3.1　室内照明功率密度（LPD）值应符合现行国家标准《建筑照明设计标准》GB 50034 的有关规定。

【释义与实施要点】

照明功率密度值要求。新增条文。

现行国家标准《建筑照明设计标准》GB 50034 对办公建筑、商店建筑、旅馆建筑、医疗建筑、教育建筑、博览建筑、会展建筑、交通建筑、金融建筑的照明功率密度值的限值进行了规定，提供了现行值和目标值。照明设计时，照明功率密度限值应符合该标准规定的现行值。

照明功率密度是单位面积上的照明安装功率（包括光源、镇流器或变压器等），单位为瓦特每平方米（W/m²），是评价照明节能的重要指标。限值分现行值和目标值两种。现行值是根据对国内各类建筑的照明能耗现状调研结果、我国建筑照明设计标准以及光源、灯具等照明产品的现有水平并参考国内外有关照明节能标准，经综合分析研究后制订的，其在标准实施时执行。

目标值则是预测到几年后随着照明科学技术的进步、光源灯具等照明产品能效水平的提高，从而照明能耗会有一定程度的下降而制订的。目标值比现行值降低约为 10％～20％。目标值执行日期由标准主管部门决定。目标值的实施，可以由相关标准（如节能建筑、绿色建筑评价标准）规定，也可由全国、行业或地方主管部门作出相关规定。

6.3.2　设计选用的光源、镇流器的能效不宜低于相应能效标准的节能评价值。

【释义与实施要点】

光源、镇流器的能效要求。新增条文。

目前国家已对 5 种光源和 3 种镇流器制定了能效限定值、节能评价值及能效等级。按下列要求执行：

1. 单端荧光灯的能效值不应低于现行国家标准《单端荧光灯能效限定值及节能评价值》GB 19415 规定的节能评价值；

2. 普通照明用双端荧光灯的能效值不应低于现行国家标准《普通照明用双端荧光灯能效限定值及能效等级》GB 19043 规定的节能评价值；

3. 普通照明用自镇流荧光灯的能效值不应低于现行国家标准《普通照明用自镇流荧光灯能效限定值及能效等级》GB 19044 规定的节能评价值；

4. 金属卤化物灯的能效值不应低于现行国家标准《金属卤化物灯能效限定值及能效

等级》GB 20054 规定的节能评价值；

5. 高压钠灯的能效值不应低于现行国家标准《高压钠灯能效限定值及能效等级》GB 19573 规定的节能评价值；

6. 管型荧光灯镇流器的能效因数（BEF）不应低于现行国家标准《管型荧光灯镇流器能效限定值及节能评价值》GB 17896 规定的节能评价值；

7. 金属卤化物灯镇流器的能效因数（BEF）不应低于现行国家标准《金属卤化物灯用镇流器能效限定值及能效等级》GB 20053 规定的节能评价值；

8. 高压钠灯镇流器的能效因数（BEF）不应低于现行国家标准《高压钠灯用镇流器能效限定值及节能评价值》GB 19574 规定的节能评价值。

6.3.3 建筑夜景照明的照明功率密度（LPD）限值应符合现行行业标准《城市夜景照明设计规范》JGJ/T 163 的有关规定。

【释义与实施要点】

夜景照明功率密度规定。新增条文。

夜景照明是建筑景观的一大亮点，也是节能的重点。照明控制系统应可以通过时间表控制，合理调节夜景照明的时间，达到节能目的。

6.3.4 光源的选择应符合下列规定：

1 一般照明在满足照度均匀度条件下，宜选择单灯功率较大、光效较高的光源，不宜选用荧光高压汞灯，不应选用自镇流荧光高压汞灯；

2 气体放电灯用镇流器应选用谐波含量低的产品；

3 高大空间及室外作业场所宜选用金属卤化物灯、高压钠灯；

4 除需满足特殊工艺要求的场所外，不应选用白炽灯；

5 走道、楼梯间、卫生间、车库等无人长期逗留的场所，宜选用发光二极管（LED）灯；

6 疏散指示灯、出口标志灯、室内指向性装饰照明等宜选用发光二极管（LED）灯；

7 室外景观、道路照明应选择安全、高效、寿命长、稳定的光源，避免光污染。

【释义与实施要点】

光源的选择原则。新增条文。

第 1 款，通常同类光源中单灯功率较大者，光效高，所以应选单灯功率较大的，但前提是应满足照度均匀度的要求。对于直管荧光灯，根据现今产品资料，长度为 1200mm 左右的灯管光效比长度 600mm 左右（即 T8 型 18W，T5 型 14W）的灯管效率高，再加上其镇流器损耗差异，前者的节能效果十分明显。所以除特殊装饰要求者外，应选用前者（即 28～45W 灯管），而不应选用后者（14～18W 灯管）。

与其他高强气体放电灯相比，荧光高压汞灯光效较低，寿命也不长，显色指数也不高，故不宜采用。自镇流荧光高压汞灯光效更低，故不应采用。

第 2 款，按照现行国家标准《电磁兼容 限值 谐波电流发射限值（设备每相输入电流 ≤16A）》GB 17625.1 对照明设备（C 类设备）谐波限值的规定，对功率大于 25W 的放电灯的谐波限值规定较严，不会增加太大能耗；而对 ≤25W 的放电灯规定的谐波限值很宽

（3 次谐波可达 86%），将使中性线电流大大增加，超过相线电流达 2.5 倍以上，不利于节能和节材。所以≤25W 的放电灯选用的镇流器宜满足下列条件之一：（1）谐波限值符合现行国家标准《电磁兼容　限值　谐波电流发射限值（设备每相输入电流≤16A）》GB 17625.1 规定的功率大于 25W 照明设备的谐波限值；（2）次谐波电流不大于基波电流的 33%。

第 7 款，室外景观照明不应采用高强投光灯、大面积霓虹灯、彩灯等高亮度、高能耗灯具，应优先采用高效、长寿、安全、稳定的光源，如高频无极灯、冷阴极荧光灯、发光二极管（LED）照明灯等。

6.3.5　灯具的选择应符合下列规定：

1　使用电感镇流器的气体放电灯应采用单灯补偿方式，其照明配电系统功率因数不应低于 0.9；

2　在满足眩光限制和配光要求条件下，应选用效率高的灯具，并符合现行国家标准《建筑照明设计标准》GB 50034 的有关规定；

3　灯具自带的单灯控制装置宜预留与照明控制系统的接口。

【释义与实施要点】

灯具选择的节能要求。新增条文。

当灯具功率因数低于 0.85 时，均应采取灯内单灯补偿方式。

6.3.6　一般照明无法满足作业面照度要求的场所，宜采用混合照明。

【释义与实施要点】

照明方式的选择。新增条文。

一般照明保障一般均匀性，局部照明保障使用照度，但要两者相差不能太大。通道和其它非作业区域的一般照明的照度值不宜低于作业区域一般照明照度值的 1/3。

混合照明。当照明场所要求高照度，应宜选混合照明的方式，因为如果采用一般照明方式，势必消耗大量的电能方能达到高照度，然而采用混合照明的方式，少量的电能用在一般照明方式，而设在作业旁边的局部照明，可以较低功率消耗，达到高照度的要求，则可较一般照明节约大量电能。人们在居住建筑中主要目的是休息和家庭活动，在光环境上宜突出自然、放松、柔和等特点。由于精细视觉工作相对较少且多集中在书桌、起居室沙发、床头等局部空间，因而均匀明亮的高照度不应是住宅照明的主要手段。同时，由于直接面对家庭生活支出中电费的缴纳，在居住者的心理上也趋向于节省电能的较低照度的一般照明与较高照度的局部照明相结合的混合照明方式。把照明灯具安装在家具上或设备上，也不失为一种照明节能方式，但不允许只设局部照明，而无一般照明。

6.3.7　照明设计不宜采用漫射发光顶棚。

【释义与实施要点】

不宜采用的照明方式。新增条文。

漫射发光顶棚的照明方式光损失较严重，不利于节能。

间接照明或漫射发光顶棚的照明方式光损失严重，不利于节能。间接照明是指由灯具发射光通量的 10% 以下部分，直接投射到假定工作面上的照明。发光顶棚照明是指光源隐蔽在顶棚内，使顶棚成发光面的照明方式。虽然这两种照明方式获得的照明质量好，光线柔和，但在达到同样的照度水平条件下，比直接照明方式所用电能要大很多，不是一种节能的照明方式。

6.3.8 照明控制应符合下列规定：

1 照明控制应结合建筑使用情况及天然采光状况，进行分区、分组控制；

2 旅馆客房应设置节电控制型总开关；

3 除单一灯具的房间，每个房间的灯具控制开关不宜少于 2 个，且每个开关所控的光源数不宜多于 6 盏；

4 走廊、楼梯间、门厅、电梯厅、卫生间、停车库等公共场所的照明，宜采用集中开关控制或就地感应控制；

5 大空间、多功能、多场景场所的照明，宜采用智能照明控制系统；

6 当设置电动遮阳装置时，照度控制宜与其联动；

7 建筑景观照明应设置平时、一般节日、重大节日等多种模式自动控制装置。

【释义与实施要点】

照明控制方式规定。新增条文。

集中开、关控制有许多种类，如建筑设备监控（BA）系统的开关控制、接触器控制、智能照明开、关控制系统等，公共场所照明集中开、关控制有利于安全管理。适宜的场所宜采用就地感应控制包括红外、雷达、声波等探测器的自动控制装置，可自动开关实现节能控制，通常推荐采用。但医院的病房大楼、中小学校及其学生宿舍、幼儿园（未成年使用场所）、老年公寓、酒店等场所，因病人、小孩、老年人等不具备完全行为能力人，在灯光明暗转换期间极易发生踏空等安全事故；酒店走道照明出于安全监控考虑需保证一定的照度，因此上述场所不宜采用就地感应控制。

智能照明系统不仅能控制灯具的状态，同时应能读取灯具的开关次数、使用寿命和运行参数，便于进行优化管理，提高系统的运行效率。在建筑使用功能改变的情况下，可以不需要重新布线，只通过重新编辑控制逻辑，即可适应新的使用需求，方便对灯具在整个生命周期内进行优化控制。

人员聚集大厅主要指报告厅、观众厅、宴会厅、航空客运站、商场营业厅等外来人员较多的场所。智能照明控制系统包括开、关型或调光型控制，两者都可以达到节能的目的，但舒适度、价格不同。

当建筑考虑设置电动遮阳设施时，照度宜可以根据需要自动调节。

建筑红线范围内的建筑物设置景观照明时，应采取集中控制方式，并设置平时、一般节日、重大节日等多种模式。

6.4 电能监测与计量

6.4.1 主要次级用能单位用电量大于或等于 10kW 时或单台用电设备大于等于 100kW 时，应设置电能计量装置。公共建筑宜设置用电能耗监测与计量系统并进行能效分析和管理。

【释义与实施要点】

电能计量装置的设置。新增条文。

参照现行国家标准《用能单位能源计量器具配备和管理通则》GB 17167 的要求。次级用能单位为用能单位下属的能源核算单位。

电能自动监测系统是节能控制的基础，电能自动监测系统至少包括各层、各区域用电量的统计、分析。2007 年中华人民共和国建设部与财政部联合发布的《关于加强国家机关办公建筑和大型公共建筑节能管理工作的实施意见》（建科 [2007] 245 号）对国家机关办公建筑提出了具体要求。

2008 年 6 月住房和城乡建设部发布了《国家机关办公建筑和大型公共建筑能耗监测系统分项能耗数据采集技术导则》，对能耗监测提出了具体要求。

6.4.2 公共建筑应按功能区域设置电能监测与计量系统。

【释义与实施要点】

按建筑功能区域设置电能监测系统的要求。新增条文。

建筑功能区域主要指锅炉房、换热机房等设备机房、公共建筑各使用单位、商店各租户、酒店各独立核算单位、公共建筑各楼层等。

6.4.3 公共建筑应按明插座、空调、电力、特殊用电分项进行电能监测与计量。办公建筑宜将照明和插座分项进行电能监测与计量。

【释义与实施要点】

电能分项监测的要求。新增条文。

照明插座用电是指建筑物内照明、插座等室内设备用电的总称。包括建筑物内照明灯具和从插座取电的室内设备，如计算机等办公设备、厕所排气扇等。

办公类建筑建议照明与插座分项监测，其目的是监测照明与插座的用电情况，检查照明灯具及办公设备的用电指标。当未分项计量时，不利于建筑各类系统设备的能耗分布统计，难以发现能耗不合理之处。

空调用电是为建筑物提供空调、供暖服务的设备用电的统称。常见的系统主要包括冷水机组、冷冻泵（一次冷冻泵、二次冷冻泵、冷冻水加压泵等）、冷却泵、冷却塔风机、风冷热泵等和冬季供暖循环泵（供暖系统中输配热量的水泵；对于采用外部热源、通过板换供热的建筑，仅包括板换二次泵；对于采用自备锅炉的，包括一、二次泵）、全空气机组、新风机组、空调区域的排风机、变冷媒流量多联机组。

若空调系统末端用电不可单独计量，空调系统末端用电应计算在照明和插座子项中，包括 220V 排风扇、室内空调末端（风机盘管、VAV、VRV 末端）和分体式空调等。

电力用电是集中提供各种电力服务（包括电梯、非空调区域通风、生活热水、自来水加压、排污等）的设备（不包括空调供暖系统设备）用电的统称。电梯是指建筑物中所有电梯（包括货梯、客梯、消防梯、扶梯等）及其附属的机房专用空调等设备。水泵是指除空调供暖系统和消防系统以外的所有水泵，包括自来水加压泵、生活热水泵、排污泵、中水泵等。通风机是指除空调供暖系统和消防系统以外的所有风机，如车库通风机、厕所屋顶排风机等。

特殊用电是指不属于建筑物常规功能的用电设备的耗电量，特殊用电的特点是能耗密度高、占总电耗比重大的用电区域及设备。特殊用电包括信息中心、洗衣房、厨房餐厅、游泳池、健身房、电热水器等其他特殊用电。

6.4.4 冷热源系统的循环水泵耗电量宜单独计量。

【释义与实施要点】

冷热源系统的循环水泵耗电量计量要求。新增条文。

循环水泵耗电量不仅是冷热源系统能耗的一部分，而且也反映出输送系统的用能效率，对于额定功率较大的设备宜单独设置电计量。

7 可再生能源应用

7.1 一般规定

7.1.1 公共建筑的用能应通过对当地环境资源条件和技术经济的分析，结合国家相关政策，优先应用可再生能源。

【释义与实施要点】

优先利用可再生能源的原则。新增条文。

《中华人民共和国可再生能源法》规定，可再生能源是指风能、太阳能、水能、生物质能、地热能、海洋能等非化石能源。目前，可在建筑中规模化使用的可再生能源主要包括浅层地能和太阳能。《民用建筑节能条例》规定：国家鼓励和扶持在新建建筑和既有建筑节能改造中采用太阳能、地热能等可再生能源。在具备太阳能利用条件的地区，有关地方人民政府及其部门应当采取有效措施，鼓励和扶持单位、个人安装使用太阳能热水系统、照明系统、供热系统、供暖制冷系统等太阳能利用系统。

7.1.2 公共建筑可再生能源利用设施应与主体工程同步设计。

【释义与实施要点】

可再生能源系统应与主体工程同步设计的规定。新增条文。

《民用建筑节能条例》规定：对具备可再生能源利用条件的建筑，建设单位应当选择合适的可再生能源，用于供暖、制冷、照明和热水供应等；设计单位应当按照有关可再生能源利用的标准进行设计。建设可再生能源利用设施，应当与建筑主体工程同步设计、同步施工、同步验收。

目前，公共建筑的可再生能源利用的系统设计（例如太阳能热水系统设计），与建筑主体设计脱节严重，因此要求在进行公共建筑设计时，其可再生能源利用设施也应与主体工程设计同步，从建筑及规划开始即应涵盖有关内容，并贯穿各专业设计全过程。供热、供冷、生活热水、照明等系统中应用可再生能源时，应与相应各专业节能设计协调一致，避免出现因节能技术的应用而浪费其他资源的现象。

7.1.3　当环境条件允许且经济技术合理时，宜采用太阳能、风能等可再生能源直接并网供电。

【释义与实施要点】

利用可再生能源发电。

利用可再生能源应本着"自发自用，余量上网，电网调节"的原则。要根据当地日照条件考虑设置光伏发电装置。直接并网供电是指无蓄电池，太阳能光电并网直接供给负荷，并不送至上级电网。

7.1.4　当公共电网无法提供照明电源时，应采用太阳能、风能等发电并配置蓄电池的方式作为照明电源。

【释义与实施要点】

利用可再生能源照明的方式。新增条文。

对于偏远地区，无公共电网，照明用电应利用可再生能源的方式；为保证照明的可靠性通常需配置蓄电装置。

7.1.5　可再生能源应用系统宜设置监测系统节能效益的计量装置。

【释义与实施要点】

可再生能源系统的计量要求。新增条文。

提出计量装置设置要求，适应节能管理与评估工作要求。现行国家标准《可再生能源建筑应用工程评价标准》GB/T 50801 对可再生能源建筑应用的评价内容、评价指标及评价方法均作出了规定，设计时宜设置相应计量装置，为节能效益评估提供条件。

可再生能源建筑应用工程评价需测试内容：

1. 太阳能热利用系统测试内容包括：

1）集热系统效率；

2）系统总能耗；

3）集热系统得热量；

4）制冷机组制冷量；

5）制冷机组耗热量；

6）贮热水箱热损因数；

7）供热水温度；

8）室内温度。

2. 太阳能光伏系统主要测试系统的光电转换效率。对于独立太阳能光伏系统，电功率表应接在蓄电池组的输入端，对于并网太阳能光伏系统，电功率表应接在逆变器的输出端。

3. 地源热泵系统测试内容包括：

1）室内温湿度；

2）热泵机组制热性能系数（COP）、制冷能效比（EER）、热泵系统制热性能系数（COP_{sys}）、制冷能效比（EER_{sys}）。

7.2 太阳能利用

7.2.1 太阳能利用应遵循被动优先的原则。公共建筑设计宜充分利用太阳能。

【释义与实施要点】

公共建筑利用太阳能的原则。新增条文。

在建筑方案设计时，应当充分注重气候、环境等因素，通过合理优化建筑方案，利用自然方式，营造健康舒适的室内声、光、热环境，降低能源消耗，是建筑设计的基本原则。在不同气候区，应因地制宜地利用天然采光、被动太阳房、建筑蓄热等措施，通过合理的建筑方案，充分利用太阳能资源。

7.2.2 公共建筑宜采用光热或光伏与建筑一体化系统；光热或光伏与建筑一体化系统不应影响建筑外围护结构的建筑功能，并应符合国家现行标准的有关规定。

【释义与实施要点】

优先利用光热或光伏建筑一体化系统的要求。新增条文。

太阳能利用与建筑一体化是太阳能应用的发展方向，应合理选择太阳能应用一体化系统类型、色泽、矩阵形式等，在保证光热、光伏效率的前提下，应尽可能做到与建筑物的外围护结构从建筑功能、外观形式、建筑风格、立面色调等协调一致，使之成为建筑的有机组成部分。

太阳能应用一体化系统安装在建筑屋面、建筑立面、阳台或建筑其他部位，不得影响该部位的建筑功能。太阳能应用一体化构件作为建筑围护结构时，其传热系数、气密性、遮阳系数等热工性能应满足相关标准的规定；建筑光热或光伏系统组件安装在建筑透光部位时，应满足建筑物室内采光的最低要求；建筑物之间的距离应符合系统有效吸收太阳光的要求，并降低二次辐射对周边环境的影响；系统组件的安装不应影响建筑通风换气的要求。

太阳能与建筑一体化系统设计时除做好光热、光伏部件与建筑结合外，还应符合国家现行相关标准的规定，保证系统应用的安全性、可靠性和节能效益。目前，国家现行相关标准主要有：《民用建筑太阳能热水系统应用技术规范》GB 50364、《太阳能供热采暖工程技术规范》GB 50495、《民用建筑太阳能空调工程技术规范》GB 50787、《民用建筑太阳能光伏系统应用技术规范》JGJ 203。

7.2.3 公共建筑利用太阳能同时供热供电时，宜采用太阳能光伏光热一体化系统。

【释义与实施要点】

优先利用太阳能光伏光热一体化系统的要求。新增条文。

太阳能光伏光热系统可以同时为建筑物提供电力和热能，具有较高的效率。太阳能光伏光热一体化不仅能够有效降低光伏组件的温度，提高光伏发电效率，而且能够产生热能，从而大大提高了太阳能光伏的转换效率，但会导致供热能力下降，对热负荷大的建筑并不一定能满足用户的用热需求，因而在具体工程应用中应结合实际情况加以分析。另一方面，光伏光热建筑减少了墙体得热，一定程度上减少了室内空调负荷。

光伏光热建筑一体化（BIPV/T）系统的两种主要模式：水冷却型和空气冷却型系统。

7.2.4 公共建筑设置太阳能热利用系统时，太阳能保证率应符合表 7.2.4 的规定。

表 7.2.4　太阳能保证率 f（%）

太阳能资源区划	太阳能热水系统	太阳能供暖系统	太阳能空气调节系统
Ⅰ 资源丰富区	≥60	≥50	≥45
Ⅱ 资源较富区	≥50	≥35	≥30
Ⅲ 资源一般区	≥40	≥30	≥25
Ⅳ 资源贫乏区	≥30	≥25	≥20

【释义与实施要点】

太阳能热利用时的太阳能保证率要求。新增条文。

太阳能保证率（solar fraction）：即太阳能供热水、供暖或空调系统中由太阳能供给的能量占系统总消耗能量的百分率。太阳能保证率是衡量太阳能在供热空调系统所能提供能量比例的一个关键参数，也是影响太阳能供热供暖系统经济性能的重要指标。实际选用的太阳能保证率与系统使用期内的太阳辐照、气候条件、产品与系统的热性能、供热供暖负荷、末端设备特点、系统成本和开发商的预期投资规模等因素有关。太阳能保证率影响常规能源替代量，进而影响造价、节能、环保和社会效益。本条规定的保证率取值参考现行国家标准《可再生能源建筑应用工程评价标准》GB/T 50801 的有关规定。

《可再生能源建筑应用工程评价标准》GB/T 50801 中，太阳能热利用系统的太阳能保证率分为 3 级，1 级最高。太阳能保证率级别划分如表 2-7-1～表 2-7-3 所示。

不同地区太阳能热水系统的太阳能保证率 f（%）级别划分　　　　表 2-7-1

太阳能资源区划	1 级	2 级	3 级
资源极富区	$f \geqslant 80$	$80 > f \geqslant 70$	$70 > f \geqslant 60$
资源丰富区	$f \geqslant 70$	$70 > f \geqslant 60$	$60 > f \geqslant 50$
资源较富区	$f \geqslant 60$	$60 > f \geqslant 50$	$50 > f \geqslant 40$
资源一般区	$f \geqslant 50$	$50 > f \geqslant 40$	$40 > f \geqslant 30$

不同地区太阳能供暖系统的太阳能保证率 f（%）级别划分　　　　表 2-7-2

太阳能资源区划	1 级	2 级	3 级
资源极富区	$f \geqslant 70$	$70 > f \geqslant 60$	$60 > f \geqslant 50$
资源丰富区	$f \geqslant 60$	$60 > f \geqslant 50$	$50 > f \geqslant 40$
资源较富区	$f \geqslant 50$	$50 > f \geqslant 40$	$40 > f \geqslant 30$
资源一般区	$f \geqslant 40$	$40 > f \geqslant 30$	$30 > f \geqslant 20$

不同地区太阳能空调系统的太阳能保证率 f（%）级别划分　　　　表 2-7-3

太阳能资源区划	1 级	2 级	3 级
资源极富区	$f \geqslant 60$	$60 > f \geqslant 50$	$50 > f \geqslant 40$
资源丰富区	$f \geqslant 50$	$50 > f \geqslant 40$	$40 > f \geqslant 30$

续表

太阳能资源区划	1 级	2 级	3 级
资源较富区	$f \geqslant 40$	$40 > f \geqslant 30$	$30 > f \geqslant 20$
资源一般区	$f \geqslant 30$	$30 > f \geqslant 20$	$20 > f \geqslant 10$

7.2.5 太阳能热利用系统的辅助热源应根据建筑使用特点、用热量、能源供应、维护管理及卫生防菌等因素选择，并宜利用废热、余热等低品位能源和生物质、地热等其他可再生能源。

【释义与实施要点】

太阳能热利用辅助热源的选择要求。新增条文。

太阳能是间歇性能源，在系统中设置其他能源辅助加热/换热设备，其目的是保证太阳能供热系统稳定可靠运行的同时，降低系统的规模和投资。

辅助热源应根据当地条件，尽可能利用工业余热、废热等低品位能源或生物质燃料等可再生能源。

7.2.6 太阳能集热器和光伏组件的设置应避免受自身或建筑本体的遮挡。在冬至日采光面上的日照时数，太阳能集热器不应少于 4h，光伏组件不宜少于 3h。

【释义与实施要点】

公共建筑光伏和光热组件的设置要求。新增条文。

太阳能集热器和光伏组件的位置设置不当，受到前方障碍物的遮挡，不能保证采光面上的太阳光照时，系统的实际运行效果和经济性会受到影响，因而对放置在建筑外围护结构上太阳能集热器和光伏组件采光面上的日照时间做出规定。冬至日太阳高度角最低，接收太阳光照的条件最不利，因此规定冬至日日照时间为最低要求。此时采光面上的日照时数，是综合考虑系统运行效果和围护结构实际条件而提出的。

由于冬至前后在早上 10 点之前和下午 2 点之后的太阳高度角较低，对应照射到集热器采光面上的太阳辐照度也较低，即该时段系统能够接收到的太阳能热量较少，对系统全天运行的工作效果影响不大；如果增加对日照时数的要求，则安装集热器的屋面面积要加大，在很多情况下不可行，所以，取冬至日日照时间 4h 为最低要求。

除了保证太阳能集热器采光面上有足够的日照时间外，前、后排集热器之间还应留有足够的间距，以便于施工安装和维护操作；集热器应排列整齐有序，以免影响建筑立面的美观。

7.3 地源热泵系统

7.3.1 公共建筑地源热泵系统设计时，应进行全年动态负荷与系统取热量、释热量计算分析，确定地热能交换系统，并宜采用复合热交换系统。

【释义与实施要点】

地热能交换系统的选择。新增条文。

国家标准《地源热泵系统工程技术规范》GB 50366 对地源热泵系统的设计、施工及运行均有明确规定。相对常规系统，地源热泵系统的设计具有以下特点：

1. 地源热泵系统受低位热源条件的制约和影响

对地埋管系统，除了要有足够埋管区域，还要有比较适合的岩土体特性。坚硬的岩土体将增加施工难度及初投资，而松软岩土体的地质变形对地埋管换热器也会产生不利影响。为此，工程勘察完成后，应对地埋管换热系统实施的可行性及经济性进行评估。

对地下水系统，首先要有持续水源的保证，同时还要具备可靠的回灌能力。

对地表水系统，设计前应对地表水系统运行对水环境的影响进行评估；地表水换热系统设计方案应根据水面用途，地表水深度、面积，地表水水质、水位、水温情况综合确定。

2. 设计相对复杂

低位热源换热系统是地源热泵系统特有的内容，也是地源热泵系统设计的关键和难点。地源热泵系统设计应考虑低位热源长期运行的稳定性，方案设计时应对若干年后岩土体的温度变化，地下水水量、温度的变化，地表水体温度的变化进行预测，根据预测结果确定应采用的系统方案，因此要求应进行全年动态负荷的计算和分析。对地埋管系统，全年冷、热负荷不平衡，将导致地埋管区域岩土体温度持续升高或降低，从而影响地埋管换热器的换热性能，降低运行效率。地下换热过程是一个复杂的非稳态过程，影响因素众多，计算过程复杂，通常需要借助专用软件才能实现。

地源热泵系统与常规系统相比，增加了低位热源换热部分的投资，且投资比例较高，为了提高地源热泵系统的综合效益，或由于受客观条件限制，低位热源不能满足供热或供冷要求时，通常采用混合式地源热泵系统，即采用辅助冷热源与地源热泵系统相结合的方式。确定辅助冷热源的过程，也就是方案优化的过程，无形中提高了方案设计的难度。

带辅助冷热源的混合式系统，由于它可有效减少埋管数量或地下（表）水流量或地表水换热盘管的数量，经济性较好；同时也是保障地埋管系统吸释热量平衡的主要手段，已成为地源热泵系统应用的主要形式。因此，地埋管换热系统设计应考虑全年冷热负荷的影响。当两者相差较大时，宜通过技术经济比较，采用辅助散热（增加冷却塔）或辅助供热的方式来解决。

7.3.2　地源热泵系统设计应选用高能效水源热泵机组，并宜采取降低循环水泵输送能耗等节能措施，提高地源热泵系统的能效。

【释义与实施要点】

热泵机组的能效及节能措施。新增条文。

地源热泵系统的能效除与水源热泵机组能效密切相关外，受地源侧及用户侧循环水泵的输送能耗影响很大，设计时应优化地源侧环路设计，宜采用根据负荷变化调节流量等技术措施。

对于地埋管系统，配合变流量措施，可采用分区轮换间歇运行的方式，使岩土体温度得到有效恢复，提高系统换热效率，降低水泵系统的输送能耗。对于地下水系统，设计时应以提高系统综合性能为目标，考虑抽水泵与水源热泵机组能耗间的平衡，确定地下水的取水量。地下水流量增加，水源热泵机组性能系数提高，但抽水泵能耗明显增加；相反，地下水流量较少，水源热泵机组性能系数较低，但抽水泵能耗明显减少。因此地下水系统设计应在两者之间寻找平衡点，同时考虑部分负荷下两者的综合性能，计算不同工况下系统的综合性能系数，优化确定地下水流量。该项工作能有效降低地下水系统运行费用。

表 2-7-4 自现行国家标准《可再生能源建筑应用工程评价标准》GB/T 50801 对地源热泵系统能效比的规定，设计时可参考。

地源热泵系统性能级别划分 表 2-7-4

工况	1级	2级	3级
制热性能系数 COP	COP≥3.5	3.0≤COP<3.5	2.6≤COP<3.0
制冷能效比 EER	EER≥3.9	3.4≤EER<3.9	3.0≤EER<3.4

7.3.3 水源热泵机组性能应满足地热能交换系统运行参数的要求，末端供暖供冷设备选择应与水源热泵机组运行参数相匹配。

【释义与实施要点】

水源热泵机组的参数要求。新增条文。

选用适宜地源热泵系统的水源热泵机组。国家现行标准《水源热泵机组》GB/T 19409 中，对不同地源热泵系统，相应水源热泵机组正常工作的冷（热）源温度范围也是不同的，如表 2-7-5 所示，设计时应正确选用。

水源热泵机组正常工作的冷（热）源温度范围 表 2-7-5

系统形式	正常工作的冷（热）源温度范围	
水环热泵系统	20～40℃（制冷）	15～30℃（制热）
地下水热泵系统	10～25℃（制冷）	10～25℃（制热）
地埋管热泵系统	10～40℃（制冷）	—5～25℃（制热）

不同地区岩土体、地下水或地表水水温差别较大，设计时应按实际水温参数进行设备选型。末端设备应采用适合水源热泵机组供、回水温度特点的低温辐射末端，保证地源热泵系统的应用效果，提高系统能源利用率。

7.3.4 有稳定热水需求的公共建筑，宜根据负荷特点，采用部分或全部热回收型水源热泵机组。全年供热水时，应选用全部热回收型水源热泵机组或水源热水机组。

【释义与实施要点】

热回收型机组的采用。新增条文。

对于有稳定热水供应的公共建筑，地源热泵系统设计应兼顾生活热水的需求，宜有效利用水源热泵机组的冷凝热加热生活热水，达到节能目的。获取冷凝热通常有两个方法：一是通过一个专门的环路连接水源热泵，二是通过水源热泵的过热降温器。

第一个方法，设置一个专门的环路与冷凝器相连，来自预热水箱或主供水管的水流过冷凝器。如果热水负荷上下波动（在商业应用中是很常见的情况），必须在热泵冷凝器之后设置生活热水的储水箱。用一个小的循环水泵使水从储水箱流经热泵开始循环。

另一个方法，是利用水源热泵的过热降温器。降温器是一个制冷剂的过热气体与水的热交换器，设置在热泵的压缩机和逆向阀之间。换热器的大小，正好可以带走压缩机的排气在进入冷凝器之间的过热量。在典型运行工况下，降温器的供热量大约等于冷凝器放热量的 15% 至 20%。多数水源热泵的制造商都能提供利用降温器等方式回收冷凝热的部分或全部热回收型的水源热泵机组。

附录 A 外墙平均传热系数的计算

A.0.1 外墙平均传热系数应按现行国家标准《民用建筑热工设计规范》GB 50176 的有关规定进行计算。

A.0.2 对于一般建筑，外墙平均传热系数也可按下式计算：

$$K = \varphi K_{\mathrm{P}} \tag{A.0.2}$$

式中 K——外墙平均传热系数，$[W/(m^2 \cdot K)]$；

K_{P}——外墙主体部位传热系数，$[W/(m^2 \cdot K)]$；

φ——外墙主体部位传热系数的修正系数。

A.0.3 外墙主体部位传热系数的修正系数 φ 可按表 A.0.3 取值。

表 A.0.3 外墙主体部位传热系数的修正系数 φ

气候分区	外保温	夹心保温（自保温）	内保温
严寒地区	1.30	—	—
寒冷地区	1.20	1.25	—
夏热冬冷地区	1.10	1.20	1.20
夏热冬暖地区	1.00	1.05	1.05

【释义与实施要点】

在建筑外围护结构中，墙角、窗间墙、凸窗、阳台、屋顶、楼板、地板等处形成热桥，称为结构性热桥。热桥的存在一方面增大了墙体的传热系数，造成通过建筑围护结构的热流增加，会加大供暖空调负荷；另一方面在北方地区冬季热桥部位的内表面温度可能过低，会产生结露现象，导致建筑构件发霉，影响建筑的美观和室内环境。

国际标准《Thermal bridges in building construction-Heat flows and surface temperatures-Detailed calculations》ISO 10211—2007 中，热桥部位的定义为：非均匀的建筑围护结构部分，该处的热阻被明显改变，由于建筑围护结构被另一种不同导热系数的材料完全或部分穿透，或结构的厚度改变，或内外表面积不同，如墙体、地板、顶棚连接处。现行国家标准《民用建筑热工设计规范》GB 50176 中热桥的定义为：围护结构单元中热流强度明显大于平壁部分的节点。也曾称为冷桥。围护结构的热桥部位包括嵌入墙体的混凝土或金属梁、柱，墙体和屋面板中的混凝土肋或金属构件，装配式建筑中的板材接缝以及墙角、屋顶檐口、墙体勒脚、楼板与外墙、内隔墙与外墙连接处等部位。

公共建筑围护结构受结构性热桥的影响虽然不如居住建筑突出，但公共建筑的热桥问题应当在设计中得到充分的重视和妥善的解决，在施工过程中应当对热桥部位做重点的局部处理。

对外墙平均传热系数的计算方法，本标准 2005 版中采用的是现行国家标准《民用建筑热工设计规范》GB 50176 规定的面积加权的计算方法。这一方法是将二维温度场简化为一维温度场，然后按面积加权平均法求得外墙的平均传热系数。面积加权平均法计算外墙平均传热系数的基本思路是将外墙主体部位和周边热桥部位的一维传热系数按其对应的面积加权平均，结构性热桥部位主要包括楼板、结构柱、梁、内隔墙等部位。按这种计算方法求得的外墙平均传热系数一般要比二位温度场模拟的计算结果偏小。随着建筑节能技术的发展，围护结构材料的更新和保温水平不断提高。该方法的误差大、计算能力差等局限性逐渐显现，如无法计算外墙和窗连接处等热桥位置。

经过近 20 年的发展，国际标准中引入热桥线传热系数的概念计算外墙的平均传热系数，热桥线传热系数通过二维计算模型确定。现行行业标准《严寒和寒冷地区居住建筑节能设计标准》JGJ 26 以及现行国家标准《民用建筑热工设计规范》GB 50176 中也采用该方法。对于定量计算线传热系数的理论问题已经基本解决，理论上只要建筑的构造设计完成了，建筑中任何形式的热桥对建筑外围护结构的影响都能够计算。但对普通设计人员而言，这种计算工作量较大，因此上述两个标准分别提供了二维热桥稳态传热模拟软件和平均传热系数计算软件，用于分析实际工程中热桥对外墙平均传热系数的影响。热桥线传热系数的计算要通过人工建模的方式完成。

对于公共建筑，围护结构对建筑能耗的影响小于居住建筑，受热桥影响也较小，在热桥的计算上可做适当简化处理。为了提高设计效率，简化计算流程，本次标准修订提供一种简化的计算方法。经对公共建筑不同气候区典型构造类型热桥进行计算，整理得到外墙主体部位传热系数的修正系数值 φ，φ 受到保温类型、墙主体部位传热系数以及结构性热桥节点构造等因素的影响，由于对于特定的建筑气候分区，标准中的围护结构限值是固定的，相应不同气候区通常也会采用特定的保温方式。

需要特别指出的是，由于结构性热桥节点的构造做法多种多样，墙体中又包含多个结构性热桥，组合后的类型更是数量巨大，难以一一列举。表 A.0.3 的主要目的是方便计算，表中给出的只是针对一般建筑的节点构造。如设计中采用了特殊构造节点，还应采用现行国家标准《民用建筑热工设计规范》GB 50176 中的精确计算方法计算平均传热系数。

温和 A 区可参照表 A.0.3 中夏热冬暖地区的数值进行简化计算。

附录 B　围护结构热工性能的权衡计算

B.0.1 建筑围护结构热工性能权衡判断应采用符合本标准要求，自动生成参照建筑计算模型的专用计算软件，软件应具有下列功能：

1　全年 8760 小时逐时负荷计算；

2　分别逐时设置工作日和节假日室内人员数量、照明功率、设备功率、室内温度、

供暖和空调系统运行时间;

　　3 考虑建筑围护结构的蓄热性能;

　　4 计算 10 个以上建筑分区;

　　5 直接生成建筑围护结构热工性能权衡判断计算报告。

【释义与实施要点】

　　为了提高权衡计算的准确性提出上述要求,权衡判断专用计算软件指参照建筑围护结构性能指标应按本标准要求固化到软件中,计算软件可以根据输入的设计建筑的信息自动生成符合本标准要求的参照建筑模型,用户不能更改。

　　权衡判断专用计算软件应具备进行全年动态负荷计算的基本功能,避免使用不符合动态负荷计算方法要求的、简化的稳态计算软件。

　　建筑围护结构热工性能权衡判断计算报告应该包含设计建筑和参照建筑的基本信息,建筑面积、层数、层高、地点以及窗墙面积比、外墙传热系数、外窗传热系数、太阳得热系数等详细参数和构造,照明功率密度、设备功率密度、人员密度、建筑运行时间表、房间供暖设定温度、房间供冷设定温度等室内计算参数等初始信息,建筑累计热负荷、累计冷负荷、全年供热能耗量、空调能耗量、供热和空调总耗电量、权衡判断结论等。

B.0.2 建筑围护结构热工性能权衡判断应以参照建筑与设计建筑的供暖和空气调节总耗电量作为判断的依据。参照建筑与设计建筑的供暖耗煤量和耗气量应折算为耗电量。

【释义与实施要点】

　　建筑围护结构的权衡判断的核心是在相同的外部条件和使用条件下,对参照建筑和所设计的建筑的供暖能耗和空调能耗之和进行比较并作出判断。建筑围护热工性能的权衡判断是为了判断建筑物围护结构整体的热工性能,不涉及供暖空调系统的差异,由于提供热量和冷量的系统效率和所使用的能源品位不同,为了保证比较的基准一致,将设计建筑和参照建筑的累计耗热量和累计耗冷量按照规定方法统一折算到所消耗的能源,将除电力外的能源统一折算成电力,最终以参照建筑与设计建筑的供暖和空气调节总耗电量作为权衡判断的依据。具体折算方法详见本标准第 B.0.6 条。

B.0.3 参照建筑与设计建筑的空气调节和供暖能耗应采用同一软件计算,气象参数均应采用典型气象年数据。

【释义与实施要点】

　　准确分析建筑热环境性能及其能耗需要代表当地平均气候状况的逐时典型气象年数据。典型气象年是以累年气象观测数据的平均值为依据,从累年气象观测数据中,选出与平均值最接近的 12 个典型气象月的逐时气象参数组成的假想年。

B.0.4 计算设计建筑全年累计耗冷量和累计耗热量时,应符合以下规定:

　　1 建筑的形状、大小、朝向、内部的空间划分和使用功能、建筑构造尺寸、建筑围护结构传热系数、做法、外窗(包括透光幕墙)太阳得热系数、窗墙面积比、屋面开窗面积应与建筑设计文件一致;

2 建筑空气调节和供暖应按全年运行的两管制风机盘管系统设置。建筑功能区除设计文件明确为非空调区外，均应按设置供暖和空气调节计算；

3 建筑的空气调节和供暖系统运行时间、室内温度、照明功率密度值及开关时间、房间人均占有的使用面积及在室率、人员新风量及新风机组运行时间表、电器设备功率密度及使用率应按表 B.0.4-1～表 B.0.4-10 设置。

表 B.0.4-1　空气调节和供暖系统的日运行时间

类别	系统工作时间	
办公建筑	工作日	7：00～18：00
	节假日	—
宾馆建筑	全年	1：00～24：00
商场建筑	全年	8：00～21：00
医疗建筑-门诊楼	全年	8：00～21：00
学校建筑-教学楼	工作日	7：00～18：00
	节假日	—

表 B.0.4-2　供暖空调区室内温度（℃）

建筑类别	运行时段	运行模式	下列计算时刻（h）供暖空调区室内设定温度（℃）											
			1	2	3	4	5	6	7	8	9	10	11	12
办公建筑、教学楼	工作日	空调	37	37	37	37	37	37	28	26	26	26	26	26
		供暖	5	5	5	5	5	12	18	20	20	20	20	20
	节假日	空调	37	37	37	37	37	37	37	37	37	37	37	37
		供暖	5	5	5	5	5	5	5	5	5	5	5	5
宾馆建筑、住院部	全年	空调	25	25	25	25	25	25	25	25	25	25	25	25
		供暖	22	22	22	22	22	22	22	22	22	22	22	22
商场建筑、门诊楼	全年	空调	37	37	37	37	37	37	37	28	25	25	25	25
		供暖	5	5	5	5	5	12	16	18	18	18	18	18

建筑类别	运行时段	运行模式	下列计算时刻（h）供暖空调区室内设定温度（℃）											
			13	14	15	16	17	18	19	20	21	22	23	24
办公建筑、教学楼	工作日	空调	26	26	26	26	26.	26	37	37	37	37	37	37
		供暖	20	20	20	20	20	20	18	12	5	5	5	5
	节假日	空调	37	37	37	37	37	37	37	37	37	37	37	37
		供暖	5	5	5	5	5	5	5	5	5	5	5	5
宾馆建筑、住院部	全年	空调	25	25	25	25	25	25	25	25	25	25	25	25
		供暖	22	22	22	22	22	22	22	22	22	22	22	22
商场建筑、门诊楼	全年	空调	25	25	25	25	25	25	25	37	37	37	37	37
		供暖	18	18	18	18	18	18	18	18	12	5	5	5

表 B. 0. 4-3 照明功率密度值（W/m²）

建筑类别	照明功率密度	建筑类别	照明功率密度
办公建筑	9.0	医院建筑-门诊楼	9.0
宾馆建筑	7.0	学校建筑-教学楼	9.0
商场建筑	10.0		

表 B. 0. 4-4 照明开关时间（%）

建筑类别	运行时段	下列计算时刻（h）照明开关时间（%）											
		1	2	3	4	5	6	7	8	9	10	11	12
办公建筑、教学楼	工作日	0	0	0	0	0	0	10	50	95	95	95	80
	节假日	0	0	0	0	0	0	0	0	0	0	0	0
宾馆建筑、住院部	全年	10	10	10	10	10	10	30	30	30	30	30	30
商场建筑、门诊楼	全年	10	10	10	10	10	10	10	50	60	60	60	60

建筑类别	运行时段	下列计算时刻（h）照明开关时间（%）											
		13	14	15	16	17	18	19	20	21	22	23	24
办公建筑、教学楼	工作日	80	95	95	95	95	30	30	0	0	0	0	0
	节假日	0	0	0	0	0	0	0	0	0	0	0	0
宾馆建筑、住院部	全年	30	30	50	50	60	90	90	90	90	80	10	10
商场建筑、门诊楼	全年	60	60	60	60	80	90	100	100	100	10	10	10

表 B. 0. 4-5 不同类型房间人均占有的建筑面积（m²/人）

建筑类别	人均占有的建筑面积	建筑类别	人均占有的建筑面积
办公建筑	10	医院建筑-门诊楼	8
宾馆建筑	25	学校建筑-教学楼	6
商场建筑	8		

表 B. 0. 4-6 房间人员逐时在室率（%）

建筑类别	运行时段	下列计算时刻（h）房间人员逐时在室率（%）											
		1	2	3	4	5	6	7	8	9	10	11	12
办公建筑、教学楼	工作日	0	0	0	0	0	0	10	50	95	95	95	80
	节假日	0	0	0	0	0	0	0	0	0	0	0	0
宾馆建筑	全年	70	70	70	70	70	70	70	70	50	50	50	50
住院部	全年	95	95	95	95	95	95	95	95	95	95	95	95
商场建筑	全年	0	0	0	0	0	0	0	20	50	80	80	80
门诊楼	全年	0	0	0	0	0	0	0	20	50	95	80	40

续表

建筑类别	运行时段	下列计算时刻（h）房间人员逐时在室率（%）											
		13	14	15	16	17	18	19	20	21	22	23	24
办公建筑、教学楼	工作日	80	95	95	95	95	30	30	0	0	0	0	0
	节假日	0	0	0	0	0	0	0	0	0	0	0	0
宾馆建筑	全年	50	50	50	50	50	50	70	70	70	70	70	70
住院部	全年	95	95	95	95	95	95	95	95	95	95	95	95
商场建筑	全年	80	80	80	80	80	80	80	70	50	0	0	0
门诊楼	全年	20	50	60	60	20	20	0	0	0	0	0	0

表 B.0.4-7 不同类型房间的人均新风量 [m³/(h·人)]

建筑类别	新风量	建筑类别	新风量
办公建筑	30	医院建筑-门诊楼	30
宾馆建筑	30	学校建筑-教学楼	30
商场建筑	30		

表 B.0.4-8 新风运行情况（1 表示新风开启，0 表示新风关闭）

建筑类别	运行时段	下列计算时刻（h）新风运行情况											
		1	2	3	4	5	6	7	8	9	10	11	12
办公建筑、教学楼	工作日	0	0	0	0	0	0	1	1	1	1	1	1
	节假日	0	0	0	0	0	0	0	0	0	0	0	0
宾馆建筑	全年	1	1	1	1	1	1	1	1	1	1	1	1
住院部	全年	1	1	1	1	1	1	1	1	1	1	1	1
商场建筑	全年	0	0	0	0	0	0	0	1	1	1	1	1
门诊楼	全年	0	0	0	0	0	0	0	1	1	1	1	1

建筑类别	运行时段	下列计算时刻（h）新风运行情况											
		13	14	15	16	17	18	19	20	21	22	23	24
办公建筑、教学楼	工作日	1	1	1	1	1	1	1	0	0	0	0	0
	节假日	0	0	0	0	0	0	0	0	0	0	0	0
宾馆建筑	全年	1	1	1	1	1	1	1	1	1	1	1	1
住院部	全年	1	1	1	1	1	1	1	1	1	1	1	1
商场建筑	全年	1	1	1	1	1	1	1	1	0	0	0	0
门诊楼	全年	1	1	1	1	1	1	0	0	0	0	0	0

表 B.0.4-9 不同类型房间电器设备功率密度（W/m²）

建筑类别	电器设备功率	建筑类别	电器设备功率
办公建筑	15	医院建筑-门诊楼	20
宾馆建筑	15	学校建筑-教学楼	5
商场建筑	13		

表 B. 0. 4-10　电气设备逐时使用率（%）

建筑类别	运行时段	下列计算时刻（h）电气设备逐时使用率（%）											
		1	2	3	4	5	6	7	8	9	10	11	12
办公建筑、教学楼	工作日	0	0	0	0	0	0	10	50	95	95	95	50
	节假日	0	0	0	0	0	0	0	0	0	0	0	0
宾馆建筑	全年	0	0	0	0	0	0	0	0	0	0	0	0
住院部	全年	95	95	95	95	95	95	95	95	95	95	95	95
商场建筑	全年	0	0	0	0	0	0	0	30	50	80	80	80
门诊楼	全年	0	0	0	0	0	0	0	20	50	95	80	40

建筑类别	运行时段	下列计算时刻（h）电气设备逐时使用率（%）											
		13	14	15	16	17	18	19	20	21	22	23	24
办公建筑、教学楼	工作日	50	95	95	95	95	30	30	0	0	0	0	0
	节假日	0	0	0	0	0	0	0	0	0	0	0	0
宾馆建筑	全年	0	0	0	0	0	80	80	80	80	80	0	0
住院部	全年	95	95	95	95	95	95	95	95	95	95	95	95
商场建筑	全年	80	80	80	80	80	80	80	70	50	0	0	0
门诊楼	全年	20	50	60	60	20	20	0	0	0	0	0	0

【释义与实施要点】

表 B. 0. 4-2 空调区室内温度所规定的温度为建筑围护结构热工性能权衡判断时的室内计算温度，并不代表建筑物内的实际温度变化。目前建筑能耗模拟软件计算时，一般通过室内温度的设定完成供暖空调系统的运行控制，即当室内温度为 37℃ 时空调系统停止工作，室内温度为 5℃ 时为值班供暖，保证室内温度。

为保证建筑围护结构的热工性能权衡判断计算的基础数据一致，规定权衡判断计算节假日的设置应按照 2013 年国家法定节假日进行设置。学校的暑假假期为 7 月 15 日～8 月 25 日，寒假假期为 1 月 15 日～3 月 1 日。

室内人体、照明和设备的散热中对流和辐射的比例也是影响建筑负荷计算结果的因素，进行建筑围护结构热工性能权衡判断计算时可按表 2-B-1 选择。人员的散热量可按照表 2-B-2 取。

人体、照明、设备散热中对流和辐射的比例　　　　　　　　表 2-B-1

热源	辐射比例（%）	对流比例（%）
照明	67	33
设备	30	70
人体显热	40	60

人员的散热量和散湿量　　　　　　　　表 2-B-2

类别	显热（W）	潜热（W）	散湿量（g/h）
教学楼	67	41	61
办公建筑、酒店建筑、住院部	66	68	102
商场建筑、门诊楼	64	117	175

B.0.5 计算参照建筑全年累计耗冷量和累计耗热量时,应符合下列规定:

1 建筑的形状、大小、朝向、内部的空间划分和使用功能、建筑构造尺寸应与设计建筑一致;

2 建筑围护结构做法应与建筑设计文件一致,围护结构热工性能参数取值应符合本标准第 3.3 节的规定;

3 建筑空气调节和供暖系统的运行时间、室内温度、照明功率密度及开关时间、房间人均占有的使用面积及在室率、人员新风量及新风机组运行时间表和电器设备功率密度及使用率应与设计建筑一致;

4 建筑空气调节和供暖应采用全年运行的两管制风机盘管系统。供暖和空气调节区的设置应与设计建筑一致。

【释义与实施要点】

围护结构的做法对围护结构的传热系数、热惰性等产生影响。当计算建筑物能耗时采用相同传热系数,不同做法的围护结构其计算结果会存在一定的差异。因此规定参照建筑的围护结构做法应与设计建筑一致,参照建筑的围护结构的传热系数应采用与设计建筑相同的围护结构做法并通过调整围护结构保温层的厚度以满足本标准第 3.3 节的要求。

B.0.6 计算设计建筑和参照建筑全年供暖和空调总耗电量时,空气调节系统冷源应采用电驱动冷水机组;严寒地区、寒冷地区供暖系统热源应采用燃煤锅炉;夏热冬冷地区、夏热冬暖地区、温和地区供暖系统热源应采用燃气锅炉,并应符合下列规定:

1 全年供暖和空调总耗电量应按下式计算:

$$E = E_H + E_C \tag{B.0.6-1}$$

式中 E——全年供暖和空调总耗电量（kWh/m²）;

E_C——全年空调耗电量（kWh/m²）;

E_H——全年供暖耗电量（kWh/m²）。

2 全年空调耗电量应按下式计算:

$$E_C = \frac{Q_C}{A \times SCOP_T} \tag{B.0.6-2}$$

式中 Q_C——全年累计耗冷量（通过动态模拟软件计算得到）（kWh）;

A——总建筑面积（m²）;

$SCOP_T$——供冷系统综合性能系数,取 2.50。

3 严寒地区和寒冷地区全年供暖耗电量应按下式计算:

$$E_H = \frac{Q_H}{A\eta_1 q_1 q_2} \tag{B.0.6-3}$$

式中 Q_H——全年累计耗热量（通过动态模拟软件计算得到）（kWh）;

η_1——热源为燃煤锅炉的供暖系统综合效率,取 0.60;

q_1——标准煤热值,取 8.14 kWh/kgce;

q_2——发电煤耗（kgce/kWh）,取 0.360kgce/kWh。

4 夏热冬冷、夏热冬暖和温和地区全年供暖耗电量应按下式计算:

$$E_H = \frac{Q_H}{A\eta_2 q_3 q_2}\varphi \tag{B.0.6-4}$$

式中 η_2——热源为燃气锅炉的供暖系统综合效率，取 0.75；

q_3——标准天然气热值，取 9.87 kWh/m³；

φ——天然气与标煤折算系数，取 1.21 kgce /m³。

【释义与实施要点】

由于提供冷量和热量所消耗能量品位以及供冷系统和供热系统能源效率的差异，因此以建筑物供冷和供热能源消耗量作为权衡判断的依据。在建筑能耗模拟计算中，如果通过动态计算的方法，根据建筑负荷计算建筑能耗的过程中，涉及末端、输配系统、冷热源的效率，存在一定的难度，需要耗费较大的精力和时间，也难于准确计算。建筑物围护结构热工性能的权衡判断着眼于建筑物围护结构的热工性能，供暖空调系统等建筑能源系统不参与权衡判断。为消除无关因素影响、简化计算、降低计算难度，本标准采用统一的系统综合效率简化计算供暖空调系统能耗。

本条的目的在于使用相同的系统效率将设计建筑和参照建筑的累计耗热量和累计耗冷量计算成设计建筑和参照建筑的供暖耗电量和供冷耗电量，为权衡判断提供依据。

本条针对不同气候区的特点约定了不同的标准供暖系统和供冷系统形式。空气调节系统冷源统一采用电驱动冷水机组；严寒地区、寒冷地区供暖系统热源采用燃煤锅炉；夏热冬冷地区、夏热冬暖地区、温和地区供暖系统热源采用燃气锅炉。

需要说明的是，进行权衡判断计算时，计算的并非实际的供暖和空调能耗，而是在标准规定的工况下的能耗，是用于权衡判断的依据，不能用作衡量建筑的实际能耗。

附录 C　建筑围护结构热工性能权衡判断审核表

表 C　建筑围护结构热工性能权衡判断审核表

项目名称						
工程地址						
设计单位						
设计日期				气候区域		
采用软件				软件版本		
建筑面积	m²			建筑外表面积	m²	
建筑体积	m³			建筑体形系数		
设计建筑窗墙面积比				屋顶透光部分与屋顶总面积之比 M	M 的限值	
立面 1	立面 2	立面 3	立面 4			
					20%	
围护结构部位	设计建筑		参照建筑		是否符合标准规定限值	
	传热系数 K [W/(m²·K)]	太阳得热系数 SHGC	传热系数 K [W/(m²·K)]	太阳得热系数 SHGC		
屋顶透光部分						
立面 1 外窗（包括透光幕墙）						

续表

围护结构部位	设计建筑		参照建筑		是否符合标准规定限值
	传热系数 K [W/(m² · K)]	太阳得热系数 SHGC	传热系数 K [W/(m² · K)]	太阳得热系数 SHGC	
立面 2 外窗（包括透光幕墙）					
立面 3 外窗（包括透光幕墙）					
立面 4 外窗（包括透光幕墙）					
屋面		—		—	
外墙（包括非透光幕墙）		—		—	
底面接触室外空气的架空或外挑楼板		—		—	
非供暖房间与供暖房间的隔墙与楼板		—		—	

围护结构部位	设计建筑	参照建筑	是否符合标准规定限值
	保温材料层热阻 R[(m² · K)/W]	保温材料层热阻 R[(m² · K)/W]	
周边地面			
供暖地下室与土壤接触的外墙			
变形缝（两侧墙内保温时）			

权衡判断基本要求判定	围护结构传热系数基本要求 K [W/(m² · K)]		设计建筑是否满足基本要求
	屋面		
	外墙（包括非透光幕墙）		
	外窗（包括透光幕墙）		
	太阳得热系数 SHGC		
	围护结构是否满足基本要求	是　/　否	

权衡计算结果	设计建筑（kWh/ m²）	参照建筑（kWh/ m²）
全年供暖和空调总耗电量		

权衡判断结论	设计建筑的围护结构热工性能	合格　/　不合格

【释义与实施要点】

本表用于设计单位向审图机构提交审核之用。设计单位应根据项目实际情况填写项目信息，并根据围护结构权衡判断计算结果填写结论，同时应附带详细计算书和计算源文件供审图机构审核备案。

附录 D　管道与设备保温及保冷厚度

D.0.1　热管道经济绝热厚度可按表 D.0.1-1～表 D.0.1-3 选用。热设备绝热厚度可按最大口径管道的绝热层厚度再增加 5mm 选用。

表 D.0.1-1　室内热管道柔性泡沫橡塑经济绝热厚度（热价 85 元/GJ）

最高介质温度（℃）	绝热层厚度（mm）						
	25	28	32	36	40	45	50
60	≤DN20	DN25～DN40	DN50～DN125	DN150～DN400	≥DN450	—	—
80			≤DN32	DN40～DN70	DN80～DN125	DN150～DN450	≥DN500

表 D.0.1-2　热管道离心玻璃棉经济绝热厚度（热价 35 元/GJ）

最高介质温度（℃）		绝热层厚度（mm）								
		25	30	35	40	50	60	70	80	90
室内	60	≤DN40	DN50～DN125	DN150～DN1000	≥DN1100	—	—	—	—	—
	80	—	≤DN32	DN40～DN80	DN100～DN250	≥DN300	—	—	—	—
	95	—	—	≤DN40	DN50～DN100	DN125～DN1000	≥DN1100	—	—	—
	140	—	—	—	≤DN25	DN32～DN80	DN100～DN300	≥DN350	—	—
	190	—	—	—	—	≤DN32	DN40～DN80	DN100～DN200	DN250～DN900	≥DN1000
室外	60	—	≤DN40	DN50～DN100	DN125～DN450	≥DN500	—	—	—	—
	80	—	—	≤DN40	DN50～DN100	DN125～DN1700	≥DN1800	—	—	—
	95	—	—	≤DN25	DN32～DN50	DN70～DN250	≥DN300	—	—	—
	140	—	—	—	≤DN20	DN25～DN70	DN80～DN200	DN250～DN1000	≥DN1100	—
	190	—	—	—	≤DN25	DN32～DN70	DN80～DN150	DN200～DN500	≥DN600	

表 D.0.1-3 热管道离心玻璃棉经济绝热厚度（热价 85 元/GJ）

最高介质温度 (℃)		绝热层厚度（mm）								
		40	50	60	70	80	90	100	120	140
室内	60	≤DN50	DN70~DN300	≥DN350	—	—	—	—	—	—
	80	≤DN20	DN25~DN70	DN80~DN200	≥DN250	—	—	—	—	—
	95	—	≤DN40	DN50~DN100	DN125~DN300	DN350~DN2500	≥DN3000	—	—	—
	140	—	—	≤DN32	DN40~DN70	DN80~DN150	DN200~DN300	DN350~DN900	≥DN1000	—
	190	—	—	—	≤DN32	DN40~DN50	DN70~DN100	DN125~DN150	DN200~DN700	≥DN800
室外	60	—	≤DN80	DN100~DN250	≥DN300	—	—	—	—	—
	80	—	≤DN40	DN50~DN100	DN125~DN250	DN300~DN1500	≥DN2000	—	—	—
	95	—	≤DN25	DN32~DN70	DN80~DN150	DN200~DN400	DN500~DN2000	≥DN2500	—	—
	140	—	—	≤DN25	DN32~DN50	DN70~DN100	DN125~DN200	DN250~DN450	≥DN500	—
	190	—	—	—	≤DN25	DN32~DN50	DN70~DN80	DN100~DN150	DN200~DN450	≥DN500

【释义与实施要点】

热价 35 元/GJ 相当于城市供热；热价 85 元/GJ 相当于天然气供热。表 D.0.1 的制表条件为：

1. 按经济厚度计算，还贷期 6 年，利息 10%，使用期 120 天（2880 小时）。

2. 柔性泡沫橡塑导热系数按下式计算：

$$\lambda = 0.034 + 0.00013 t_m$$

式中　λ——导热系数 $[W/(m \cdot K)]$；

t_m——绝热层平均温度℃。

3. 离心玻璃棉导热系数按下式计算：

$$\lambda = 0.031 + 0.00017 t_m$$

4. 室内环境温度 20℃，风速 0m/s。

5. 室外环境温度 0℃，风速 3m/s；当室外温度非 0℃时，实际采用的绝热厚度按下式修正：

$$\delta' = [(T_o - T_w)/T_o]^{0.36} \cdot \delta$$

式中　δ——室外环境温度 0℃时的查表厚度（mm）；

$T_{\circ}$——管内介质温度（℃）；

T_{w}——实际使用期室外平均环境温度（℃）。

D.0.2　室内空调冷水管道最小绝热层厚度可按表 D.0.2-1、表 D.0.2-2 选用；蓄冷设备保冷厚度可按对应介质温度最大口径管道的保冷厚度再增加 5～10mm 选用。

表 D.0.2-1　室内空调冷水管道最小绝热层厚度（介质温度≥5℃）（mm）

地区	柔性泡沫橡塑		玻璃棉管壳	
	管径	厚度	管径	厚度
较干燥地区	≤DN40	19	≤DN32	25
	DN50～DN150	22	DN40～DN100	30
	≥DN200	25	DN125～DN900	35
较潮湿地区	≤DN25	25	≤DN25	25
	DN32～DN50	28	DN32～DN80	30
	DN70～DN150	32	DN100～DN400	35
	≥DN200	36	≥DN450	40

表 D.0.2-2　室内空调冷水管道最小绝热层厚度（介质温度≥—10℃）（mm）

地区	柔性泡沫橡塑		聚氨酯发泡	
	管径	厚度	管径	厚度
较干燥地区	≤DN32	28	≤DN32	25
	DN40～DN80	32	DN40～DN150	30
	DN100～DN200	36	≥DN200	35
	≥DN250	40	—	—
较潮湿地区	≤DN50	40	≤DN50	35
	DN70～DN100	45	DN70～DN125	40
	DN125～DN250	50	DN150～DN500	45
	DN300～DN2000	55	≥DN600	50
	≥DN2100	60	—	—

【释义与实施要点】

　　较干燥地区，指室内机房环境温度不高于 31℃、相对湿度不大于 75％；较潮湿地区，指室内机房环境温度不高于 33℃、相对湿度不大于 80％；各城市或地区可对照使用。表 D.0.2 的制表条件为：

　　1. 按同时满足经济厚度和防结露要求计算绝热厚度。冷价 75 元/GJ，还贷期 6 年，利息 10％；使用期 120 天（2880 小时）。

　　2. 柔性泡沫橡塑、离心玻璃棉导热系数计算公式应符合本标准第 D.0.1 条规定；聚氨酯发泡导热系数应按下式计算：

$$\lambda = 0.0275 + 0.00009 t_{m}$$

式中　λ——导热系数［W/(m·K)］；

t_m ——绝热层平均温度℃。

D. 0. 3 室内生活热水管经济绝热厚度可按表 D. 0. 3-1、表 D. 0. 3-2 选用。

表 D. 0. 3-1 室内生活热水管道经济绝热厚度（室内 5℃ 全年≤105 天）

绝缘材料 介质温度	离心玻璃棉		柔性泡沫橡塑	
	公称管径（mm）	厚度（mm）	公称管径（mm）	厚度（mm）
≤70℃	≤DN25	40	≤DN40	32
	DN32～DN80	50	DN50～DN80	36
	DN100～DN350	60	DN100～DN150	40
	≥DN400	70	≥DN200	45

表 D. 0. 3-2 室内生活热水管道经济绝热厚度（室内 5℃ 全年≤150 天）

绝缘材料 介质温度	离心玻璃棉		柔性泡沫橡塑	
	公称管径（mm）	厚度（mm）	公称管径（mm）	厚度（mm）
≤70℃	≤DN40	50	≤DN50	40
	DN50～DN100	60	DN70～DN125	45
	DN125～DN300	70	DN150～DN300	50
	≥DN350	80	≥DN350	55

【释义与实施要点】

表 D. 0. 3 的制表条件为：

1. 柔性泡沫橡塑、离心玻璃棉导热系数计算公式应符合本标准第 D. 0. 1 条规定；

2. 环境温度 5℃，热价 85 元/GJ，还贷期 6 年，利息 10%。

D. 0. 4 室内空调风管绝热层最小热阻可按表 D. 0. 4 选用。

表 D. 0. 4 室内空调风管绝热层最小热阻

风管类型	适用介质温度（℃）		最小热阻 R [(m²·K)/W]
	冷介质最低温度	热介质最高温度	
一般空调风管	15	30	0.81
低温风管	6	39	1.14

【释义与实施要点】

表 D. 0. 4 的制表条件为：

1. 建筑物内环境温度：供冷风时，26℃；供暖风时，温度 20℃；

2. 冷价 75 元/GJ，热价 85 元/GJ。

第3篇 专 题 论 述

专题1 我国公共建筑节能现状调研及分析

（中国建筑科学研究院 孙德宇 陈 曦 邹 瑜）

0 前言

目前，我国正处于城镇化的快速发展时期，城镇人口和建筑面积仍将持续增长，快速的城镇化进程促进了经济的发展，也在一定程度上导致了建筑能耗总量的上升。如何在城镇化快速发展的新时期，有效控制和降低建筑能源消耗，减少建筑使用化石能源造成的污染，同时满足人民对室内环境改善的需求，是我国建筑节能工作面临的重大挑战。

公共建筑是城镇化进程中资源和能源的主要消耗者，也是影响自然环境的主要因素之一。我国现阶段的城镇化进程中，公共建筑建设的进程不断加快，大量超高层建筑和新颖的公共建筑逐渐成为地标性建筑的潮流，如何指导公共建筑进行节能设计，提高公共建筑能源效率，继续推进公共建筑节能，提高公共建筑能效是新型城镇化过程的必经之路。

我国处于北半球的中低纬度，地域广阔，南北跨严寒、寒冷、夏热冬冷、温和及夏热冬暖五个气候带。我国大部分地区处于东亚季风气候，同时带有很强的大陆性气候特征，冬季气温低于世界上同纬度地区 5~8℃，十分寒冷；夏季气温高于世界上同纬度地区 2℃，十分炎热；而且我国冬夏持续时间长。在建筑特征方面，我国公共建筑普遍体量大、建筑形式及功能业态多样，这些都直接导致了我国建筑能耗复杂，公共建筑节能工作具有不同于其他国家的特征。

全面了解我国公共建筑的基本情况和现阶段节能工作的障碍是开展《公共建筑节能设计标准》修订工作的重要基础。标准修订过程中，编制组对我国公共建筑基本情况、节能现状及面临的问题进行了调研，并对调研结果进行了梳理和分析，为《公共建筑节能设计标准》的修订奠定了基础。

1 公共建筑类型及其分布情况

建筑分为民用建筑和工业建筑。民用建筑又分为居住建筑和公共建筑。公共建筑则包括办公建筑（如写字楼、政府办公楼等）、商业建筑（如商场、超市、金融建筑等）、酒店建筑（如宾馆、饭店、娱乐场所等）、科教文卫建筑（如文化、教育、科研、医疗、卫生、体育建筑等）、通信建筑（如邮电、通讯、广播用房等）以及交通运输建筑（如机场、车站等）。目前中国每年建筑竣工面积约为 25 亿 m^2，其中公共建筑约有 5 亿 m^2。在公共建筑中，办公建筑、商场建筑，酒店建筑、医疗卫生建筑、教育建筑等几类建筑存在许多共性，而且其能耗较高，节能潜力大。

174

公共建筑建筑面积受经济发展水平和人口分布影响，经济发达、人口密度高的寒冷地区和夏热冬冷地区的公共建筑面积占到了我国公共建筑总面积的一半以上。总体而言，我国公共建筑的空调能耗是公共建筑能耗的主要部分。从建筑类型来看，办公建筑（如写字楼、政府办公楼等）、商业建筑（如商场、超市、金融建筑等）、酒店建筑（如宾馆、饭店、娱乐场所等）三个类型占到了公共建筑面积的 60％以上，是节能工作的重点研究对象。

2 公共建筑能耗特点

2.1 公共建筑能耗水平

世界可持续发展工商理事会 2009 年 4 月 29 日发布的报告《行业转型：建筑物能源效率》中指出，当前全世界能源消耗总量的 40％为建筑物能源消耗。建筑业已成为第一大能源消耗行业，其能耗已达到工业能耗的 1.5 倍。全球温室气体排放总量的 30％来源于建筑行业的二氧化碳排放。

我国建筑能耗从 2000 年的 2.89 亿 tce，增长到 2010 年的 6.77 亿 tce，超过了 2 倍。据相关数据显示，目前我国的建筑能耗占到了总能耗的 27.5％，美国劳伦斯伯克利国家实验室（LBNL）对中国建筑能耗长期研究结果显示这一比例未来将增长到 30％。

我国经济的蓬勃发展、人民生活水平的提高、城镇化进程的加快以及建筑业的迅速发展都是导致我国建筑能耗增长的原因。仅从 2000～2010 年十年间，我国的建筑面积从 277 亿 m^2 增长到 453 亿 m^2，大量新建建筑落成，2000 年后建成的建筑占已有建筑的 40％；根据国家统计局的数据显示，如图 3-1-1 所示，自 2006 年以来我国每年新建总建筑面积在 20 亿 m^2 左右，到 2011 年已经约为 27 亿 m^2；其中新建民用建筑面积由 2006 年的约 12 亿 m^2 上升到了 2011 年的约 22 亿 m^2，平均每年新建民用建筑面积约 17 亿 m^2；而新建公共建筑面积由 2006 年的约 3.5 亿 m^2 上升到了 2011 年的约 4.9 亿 m^2，平均每年新建公共建筑面积则达到了 4.1 亿 m^2，平均约占新建民用建筑面积的 24.2％。

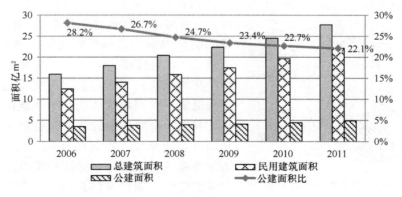

图 3-1-1 2006～2011 年我国新建建筑面积情况

近 10 年来，我国公共建筑面积增加了 1.4 倍，其单位面积能耗增加了 1.2 倍，公共建筑能耗已成为我国当前能耗增长最快的建筑能耗分类。建筑单位面积用能强度分布向高能耗的"大型建筑"尖峰转移，是公共建筑单位面积能耗增长的最主要驱动因素。

根据近年来我国各科研院所的实测研究以及各地能源审计、能耗调查发布数据，统计得到主要城市的各类典型公共建筑实际能耗情况见表 3-1-1。从表中数据可以看出,当前我国各类公共建筑能耗差别较大,商场的能耗水平最高,其次是酒店;并且即使是在同一城市的同类建筑的能耗差别也很大,从北京、福州和武汉的数据可以看出,同类建筑调查样本间能耗最小和最大值间能相差 2 倍以上,可见各类建筑有很大的节能潜力。

部分城市各类公共建筑能耗情况^① [单位:kWh/(m²·a)]   表 3-1-1

编号	建筑类型		北京	福州	武汉	深圳	重庆	上海
1	商场		100～290	98.3～342.2	175～253	303	216.81	277.5
2	酒店		65.4～159.6	42.9～189.9	142～203	180	175.71	217
3	办公	政府	11.4～220.4	13.9～177.5	47～73	90	132	133.7
4		非政府			82～124	88	80.78	
5	医院		—	—	—	114.9	130.43	—

①:样本中包含了集中和分散等各种空调方式。北京市样本能耗只包含建筑电耗,其他地区样本能耗为建筑能耗。

2.2　公共建筑能耗组成

世界能源组织(IEA)在其世界能源展望(World Energy Outlook 2012)中指出提高能源效率将是世界各国在降低总能耗、减少碳排放和增强能源安全保障的一个非常重要的举措。该报告中还指出,提高能源效率的巨大潜力有待挖掘,其中五分之四的潜力在建筑领域。对公共建筑能耗组成进行分析,充分挖掘公共建筑节能潜力点,为提高公共建筑能源效率指明努力方向,是降低公共建筑能耗的重要步骤。

近年来各地能耗调查数据中各类公共建筑分项能耗数据显示,供暖空调能耗大约占到 40%～60%,而照明和设备大约为 20%～60%(尤其是商场建筑照明能耗较大),动力设备能耗约为 10%,给水排水电梯、特殊能耗等则因各类建筑具体设置而不同,约为 10%～30% 不等,可见供暖空调能耗和室内照明及设备总能耗已经成为公共建筑最主要的能耗部分。对供暖空调系统能耗进一步拆分,得到各类建筑集中空调系统(以冷水机组为冷源)各部分能耗所占比例平均值如图 3-1-2 所示,冷源能耗占集中空调系统能耗比例平均为 47%,为最主要的耗能部分。由此可见降低供暖空调系统冷热源能耗,即提高空调系统冷热源能效仍然是降低集中空调系统能耗乃至建筑能耗的重要手段。其次,输配系统能耗(包括冷冻水泵、冷却水泵以及热水泵)占集中空调系统能耗的 26%,为重要能耗组成部分,提高输配系统输送效率也是降低集中空调系统能耗的重要举措。此外,末端及空调箱能耗(主要包括了空调机组及末端其

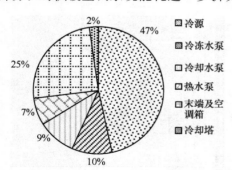

图 3-1-2　各类建筑集中空调系统
各部分能耗比例平均值

他设备)占集中空调系统能耗的 25%,这部分能耗也相当可观,可见对风机效率、末端系统控制等提出相应的要求也是集中空调系统节能的重要手段。与此同时,集中空调系统作为一个整体,除应从冷热源到末端分别提出相应要求,提高各部分能效外,还应重视集中空调系统总体配置和控制运行的合理性,在实现高效节能设计的同时,进一步实现空调

系统节能运行。

3 建筑节能技术发展

建筑节能技术的发展是提高建筑能效，开展建筑节能的技术基础。对建筑节能技术的具体情况进行整理和分析，对开展建筑节能技术的经济性分析和公共建筑节能路线的确定具有重要指导意义。

3.1 建筑围护结构热工性能

建筑围护结构构成建筑空间，以抵御环境的不利影响。根据在建筑物中的位置，围护结构分为外围护结构和内围护结构。外围护结构包括外墙、屋顶、侧窗、外门等，用以抵御风雨、温度变化、太阳辐射等，应具有保温、隔热、隔声、防水、防潮、耐火、耐久等性能。内围护结构如隔墙、楼板和内门窗等，起分隔室内空间作用，应具有隔声、隔视线以及某些特殊要求的性能。通常我们所说的围护结构在大多数情况下指的是建筑外围护结构。

提高建筑围护结构热工性能直接降低建筑的供暖和供冷能耗需求，是建筑节能首要考虑的问题。近年来，建筑围护结构的性能取得了较大幅度的提升，在保温材料性能、围护结构构造、防火性能、施工工艺等方面都取得了长足的进步，这些为公共建筑能效的提升提供了技术支持。

3.1.1 非透明围护结构热工性能

在 20 世纪 70 年代以前，我国建筑围护结构的保温隔热技术研究基本上停留在理论上，自 20 世纪 80 年代后，该项技术才与实践逐步紧密的结合起来。自 1996 年新《民用建筑节能设计标准（采暖居住建筑部分）》标准颁布实施后，才将围护结构保温隔热技术的研究重点放在了外墙保温上。由于中国地域复杂，不同地区墙体保温要求差异较大，外墙保温的做法也是多种多样。因此，在建筑节能标准中仅对围护结构热工性能的限值提出要求。我国目前节能外墙的种类及热工性能汇总见表 3-1-2 和表 3-1-3。

我国常见节能围护结构体系 表 3-1-2

结构	保温类型	保温材料	适用气候区
墙体	外保温	1. 泡沫塑料板薄抹灰（EPS、XPS、PU）； 2. 胶粉 EPS 颗粒保温浆料； 3. EPS 板现浇混凝土； 4. 钢丝网架 EPS 板现浇混凝土； 5. 胶粉 EPS 颗粒浆料贴砌 EPS 板； 6. 现场喷涂 PU； 7. 岩棉板	严寒地区；寒冷地区；夏热冬冷地区
	内保温	1. 增强粉刷石膏 EPS 板； 2. 保温浆料	夏热冬冷地区；夏热冬暖地区
	内外组合保温	轻质砂浆	夏热冬冷地区；夏热冬暖地区
	单一墙体	蒸压加气混凝土砌块、页岩空心砌块等	夏热冬冷地区；夏热冬暖地区

续表

结构	保温类型	保温材料	适用气候区
墙体	夹心墙	实心砖、混凝土小型砌块等	严寒地区；寒冷地区
	隔墙	EPS 板、胶粉 EPS 颗粒保温浆料等	严寒地区；寒冷地区；夏热冬冷地区
	夏热冬暖地区外墙保温	轻质砂浆、保温浆料等	夏热冬暖地区
楼地面		XPS 板、岩棉板、喷涂超细无机纤维等	严寒地区；寒冷地区；夏热冬冷及夏热冬暖地区
屋面	卷材、涂膜防水屋面 刚性防水屋面 坡屋面、金属板瓦屋面 种植屋面、蓄水屋面	EPS 板、XPS 板、PU 板、泡沫玻璃板、憎水膨胀珍珠岩板、蒸压加气混凝土块	严寒地区；寒冷地区；夏热冬冷及夏热冬暖地区

我国常见节能墙体传热系数 $[W/(m^2 \cdot K)]$　　　　表 3-1-3

保温做法 ＼ 保温主体 ＼ 保温厚度	30mm	50mm	100mm	160mm
粘贴 EPS 板外墙外保温 200 厚钢筋混凝土	1.01	0.68	0.39	0.24
190 厚混凝土空心砌块	0.92	0.64	0.35	0.25
240 厚灰砂砖	0.91	0.63	0.36	0.23
240 厚多孔砖 KPI	0.77	0.56	0.32	0.22
200 厚加气混凝土	0.57	0.45	0.29	0.20
粘贴 XPS 板外墙外保温 200 厚钢筋混凝土	0.91	0.60	0.33	0.18
190 厚混凝土空心砌块	0.83	0.57	0.30	0.19
240 厚多孔砖 KPI	0.71	0.51	0.30	0.19
200 厚加气混凝土	0.54	0.41	0.27	0.18
胶粉 EPS 颗粒浆料外墙外保温 200 厚钢筋混凝土	1.47	1.06	0.62	—
190 厚混凝土空心砌块	1.31	0.96	0.59	—
240 厚多孔砖 KPI	0.97	0.80	0.52	—
EPS 板现浇混凝土外墙外保温（200 厚钢筋混凝土）	1.18	0.82	0.46	0.30
胶粉 EPS 颗粒浆料贴砌 EPS 板外墙外保温 200 厚钢筋混凝土	0.77	0.57	0.32	0.22
190 厚混凝土空心砌块	0.72	0.54	0.30	0.21
240 厚多孔砖 KPI	0.63	0.48	0.29	0.18
岩棉板外墙外保温 200 厚钢筋混凝土	1.03	0.68	0.42	0.28
190 厚混凝土空心砌块	0.91	0.64	0.40	0.25
240 厚多孔砖 KPI	0.78	0.56	0.37	0.22

续表

保温做法　　保温厚度　保温主体		10mm	20mm	40mm	50mm
水泥轻质砂浆（I）型＋石膏轻质砂泵（轻质砂浆内外组合保温）	200厚钢筋混凝土	1.7	1.41	1.06	0.94
	190厚混凝土空心砌块	1.48	1.26	0.97	0.88
	240厚多孔砖KPI	1.13	0.99	0.80	0.76

保温做法　　保温厚度　保温主体		30mm	50mm	70mm	100mm
夹心EPS板（夹心墙）	实心砖（240＋120）	0.66	0.50	0.41	0.31
	混凝土小型空心砌块（190＋90）	0.71	0.53	0.42	0.32
	多孔砖DM（190＋90）	0.65	0.49	0.40	0.31

对于非透明围护结构来说，"保温"不等于"隔热"，特别是对于夏热冬冷和夏热冬暖地区，除满足保温性能外，更应考虑隔热性能，加强隔热措施：主体结构材料最好是热惰性指标高的重质材料；可在外墙的保温层上增加反射隔热层（如膜），增强隔热效果，具有明显的"凉帽"效应。

目前国内高性能的围护结构的应用也有许多成功的案例，通过增加保温材料的厚度、优化围护结构构造、采用无热桥技术手段等措施，将外墙、屋面的传热系数降低到0.10 W/（m² · K）。

3.1.2　透明围护结构热工性能

透明外围护结构主要包括外窗和玻璃幕墙，玻璃是建筑得热与散热的集中部位，外窗的能耗约占围护结构总能耗的40%～60%，因此增强外窗的保温隔热性能，是围护结构节能设计的重点。公共建筑外窗等透明外围护结构的节能一般从以下四个方面进行：

（1）在保证室内采光、通风和观景需要的条件下，尽量减少门窗的面积。（2）提高窗的保温隔热性能。（3）提高门窗的气密性，减少空气渗透。（4）合理设置遮阳设施。

目前在严寒和寒冷地区，供暖期室内外温差传热的热量损失占主导地位。因此，对窗和幕墙的传热系数的要求高于南方地区。反之，在夏热冬暖和夏热冬冷地区，空调期太阳辐射得热所引起的负荷为主要因素，因此，对窗和幕墙的玻璃（或其他透明材料）的遮阳系数的要求高于北方地区。为了节约能源，应对窗口和透明幕墙采取外遮阳措施，尤其是南方办公建筑和酒店类建筑更重视遮阳。

玻璃或其他透光材料的可见光透射比直接影响到天然采光的效果和人工照明的能耗，因此，从节约能源的角度，任何情况下都不应采用可见光透射比过低的玻璃或其他透光材料。目前，中等透光率的玻璃可见光透射比都可以达到0.4以上。最新公布的建筑常用的低辐射镀膜隔热玻璃的光学热工参数中，无论传热系数、太阳得热系数的高低，无论单银、双银还是三银镀膜玻璃的可见光透光率均可以保持在45%～85%。因此，当前透明围护结构的透光率在0.4以上。通过对国内主要门窗生产制造商的调研结果显示，常用窗户中使用多腔塑料Low-E＋浮法双层玻璃窗的传热系数能达到1.5 W/（m² · K），常用的塑钢框双层浮法玻璃窗户的传热系数在 $2.5W/(m^2 \cdot K)$ 左右，普通断桥铝双层浮法玻璃窗户的传热系数在 $3W/(m^2 \cdot K)$ 左右。国内更高性能的门窗也已经开始量产，部分厂家生产的高性能外窗的传热系数能达到 $0.8W/(m^2 \cdot K)$ 左右。

3.2 供暖通风与空气调节

我国供暖通风与空气调节相关节能技术的发展，由 20 世纪 80 年代初期的北方供热系统节能逐步发展到空调系统节能，现已进入全面发展时期，相关节能技术以及设备能效都有了长足的发展和提高。

3.2.1 供热系统节能技术发展

供热系统的节能，本质上就是提高供热系统的能效。而供热系统由热源，热网和热用户三部分组成的，因而，供热节能措施也必须分别从这三个组成部分挖掘潜力，主要有以下几类技术措施：（1）提高热源运行效率；（2）降低管网热损失率；（3）实现供热系统管网水力平衡；（4）温控与热计量技术

随着我国供热系统节能技术的不断进步，供热系统的节能效果不断改善，标准中对供热系统的节能率要求也不断提高。1980～1981 年我国集中供暖地区供暖系统的能源利用率仅为 46.8%，现行节能设计标准规定的供暖系统能源利用率为 64.4%，提高了 17.6%。

3.2.2 空调系统节能技术发展

我国空调系统的节能技术研究是从空调设计方法、研发节能设备到提高空调设备性能的研究开始，逐步发展到由各子系统优化运行到整个空调系统的运化运行节能。空调系统节能技术发展主要体现在以下方面：

（1）冷热源节能。我国各相关标准对空调系统中相关用能设备的能效均做出了相应的要求，一方面要求厂家生产更高能效的产品，促进技术进步；另一方面鼓励用户使用更高能效的产品，更好地实现节能。

2004 年，先后出台了《冷水机组能效限定值及能源效率等级》GB 19577—20004 和《单元式空气调节机能效限定值及能源效率等级》GB19576—20004，标准分别对冷水机组和单元式空气调节机的能效做出了要求，规定低于标准中最低能效等级五级的产品为淘汰产品，停止生产，一级和二级产品为节能产品。2005 年《公共建筑节能设计标准》GB 50189—20005 颁布并实施，该标准对公共建筑中空调产品的相关能效分别做出了相关要求，低于该标准要求的产品不能用于公共建筑。2008 年《多联式空调（热泵）机组能效限定值及能源效率等级》GB21454—20008 颁布并实施，同样该标准对多联机产品的能效限值做出了相应的要求。国家标准对相关空调产品的强制要求，有效促进了空调产品能效水平的提高，空调产业以及我国建筑节能的健康发展。以冷水机组为例，根据《中国用能产品能效状况白皮书》中的统计数据显示（图 3-1-3），节能型（二级及以上产品）冷水机组的比例由 2009 年的 37.59% 上升到了 2011 年的 57.00%，而四级和五级能效产品则由 2009 年的 28.85% 下降到了 2011 年的 16.00%。

（2）风机、水泵节能。除逐渐提高风机、水泵效率外，水泵、风机变频已经是空调系统普遍采用的节能技术。

（3）风系统节能。目前广泛风系统节能技术主要有热回收，过渡季合理利用室外新风进行"免费制冷"，变风量空调系统等。

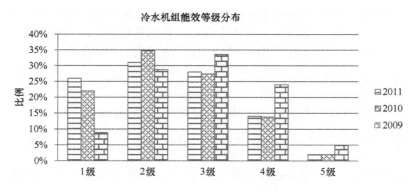

图 3-1-3　冷水机组能效等级分布现状

（4）水系统节能。在水力平衡调试基础上，逐步加强变水温及变水量的调节，实现水系统节能运行。

（5）空调系统综合运行节能。在保证空调各设备及子系统配置合理，高效运行的前提下，空调系统便开始进入综合运行节能阶段。空调系统运行节能是根据空调负荷变化规律，制定相应的运行策略，使空调系统所提供的制冷能力与用户所需的冷量相适应，以期获得较高的平均运行效率。

3.3　可再生能源建筑应用技术发展

我国可再生能源建筑应用技术主要包括太阳能利用以及地源热泵应用，由可再生能源关键技术攻关研究到示范项目再到推广应用，目前我国可再生能源已广泛应用到全国各类建筑能源系统中。

3.3.1　太阳能的应用

我国的太阳能建筑应用技术经历了从被动式太阳房到太阳能建筑热水器利用，再到光热、光伏建筑一体化的飞速跃进，太阳能建筑形式也从太阳能构件与建筑生硬叠加到与建筑构件融合的历程，迈向太阳能建筑一体化的时代。

3.3.2　地源热泵的应用

我国地热利用历史悠久，窑洞、地窖等都是浅层地热能的原始利用方式。20 世纪 70 年代初期，天津、北京等地将地热应用到供热领域，90 年代开始大量学习和引进欧洲热泵技术并应用于地热采暖工程，2006 年 1 月，颁布《地源热泵系统工程技术规范》GB 50366。2006 年，住房和城乡建设部与财政部联合推出可再生能源建筑应用示范项目。据不完全统计，截至 2012 年底，我国以地源热泵相关设备产品制造、工程设计与施工、系统集成与调试管理维护的相关企业已经达到 4000 余家，从全国范围看来，现有工程数量已经达到 23000 多个，总面积达 24000 万 m²。现在我国地源热泵系统在向规模化、产业化方向发展，形势良好。

3.4　建筑节能计算软件

随着计算机技术和建筑技术的发展，空调系统全年能耗模拟计算也逐渐普及，为空调系统的设计与分析创造了必要条件。目前常用的建筑物空调系统能耗模拟软件有：TRN-SYS、DOE2.1、eQUEST、EnergyPlus、DeST、PKPM 等，空调系统全年能耗模拟计算是进行空调方案对比和经济分析的基础。建筑节能设计标准中性能化要求使得权衡判断软件成为建筑节能设计的重要工具之一。目前国内应用于权衡判断的建筑节能计算软件主要有两类，一类为建筑能耗模拟软件，另一类为基于能耗模拟开发的具有权衡判断功能的软件。目前国内主要的权衡判断计算软件 PKPM、天正节能、斯维尔等。

PKPM 是基于 DOE-2.1 开发的一种用于建筑围护结构权衡判断的软件。由于其介入时间较早，市场占有率较高。软件按照《公共建筑节能设计标准》GB 50189—20005，并结合各地的地方标准开发，实现公共建筑建筑围护结构的节能检查，计算设计建筑和参照建筑的耗能量，输出完整的计算书，给出是否满足《公共建筑节能设计标准》要求的结论。

天正建筑节能分析软件是天正公司开发的基于 DOE-2.1 开发的可进行建筑围护结构热工性能权衡判断的软件，天正公司介入建筑节能软件的开发也较早。市场上占有一定的份额。

清华斯维尔节能设计软件 BECS—20012 是具备建筑围护结构热工性能权衡判断功能的软件。软件有基于 DEST 核心和 DOE-2 核心的两个版本，但在市场的使用过程中发现基于 DEST 核心的版本不够稳定，后被放弃。现在以使用 DOE-2 作为核心的软件在市场上销售。

总体来看，目前市场上的三种建筑围护结构权衡判断软件均已 DOE-2 为核心，同质化竞争，主要的差异在图形界面和易用成度，这也是各公司研发的重点。

三种软件均可以直接依据实际建筑情况自动生成参照建筑的计算模型，参照建筑的信息完全按照《公共建筑节能设计标准》GB 50189—20005 生成，用户无权限做更改。软件可以直接输出可用于建筑围护结构权衡判断的包含参照建筑和实际建筑的能耗计算结果的报告。

但由于不同公司的开发人员对 DOE-2 的熟悉程度有所差异，使得在开发软件的过程中存在一定的差异，主要体现在一些参数的设定和对 DOE-2 计算结果的使用。由于目前我国建筑能耗模拟软件研发技术和投入资源所限，无法开发成熟可靠的具有自主知识产权的计算核心这也是制约建筑围护结构权衡判断软件发展的主要原因。

4 进一步提高公共建筑能效的障碍分析

实现更高目标的公共建筑节能标准是本次修订的最终目标，但以我国现有经济和技术基础实现更高水平的节能标准仍存在以下障碍：

4.1 建筑建设成本上升

经济可行是提升建筑节能标准的先决条件，在现有建筑标准的基础上，我国建筑节能标准节能率每提升 2%，相应建筑建设成本提高 1%，随着建筑节能标准的逐步提升，对应单位节能率的建筑增量成本将持续上升。近年来，每次节能标准的提升带来的建设成本的增量一般控制在 10% 以内，投资回收期控制在 5 年以内。

我国经济发展不均衡，中西部地区经济不发达，提升建筑节能标准的同时，应综合衡量各地区的经济承受能力，兼顾各地区经济发展水平。

4.2 建筑节能技术发展制约

4.2.1 建筑围护结构产业

高性能的建筑围护结构是实现更好性能的建筑节能标准的重要技术手段。建筑外窗是建筑外围护结构节能的薄弱环节，我国门窗产业厂家数量庞大，但具备高性能门窗的生产能力的厂家较少，导致高性能门窗的产能无法满足市场需求，价格居高不下。隔热铝合金窗是目前我国市场上最为普及的外窗产品，除东北、西北的严寒和寒冷地区以塑料窗为主外，各地均以隔热铝合金窗为主，市场占有率在 70% 以上，我国使用最普遍的外窗的传热系数在 $2.3W/(m^2 \cdot K)$ 以上，远低于德国等发达国家 $1.2W/(m^2 \cdot K)$ 的水平。我国门窗行业产业化水平也较低，外窗以厂家根据业主要求规格进行定制生产，难以产业化、模数化、标准化、规模化生产，在一定程度上影响了高性能外窗的推广和使用。

我国城镇建筑以多层和高层建筑为主，不同于欧美国家，我国高层建筑高性能外墙的技术存在诸多难点，且无成熟经验可供参考。高性能外墙的保温材料、外墙保温构造体系、防火性能、耐久性、产业化等问题均有待深入研究。

4.2.2　建筑能源系统关键用能设备

近年来，国家对节能环保事业的重视程度越来越高，国家相关部委对建筑用能设备的宏观调控围绕节能环保进行，相关用能设备的能效有了大幅度的提高，但同发达国家相比依然存在一定差距。主要存在设备能效偏低、高端产品国产化水平低、造价高等问题。

本次《公共建筑节能设计标准》GB 50189 修订过程中，以冷水机组为例，其性能要求已经达到目前行业能够满足大规模使用的最高能效等级。可见，建筑能源系统关键用能设备的能效水平已经成为进一步提升建筑节能设计标准的主要障碍之一。

4.3　缺乏明确的我国建筑节能路线图

深入研究确定我国建筑节能路线图，明确各阶段建筑节能标准的提升目标，对建筑节能设计标准的修订具有重要意义。目前，全球各国建筑节能标准均通过不断修订提升标准节能水平，一些国家对建筑物迈向更低能耗提出明确目标，相关的技术路线图也正在研究中。我国建筑总量大，建筑节能标准提升影响范围广，如何通过对城镇建筑和农村建筑、居住建筑和公共建筑、新建建筑和既有建筑改造等进行分别要求，明确建筑节能标准的提升路径，从而分阶段、分地区的实现我国建筑节能总体目标，对我国建设行业、建筑节能产业、可再生能源建筑应用相关产业升级进行指导，是我国建筑节能工作的迫切需要。

4.4　加强对建筑节能标准研发工作的投入和支持力度

建筑节能标准的研究和制定是建筑节能工作的重点和难点，也是各级政府建筑节能工作的先导和重要抓手。科学、合理、易于操作的建筑节能标准的研发需要高水平稳定的科研团队长期持续的投入。发达国家无一不将建筑节能标准的研发作为建筑节能工作的重中之重，并长期提供稳定的资金支持。发达国家经验表明，节能标准上每 1 份投入至少可获得 1000 倍的经济回报。而我国现行体制下，建筑节能标准研发工作普遍受研发周期、经费等因素困扰，基础性研究工作相对薄弱，包括节能目标的技术经济性研究、建筑节能技术先进性和适用性判断方法、基准建筑模型数据库的建立与维护、能耗模拟方法及工具的改进等，加大建筑节能标准研发工作力度，保障建筑节能标准研发工作的可持续发展，也是目前亟待的解决问题。

5　结语

公共建筑建筑面积和能耗总量的不断增长，使得公共建筑的节能已经是建筑节能工作的重点之一。现有的建筑节能技术已经为大幅度提高公共建筑能效提供了基础，但仍存在一定障碍。

公共建筑节能是一个系统工程，应该立足于建筑的用能特点和建筑技术的发展情况在建筑的规划、设计、运行等各个阶段通过节能技术的集成和优化，降低建筑能源需求，提高运行效率。

参考文献

[1] 世界可持续发展工商理事会. 行业转型：建筑物能源效率 [R]. 2009.
[2] 清华大学建筑节能研究中心. 中国建筑节能年度发展报告 2012 [M]. 北京：中国建筑工业出版社，2012.
[3] 肖贺. 办公建筑能耗统计分布特征与影响因素研究 [D]. 北京：清华大学建筑技术系，2011.
[4] IEA, World Energy Outlook 2012 [R]. 2012.
[5] 中国建筑科学研究院. 北京市大型公共建筑能耗监测平台数据分析报告 [R]. 2011.
[6] 住房和城乡建设部信息中心. 政府办公建筑和大型公共建筑能耗调查、评价、与能效公示制度研究项目技术报告 [R]. 2008.
[7] 方修睦. 暖通空调系统运行节能问题 [M]. 北京：中国建筑工业出版社，2010.
[8] 徐伟. 中国地源热泵发展研究报告 [M]. 北京：中国建筑工业出版社，2013.
[9] GB 50189—2005 公共建筑节能设计标准 [S].

专题 2 《公共建筑节能设计标准》节能目标的确定与分解

（中国建筑科学研究院 徐 伟 刘宗江 孙德宇）

0 前言

2005 年 4 月《公共建筑节能设计标准》GB 50189—20005 发布，建立了从建筑室内热环境到建筑热工，再到暖通空调系统的一套相对完整的公共建筑节能设计指标体系，对我国公共建筑节能工作起到了关键的指引作用。据统计，目前大型公共建筑面积约占城镇建筑面积的 4%，但是却消耗了建筑能耗的 22%，我国大型公共建筑单位建筑面积耗电量为住宅的 5～15 倍，是建筑能源消耗的高强度领域。提高公共建筑节能设计标准，促进公共建筑节能工作势在必行。时至今日，随着新的建筑材料，新的施工技术的出现，以及社会面临的新的能源形势，都对《公共建筑节能设计标准》GB 50189—2005 提出了新的要求。建筑工程作为一项社会经济活动，不论是既有建筑的节能改造，还是新建建筑的节能设计，都需要兼顾节能效果和投资成本。公共建筑的节能设计，必须结合当地的气候条件，在保证室内环境质量，满足人们对室内舒适度要求的前提下，提高围护结构保温隔热能力，提高供暖、通风、空调和照明等系统的能源利用效率；在保证经济合理、技术可行的同时实现国家的可持续发展和能源发展战略，完成公共建筑承担的节能任务。

不同于居住建筑，公共建筑种类繁多、功能复杂，单一建筑内存在多种功能，使其用能特征复杂，不同类型、不同气候区的公共建筑用能特点差异大，提高公共建筑能效的重点存在较大区别。公共建筑能效的提升应充分考虑我国建筑特征、不同类型公共建筑的能耗特点、建筑节能技术的适宜性和经济性。与此同时，公共建筑能效的提升受制于建筑部品和设备的产业的影响，也必须充分考虑相关产业对公共建筑节能标准提升的支撑能力。进一步提升公共建筑节能标准，原有主要依据行业专家经验的方式已经无法满足科学提高建筑能效的要求，需要建立一种科学的优化分析的方法，作为节能设计标准基本的分析工具，用于节能目标的确定及分解，提高标准的科学性。因此本次《公共建筑节能设计标准》的修订，必须立足于国情，充分考虑不同类型、不同地区的公共建筑特征、产业支撑能力等因素，在经济合理、技术可行的前提下，优化确定标准的节能目标，合理提升公共建筑的节能要求。科学合理地研究公共建筑能效提升的目标和路线，对科学提升《公共建筑节能设计标准》至关重要，也是开展公共建筑节能，积极响应新型城镇化的重要基础工作。

1 节能目标的确定与分解研究思路和方法

本次标准的修订参考了发达国家建筑节能标准编制的经验，根据我国实际情况，通过技术经济综合分析，确定我国不同气候区典型城市不同类型公共建筑的最优建筑节能设计方案，进而确定在我国现有条件下公共建筑技术经济合理的节能目标，并将节能目标逐项分解到建筑围护结构、供暖空调等系统，最终确定本次标准修订的相关节能指标要求。

1.1 年收益投资比组合优化筛选法

本次修订建立了代表我国公共建筑使用特点和分布特征的典型公共建筑模型数据库，并在此基础上开发了建筑能耗分析模型及节能技术经济分析模型；根据各项节能措施的技术可行性，以单一节能措施的年收益投资比（简称 SIR 值）为分析指标，年收益投资比（saving to investment ratio）即 SIR 值为使用某项建筑节能措施后产生的年节能量（单位：kgce/a）与采用该项节能措施所增加的初投资（单位：元）的比值，SIR 值即单位投资所获得的年节能量[单位：kgce/(a·元)]。确定不同节能措施选用的优先级，将不同节能措施组

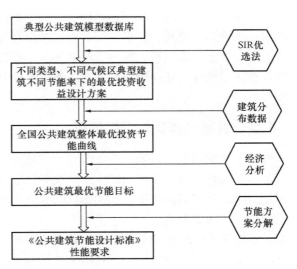

图 3-2-1 节能目标及分解技术路线图

合成多种节能方案；以节能方案的全寿命周期净现值（NPV）大于零为指标对节能方案进行筛选分析，进而确定各类公共建筑模型在既定条件下的最优投资与收益关系曲线，在此基础上，确定最优节能方案。根据最优节能方案中的各项节能措施的 SIR 值，确定本标准对围护结构、供暖空调系统以及照明系统各相关指标的要求。这种通过对基准建筑模型进行优化设计，确定节能目标并进行分解的方法，我们定义为年收益投资比组合优化筛选法（简称 SIR 组合优选法）。

SIR 组合优选法的引入使本次《公共建筑节能设计标准》的修订经济性分析更合

理，节能分析更先进，节能目标更科学，使得建筑节能标准的制定从经验判定阶段迈入科学分析阶段，使节能标准的研发对技术经济性的考量更充分，标准提升目标更加科学合理。

1.2 公共建筑整体节能目标的确定和分解

基于 *SIR* 优选法确定不同气候区、不同类型的公共建筑在不同节能率下的最优建筑节能方案的基础上，通过加权平均的方法确定我国公共建筑整体节能目标并分解到具体的技术措施，确定公共建筑的性能要求。研究过程中使用了编制组开发的典型公共建筑模型数据库。

本次修编在确定公共建筑节能标准的节能目标与分解方法时，根据数据库中提供的类公共建筑的分布数据，将各类型建筑描述模型计算得出的最优投资曲线统一至公共建筑整体。例如，计算公共建筑整体节能率时：

$$saving\% = \left[\left(\frac{\sum\limits_{i=1}^{n}(E_{i,\text{base}}A_iW_i)}{\sum\limits_{i=1}^{n}(A_iW_i)} \right) - \left(\frac{\sum\limits_{i=1}^{n}(E_{i,\text{lzeb}}A_iW_i)}{\sum\limits_{i=1}^{n}(A_iW_i)} \right) \right] \Bigg/ \frac{\sum\limits_{i=1}^{n}(E_{i,\text{base}}A_iW_i)}{\sum\limits_{i=1}^{n}(A_iW_i)} \tag{3-2-1}$$

式中，$saving\%$ 为建筑节能率，i 为每一类模型的角标，E_i 为该类模型的能源使用密度，n 为计算模型类数，A_i 为对应类模型的总面积，W_i 为对应类模型的权重。

该方法使用加权的方法将单体模型的研究结果有效地统一到公共建筑建筑的整体，是一种将单体建筑研究规律扩展至公共建筑整体规律的方法。通过各气候区不同类别公共建筑的面积分布特征取权重，对各类公共建筑的性能参数计算结果加权，得到不同气候区公共建筑整体的规律，从而确定公共建筑整体节能目标及《公共建筑节能设计标准》修订的性能参数。

2 典型公共建筑模型数据库的建立

我国公共建筑种类繁多，为了研究公共建筑整体的、最具普适性的建筑性能指标与建筑节能率的关系，建立能够用于分析研究的代表我国公共建筑性能的工具是开展研究的必备工具。因此标准编制组建立了能够代表我国公共建筑使用特点和分布特征的典型公共建筑模型数据，该数据库包括两个部分：一是各类公共建筑的物理参数和运行特征；二是各类公共建筑在各气候区的分布特征。数据库中典型建筑通过向国内主要设计院、科研院所等单位征集确定；其分布特征是在国家统计局提供数据的基础上经研究确定。由公共建筑分布特征数据得到各类公共建筑在各气候区的分布权重及公共建筑整体在各个气候区的分布权重。

典型建筑模型数据库在建筑法规、建筑标准等制定的过程中有着不可或缺的作用。很多发达国家都将典型建筑模型数据库的研发工作作为一项建筑节能工作开展的重要基础工作，投入了大量的人力和物力。美国、欧盟各成员国、日本等发达国家在典型建筑模型数据库的研发领域取得了很多积极的进展，本次《公共建筑节能设计标准》修订，通过系统地研究建立了我国权威的公共建筑模型数据库。

通过全国范围内的调查、征集以及利用已有的数据，经归纳、提炼及对系统的研究后，建立涵盖不同类型的全国公共建筑模型数据库，基本能够代表我国绝大多数公共建筑，充分体现我国现有公共建筑的使用现状和基本信息，并将确定后的建筑信息通过计算机模拟技术进行仿真，搭建典型公共建筑的能耗模拟模型，反映了实际建筑物的使用方式和用能特点。

通过研究确立能够代表不同公共建筑类型在不同城市或气候区的分布情况的权重因子，最终建立一个能够代表我国绝大多数公共建筑的典型公共建筑模型数据库。

2.1 典型公共建筑模型基础信息的征集

编制组向国内主要建筑设计研究院所征集典型建筑信息，基本涵盖国内主流设计院所、覆盖我国所有气候区。建筑设计单位通过对 2005 年后设计的建筑项目按照类别进行筛选和比对，按照建筑类型向规范组提供了经过筛选的建筑项目的完整的设计图纸，共收集经过筛选的完整典型建筑信息的建筑项目 86 个。

典型建筑主要征集单位 表 3-2-1

征集单位	征集单位
北京市建筑设计研究院	上海市建筑科学研究院
中国建筑设计研究院	同济大学建筑设计研究院（集团）有限公司
天津市建筑设计院	中建国际设计顾问有限公司
中国建筑东北设计研究院	中国建筑西南设计研究院
新疆建筑设计研究院	中南建筑设计院股份有限公司
中国建筑西北设计研究院有限公司	华南理工大学建筑设计研究院
山东省建筑设计研究院	深圳市建筑科学研究院
上海建筑设计研究院有限公司	

数据库中典型建筑模型通过向国内主要设计院、科研院所等单位征集分析确定，由大型办公建筑、小型办公建筑、大型酒店建筑、小型酒店建筑、大型商场建筑、小型商场建筑、医院建筑及学校建筑等 7 个模型组成。典型建筑模型基本信息见表 3-2-2。

典型建筑模型情况 表 3-2-2

类型	建筑面积（m²）	体形系数
典型大型办公建筑	27648	0.12
典型小型办公建筑	7425	0.20
典型小型酒店建筑	8694	0.18
典型大型酒店建筑	56672	0.10
典型商场建筑	30576	0.09
典型医院建筑	22487	0.16
典型学校建筑	16078	0.16

编制组向设计院典型气候区征集了典型建筑围护结构做法，确定了不同气候区不同建筑类型的典型围护结构的常规做法，并确定了建筑的其他信息。典型建筑模型的基本信息内容见表 3-2-3。

典型建筑模型中基本信息 表 3-2-3

常规信息	建筑信息	围护结构	设备
位置	楼层数	外墙	照明
总建筑面积	长宽比	屋顶	暖通空调系统形式
插座负荷	窗墙比	地面	生活热水加热设备
通风要求	窗位置	外窗	制冷设备
人员密度	遮阳	内墙	设备效率
室内温湿度条件	层高	渗透	控制策略
生活热水需求	朝向		
运行策略			

2.2 典型城市的选取

典型建筑模型数据库典型城市的选取应综合考虑典型经济发展程度、城市影响力、气候特点、地理分布等因素。

严寒 A 区和严寒 B 区的建筑物的能耗特点基本类似，严寒 A 区建筑的总量仅占到我国建筑总量的比例极低，因此建议严寒 A 区、严寒 B 区仅选择一个典型代表城市。

寒冷地区是我国建筑主要分布的地区之一，建筑物需要同时供冷供暖。适当增加典型城市，其中北京是我国的首都，建筑量较大，是暖通空调专业研究的重点城市之一，相关数据也较多。

夏热冬冷地区是我国建筑物主要分布的地区，其建筑总量占到了全国的一半以上，与此同时，经济发达。上海作为夏热冬冷地区的核心城市作为典型城市。

夏热冬暖地区的气候特点相对独特，广州则在该地区具有比较良好的代表性。经过与编制组专家讨论确定典型城市见表 3-2-4。

不同气候区典型城市 表 3-2-4

严寒 A 区和 B 区	严寒 C 区	寒冷地区	夏热冬冷地区	夏热冬暖地区
哈尔滨	沈阳	北京	上海	广州

2.3 不同建筑类型典型建筑在我国不同气候区分布特征的研究

不同建筑类型典型建筑在我国不同气候区分布特征是指与典型建筑相近或相似的建筑在我国不同地区地理位置的面积分布，也可称为权重系数。权重系数确定后，可以将单独的典型建筑扩大到代表一个地区或整个国家所有该类型建筑。

不同类型建筑的分布特征的确定是极其困难的。权重系数的确定必须依靠充足的统计数据来支撑。我国的统计数据由国家统计局负责统计、管理和发布。国家统计局公开发布的数据中仅有到省一级的按建筑用途分布的建筑竣工面积。我国幅员辽阔，很多省市气候多样，横跨多个建筑热工气候分区。而气候特征则是影响建筑能耗的重要外界因素之一。所以现有国家统计局的公开数据无法支撑课题研究的需要，必须获取更加详细的数据来支撑课题的研究。

经同国家统计局协商后，国家统计局另行统计了我国不同城市（地级市）不同用途建筑年竣工面积的数据。数据的统计年限为2005～2011年。课题在此基础上确定了权重系数。

典型公共建筑模型数据库的建立为我国建筑节能政策和标准的制定提供了一项非常重要的基础工具。为国家建筑节能目标的确定以及建筑节能政策及标准执行效果的跟踪提供重要的起始点和工具。

典型公共建筑模型数据库的建立为开展建筑节能的相关研究，评估建筑节能措施和新技术的效果，建筑节能政策、标准的效果提供了重要的基础工具。

3 典型建筑节能措施经济性模型

不同节能措施的投资量化指标是进行建筑节能措施经济性分析的基础，节能技术的投资化增量指标一般包含原料费用，人工费用和机械使用费用。编制组通过大规模调研和统计整理分析建立了各种建筑节能技术的经济性模型。

3.1 非透明围护结构的经济性模型

非透明围护结构的热工性能主要由传热系数来衡量，针对特定建筑构造形式，改变保温层/隔热层的厚度即可建立不同传热系数条件下的热工模型。在单变量分析时，建立传热系数与保温层厚度的关系，并以单位面积不同厚度的保温/隔热层材料价格作为不同热工性能非透明围护结构的经济分析指标。课题组通过对全国各地20多个保温材料经销商进行调研，确定了膨胀聚苯乙烯泡沫板（EPS板）和挤塑聚苯乙烯泡沫板（XPS板）两种最常用的保温材料出货价格，并根据所使用保温材料的厚度转化为单位面积的费用。

3.2 外窗的经济性模型

平均传热系数 U 和遮阳系数 SC 是衡量外窗的热工性能的主要指标，窗户的经济分析模型是指外窗的单位面积造价与这两个性能参数的函数关系。通过调研了3种常用玻璃（6mm普通浮法玻璃，6mm镀膜玻璃/太阳能热反射玻璃，Low-E中空玻璃）的市场价格，并对国内主要门窗生产厂家的实际产品的价格进行调研，使用SPASS软件对数据进行统计分析，经曲线估计确定外窗的造价和传热系数的3次多项式关系，并将外窗的太阳得热系数作为修正项，建立外窗造价与传热系数和太阳得热系数的数学模型。使用DATAFIT软件回归分析，确定经济性模型表达式如下：

$$Y = A - B \times U + C \times U^2 - D \times U^3 + E/g \qquad (3-2-2)$$

式中　　　　　　Y——窗户的单位面积造价，元/m²；

　　　　　　　　U——窗户模型的传热系数，W/（m²·K）；

　　　　　　　　g——窗户模型的太阳得热系数，$g=0.87 \cdot SC$，SC为窗户的遮阳系数；

A、B、C、D、E——拟合相关系数。

3.3 典型暖通空调设备的经济性模型

3.3.1 锅炉经济性模型

我国市场上的燃油燃气锅炉燃烧效率在90%以上，编制组在调研的基础上使用了美国国家能源部可再生能源实验室［National Renewable Energy Laboratory（NREL）］的部分数据。经统计分析建立了不同燃烧效率下的锅炉经济性模型。

3.3.2　冷水机组经济性模型

公共建筑中空调的使用进一步普及，我国已成为冷水机组的制造大国，也是冷水机组的主要消费国，直接推动了冷水机组的产品性能和质量的提升。冷水机组是公共建筑集中空调系统的主要耗能设备，其性能很大程度上决定了空调系统的能效。编制组调研了国内主要冷水机组生产厂家，调研范围覆盖了我国冷水机组销量的 80% 以上，获得不同类型、不同冷量和性能水平的冷水机组在不同城市的销售数据，对冷水机组性能和价格进行分析，确定我国冷水机组的性能模型和价格模型，以此作为分析的基准。通过对调研获得的大量数据进行统计回归，得到同一制冷量条件下，不同 COP 冷机对应的价格模型：

$$\begin{cases} y_0 = \alpha + \beta \times Q \\ \Delta COP = COP_1 - COP_0 \\ \mathrm{Ln}(y/y_0) = \alpha + \beta \times \Delta COP \end{cases} \tag{3-2-3}$$

式中　y_0——冷水机组在其基准能效水平 COP_0（一般能效水平，本研究取 $COP = 4.86$，基准价格和冷机的 COP 相关性很小）下的基准价格，元；

　　　Q——COP 取 4.86 时冷机的制冷量，kW；

　　　y——某一较高 COP 的冷水机组价格，元；

　　　COP_1——较高 COP 冷水机组的实际 COP 值；

　　　ΔCOP——冷水机组能效提升，其 COP 的增加量；

　　　α、β——拟合相关系数。

4　基于 SIR 优选法建筑最优投资收益设计方案的确定

4.1　单体建筑不同节能率下的投资增量优化分析方法

年收益投资比（SIR（saving to investment ratio））可用式（3-2-4）表示：

$$SIR = S/I \tag{3-2-4}$$

式中　S——使用某项建筑节能措施后产生的年耗能量减少量，kgce；

　　　I——实行该项节能措施所带来的初始成本增量，元。

SIR 指标是一种简化的价值工程指标，直接反应投资增量和节能量的数量关系。SIR 指标与静态投资回收期指标又有内在的联系，将 SIR 指标中的节能量 S 转化为费用减少量，并求倒数便是静态投资回收期 P。该值为无因次值，其大小可以直接作为节能措施优劣的判据。

在建筑节能方案分析时也常使用全寿命周期内的净现值（NPV）指标对节能技术的经济合理性进行评价，表达式如下：

$$\begin{aligned} NPV = {} & FP(P/A, i, n) - I - f_1(P/A, i, n) - [f_0(P/F, i, m) \\ & + f_0(P/F, i, 2m) + \cdots\cdots] + S(P/F, i, n) \end{aligned} \tag{3-2-5}$$

式中　F——建筑节能技术的年产值效益值，如节能量；

　　　P——建筑节能技术能耗单价；

　　　I——初始投资；

　　　f_1——日程维护费用；

　　　f_0——每次大修费用；

　　　n——节能技术的利润期；

m——大修年限；

S——残值；

i——贴现率。

只考虑建筑节能技术的年产值效益和初投资的简化 NPV 计算公式如下：

$$NPV = A \frac{\left[(1+i)^n - 1\right]}{i(1+i)^n} - I \qquad (3\text{-}2\text{-}6)$$

式中 A——建筑节能技术的年成本回收值，由产生的节能量折算为费用。

达到某一节能目标的节能方案多种多样，不同方案包含的节能措施千差万别，如何从多种节能措施里选择出经济效益最好的节能措施，形成经济效益最好的节能方案是建筑节能方案优选的目的。本此标准修订以单一节能措施的 SIR 值和节能方案的全寿命周期净现值（NPV）为分析指标建立了 SIR 组合优选法，逻辑流程图如图 3-2-2 所示。

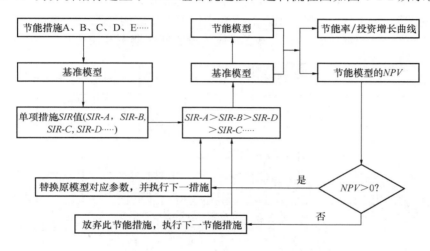

图 3-2-2 不同节能率下投资增量优化分析方法逻辑流程图

SIR 组合优选法具体实施流程如下：

（1）列出计划分析的建筑节能措施清单。

（2）确定每项节能措施的投资增量量化指标。

（3）建立以 GB 50189—2005 规定性指标为依据的基准模型。

（4）以节能方案清单为依据对基准模型进行节能设计，得到单一节能措施应用于基准模型所产生的节能量和投资增量，并计算 SIR 值。

（5）按照 SIR 值从大到小对节能措施排序，SIR 最大的措施被第一个被用于基准模型，产生一个"节能模型"，并在"节能模型"基础上应用 SIR 第二大的节能措施，依次进行，直到所有的措施实施完毕，得到节能率和投资增量的动态曲线。

（6）通过对每一次更新后的模型进行全寿命周期成本分析得到净现值（NPV）随节能措施的变化曲线，并由每一次节能措施实施完后的 NPV 值对节能措施进行筛选。

（7）对结果进行分析修正，得到单调的投资增长率和节能率之间的关系曲线及所有节能措施实施时模型的 NPV 变化曲线。

由于 SIR 值大的节能措施优先使用，SIR 值大表示该节能措施投资收益高，所以得到的投资增长率曲线为既定模型条件下达到某节能目标的最小投资增长率曲线。经过如此的计算分析，可以确定随着优化过程的进行，节能率、投资增量、回收期三者的对应变化关系。随着优化过程的进行，模型的节能率不断增加，相关参数也不断优化，确定模型在不同节能率下对应的最优节能技术措施组合，即为所确定的不同节能率下的最优建筑节能方案。

4.2 基于 *SIR* 指标的不同节能率下投资增量优化分析实例

SIR 组合优选法按照 *SIR* 值由大到小的顺序依次实施各项节能措施后得到动态节能率和对应的投资增长率变化曲线。研究表明提高屋顶和外墙的热工性能产生的节能率变化幅度很小，说明非透明围护结构的节能潜力较小，从 *NPV* 的变化幅度上看，对非透明围护结构的投资所获得的 *NPV* 增长率远小于对冷热源和外窗的投资所获得的 *NPV* 增长率。这说明把建筑节能的重点放在对透明围护结构热工性能和冷热源的性能的控制上可以获得较大的经济和社会效益。随着优化过程的进行，建筑模型的节能率逐渐增加，单位面积成本增量逐渐提高。由于年收益投资比（*SIR*）指标大，对应的建筑节能措施静态投资回收期短，故随着优化过程的进行，节能方案对应的投资回收期不断增长。

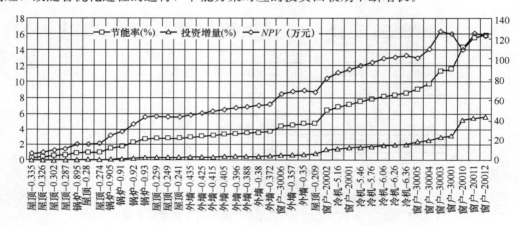

图 3-2-3　哈尔滨地区节能率与投资增量对照图

注：图中左纵坐标轴表示节能率和投资增长率，右纵坐标轴表示净现值（*NPV*），外窗后面的数字代表研究用窗户编号。

根据 *SIR* 组合优选法计算确定各个代表城市围护结构和暖通空调设备性能的单位投资产生的节能率 η 值分布见表 3-2-5。

各代表城市的单位投资产生的节能率典型值分布　　　　　　　　　　表 3-2-5

投资增量（元/m²）	5	10	15	20	25	30	35
单位投资节能率（η（哈尔滨）（%/元）	0.62	0.53	0.42	0.37	0.348	0.316	0.305
单位投资节能率 η（北京）（%/元）	0.5	0.41	0.37	0.31	0.268	0.24	0.231
单位投资节能率 η（上海）（%/元）	0.66	0.51	0.433	0.375	0.316	0.283	0.274
单位投资节能率 η（广州）（%/元）	0.64	0.53	0.446	0.395	0.332	0.286	0.268

随着建筑节能单位面积投资量的不断增大，单位投资所获得的节能率逐渐减少，建筑节能方案逐渐走向不经济，这种结果与 *SIR* 值大的节能措施优先使用的优化方法一致。

5 公共建筑整体节能目标确定及分解

通过建立建筑能耗分析模型及节能技术经济分析模型，采用 SIR 组合优选法确定了不同气候区各类公共建筑模型在既定条件下的最优投资与节能率关系曲线。节能目标中包括围护结构、供暖和空调设备性能的提升产生的能耗降低，本方法中不涉及照明系统、给水排水系统、电气等系统的能耗优化分析。

通过典型公共建筑模型数据库中的不同气候区不同类别公共建筑的面积分布特征数据，对各类公共建筑的性能参数计算结果加权，确定公共建筑整体最优投资节能曲线。并根据经济性研究结果确定公共建筑整体节能目标并进行分解。

5.1 公共建筑整体节能率与投资增量最优关系曲线

编制组对典型公共建筑模型数据库中五大气候分区的七种典型公共建筑模型采用 SIR 优选法进行了优化研究，并确定了典型建筑的节能率与造价增量的特征曲线。经过 SPSS 软件的回归分析确定了不同气候区的公共建筑的整体投资增量与节能率的关系，拟合用二次曲线的表达式为 $y = a \times x^2 + b \times x + c$，式中，$x$ 为单位面积的投资增量，元/m^2；y 为节能率。

进一步对各气候区的公共建筑整体投资-节能率关系按照公共建筑在各期后区的整体分布特征加权，得到全国公共建筑整体的节能率与投资增量曲线。该曲线准确地反映了我国公共建筑的不同平均投资增量情形下能达到的节能率的最优值。

从图 3-2-4 中可以看出，在单位面积投资增量为 30～35 元/m^2 时，全国公共建筑整体节能率为 9%～10% 左右，此后随着投资增量的增加，曲线变得平缓，单位增投资带来的节能效益下降，此时继续提升围护结构和冷热源设备性能，经济性越来越差。这种变化规律与各项节能措施的年收益投资比（SIR）的变化规律一致。单向节能措施随着性能的逐步提高经济性恶化是导致建筑节能方案整体经济向变差的重要原因。经济性是衡量建筑节能方案的重要指标，因此确定投资增量对应的节能率为本次标准修订的目标。该目标是现阶段经济最合理、技术最优的目标。

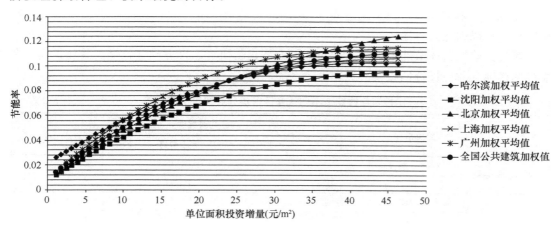

图 3-2-4 全国公共建筑投资-节能率关系

5.2 公共建筑节能目标投资回收期的研究

静态投资回收期分析方法是广泛应用于建筑节能措施经济性分析的方法，表示为：

$$P = I/R \qquad\qquad (3\text{-}2\text{-}7)$$

式中　P——静态投资回收期，a；

　　　I——建筑节能初始总投资增量，元；

　　　R——由于采用建筑节能措施所产生的年建筑运行、维护成本的减少量，元/a。

投资回收期是我国建筑节能工程中评价建筑节能方案最常用和最熟悉的技术指标。投资回收期在世界范围内被广泛用于建筑节能技术经济性的评价。本次《公共建筑节能设计标准》修订寻求最佳的节能和成本效益收益方案，通过建筑节能技术的使用降低建筑物的运行成本，并在尽可能短的时间内收回投资。投资回收期可以作为衡量标准节能目标合理性的重要参数。

合理的投资回收期是一个复杂的经济和社会问题，这取决于国家的经济发展水平和对目标需求的强烈程度。表 3-2-6 列举了国内外关于投资回收期的要求。

各国对合理的投资回收期的规定 表 3-2-6

国家	英 国	美 国	中 国
资料来源	conservation of fuel and powerin existing buildings other than dwellings	美国伯克利实验室	《公共建筑节能改造技术规范》
具体要求	所有改造项目的静态投资回收期不超过 15 年，以低碳或零碳排放的目标投资回收期应当小于 7 年	65 栋达到 LEED-EB 认证级标准的既有建筑统计后发现，其平均投资回收期是 0.7 年，最快的是 0.2 年，最差的是 2.8 年	在分项判定中，进行外围护结构的改造，静态投资回收期 8 为年；进行采暖通风空调及生活热水供应系统的改造，静态投资回收期为 5 年；进行照明系统的改造，静态投资回收期为 2 年

在我国大多数业主能够接受的投资回收期是 5～8 年。考虑到本次研究中所建立的经济性模型只包括基础材料的成本，不包含人工费、机械使用费，以及没有考虑建筑节能技术变化带来的附加成本（施工工艺成本），在该模型条件下，确定公共建筑整体投资回收期应在 5 年以内比较合适。

对公共建筑整体节能目标下的建筑节能方案进行研究，计算确定各类公共建筑模型在节能率目标下对应投资回收期。数据见表 3-2-7。

一定投资回收期下不同气候区各类公共建筑的节能率 表 3-2-7

气候区	分析指标	建筑类型						加权值
		大办公	小办公	大酒店	小酒店	商场	医院	
严寒 AB 区	投资回收期（a）	5.11	4.701	2.399	3.035	4.67	2.939	4.33
	节能率	9.80%	13.20%	7.10%	10.80%	5.90%	7.60%	9.70%
严寒 C 区	投资回收期（a）	6.353	5.93	3.104	3.24	4.982	3.954	5.3
	节能率	9.50%	13.30%	7.70%	8.30%	6.80%	6.20%	10.30%
寒冷地区	投资回收期（a）	6.322	4.891	2.552	2.43	4.007	3.337	4.51
	节能率	7.10%	12.20%	6.50%	8.70%	7.40%	7.60%	9.90%
夏热冬冷地区	投资回收期（a）	7.862	5.711	2.534	2.718	3.797	3.013	5
	节能率	8.70%	10.90%	6.70%	8.20%	7.20%	7.30%	9.00%

续表

气候区	分析指标	建筑类型						加权值
		大办公	小办公	大酒店	小酒店	商场	医院	
夏热冬暖地区	投资回收期（a）	6.085	4.654	2.67	2.688	2.754	2.674	4.04
	节能率	8.60%	12.80%	5.40%	10.20%	7.60%	9.10%	11.20%

由表 3-2-7 数据表示公共建筑达到整体节能目标时的整体投资回收期在 4.1～5.3 年，投资回收期合理。此时公共建筑的平均单位面积成本增量约为 35 元/m²。

5.3　围护结构限值的确定

对不同气候区各类公共建筑的节能目标下的最优建筑节能方案进行分析研究，对所对应的围护结构分析整理并经过专家论证得到的本次标准修订的围护结构限值见表 3-2-8。同时确定对应供暖和空调设备的综合能效限值。

各气候区围护结构限值 表 3-2-8

	分析用"加权推荐值"	体形系数 ≤0.3		分析用"加权推荐值"	体形系数 ≤0.3
外墙	严寒 AB	0.38	屋面	严寒 AB	0.28
	严寒 C	0.43		严寒 C	0.35
	寒冷	0.5		寒冷	0.45
	夏热冬冷	0.6		夏热冬冷	0.4
	夏热冬暖	0.8		夏热冬暖	0.5
	分析用"加权推荐值"	体形系数 ≤0.3		分析用"加权推荐值"	体形系数 ≤0.3
外窗传热系数	严寒 AB（WWR=0.4）	2.2	太阳得热系数	严寒 AB（WWR=0.4）	—
	严寒 C（WWR=0.4）	2.3		严寒 C（WWR=0.4）	—
	寒冷（WWR=0.4）	2.7		寒冷（WWR=0.4）	0.52
	夏热冬冷（WWR=0.4）	2.6		夏热冬冷（WWR=0.4）	0.4
	夏热冬暖（WWR=0.4）	3.0		夏热冬暖（WWR=0.4）	0.35

6　《公共建筑节能设计标准》节能率评估

为全面评估本次修订后公共建筑的节能水平，确定修订并实施后我国公共建筑的整体节能率。编制组基于典型公共建筑模型数据库建立了满足《公共建筑节能设计标准》GB 50189—2015 要求的典型公共建筑模型，并将满足《公共建筑节能设计标准》GB 50189—2005 规定性指标的公共建筑模型作为基准模型，使用建筑能耗模拟工具分别计算 2015 版建筑模型和 2005 版基准模型的能耗，确定照明要求的提高，围护结构性能的改善，冷热源设备的性能提高三个方面对总节能率的贡献率。

以 2005 版的节能水平为基准，结合不同气候区、不同类型建筑的分布情况，明确了本次修订后我国公共建筑整体节能量的提升水平。这种基于动态基准的节能率评价方法也符合目前国际习惯做法。

评估采用由负荷侧到能耗侧的顺序结构，更改照明参数时，其余参数保持基准模型参数，并计算最终能耗变化；不同气候区不同类型公共建筑节能率的提升情况见表 3-2-9。

不同气候区不同类型公共建筑节能率的提升情况 表 3-2-9

节能率%	严寒 AB 区	严寒 C 区	寒冷地区	夏热冬冷地区	夏热冬暖地区
典型商场建筑	12.8%	13.7%	17.5%	18.6%	24.7%
典型大型酒店建筑	21.0%	24.2%	26.7%	29.6%	29.2%
典型小型酒店建筑	27.3%	29.9%	31.4%	35.7%	31.5%
典型大型办公建筑	15.4%	16.1%	21.0%	27.4%	18.1%
典型小型办公建筑	19.1%	13.7%	18.8%	22.2%	22.9%
典型学校建筑	5.3%	15.7%	13.8%	15.3%	10.7%
典型医院建筑	17.1%	16.6%	15.4%	17.2%	13.3%

基于典型公共建筑模型数据库进行计算和分析，2015 版《公共建筑节能设标准》与本标准 2005 版相比，由于围护结构热工性能的改善，供暖空调设备和照明设备能效的提高，不同地区不同类型公共建筑全年供暖、通风、空气调节和照明的总能耗减少 5.3～35.7%。从北方至南方，不同气候区全年供暖、通风、空气调节和照明的总能耗减少约 20%～23%，其中围护结构分担节能率约 6%～4%；供暖空调系统分担节能率约 7%～10%；照明设备分担节能率约 7%～9%。通过典型公共建筑模型数据库中的分布数据加权计算确定本次标准修订后由围护结构、供暖空调设备和照明设备能效提升产生的全国公共建筑能耗整体降低 21.6%，综合考虑标准中对可再生能源应用、给水排水系统、电气系统以及全新风供冷、冷却塔免费供冷等节能措施的要求，本次标准修订后全国公共建筑整体总能耗降低约 30%（相对于 20 世纪 80 年代建筑，节能 65% 以上）。该节能率是综合考虑不同气候区、不同建筑类型加权后的计算值，反映的是本标准修订并执行后全国公共建筑的整体节能水平，并不代表某单体建筑的节能率。本次修订采用与 2005 版标准相比的相对节能率对新版标准节能效果进行评价，比对基准清晰，可直接了解修订后标准的提升水平，有利于更加全面体现历次标准修订的节能量提升幅度，适应我国建筑行业快速发展的实际情况，为跟踪我国建筑节能标准的进展提供依据。

7 小结

本文系统介绍了基于公共建筑模型数据库进行公共建筑节能目标研究和分解的方法，并对标准修编后的节能效果进行了评估。

本次标准修订开展了大量的基础性研究工作，建立了典型公共建筑模型数据库；对建筑节能标准研究方法进行了创新研究，建立了优化确定建筑节能目标和分解的方法（SIR 组合优选法）；以更高节能目标为导向，应用 SIR 组合优选法，合理确定了各气候区围护结构和暖通空调设备能效限值，保证了《公共建筑节能设计标准》的地域适宜性、技术可行性、经济合理性和产业可支撑性，标志着我国建筑节能标准的研发迈入了新时代。

与此同时，采用基于动态基准的节能率评价方法，对《公共建筑节能设计标准》GB 50189—2015 节能效果的进行全面科学评价，为我国建筑节能标准工作的长期可持续发展提供基础数据。

公共建筑节能设计标准相关基础性研究工作，是一项长期、复杂的系统工程，需要长期持续的投入。建立科学合理可持续的研究方法和体系，才能使得我国公共建筑节能的技术路线更加清晰、科学、合理，持续推动我国公共建筑能效的提升，最终迈向零能耗。

参考文献

[1] "十二五"单位公共建筑能耗目标下降 10% [EB/OL]. http：//info. hvacr. hc360. com/2011/07/2 11007376392. shtml.

[2] 张恩祥，李春旺，陈淑琴，等. 办公建筑空调系统能耗评价及节能潜力分析 [J]. 节能技术，2008，26(4)：295-299.

[3] American Society of Heating, Refrigerating and Air-Conditioning Engineers. Advanced energy design guide for small to medium office buildings [M]. America：American Society of Heating, Refrigerating and Air-Conditioning Engineers，Inc，2011.

[4] GB 50189—2005 公共建筑节能设计标准 [S].

专题3 围护结构热工性能权衡判断方法应用调研与改进

（中国建筑科学研究院 孙德宇 陈 曦）

1 背景

随着能源问题日益加剧，人们对节能工作的关注度不断提高。建筑是当今社会的用能大户，第一次石油危机后，建筑节能工作逐渐在全世界各国开展。建筑节能标准是约束建筑能耗的主要手段，建筑节能标准最早始于欧美发达国家，1961 年丹麦第一次在《建筑条例》[（DEN）BR 1961] 中对建筑节能性能做出了规定，对建筑围护结构的性能提出了要求。美国自 20 世纪 70 年代以来形成了以《ASHRAE STANDARD Energy Standard for Buildings Except Low-Rise Residential Buildings》（简称 Ashrae Standard 90. 1 标准）和《IECC 标准》为基础的美国建筑节能标准体系。建筑节能标准一般通过对建筑中围护结构、暖通空调系统等组成部件提出指标要求，从而约束建筑能耗水平。然而随着多样化建筑和个性化建筑的逐渐增多，传统的指标方法难以适用于这些建筑，不拘泥于单项指标的性能化评价方法得到了越来越多的应用。性能化评价方法从建筑整体性能出发对其节能性进行评价，具有较高的灵活性，目前我国建筑节能标准中使用的围护结构热工性能权衡判断方法就是一种性能化评价方法。

围护结构热工性能权衡判断方法在《公共建筑节能设计标准》GB 50189—2005 中得到应用，提高了标准的科学性。然后由于该方法较规定性指标相对复杂，使得在执行中不尽人意。进一步完善建筑围护结构权衡判断方法，提高其规范性、透明度和一致性，是本次标准修订中的主要内容之一，也是行业内关注的热点之一。

为了明确权衡判断方法应用中存在的问题，编制组向行业专家发放了调查问卷，并同国内主要的权衡判断软件公司进行了技术交流，对权衡判断方法应用中的问题进行了全面的梳理和分析。在此基础上，对权衡判断的计算方法进行了改进，完善了基础参数、进一步明确了技术要求，减少了因使用者操作差异产生的计算误差和作弊的空间，提高了软件计算结果的一致性；通过设置建筑围护结构最低热工性能要求，防止了过弱环节的出现，提高了建筑围护权衡判断计算方法的可靠性。

2 国内主要设计院调研情况

编制组向国内主要设计院发放了调研问卷，共收到来自寒冷地区、夏热冬冷地区和夏热冬暖地区 10 个设计单位的有效回复。其中西北一份，华北两份，华东三份，华南四份。

2.1 围护结构权衡判断使用的主要工具

主要有中国建筑科学研究院开发的 PKPM 和 PBECA、清华斯维尔、天正节能、DeST、Doe-2IN。

2.2 负责权衡判断计算的专业

建筑围护结构热工性能的权衡判断半数由建筑师负责此项工作，以暖通专业或暖通为主专门小组完成的占四成，少数单位由暖通专业的工程师完成。

负责围护结构权衡判断的部门/专业 表 3-3-1

负责专业	暖通+建筑	建筑专业	专门小组以暖通专业为主	暖通专业
样本数	1	5	2	2

2.3 其他主要存在的问题

调研中发现的其他问题还有：

（1）规范条文中对相关参数的规定不够详细。

（2）规范条文中对权衡判断实施环节的规定不够具体。

（3）用户在计算软件中可以自行输入的参数太多。

（4）各种计算软件的精确和权威性没有官方的认定，建议由标准提供软件并适当收费。

（5）目前标准中给出的房间类型有限，不能包含所有的房间，在实际模拟计算时，应选用与标准接近的房间功能，尤其是不能把空调类型的房间设为非空调类型房间。

（6）权衡判断出发点多数是应付审查，很难达到通过计算确定经济有效的节能设计方案的初衷。

（7）目前部分软件计算结果为全年采暖空调负荷的累计值。建议规定计算结果为考虑了空调系统能效比后的全年耗电量，并输出计算时采用的参照建筑空调系统能效比和设计建筑空调系统能效比（已加入暖通空调系统的权衡判断）。

（8）建议此次相关权衡判断的可操作性要强，方法宜简化，是否可扩展通过体形系数和窗墙比确定传热系数的范围。

（9）基层设计师对围护结构权衡判断的理解和运用亟待提高。比如，由于围护结构在空调季对节能的作用有限，当只有遮阳系数大于限值，窗户的面积又不能减少（符合限值）如何进行权衡判断？以及采暖能耗和空调能耗的概念和单位能否统一说明，均应在本次修编中予以说明。

（10）建议取消体形系数超标要进行权衡判断的条文。

（11）权衡判断法进行设计需要较高的热工或暖通专业水平，近几年发现应用效果不好，一些单位和设计人员借助软件的漏洞，放宽了节能设计要求，应该制定措施，防止这种倾向。

（12）每个省或地方均都要求买当地的节能计算软件，否则节能审查通不过，需买很多软件，造成极大浪费，建议统一工具。

（13）建议强制要求权衡计算必须提交输入参数表格和计算结果。

（14）各地新技术规程及相关标准陆续出台，节能软件无法及时更新。

3　权衡判断软件开发公司调研情况

编制组分别对 PKPM、清华斯维尔、天正节能软件等国内主要建筑节能软件开发公司进行了调研座谈，并对关键问题进行了技术交流。

3.1　所使用工具情况

目前国内权衡判断使用的工具主要有两类，一类为建筑能耗模拟软件，另一类为基于能耗模拟软件开发的具有权衡判断功能的软件。

总体来看，目前市场上的三种建筑围护结构权衡判断软件均已 DOE-2 为核心，同质化竞争，主要的差异在图形界面和易用成度，这也是各公司研发的重点。

三种软件均可以直接依据实际建筑情况自动生成参照建筑的计算模型，参照建筑的信息完全按照《公共建筑节能设计标准》GB 50189—2005 生成，用户无权限做更改。软件可以直接输出可用于建筑围护结构权衡判断的包含参照建筑和实际建筑的能耗计算结果的报告。

但由于不同公司的开发人员对 DOE-2 的熟悉程度有所差异，使得在开发软件的过程中存在一定的差异，主要体现在一些参数的设定和对 DOE-2 计算结果的使用。由于目前软件公司研发人员技术所限，普遍不对 DOE-2 进行深入的研究，很难对核心有较为深入的理解，这也是制约建筑围护结构权衡判断软件发展的主要原因。

3.2　调研结果

调研过程中，编制组于软件开发人员对建筑围护结构权衡判断进行了深入的交流和探讨。现将反映的主要问题及建议整理如下：

3.2.1　权衡判断方法

（1）现有权衡判断方法直接将建筑物的耗热量和除热量的绝对值相加作为比较的依据，不能体现冷量和热量的差异。

（2）标准 4.3.1 中规定的是比较参照建筑和实际建筑的采暖和空调能耗，字面上理解比较的是建筑能耗，但标准中又未给出冷机效率和锅炉效率等暖通空调系统的参数。导致不同软件在计算中选择的比较对象存在误区。

（3）目前权衡判断，按照全年供热供冷计算，实际空调系统过渡季均按全新风运行或者不运行，导致权衡判断计算结果不准确，脱离实际情况。

（4）参照建筑中部分参数无法确定，如：规范中对北向窗的遮阳系数没有要求。

（5）权衡判断中可以不考虑地下室，地下室的能耗占整个建筑物能耗的比重很低，标准中除了有防结露要求外，并无其他要求，简化后可提高计算的速度。

（6）标准中只规定了参照建筑的 K 值，墙体的材料和做法对计算结果有影响。

（7）标准中窗户整体遮阳系数和玻璃的遮阳系数未区分明确。

3.2.2 软件问题

（1）DOE-2 计算房间的负荷是基于全年室内温度恒定的虚拟负荷，受此限制为实现室内温度逐时控制必须加入一种末端。因此，导致规范中规定了风机盘管末端。

（2）房间计算的顺序对 DOE-2 的计算结果有影响，比较合理的是应将最大的房间作为第一个输入。

（3）DOE-2 并不对房间做封闭性检查，很多时候会存在计算过程中围护结构不完整导致计算结果错误的情况，如挑空楼板等。

（4）目前实际建筑设置外遮阳和天窗的情况无法计算，限制了权衡判断的范围。

（5）DOE-2 处理的房间数有限制，当复杂建筑的房间数较多时，需要对功能相近的房间进行合并处理，无官方简化方法。

3.2.3 小结

权衡判断计算软件是权衡判断的核心工具，其准确性和有效性对权衡判断方法的实际应用效果有重要的影响。从调研结果来看，目前权衡判断计算软件存在部分性能的缺陷。例如审图机构无途径确定输入软件的建筑信息和实际建筑信息是否相一致，软件的计算结果和提交的权衡判断结果是否相一致，使得通过权衡判断控制建筑围护结构性能的目标无法实现。模拟软件中很多默认参数的设定在三家软件中未统一，如送风温度的设定、地板密度、家居系数等，导致计算结果差异较大。

因此为了提高标准权衡判断计算的有效性，在改进和完善围护结构权衡判断计算方法的同时，必须对权衡判断计算软件进行规定。

4　建筑围护结构权衡判断方法及工具的改进和完善

围护结构权衡判断是设计标准中对于设计方案无法通过性能指标来检验时的一种合理有效的约束手段，特别是在我国公共建筑呈现"大、特、异"的设计趋势下，尤为重要。由于步骤的复杂性和核查方式的局限性，故意作弊的行为无法通过技术标准杜绝。本次修订重点在于通过对标准条文的改进完善和计算工具的规范化，减少非故意的由于人为操作引起的结果差异，从而增强权衡判断的可靠性，提高建筑节能工作质量。

4.1　改进和完善思路

鉴于权衡判断方法的应用现状，编制组改进和完善的思路，一是尽量减少设计中做权衡判断的机会；二是推进计算方法及软件的规范化。

本次修订主要做了如下改进：

（1）缩小需要权衡判断应用的范围。我国建筑量偏大，设计师工作量大，全面推广权衡判断计算存在一定难度。尽量减少权衡判断计算的可能性是本次标准修订工作重要思想。主要的措施有：增设建筑分类，乙类建筑必须符合规定性指标要求；扩大规定性指标范围，提供完成窗墙面积比的围护结构性能参数；设定了进行权衡判断的建筑必须达到的最低热工性能要求。

（2）明确了计算软件的基本要求。调研结果显示，目前用于权衡判断的多为权衡判断软件，也有少量直接使用能耗计算软件。后者由于不具备自动生成参考建筑的功能，在参考建筑这一环节给人为操作引起的结果差异留了口子，故规定应使用"权衡判断软件"作为计算工具，将参考建筑的性能参数，按节能标准要求固化在软件中，用户只需输入设计建筑的参数，参考建筑将在计算过程中自动生成。

（3）规范输入输出。输入和输出的不规范和不一致直接导致了权衡判断计算的不准确和不同权衡判断计算软件的计算结果的差异性。主要的措施有：在标准附录C中给出统一的权衡判断报告形式、内容；要求提交影响计算结果的输入参数，并标注参照建筑和实际建筑的不一致参数；在实施要点说明中要求提交软件的计算原始文件，并标注计算所使用的软件名称和版本；在实施要点说明中要求提交能够证明实际建筑参数的设计文件。

（4）改进和完善权衡判断方法学。现有权衡判断软件将风机盘管的除热量和耗热量直接相加作为权衡判断的依据。直接将除热量和耗热量相加，未考虑提供冷量和热量所消耗能量品位的差异，提供统一的供暖供冷系统效率，以建筑物供暖供冷能耗（kWh）作为比较结果。

（5）提高权衡判断计算软件的准确性和一致性。统一各软件输入和默认参数。由于目前权衡判断软件均以DOE-2核心，统一输入和默认参数相对较为简单。只需整理出影响计算结果的输入和默认参数，并给定统一参数即可。可以有效提高不同软件的计算结果的一致性。

4.2　改进建筑围护结构热工性能权衡判断计算方法学

建筑围护结构的权衡判断的核心是在相同的外部条件和使用条件下，对参照建筑和所设计建筑的供暖能耗和空调能耗之和进行比较并作出判断。由于提供冷量和热量所消耗能量品位以及供冷系统和供热系统能源效率的差异，因此，为了保证比较的合理性和基准的一致性，将设计建筑和参照建筑的累计耗热量和累计耗冷量统一折算成电力消耗，作为权衡判断的依据。

建筑围护热工性能的权衡判断是为了判断建筑物围护结构整体的热工性能，不涉及供暖空调系统的差异。在建筑能耗模拟计算中，如果通过动态计算的方法，根据建筑动态负荷计算建筑能耗，涉及末端、输配系统、冷热源的效率，计算难度大，需要耗费较大的精力和时间，也难于准确计算。建筑物围护结构热工性能的权衡判断着眼于建筑物围护结构的热工性能，供暖空调系统等建筑能源系统不参与权衡判断。为消除无关因素影响、简化计算、降低计算难度，本标准使用稳态方法简化计算权衡判断所需的供暖空调系统能耗。

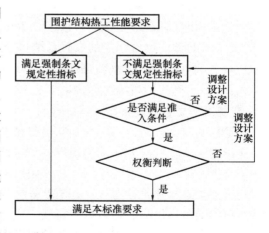

图3-3-1　围护结构热工性能权衡判断框架

需要指出的是，进行权衡判断计算时，计算的并非实际的供暖和空调能耗，而是在标准规定的工况下的能耗，是用于权衡判断的依据，不能用作衡量建筑的实际能耗。

根据不同气候区公共建筑冷热源形式的特点，统一规定了不同气候区权衡判断计算时应采用的冷热源形式。

计算设计建筑和参照建筑全年供暖和空调总耗电量时，空气调节系统冷源应采用电驱动冷水机组；严寒地区、寒冷地区供暖系统热源应采用燃煤锅炉；夏热冬冷地区、夏热冬暖地区、温和地区供暖系统热源应采用燃气锅炉。

建筑全年供暖和空调总耗电量应按下式计算：

$$E = E_\mathrm{H} + E_\mathrm{C} \tag{3-3-1}$$

$$E_\mathrm{C} = \frac{Q_\mathrm{C}}{A \times SCOP_\mathrm{T}} \tag{3-3-2}$$

严寒地区和寒冷地区

$$E_\mathrm{H} = \frac{Q_\mathrm{H}}{A \eta_1 q_1 q_2} \tag{3-3-3}$$

夏热冬冷、夏热冬暖和温和地区

$$E_\mathrm{H} = \frac{Q_\mathrm{H}}{A \eta_2 q_3 q_2} \varphi \tag{3-3-4}$$

式中 E——建筑物供暖和供冷总耗电量，$\mathrm{kWh/m^2}$；

    E_C——建筑物供冷耗电量，$\mathrm{kWh/m^2}$；

    E_H——建筑物供热耗电量，$\mathrm{kWh/m^2}$；

    Q_H——全年累计耗热量（通过动态模拟软件计算得到），kWh；

    η_1——热源为燃煤锅炉的供暖系统综合效率，取 0.60；

    q_1——标准煤热值，取 8.14 $\mathrm{kWh/kgce}$；

    q_2——上年度国家统计局发布的发电煤耗，$\mathrm{kgce/kWh}$，2008 年数据为 0.360 $\mathrm{kgce/kWh}$；

    Q_C——全年累计耗冷量（通过动态模拟软件计算得到），kWh；

    A——总建筑面积，$\mathrm{m^2}$；

  $SCOP_\mathrm{T}$——供冷系统综合性能系数；取 2.50；

    η_2——热源为燃气锅炉的供暖系统综合效率，取 0.75；

    q_3——标准天然气热值，取 9.87$\mathrm{kWh/m^3}$；

    φ——天然气的折标系数，取 1.21$\mathrm{kgce/m^3}$。

4.3 完善基础参数，提高软件的一致性

为了提高权衡判断计算的准确性提出要求，权衡判断专用计算软件指参照建筑围护结构性能指标应按本标准要求固化到软件中，计算软件可以根据输入的设计建筑的信息自动生成符合本标准要求的参照建筑模型，用户不能更改。

建筑围护结构热工性能权衡判断计算报告应该包含设计建筑和参照建筑的基本信息、建筑面积、层数、层高、地点以及窗墙比、外墙传热系数、外窗传热系数、遮阳系数等详细参数和构造，照明功率密度、设备功率密度、人员密度、建筑运行时间表、房间供暖设定温度、房间供冷设定温度等室内计算参数等初始信息，建筑累计热负荷、累计冷负荷、全年供热能耗量、空调能耗量、供热和空调总耗电量、权衡判断结论等。

标准修订明确建筑围护热工性能权衡判断应使用权衡判断计算软件计算，并对权衡判断计算软件进行了要求。

为了保证计算结果的准确性，课题组对权衡判断计算涉及的软件固化参数、基础参数等信息进行了研究，并对方法中使用的参数进行了完善。主要涉及

典型气象参数、空间划分和建筑基础参数、室内参数、运行策略和室内参数的设置

等。提供了完整的计算参数和默认参数。

4.4　减少权衡判断计算方法的使用

建筑围护热工性能权衡判断的计算计算过程相对复杂，对于普通工程师而言，使用专业软件进行权衡判断计算存在一定的困难。与此同时，权衡判断计算涉及的参数多，计算复杂，计算过程中容易出现错误。

《公共建筑节能设计标准》中对于围护结构热工性能的要求有两种方式，即规定性指标和性能化指标，规定性指标即强制性要求，性能化指标即围护结构热工性能权衡判断计算。

本次标准修订提供了所有窗墙面积比下，对应的围护结构限值，同时禁止对体形系数不满足要求进行权衡判断。大幅度减少权衡判断计算方法的使用，降低工程师的工作量，提高标准的实用性。

4.5　减少围护结构热工性能参数权衡判断的范围，并设置最低要求

为防止建筑物围护结构的热工性能存在过弱环节，因此设定进行建筑围护结构热工性能权衡判断计算的准入条件。除温和地区以外，进行权衡判断的甲类建筑首先应符合本标准基础性能要求，当不符合时，应采取措施提高相应热工设计参数，使其达到准入条件后方可按照本节规定进行权衡判断，满足标准节能要求。

最低要求为 2005 版《公共建筑节能设计标准》中对应的限值水平，即 2005 版的要求是围护结构权衡判断计算中薄弱环节的底线，防止出现过弱的围护结构环节。

4.6　提高软件计算结果的一致性和计算过程的透明度

课题组通过对大量的算例和比对分析过程的研究，力图消除计算软件之间计算结果的差异，提高计算结果的一致性。

课题组邀请了国内主流商业节能计算软件参加了比对和开发过程，使用同一批次算例分别对权衡判断方法学改进前后的权衡判断计算软件的计算结果进行了比对和完善。通过多次比对和改进，对默认参数和计算方法进行了统一，从算例的比对结果来看，比对和改进权衡判断方法学后，权衡判断计算软件的一致性得到了大幅提高，提高了标准的有效性。

4.7　小结

建筑围护结构判断的核心是对围护结构的整体热工性能进行判断，是一种性能化评价方法，判断的依据是在相同的外部环境、相同的室内参数设定、相同的供暖空调系统的条件下，参照建筑和设计建筑的供暖、空调的总能耗。用动态方法计算建筑的供暖和空调能耗是一个非常复杂的过程，很多细节都会影响能耗的计算结果。因此，为了保证计算的准确性，本次修订对权衡判断计算方法和工具进行了改进和完善，并对参数设置进行了详细规定，有效提高了权衡判断计算的准确性。

5　总结

编制组经过研究与实践主要从以下几个方面改进和完善了建筑围护结构热工性能权衡判断计算的内容和方法。

（1）改进权衡判断计算方法学；

（2）完善基础参数，提高软件的一致性；

（3）减少权衡判断计算的使用；

（4）保证围护结构热工性能的最低要求；

（5）提高软件计算结果的一致性和计算过程的透明度。

提高了建筑围护结构热工性能权衡判断计算的科学性、合理性、准确性和透明度，保证了标准的执行，提高了标准的技术水平。

从国外的经验来看，随着先进建筑能源技术和复杂系统的集成逐渐普遍，为了提高设计师设计工作的灵活性，将建筑能源系统的能效加入到权衡判断工作中将是未来发展的趋势。权衡判断需要依据能耗模拟软件，用能系统的能耗模拟涉及的因素更复杂，对计算软件的要求及操作人员的要求也更高，必须经过较长时间的基础研究和技术积累方能实现。更进一步的技术工作建议从以下三方面着手。

第一，进行权衡判断就离不开软件工具。工具将是进行暖通空调系统权衡判断的最大障碍。建筑能耗模拟作为一种功能强大的建筑能耗分析手段，在我国目前只有少数的技术人员掌握。所使用的工具主要有 EnergyPlus、DeST、TRNSYS、DOE-2 等。未来暖通空调系统权衡判断工具的选择是必须要面对的问题。

第二，对参照建筑中的参照系统进行研究。暖通空调系统形式日趋复杂，实际建筑中的空调系统以什么类型的空调系统形式作为比较的参考是关键，也就是说参照建筑中基准空调系统的设定是系统权衡判断的核心问题。中国国情决定不能直接照搬国外的经验，必须依据对各种空调系统形式进行大量算例的模拟验算结果方能确定。

第三，与此同时需要提供更为详尽的计算方法和输入输出要求，才能保证暖通空调系统权衡判断的可操作性，如对工具、计算内容、实际建筑的模型简化程度的要求等，以及参照建筑建模用的详细信息，如系统形式、效率等。

以建筑整体节能为目标的性能化评价方法是适应我国建筑节能技术发展需要的节能判定方法，应在实际应用中发现问题、解决问题，不断推进方法的应用和发展。

参考文献

[1] 彦启森，赵庆珠 . 建筑热过程 [M]. 北京：中国建筑工业出版社，1986.

[2] 陈沛霖，曹叔维等 . 空气调节负荷计算理论与方法 [M]. 上海：同济大学出版社，1987.

[3]   GB 50189—2005 公共建筑节能设计标准 [S].

专题 4   围护结构热工性能权衡判断计算流程和注意事项

（中国建筑科学研究院   孙德宇

北京绿建（斯维尔）软件有限公司   刘启耀）

1   背景

公共建筑包含办公建筑（包括写字楼、政府部门办公室等）、商业建筑（如商场、金融建筑等）、旅游建筑（如酒店、娱乐场所等）、科教文卫建筑（包括文化、教育、科研、医疗、卫生、体育建筑等)、通信建筑(如邮电、通讯、广播用房)以及交通运输类建筑(如机场、高铁站、火车站、汽车站等)。许多重要的地标建筑都是公共建筑,公共建筑注重实用的同时也注重美学。公共建筑的设计往往着重考虑建筑外形立面和使用功能,建筑立面更加通透,建筑形态更加丰富,有时由于建筑外形、材料和施工工艺条件等的限制,使其部分围护结构的热工性能难以满足国家标准《公共建筑节能设计标准》中对围护结构热工性能的规定性参数。当设计建筑无法满足规定性指标时,可以通过调整设计参数并计算能耗,最终设计建筑全年的空气调节和供暖能耗之和不大于参照建筑对应能耗时,即可认为其满足节能要求。这种性能化的设计方法在《公共建筑节能设计标准》中称之为围护结构热工性能权衡判断(以下简称权衡判断)。

权衡判断不拘泥于建筑围护结构各个局部的热工性能,而是着眼于建筑物总体热工性能是否满足节能标准的要求,即保证了所设计的建筑能够符合节能设计标准的要求,又保障了设计方案的灵活性和建筑师的创造性。优良的建筑围护结构热工性能是降低建筑能耗的前提,权衡判断只针对建筑围护结构,允许建筑围护结构热工性能的互相补偿(如建筑设计方案中的外墙的热工性能达不到本标准的要求,但外窗的热工性能高于本标准要求,最终使建筑物围护结构的整体性能达到本标准的要求),但不允许使用高效的暖通空调系统对不符合本标准要求的围护结构进行补偿。

自《公共建筑节能设计标准》2005 版(以下简称《2005 版》)发布实施以来,权衡判断方法已经成为判定公共建筑围护结构热工性能的重要手段之一,并得到了广泛的应用,保证了标准的有效性和先进性。但经过几年来的大规模应用,该方法也暴露出一些不完善之处。主要体现在设计师对方法的理解不够透彻,计算中一些主要参数的要求不够明确,计算工作量大,导致通过权衡判断的建筑,实际上其围护结构整体热工性能并未达到标准要求的情况发生。本次标准修订,通过软件比对、大量算例计算,对权衡判断方法进行了完善和补充,提高了方法的可操作性和有效性。《公共建筑节能设计标准》GB 50189—2015(以下简称《2015 版》)中对权衡判断进行了详细的规定,为便于设计人员理解掌握,并正确应用权衡判断方法,本文针对权衡判断方法的计算流程和执行过程中的注意事项进行说明。

2　总体原则

权衡判断计算方法是性能化评价方法中的一种,目的在于要求满足公共建筑节能性能的同时保持公共建筑设计的多样性。通常需要进行权衡判断计算的公共建筑多为大体量、标志性建筑,这类建筑单位面积能耗强度高,因此权衡判断计算方法的有效性对保证建筑的能效要求非常重要。权衡判断计算的总体原则为,保证能量消耗一致性、单项热工性能指标满足最低要求、参数统一可检查。

2.1　能量消耗一致性原则

围护结构权衡判断着眼于建筑围护结构的整体热工性能。当建筑物围护结构热工性能存在部分薄弱环节时,通过其他围护结构热工性能的提高进行弥补,使得设计建筑的全年供暖空调的能源消耗量与满足标准规定性指标的参照建筑对应的能源消耗量一致,保证建筑围护结构热工性能的一致性。

由于全年供暖与供冷消耗的能源品位不一致,权衡判断方法中通过统一的能源系统效率将全年供暖量与供冷量转换成统一的能源消耗，即耗电量，从而保证建筑围护结构的能源消耗的一致性。

2.2　单项热工性能指标应满足最低要求

部分围护结构的热工性能过于薄弱会导致其他部分围护结构热工性能的大幅度提升，进而导致围护结构造价的提升，降低了建筑经济性。因此为了防止过度使用权衡判断计算和避免建筑围护结构热工性能存在过于薄弱的环节，设定了进行权衡判断计算的前提条件。除温和地区以外，进行权衡判断的甲类公共建筑首先应符合标准的最低性能要求，最低的性能要求与《2005 版》中的围护结构热工性能相当。当不符合时，应采取措施提高相应热工设计参数，使其达到基本条件后方可按照本节规定进行权衡判断，满足《2015 版》节能要求。

2.3　参数统一可检查原则

《2005 版》权衡判断方法中未对审核的方式进行要求，导致权衡判断计算不够透明，与此同时，审图机构不具备相应的检查条件，进而影响了标准执行的有效性。本次标准修订提高了权衡判断计算的透明度和可操作性，进一步细化统一了计算参数，并提高了权衡判断计算的可检查性。对软件和提交审图机构的文件都进行了规定，使权衡判断计算的过程可复现，计算结果可检查，有效降低计算的作弊空间，提高计算的有效性。

3　权衡判断计算流程

权衡判断计算同常规的满足规定性指标相比需要增加一定的计算工作量，计算也要求工程师具备一定的计算能力。权衡判断流程如图 3-4-1 所示。

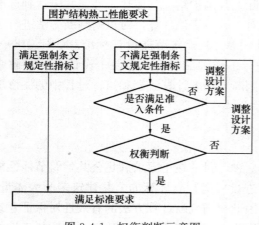

图 3-4-1　权衡判断示意图

3.1　何时需要权衡判断

当建筑设计方案中建筑围护结构由于特殊原因建筑的部分围护结构无法满足本标准规定的建筑围护结构热工性能限值要求时，需要进行建筑围护结构权衡判断计算，如图 3-4-1 所示。

权衡判断计算会导致设计工作量的增加，因此本次标准修订的一个重要的原则即尽量减少权衡判断计算的使用，为此，《2015 版》提供了所有窗墙面积比下的围护结构热工性能参数，使得需要进行权衡判断计算的概率降低。

3.2　权衡判断计算流程

权衡判断是一种性能化的设计方法，具体做法就是先构想出一栋虚拟的建筑，称之为参照建筑，然后分别计算参照建筑和实际设计建筑的全年供暖和空调能耗，并依照这两个能耗的比较结果作出判断。当实际设计的建筑的能耗大于参照建筑的能耗时，调整部分设计参数，重新计算设计建筑的能耗，直至设计建筑的能耗不大于参照建筑的能耗为止。

需要指出的是，进行权衡判断时，计算出的是某种"标准"工况下的能耗，不是实际的供暖和空调能耗。标准中在规定这种"标准"工况时尽量使它合理并接近实际工况。

3.2.1   判断是否具备进行权衡判断计算的条件

《2015 版》为了防止建筑的围护结构存在过于薄弱的部分，对权衡判断设置了准入条件，满足准入条件是进行权衡判断计算的基本条件。当建筑设计方案需要进行权衡判断计算时，应首先对建筑围护结构是否满足标准的准入条件进行判断。当无法满足标准的准入条件时，应对建筑设计方案进行调整，直至其满足标准规定的准入条件。

权衡判断是通过部分高于标准规定的热工性能限值的围护结构弥补不满足标准规定的热工性能限值围护结构，使得建筑物围护结构的整体性能与标准要求相一致。因此，在进行围护结构权衡判断计算前，判断是否有部分围护结构的热工性能高于标准规定的围护结构热工性能限值，并根据专业经验初步判断高出标准要求的热工性能能否弥补不满足标准要求的围护结构所带来的能耗增加。满足上述条件，再进行权衡判断计算，有利于减少计算的工作量。

3.2.2   选择软件

权衡判断计算软件是权衡判断的重要工具。为了提高权衡判断计算的准确性，《2015版》中对权衡判断计算的软件进行了统一的规定，以往常用的能耗模拟软件不能直接进行权衡判断计算，需要使用权衡判断专用软件。权衡判断专用计算软件指参照建筑围护结构性能指标应按标准中规定性指标要求固化到软件中，计算软件可以根据输入的设计建筑的信息自动生成符合本标准要求的参照建筑模型，用户不能更改。

权衡判断专用计算软件应具备进行全年动态负荷计算的基本功能，避免使用不符合动态负荷计算方法要求的、简化的稳态计算软件。

因此，《2015 版》规定："建筑围护结构热工性能权衡判断应采用能按照本标准要求自动生成参照建筑计算模型的专用计算软件，软件应具有下列功能：

（1）全年 8760 小时逐时负荷计算；

（2）分别逐时设置工作日和节假日室内人员数量、照明功率、设备功率、室内温度、供暖和空调系统运行时间；

（3）考虑建筑围护结构的蓄热性能；

（4）计算 10 个以上建筑分区；

（5）直接生成建筑围护结构热工性能权衡判断计算报告。"

符合上述要求的专用计算软件，才可用于权衡判断。

3.2.3   建立设计建筑能耗计算模型

建立设计建筑能耗模型之前应对进行权衡判断计算需要的资料进行整理。基本信息应该包括建筑的基本信息、围护结构基本信息、内部及外部环境参数设置、建筑内部空间划分等。基本信息应与建筑设计文件一致。实际计算中应按照下列顺序进行输入：

（1）设定建筑物的基本数据：建筑物所处城市，建筑物所用到的材料，建筑物的门窗，建筑物的外墙板、内墙板、地面板、楼板、屋顶板的分层构造；

（2）建立建筑物围护结构模型：建立墙体、门窗、楼板、屋顶等围护结构的几何信息并设置必要的热工参数，建立房间与围护结构的关联信息，设置外窗遮阳；

（3）设置房间类型和空调系统划分等计算参数：划分建筑物的空调系统、设定建筑物的室内负荷强度、照明时间表、供暖空调系统的运行时间表。

《2015 版》附录 B 围护结构热工性能的权衡计算中提供了建筑的空气调节和供暖系统

运行时间、室内温度、照明功率密度值及开关时间、房间人均占有的使用面积及在室率、人员新风量及新风机组运行时间表、电器设备功率密度及使用率等信息的基本设置。

实际上很多标准规定的默认参数在权衡判断计算软件中都已经做好了默认设置，用户只需要选择对应的建筑房间类型即可，操作非常简单；但当项目存在特殊情况而无法使用标准提供的标准信息时，设计师需要提供相关的证明材料，并在软件中自行设置。

设计建筑的能耗模拟计算模型设置的基本原则是遵守项目实际资料和满足标准提供的标准工况。

3.2.4 建立参照建筑能耗计算模型

参照建筑是一个达到标准要求的节能建筑，进行权衡判断时，用其全年供暖和空调能耗作为基准来判断设计建筑的能耗是否满足标准的要求。是一个衡量建筑围护结构热工性能是否满足标准规定的动态标尺。

参照建筑的形状、大小、朝向以及内部的空间划分和使用功能与设计建筑完全一致，但其围护结构热工性能等主要参数应符合《2015版》的规定性指标。

参照建筑能耗计算模型的建立与设计建筑的过程一致。值得注意的是参照建筑与设计建筑的差别是参照建筑的围护结构热工性能均为标准规定的限值和当设计建筑的屋顶透光部分的面积大于《2015版》的规定时，参照建筑的屋顶透光部分的面积应按比例缩小，使参照建筑的屋顶透光部分的面积符合《2015版》第3.2.7条的规定。

围护结构的做法对围护结构的传热系数、热惰性等产生影响。当计算建筑物能耗时采用相同传热系数，不同做法的围护结构其计算结果会存在一定的差异。因此参照建筑的围护结构做法应与设计建筑一致，参照建筑的围护结构的传热系数应采用与设计建筑相同的围护结构做法并通过调整围护结构保温层的厚度以满足《2015版》第3.3节的要求。

3.2.5 比对和调整建筑设计方案

权衡判断的核心是在相同的外部条件和使用条件下，对参照建筑和所设计的建筑的供暖能耗和空调能耗之和进行比较并作出判断。由于提供热量和冷量的系统效率和所使用的能源品位不同，为了保证比较的基准一致，将设计建筑和参照建筑的累计耗热量和累计耗冷量按照规定方法统一折算到所消耗的能源，即将除电力外的能源统一折算成电力后求和，最终以参照建筑与设计建筑的供暖和空气调节总耗电量作为权衡判断的依据。

在建筑能耗模拟计算中，如果通过动态计算的方法，根据建筑逐时负荷动态计算建筑能耗，涉及末端、输配系统、冷热源的逐时效率，存在一定的难度，需要耗费较大的精力和时间，也难于准确计算。考虑到权衡判断的对象是围护结构整体的热工性能，不涉及供暖空调系统的差异，因此，为消除无关因素影响、简化计算、减低计算难度，《2005版》中进行了简化处理，使用相同的系统效率将设计建筑和参照建筑的累计耗热量和累计耗冷量折算成耗电量，进行权衡判断。

参考不同气候区公共建筑通常采用的系统形式，标准中规定了权衡判断计算时不同气候区应采用的供暖系统和供冷系统形式：

（1）空气调节系统冷源均采用电驱动冷水机组；

（2）严寒地区、寒冷地区供暖系统热源采用燃煤锅炉；

（3）夏热冬冷地区、夏热冬暖地区、温和地区供暖系统热源采用燃气锅炉。

权衡判断计算软件应按照《2015版》的规定进行缺省计算，实际工程设计时，用户无需输入设计建筑和参照建筑的能源系统信息，因为能源系统信息为标准默认，不参与权衡判断。

当计算的设计建筑的能耗小于或等于参考建筑的能耗时，即可判断建筑设计方案的围护结构热工性能参数满足本标准的规定。当设计建筑的能耗大于参考建筑的能耗时，应调整建筑设计方案或提高部分围护结构的热工性能，满足标准的围护结构热工性能限值，或调整后重新进行权衡判断计算。

3.3 提交结果及证明文件

计算结果及证明文件是提交给相关审图机构和建设主管部门证明权衡判断计算合理性和准确性的依据。需要提交的文件应包括图纸、建筑围护结构热工性能权衡判断审核表、建筑围护结构热工性能权衡判断计算报告、权衡判断计算软件的计算文件和结果文件以及其他的必要的证明材料。

建筑围护结构热工性能权衡判断计算报告应该包含设计建筑和参照建筑的基本信息，建筑面积、层数、层高、地点以及窗墙面积比、外墙传热系数、外窗传热系数、太阳得热系数等详细参数和构造，照明功率密度、设备功率密度、人员密度、建筑运行时间表、房间供暖设定温度、房间供冷设定温度等室内计算参数等初始信息，建筑累计热负荷、累计冷负荷、全年供热能耗量、空调能耗量、供热和空调总耗电量、权衡判断结论等。

3.4 权衡判断软件使用示例

权衡判断软件能快速的建立能耗计算模型，并可以根据设计建筑自动构建参照建筑的计算模型。软件对各类型建筑的能耗计算参数进行了预设，可分别计算设计建筑与参照建筑的供暖空调能耗，并可以查看设计建筑、参照建筑的计算模型及计算条件，输出详细的节能计算报告书及报审文件。

3.4.1 设定建筑物的全局基本数据

设置建筑物所处城市，设置建筑物所用到的材料，设置建筑物的门窗构造，设置建筑物的外墙板、内墙板、地面板、楼板、屋顶板的分层构造，设置建筑物外表面太阳辐射吸收系数。对于围护结构的构造，当后面的步骤没有对建筑的局部进行个例设置时，自动套用全局的基本参数。

进入工程构造界面录入屋顶、外墙、门窗等围护结构的构造做法。构造做法可以从构造库中直接选用常用做法，也可以从材料库中选取材料逐层添加。

3.4.2 创建设计建筑

（1）打开常用建筑软件绘制的施工图，确定墙体高度、门窗尺寸信息，保证计算模型几何参数的准确性，并可以正确自动搜索出房间，房间必须由墙体闭合围成。

（2）如果工程存在多种构造，例如外墙有剪力墙又有填充墙，那么对与默认构造不一致的围护结构要指定其构造。外窗有外遮阳的时候，要进行设置遮阳信息。

（3）设置房间类型，并划分空调系统工作区域。

权衡判断软件中已经按《2015版》附录B预置了建筑的空气调节和供暖系统运行时间、室内温度、照明功率密度值及开关时间、房间人均占有的使用面积及在室率、人员新风量及新风机组运行时间表、电器设备功率密度及使用率等信息的基本设置。确定房间类

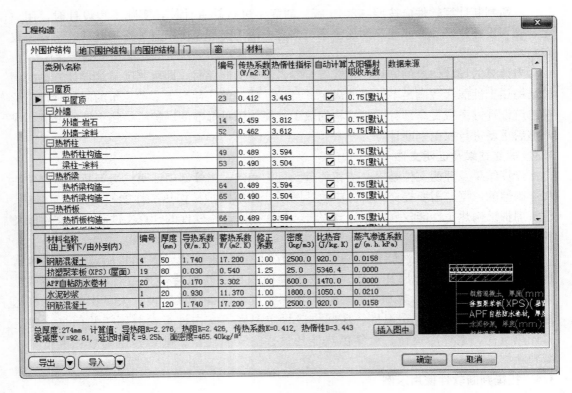

图 3-4-2 设置工程构造做法

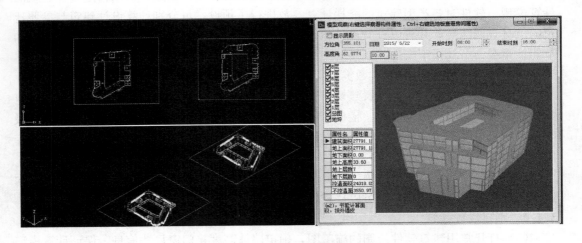

图 3-4-3 设计建筑几何模型建立

型，能耗计算的参数也随之确定，不需用户做额外的设定。

权衡判断软件中的系统分区只是对供暖空调系统工作空间上的划分，并不需要设定空调系统类型及参数。软件在进行能耗计算时自动按气候区设定供暖空调系统类型。

3.4.3 规定性指标判定

按标准条文规定逐项检查，列出相关的计算值和标准要求，并给出判定结论；进行权衡判定时，若不满足权衡判断前提条件给予提示。

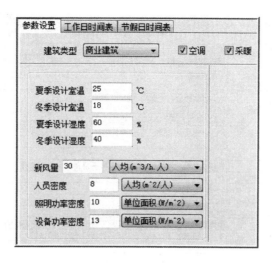

参数设置
工作日时间表
节假日时间表
建筑类型
商业建筑
空调
采暖
夏季设计室温 25 ℃
冬季设计室温 18 ℃
夏季设计湿度 60 %
冬季设计湿度 40 %
新风量 30
人均(m^3/h.人)
人员密度 8
人均(m^2/人)
照明功率密度 10
单位面积(W/m^2)
设备功率密度 13
单位面积(W/m^2)

图 3-4-4　房间参数设置

参数设置
工作日时间表
节假日时间表
人员作息时间表--（%）
导出全部时间表
导入时间表
取默认值
1 2 3 4 5 6 7 8 9 10 11 12 13 14 15 16 17 18 19 20 21 22 23 24
0 0 0 0 0 0 0 20 50 80 80 80 80 80 80 80 80 80 80 70 50 0 0 0
照明作息时间表--（%）
取默认值
1 2 3 4 5 6 7 8 9 10 11 12 13 14 15 16 17 18 19 20 21 22 23 24
10 10 10 10 10 10 10 50 60 60 60 60 60 60 60 60 80 90 100 100 100 10 10 10
设备作息时间表--（%）
取默认值
1 2 3 4 5 6 7 8 9 10 11 12 13 14 15 16 17 18 19 20 21 22 23 24
0 0 0 0 0 0 0 30 50 80 80 80 80 80 80 80 80 80 80 70 50 0 0 0
工作最高温度时间表--（℃）
取默认值
1 2 3 4 5 6 7 8 9 10 11 12 13 14 15 16 17 18 19 20 21 22 23 24
37 37 37 37 37 37 37 28 25 25 25 25 25 25 25 25 25 25 25 25 37 37 37 37
工作最低温度时间表--（℃）
取默认值
1 2 3 4 5 6 7 8 9 10 11 12 13 14 15 16 17 18 19 20 21 22 23 24
5 5 5 5 5 5 12 16 18 18 18 18 18 18 18 18 18 18 18 18 12 5 5 5

图 3-4-5　工作日运行时间表

3.4.4　权衡判断

如果不能满足规定性指标的要求，可采用权衡判断的途径。当满足权衡判断前提条件后，对设计建筑和参照建筑的供暖空调能耗进行计算，并可显示权衡判断的结果。

3.4.5　计算报告输出

不管是采用规定性指标设计途径还是采用权衡判断设计途径，软件都可输出节能计算报告，报告书中列出建筑的详细热工参数及判定结论，进行权衡判定的建筑可直接输出标

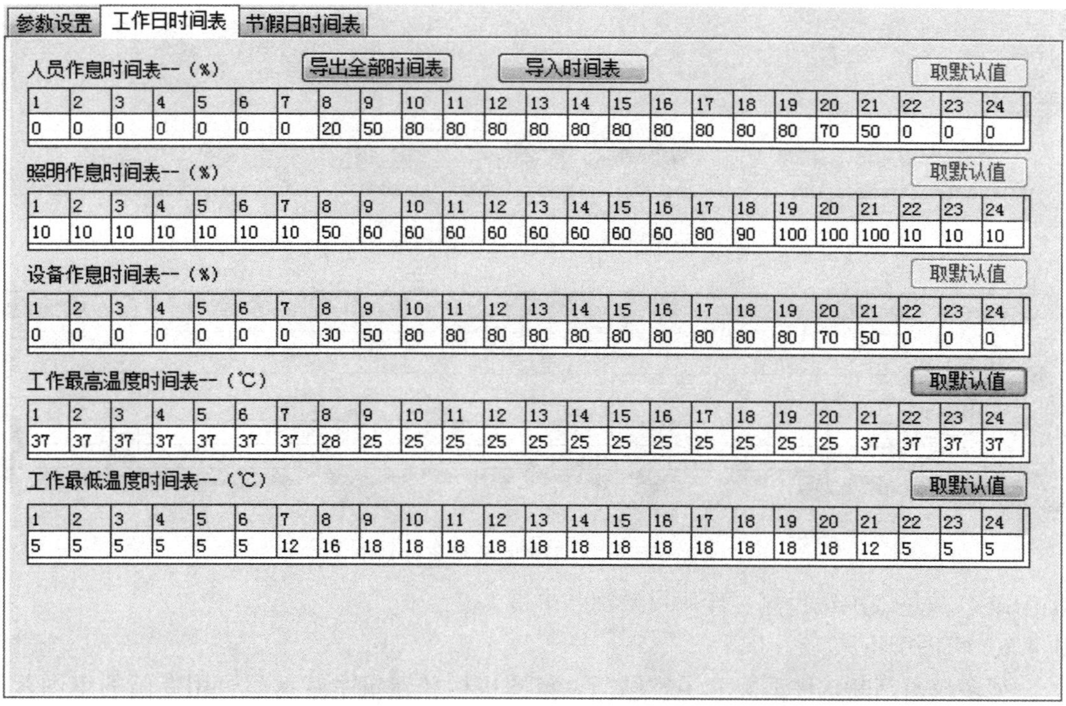

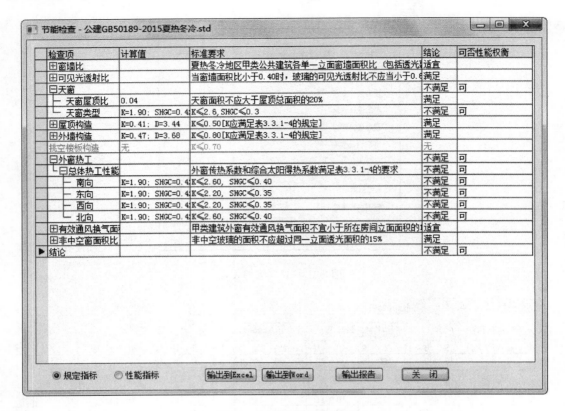

图 3-4-6　规定性指标判定

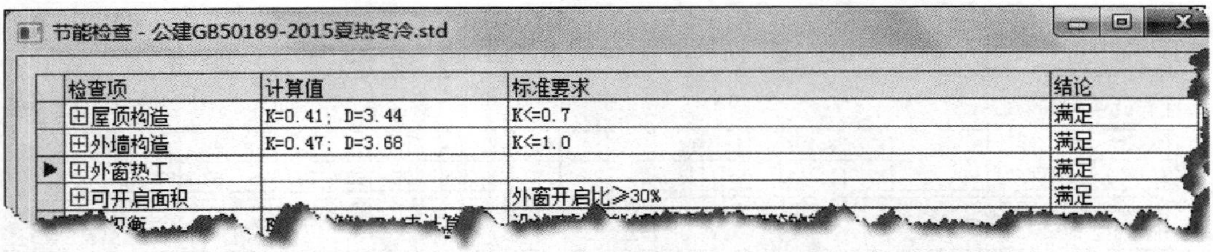

图 3-4-7　权衡判断前提条件判定

准附录 C 建筑围护结构热工性能权衡判断审核表。

3.4.6　审图版审核

很多权衡判断软件都配套了审图版，审图机构和建筑主管部门可用专门的审图版软件，对提交的计算结果及报审文件进行审查，包括三维模型检查和热工参数的检查。

3.5　注意事项

权衡判断计算涉及建筑冷热负荷的计算，在计算正确的基础上，还需向审图机构和建设主管部门证明权衡判断计算的合理性和正确性，因此在权衡判断计算的过程中应注意以下事项。

3.5.1　基础参数的合理性

基础参数是指影响建筑能耗的室外环境参数、室内环境参数、建筑围护结构信息、室

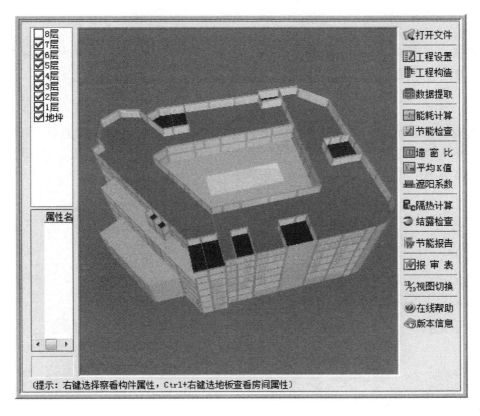

图 3-4-8　审查版软件

内发热量、建筑使用时间表等参数。影响权衡判断计算结果的因素繁多，任何一项因素的准确与否都会对最终的计算结果产生难以估量的影响，因此为了保证权衡判断结果的准确性，必须对权衡判断过程中的相关因素进行全程控制。在实际计算过程中，很多重要的数据无法获得，或现有数据无法供软件直接使用，这就要求工程师必须依据现有的项目资料和信息，凭借自身的专业知识和经验获得软件能够直接使用的数据和信息。为了解决这一问题标准中提供了一些必要的基础信息，但仍然需要工程师根据专业经验对一些基础性参数进行确认保证其合理性。例如建筑围护结构的辐射吸收系数和对流换热系数和附录 B 未提供的建筑类型的室内温度设定、内热设定等。

3.5.2　非权衡判断参数的一致性

每一栋实际设计的建筑都对应一栋参照建筑。与实际设计的建筑相比，参照建筑除了在实际设计建筑不满足《2015 版》的一些重要规定之处作了调整满足《2015 版》要求外，其他方面都相同。参照建筑在建筑围护结构的各个方面均应完全符合《2015 版》的规定。

设计建筑和参照建筑的非权衡判断参数应完全一致。本次标准修订后可进行权衡判断的情况有两类：一是围护结构热工性能不满足标准限值；二是屋顶透光面积超过标准规定。除上述两类参数为权衡判断参数外，其他参数均应一致。

例如建筑外墙和屋面的构造、标准中未要求的气候区的外窗（包括透光幕墙）的太阳得热系数都与供暖和空调能耗直接相关，因此参照建筑的这些参数必须与设计建筑完全一致。

3.5.3 保证关键参数可检查

为保证权衡判断计算的合理性和准确性，标准对权衡判断计算过程和计算结果要求全过程可检查。计算过程中应注意保存和整理计算的过程文件。

4 小结

权衡判断计算方法作为围护结构热工性能限值的重要补充，为建筑师遵守节能标准的同时发挥创造性实现创意提供了技术手段。权衡判断本身存在一定的复杂性，其计算应该严格遵守本标准中的方法和要求。保证计算的合理性和准确性。

参考文献

[1] 徐伟. 国际建筑节能标准研究 [M]. 北京：中国建筑工业出版社，2012.
[2] GB 50189—2015 公共建筑节能设计标准 [S].

专题 5 冷水机组能效评价指标及其限值的确定

（中国建筑科学研究院 邹 瑜 王碧玲 孙德宇）

0 引言

冷水机组能效限值是公共建筑节能设计强制性约束指标，决定了空调系统的能效水平。《公共建筑节能设计标准》GB 50189—2005 中对其额定制冷工况和规定条件下的性能参数及其综合部分负荷性能系数 IPLV 的限值均进行了规定。近年来，公共建筑节能要求的提高，带动了冷水机组等冷源设备能效和质量的提升。由于我国地域辽阔，各气候区气候条件差异较大，空调设备使用时间和使用方式差异较大，达到相同的节能目标，冷源设备能效限值对不同气候区节能量的贡献也不同。因此，如何科学合理地评价冷源设备的能效并确定其能效限值，对推进公共建筑空调系统的节能，提升行业技术水平具有重要意义，也是本次标准修订的重要研究内容。

本文以冷水机组为对象，介绍本次标准修订冷源设备能效评价指标及其限值的确定方法。

1 冷水机组能效评价方法

1.1 国内外冷水机组能效评价现状

集中空调系统各用能设备作为建筑能源的终端用户，其能效水平是关注的重点对象，而冷水机组则是众多用能设备中的能耗大户，其能耗通常能占到空调系统 50% 左右，因此，冷水机组的能效水平是公共建筑节能设计的重要指标。发达国家的建筑节能设计标准中也都非常重视冷水机组能效的提高，并提出了各自的评价指标。当前国际上用来评价冷水机组能效的指标主要有满负荷性能系数 EER/COP，综合部分负荷性能系数 IPLV/

ESEER（欧盟）和全年性能系数 APF。

全年性能系数 APF 是日本采用的冷水机组的能效评价指标。日本建筑节能相关的设计标准、评价方法体系自成一派，对于中央空调冷源设备的评价方法不同于别国基于工况来评价，而是从设备的全年运行情况来考虑，采用全年性能系数 APF（annual performance factor）来评价其性能。

而综合部分负荷性能系数 IPLV 则是美国首先提出的，在实际项目中，冷水机组处于满负荷工况运行的情况很少，一个单一的满负荷性能指标无法体现机组绝大部分时间的运行能效情况，为弥补满负荷评价指标的不足，美国制冷空调协会 [ARI，2008 年更名为制冷空调与供暖协会（AHRI）] 对大量冷水机组的运行进行调查统计之后提出了综合部分负荷性能系数 IPLV（Integrated Part-Load Value）的概念。

在 AHRI 提出了 IPLV 指标后，引起了其他国以及冷水机组制造商的重视，根据欧盟的中央空调能效与认证研究报告（Energy Efficiency and Certification of Central Air Conditioners）（简称欧盟 EECCAC 报告）显示，自从 IPLV 提出后冷水机组制造商纷纷采用美国的 IPLV 方法来进行测试，并且 IPLV 的引入给美国的冷水机组市场转变带来了重要的影响。因此引入冷水机组综合部分负荷测试评价方法已经不再仅仅是一个假设性的建议，而是一个实际的评价冷水机组部分负荷特性的工具了。各国也纷纷研究 IPLV 的适用性，并纷纷研究制定了适用于本国的 IPLV 计算方法。表 3-5-1 为当前各国和地区的冷水机组评价指标及相应标准情况。

各国/地区冷水机组评价情况　　　　　　　　　　表 3-5-1

国家/地区	美国	加拿大	澳大利亚	中国	欧洲	新加坡
强制性	非强制	强制	强制	部分强制	非强制	强制
能效标准	ASHRAE90.1—2010	CSA-C743-02	ASHRAE90.1—2010	GB 19577—2004	无，但有能效标识分级代号 A~G	SS530—2006
测试标准	AHRI550/590	CSA-C743-02	AHRE550/590	GB/T 18430—2007	EN14511	AHRI550/590
指标	COP IPLV	COP IPLV	COP IPLV	COP IPLV	EER, ESEER	COP

可见，IPLV 评价指标已经受到业界的认可，并且已有越来越多的国家将该指标纳入国家标准中用以对冷水机组的能效提出要求。此外，还有很多地区或民间组织采用 IPLV 指标来评价冷水机组部分负荷性能。截至目前，国际上采用 IPLV 来评价冷水机组部分负荷特性的国家或组织主要有：

（1）ASHRAE 90.1 建筑节能标准。

（2）FEMP（美国联邦能源管理项目作为采购冷水机组的标准）。

（3）多数美国建筑节能标准。

（4）美国奖励优惠考核标准。

（5）加拿大建筑节能标准。

（6）民间组织的节能指导，例如 NBI、LEED、Green Seal 等。

（7）大型咨询和设计机构将 *IPLV* 作为对冷水机组的指标要求。

（8）欧盟 Euro vent（ESEER）。

（9）英国冷水机组标准（London）。

（10）意大利冷水机组标准（EMPE）。

（11）澳大利亚 HVAC 设备性能标准（for Australian Building Codes Board ABCB）。

（12）中国《公共建筑节能设计标准》GB 50189—2005。

（13）ISO 全球冷水机组标准（PWD 19298/TC86/SC6/WG9）草案。

此外，欧盟 EECCAC 报告还对 *EER* 和 *ESEER*（欧盟 *IPLV*）评价指标进行了对比，从不同 *EER* 和 *ESEER* 的冷水机组全年能效计算结果发现，全年能效并不随着 *EER* 的提高而升高，并无规律，但是随着 *ESEER* 的提高，其全年能效基本呈线性上升的趋势。可见，同时采用部分负荷的评价指标比一个满负荷指标能更适合评价冷水机组的全年能效。

1.2 冷水机组能效评价指标分析

由于 *IPLV* 只能用于评价单台冷水机组的综合部分负荷性能，当冷源选用多台冷水机组时，冷水机组的部分负荷分布特性与单台冷水机组运行时差别很多，并且由于有了台数的调节，冷水机组会更多地运行于满负荷段，也因此，目前业内对于 *IPLV* 存在的合理性提出了很多质疑，认为在多台冷水机组运行的情况下，*IPLV* 高的机组其实际能耗可能更高的情况。必须指出的是，当前大多数学者在对 *IPLV* 的合理性提出质疑时，直接应用 *IPLV* 公式来进行能耗的估算，但是实际上 *IPLV* 并不适用于实际能耗的计算。

以下将针对冷源采用多台冷水机组时选用 *IPLV* 更高的机组是否会更有利于节能这一问题，通过详细的模拟计算进行分析说明。

笔者选取典型公共建筑模型数据库中的北京典型酒店建筑模型作为分析用建筑模型，冷源选用两台同样配置的冷水机组，按照平均分配负荷的策略来运行（即先开启一台冷水机组，根据建筑负荷变化，直至出力不够时，再开启另一台；当开启两台冷水机组时，平均分配负荷）。冷水机组部分负荷性能曲线及相应的 *IPLV* 和 *COP* 则直接采用厂商提供的数据，其冷量则直接根据建筑冷负荷需求选取。

为便于比较，基于单因素变量法的思想，笔者分别选取了 *COP*/*IPLV* 相近，*IPLV*/*COP* 不同的机组进行全年能耗模拟计算，计算结果见表 3-5-2 和图 3-5-1，表中能耗值是模拟得出的冷水机组能耗，而节能率则是相对于模拟得出的同类型冷水机组最大能耗计算得出的节能率。

不同能效冷水机组模拟计算结果 表 3-5-2

冷水机组类型	COP	IPLV	能耗（kWh）	节能率
螺杆 1	5.31	5.87	444669	0
螺杆 2	5.31	5.89	443247	0.32%
螺杆 3	5.31	7.13	418747	5.83%
离心 1	5.98	6.80	392348	0
离心 2	6.28	6.79	388673	0.94%
离心 3	6.37	6.86	383160	2.34%
高效离心机组	6.84	7.86	337103	14.08%

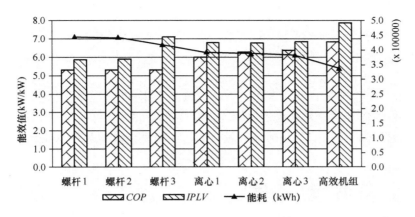

图 3-5-1　不同能效冷水机组能耗模拟结果

以上图表显示了冷水机组随着其能效的升高，总能耗下降的趋势。以下将分别针对 COP 和 $IPLV$ 的变化进行分析。

首先分析在相同 COP 下，随着 $IPLV$ 变化，冷水机组能耗的变化情况。参与模拟计算的 3 种螺杆机组，COP 均为 5.31，$IPLV$ 各不相同，从以上图表可明显看出：在满负荷性能参数 COP 相同的前提下，随着 $IPLV$ 的增大冷水机组总能耗越低；尤其是螺杆机 1 和螺杆机 2，螺杆机 2 的 $IPLV$ 只比螺杆 1 高了 0.02（相对高了 0.32%），在其全年运行能耗中也清楚地体现出来，螺杆机 2 比螺杆机 1 能耗低了 1422kWh（相对低了 0.3%）。由此可见，即使是冷源选用多台冷水机组的情况，对冷水机组的部分负荷性能提出要求，是合理的也是有利于节能的。

其次，分析 COP 的变化影响。选用的三台离心机其 $IPLV$ 相近，均在 6.80 左右（最大相差 1%），COP 各不相同，而能耗计算结果表明，此时，随着冷水机组满负荷性能的提升，其总能耗越低，能效越高。

而 COP 和 $IPLV$ 均最高的高效离心机组，其能耗明显低于其他冷水机组，这也说明同时提高冷水机组的满负荷和部分负荷性能，节能效果明显。

此外，对比螺杆机 3 和离心机 1，螺杆机 3 的 COP 低于离心机 1，但是 $IPLV$ 高于离心机 1，单从这两个指标很难判断对于该建筑模型哪种冷水机组更合适。而详细的模拟计算结果则显示，离心机 1 的总能耗更低。进一步对比，离心机 1 的 COP 比螺杆机 3 高 12.6%，$IPLV$ 低 4.6%，而其最终能耗要低 6.3%。并且实际上，不同冷水机组 COP 和 $IPLV$ 出现该种情况的很多，要判断在某项目中节能效果更好，便需要根据实际项目情况，通过详细的计算来选择。

需要说明的是，本次模拟并未考虑在选用多台冷水机组时，单台冷水机组的容量降低后通常实际冷水机组的能效水平会比只选用一台冷水机组要低的情况，因此，该模拟结果并不适用于实际冷源设计情况。实际进行冷源设计时，需要根据项目具体情况，对比分析选用不同台数冷水机组、不同配置及运行策略时，在冷水机组实际设计能效水平下的空调系统能耗情况，以得出合适的节能设计方案。

该模拟结果也说明，采用单一的 COP 指标或 $IPLV$ 指标并不能完整地评价一台冷水机组的能效水平。可见，相对于单一的满负荷性能系数 COP 而言，$IPLV$ 公式的提出，提供了另外一个可考核冷水机组部分负荷性能的指标，与 COP 互为补充，可以更好更全面地评价一台冷水机组的能效水平。并且 IPLV 的提出也给用户和设计人员在选用冷水机组时提供了另外一个参考指标，敦促各生产厂商在注重冷水机组满负荷性能提高的同时也必须关注其部分负荷的性能。

可见，采用满负荷 COP 和部分负荷 IPLV 这两个指标考核冷水机组的能效水平，互为补充，能更好地体现出冷水机组的实际能效水平。因此，本次标准修订仍沿用 2005 版标准的做法，采用满负荷 COP 和部分负荷 IPLV 这两个指标作为冷水机组的能效约束性指标。

2 冷水机组能效限值确定方法研究

2.1 国内外冷水机组能效限值确定方法现状分析

各国公共建筑节能设计标准中对用能设备的能效均做出了相关要求，但是在确定能效限值的方法上，各国或地区均是根据自己的实际情况做出了选择。

美国：对于水冷电制冷冷水机组，ASHRAE 提供了 Path A 和 Path B 两种方法，并给出了相应的限值。该限值的确定，是 AHRI 根据冷水机组制造商提供的大量的冷水机组数据，付费邀请第三方采用 Energy Plus 或 DOE2.1e 模拟冷水机组分析能耗的等效性。其中以不带变频器的冷水机组作为 Path A 的计算依据，并且（基于 ASHRAE 90.1）作为基准，以变频冷水机组作为 Path B 的计算依据，同时与基准 Path A 进行比较。通过改变建筑物类型及负荷、地区气候条件、冷水机组台数、冷却塔控制条件和措施，进行了128 次模拟计算，根据模拟结果比较分析，最终得出 Path A 和 Path B 两种不同限值方法中能够满足要求的 COP 和 IPLV 限值。

ASHRAE 90.1—2010 中水冷冷水机组能效限值   表 3-5-3

类　　型		冷量（kW）	Path A		Path B	
			COP	IPLV	COP	IPLV
水冷	活塞式/涡旋式，螺杆	＜264	4.509	5.582	4.396	5.861
		264～528	4.538	5.718	4.452	6.001
		528～1055	5.172	6.064	4.898	6.513
		≥1055	5.672	6.513	5.504	7.177
	离心	＜528	5.547	5.901	5.504	7.815
		528～1005	5.547	5.901	5.504	7.815
		1005～2110	6.106	6.406	5.856	8.792
		≥2109.6	6.170	6.525	5.961	8.792

欧盟：欧盟在 EECCAC 报告中采用了不同的分析方法来确定冷水机组的能效限值。一方面，采用 LCC 分析方法，得出全生命周期成本最低对应的冷水机组能效值，并分析其节能率；另一方面，欧盟 EECCAC 报告根据统计得出的当前欧洲市场上各类冷水机组的能效水平，根据冷水机组的满负荷性能系数，将冷水机组的能效水平划分为从 A～G8个等级，并分析冷水机组的能效限值从一个等级提升到更高等级的节能效果，对比分析后最终给出了建议的能效等级限值（表 3-5-4）。

欧盟冷水机组（制冷模式）能效等级范围 表 3-5-4

EER 等级	风 冷	水 冷	远置冷凝机组 （remote condenser）
A	$EER \geqslant 3.1$	$EER \geqslant 5.05$	$EER \geqslant 3.55$
B	$2.9 \leqslant EER < 3.1$	$4.65 \leqslant EER < 5.05$	$3.4 \leqslant EER < 3.55$
C	$2.7 \leqslant EER < 2.9$	$4.25 \leqslant EER < 4.65$	$3.25 \leqslant EER < 3.4$
D	$2.5 \leqslant EER < 2.7$	$3.85 \leqslant EER < 4.25$	$3.1 \leqslant EER < 3.25$
E	$2.3 \leqslant EER < 2.5$	$3.45 \leqslant EER < 3.85$	$2.95 \leqslant EER < 3.1$
F	$2.1 \leqslant EER < 2.3$	$3.05 \leqslant EER < 3.45$	$2..8 \leqslant EER < 2.95$
G	< 2.1	< 3.05	< 2.8

日本：日本《公共建筑节能设计标准》（CCREUB）对不同类型公共建筑综合能耗系数 CEC 提出了不同的要求，并且针对不同的建筑设备，其要求又不一样。同时还规定，在向当地政府部门报建时，必须提交相应的综合能耗系数 CEC 的计算值。若设计值大于标准规定的限值要求（表 3-5-5），则必须进行重新设计指导满足要求。

日本《公共建筑节能设计标准》规定的先关 CEC 限值 表 3-5-5

建筑类型	酒店	医院	商铺	办公	学校	餐饮	场馆
空调	2.5	2.5	1.7	1.5	1.5	2.2	2.2
通风	1	1	0.9	1	0.8	1.5	1
照明	1	1	1	1	1	1	1

中国：对于公共建筑中央空调系统主要用能产品冷水机组的能效要求，我国现行标准主要是对其额定制冷工况和规定条件下的性能系数 COP 做出了强制性要求，而对其综合部分负荷性能系数 IPLV 只提出了推荐性要求。

我国《公共建筑节能设计标准》GB 50189—2005 中 COP 限值的制定是直接引用《冷水机组能源效率限定值及能效等级》GB 19577—2004 规定的 3 级或者 4 级能效比作为规定的限值的。根据当时我国能效标识管理办法和消费者调查结果，依据产品能效的大小，将冷水机组产品分成 1、2、3、4、5 等级。能效等级中的 1 级是企业努力的目标；2 级代表节能型产品的门槛；3、4 等级代表我国的平均水平；5 等级产品是未来淘汰的产品。

而标准中 IPLV 限值的确定，是根据当时厂商提供的数据，计算得出我国各类冷水机组部分负荷能效比的平均值，再由平均值根据 IPLV 公式计算得出冷水机组的 IPLV 限值。

可见，各国在确定用能设备能效限值时，方法各不相同。但是，用能限值确定方法直接关系到用能设备能效限值的合理性，限值要求偏低，不利促进技术进步，若偏高则会导致成本偏高，会给厂商生产、用户使用高能效产品带来过高经济负担，这都将会影响用能设备能效的提升，空调市场及建筑节能的健康发展。因此，在确定用能设备能效限值时，应根据实际设备能效水平及使用情况，采用合理的方法来确定。

2.2 能效限值确定的思路及方法

《公共建筑节能设计标准》2005 版中用能设备能效限值直接引用用能设备能效等级标准，是基于单个产品的市场整体能效水平来确定的，未与系统直接联系，难以体现其在实际工程应用中的节能性。实际上，在实际工程应用中，当计算冷热源设备及整个系统的效率时，需要根据实际的气象资料、建筑物的负荷特性、系统的配置、运行策略和时间以及辅助设备的性能情况进行全面分析。在确定用能设备的能效限值时，应能兼顾设备性能及其使用的实际情况；同时，由于我国地域辽阔，各气候区气候条件差异较大，空调设备使用时间和使用方式差异较大，为达到相同的节能目标，不同气候区建筑的用能设备及产品的能效限值的要求的侧重点也应该不同。

因此，本次标准修订在确定用能设备的能效限值时，将用能设备与系统和建筑相结合，并综合考虑设备的技术经济性；同时，针对不同气候区，根据其实际使用情况及节能目标，提出了不同的限值要求。

与标准修编整体思路一致在确定空调系统各相关设备的能效限值时，综合考虑用能设备的经济性和技术可行性，采用收益投资比（SIR）组合优化筛选法，通过模拟计算分析根据不同能效下的年收益投资比（SIR）值确定［$SIR=S/I$，单位为 kgce/（a·元），表示单位投资增量带来的节能量，其中 S 为节能措施实施后建筑年能耗减少量，I 为实施该节能措施带来的成本增量］。因为空调系统冷源设计多样、种类繁多，在确定冷源的最优年收益投资比时，若按照不同设备不同种类不同建筑模型分别进行计算，考虑到工作量庞大，以及可操作性，采用目标综合与分解的方法，以相同的年收益投资比（SIR）值为指标，进而确定各类型各冷量范围的设备限值。本文将主要以冷水机组的能效限值确定方法为例进行分析。

冷水机组能效限值的确定采用基于建筑整体节能目标分解的思路，基于实际调研数据，建立综合的冷水机组性能曲线数学模型和初投资模型及各类型冷水机组的性能曲线和初投资模型。以建筑节能整体目标分解到冷水机组的节能指标对应的综合年收益投资比（SIR）值为目标值，通过对各气候区不同建筑类型空调系统能耗的优化计算，选择各类型建筑的 SIR 值达到目标值时对应的冷水机组能效，通过建筑分布特征加权，得到我国各气候区各类冷水机组的能效限值。图 3-5-2 即为冷水机组限值确定方法框架图。

3 能效限值确定

3.1 冷水机组能效特点分析

3.1.1 冷水机组能效特点分析

在实际情况下，冷水机组的运行能效不但受自身因素的影响，还受其所处的运行条件的影响，因此在对各种影响因素进行分类的时候，可将各类影响因素先分成两大类，即：内部因素和外部因素。内部因素反映的是冷水机组的类型、制造水平、压缩机的匹配、制冷剂的种类以及充装量等；外部因素则是指冷冻水温度、冷却水温度等影响蒸发温度和冷凝温度的因素，以及负荷率。具体分类如图 3-5-3 所示。

通常，对于已投入使用的冷水机组而言，影响冷水机组运行能效水平的内部因素已经固定，其能效主要受外部因素影响，即：

（1）建筑的负荷特性，即实际制冷量 Q_e；

（2）冷冻水进水温度 T_{wi}、出水温度 T_{wo} 及流量 V_w；

（3）冷凝器冷却水进水温度 T_{ci}、出水温度 T_{co} 及其流量 V_c；

（4）冷水机组的运行策略。

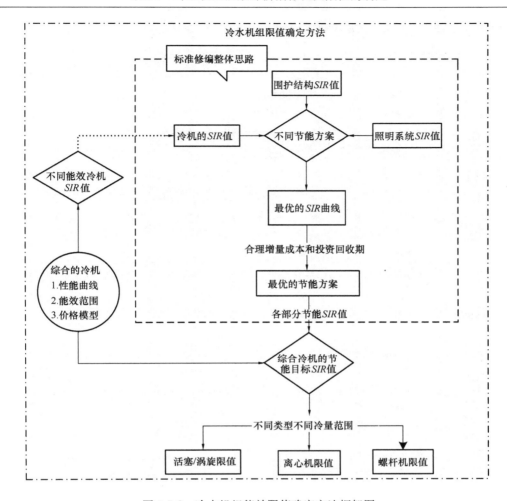

图 3-5-2　冷水机组能效限值确定方法框架图

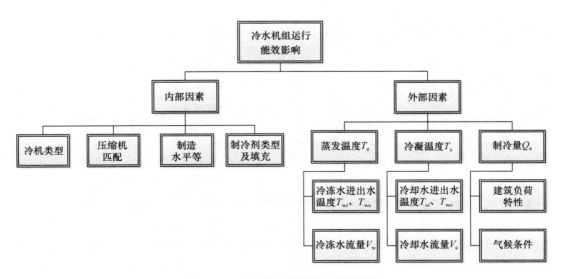

图 3-5-3　冷水机组能效影响因素分析

由此，冷水机组的能效模型可表示成以下函数形式 $COP = f$（T_{wi}，T_{wo}，V_w，T_{ci}，T_{co}，V_c，Q_e），在进行模拟分析时，冷水机组的能效模型应能体现这些因素的影响。

图 3-5-4 为某厂商的不同类型水冷冷水机组满负荷性能曲线（图 a～图 c）和不同厂商的不同类型水冷冷水机组部分负荷性能曲线（图 d）。对比水冷离心、螺杆和涡旋机组在满负荷工况下，其能效随冷冻水和冷却水温度变化的趋势，即使是不同的冷水机组，满负荷 COP 均是随着冷冻水温度的升高、冷却水进水温度的降低而线性增大的，只是不同类型不同厂商的机组，其能效随工况变化的幅度可能不一样；但是在部分负荷工况下，离心和螺杆机的特性开始出现局部不同，在高部分负荷段（负荷率大于 60%）各厂商的机组能效变化基本一致，但是到了低部分负荷率段，尤其是负荷率小于 40% 后，各厂商的不同类型的冷水机组的部分负荷性能特点的区别已经可以识别。可见冷水机组的能效特点可以分为两部分，一部分是对不同温度工况的调节适应能力，即其能效随蒸发温度和冷凝温度的变化情况，具体体现在不同冷冻水出水、冷却水进水温度情况下，冷水机组 COP 的变化情况；另一部分则是对不同负荷率工况的调节适应能力，即其能效随着冷水机组负荷率变化特点，由这两部分共同构成了冷水机组的能效特点。因此，在对冷水机组的能效进行模拟分析时，性能曲线应能同时体现这两个方面的特点。

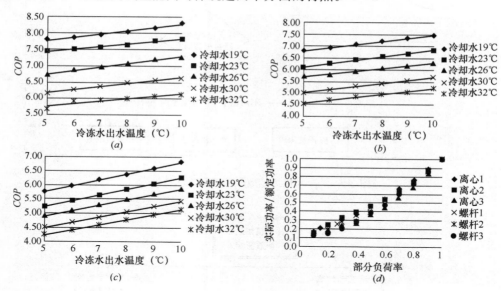

图 3-5-4　不同类型冷水机组性能曲线

（a）某水冷离心机组满负荷性能曲线；（b）某水冷螺杆机组满负荷性能曲线；

（c）某水冷涡旋机组满负荷性能曲线；（d）不同水冷冷水机组部分负荷性能曲线

而不同厂商不同类型的冷水机组的部分负荷调节性能是不一样的，不管采用哪家何种类型的冷水机，均无法代表各家的能效特点，因此，进行建筑节能目标的确定和分解时采用的冷水机组的性能曲线是利用不同厂商不同类型的冷水机组进行加权拟合得出的，认为该性能曲线是能够代表当前冷水机组平均能效水平的综合的性能曲线，风冷和水冷冷水机组因其换热特点不同而分别给出。空调系统冷源部分节能目标确定后，要计算出不同类型不同冷量范围冷水机组的能效要求，此时需要体现不同类型不同冷量范围冷水机组的各自的能效特点，根据各自技术特点确定不同的能效要求，需采用能够代表各自能效特点的性能曲线。因此，在计算不同类型不同冷量范围冷水机组的限值要求时选用的性能曲线，是利用不同厂商相同类型相同冷量范围的冷水机组进行加权拟合得出的，以期能够体现出不同厂商的能效特点。

3.1.2 冷水机组冷量分级特点分析

不同类型的压缩机由于其原理和技术特点不同，相应的不同类型冷水机组有不同的冷量分级架构。例如，活塞式冷水机组由于活塞和连杆等的惯性力较大，限值了活塞运行速度和气缸容积的增加，故其排气量不会太大，因而活塞式冷水机组多为中小型，一般空调工况制冷量小于 300kW。涡旋式冷水机组的容量大多在 4～40kW，螺杆式冷水机组容量大多为 100～1200kW，而离心式冷水机组制冷能力大，大型的离心式冷水机组制冷量可达到 3500～4000kW 以上。

冷水机组厂商会根据自身的技术特点，针对不同类型的冷水机组有不同分级框架。笔者调研了目前国内主要冷水机组的厂商的相关产品不同系列的冷量范围，具体如下表所示。各厂商的活塞/涡旋式机组主要集中于小冷量范围，即使最大冷量范围的也不超过 1163kW，而各厂商生产的风冷螺杆机组也大多集中在 1300kW 以内，少数厂商会生产较大的风冷螺杆机组；水冷螺杆机组的冷量范围则大多集中在 2000kW 以内；水冷离心机组则由于离心式压缩机的技术特点，基本都是大冷量的机组，厂商当前生产的离心机组冷量最小的为 879kW。

并且，2006～2011 年间的销售数据显示，目前市场上的离心式冷水机组主要集中于大冷量，冷量小于 528kW 的离心式冷水机组的生产和销售已基本停止，而冷量 528～1163kW 的冷水机组也只占到了离心式冷水机组总销售量的 0.1%，因此，本次标准修订对于小冷量的离心式冷水机组只按照小于 1163kW 冷量范围作统一要求；而对大冷量的离心式冷水机组，通过对制冷量在 1163～2110kW，2110～5280kW，以及大于 5280kW 的离心机的销售数据和能效分析，同时参考国内冷水机组的生产情况，本次修订将冷量大于 1163kW 的离心机按照冷量范围在 1163～2110kW，和大于 2110kW 的冷水机组分别做出要求。

水冷活塞/涡旋式冷水机组，绝大部分机组冷量小于 528kW，528～1163kW 的机组只占到了该类型总销售量的 2% 左右，大于 1163kW 的机组已基本停止生产，并且各种冷量的水冷活塞/涡旋式冷水机组的性能特点相近，因此本次修订对该类型冷水机组统一要求。水冷螺杆式和风冷冷水机组冷量分级不变。

3.2 冷水机组综合能效模型建立

根据从厂商调研得到的冷水机组销售数据分析，从 2006～2011 年间，变频冷水机组的总销售量只占到了总量的 1% 左右，数量极少，因此在本次冷水机组的模拟计算和分析过程中，不对变频机组进行独立分析，主要针对定频冷水机组进行分析计算。此外，在计算过程中，需要针对不同的建筑模型不同的系统形式进行分析，考虑当前各类能耗模拟软件的特点，将选用 Trnsys 动态能耗模拟软件进行分析，而 Trnsys 软件中冷水机组的性能曲线数学模型与美国建筑能耗模拟软件 DOE-2 选用的是同一个模型。该模型（Hydeman et. al 2002）将冷水机组的能效表示成三个方程，$COP = f (Q_{evap}, T_{ci}, T_{wo}, PLR, P)$。即：

$$CAPFT = a_1 + b_1 \times T_{wo} + c_1 \times T_{wo}^2 + d_1 \times T_{ci} + e_1 \times T_{ci}^2$$
$$+ f_1 \times T_{wo} \times T_{ci} \tag{3-5-1}$$

$$EIRFT = a_2 + b_2 \times T_{wo} + c_2 \times T_{wo}^2 + d_2 \times T_{ci} + e_2 \times T_{ci}^2$$
$$+ f_2 \times T_{wo} \times T_{ci} \tag{3-5-2}$$

$$EIRFPLR = a_3 + b_3 \times PLR + c_3 \times PLR^2 \tag{3-5-3}$$

$$PLR = \frac{Q_e}{Q_{e,ref} \times CAPFT(T_{ci}, T_{wo})} \tag{3-5-4}$$

$$CAPFT_i = \frac{Q_{e,i}}{Q_{e,ref}} \tag{3-5-5}$$

$$EIRFT_i = \frac{P_i}{P_{ref} \times CAPFT} \tag{3-5-6}$$

$$EIRFPLR_i = \frac{P_i}{P_{ref} \times CAPFT_i \times EIRFT_i} \tag{3-5-7}$$

$$P = P_{ref} \times CAPFT(T_{ci}, T_{wo}) \times EIRFT(T_{ci}, T_{wo})$$
$$\times EIRFPLR(Q_e, T_{ci}, T_{wo}) \tag{3-5-8}$$

式中　　$Q_{e,ref}$——机组设计制冷量（kW）；

$\qquad Q_{e,i}$——机组实际制冷量（kW）；

$\qquad T_{wo}$——蒸发器冷冻水出水温度（k）；

$\qquad T_{ci}$——冷凝器冷却水进水温度（k）；

$\qquad PLR$——机组部分负荷率；

$\qquad P_i$——机组实际功率（kW）；

$\qquad P_{ref}$——机组设计条件下的功率（kW）；

$\quad a_i \sim f_i$——拟合得出的系数。

为保证模型的可靠性，编制组向国内主要冷水机组厂商征集了各种类型冷水机组的满负荷和部分负荷工况的性能参数，负荷率从 10%～100% 一共 12 个工况点的性能参数，100%，75%，50% 和 25% 负荷率时的工况条件则于 IPLV 的标准测试工况一致，而其他的负荷率测试条件则为冷冻水出水温度为 7℃，冷却水进水温度是根据 GB 18430.1—2007 的要求，按照线性插值计算得出。

为得到需要的综合的冷水机组性能曲线（2 条），以及不同类型不同冷量范围的冷水机组性能曲线（11 条），笔者选用了专业的统计学软件 SPSS 进行分析计算。此外，为保证综合的冷水机组性能曲线能够尽量体现当前市场上使用的主要冷水机组性能，笔者对每个样本都设置了权重。而权重的选取，则是综合考虑了每个样本冷水机组的销售量以及制冷量。

根据《中央空调咨询》2011 年度中央空调行业发展报告中的数据显示，参编单位的产品（旗下所有中央空调产品）市场占有率占全国中央空调市场的 50.1%，其中占到国内"九大品牌"的 70.2%。而提供了冷水机组数据的厂商的各类冷水机组市场占有率分别为：离心式冷水机组销量占到了国内主要 8 家离心冷水机组厂商总销量的 81%（2007～2011 年平均值，下同），水冷螺杆机组的销量占到国内主要 11 家水冷螺杆机组总销量的 53%，风冷螺杆的销量则占到国内主要 8 家风冷螺杆机组总销量的 54%。据此认为编制组调研得到的冷水机组样本已经具有一定的代表性，能够代表国内绝对大部分冷水机组的能效水平和特点。

根据参考文献［9］的研究结果，将满负荷和部分负荷数据一一对应进行回归，最终得出限值计算需要的综合的水冷冷水机组性能曲线和风冷冷水机组性能曲线，以及不同类型不同制冷量的冷水机组性能曲线。为验证模型的准确性，笔者分别针对模型内样本和模型外样本（3台水冷螺杆和3台水冷离心机组）对综合的组性能曲线模型进行了验证，表3-5-6和图3-5-5为综合的水冷性能曲线的比对结果。对比预测功率和实测功率可以看出无论是模型内冷水机组样本还是模型外冷水机组样本，该综合的冷水机组性能曲线均能很好地预测出冷水机组的逐时能耗，说明应用该综合的性能曲线来进行冷水机组的相关模拟计算是可靠的。

模型预测结果

表 3-5-6

参数	R^2	MBE	$CV\text{-}RMSE$
结果	0.917	0.53%	6.33%

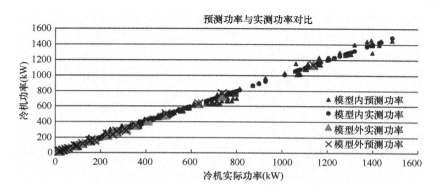

图 3-5-5　模型预测冷水机组功率和实际功率对比图

各类型各冷量范围冷水机组性能曲线数学模型同样根据此方法分别建立，此处不再赘述。

3.3　不同能效冷水机组初投资确定

参考文献［1］中指出，冷水机组的价格与其使用的冷媒种类相关性很小，但是与冷水机组的冷却形式（风冷或水冷）、额定制冷量及其能效密切相关。

此外，对于相同压缩机的冷水机组，可通过改变蒸发器、冷凝器传热面积，传热管数量和性能等多种组合来实现其能效的提升，且各厂商做法不一，还可能涉及各厂商的保密技术；因此，在分析冷水机组的能效提升和价格的关系时，只考虑冷水机组实际能效，而不考虑具体的实现措施。

为分析目前我国市场上冷水机组的价格构成，对各厂商不同类型、不同制冷量、不同能效水平的冷水机组价格进行了调查，以下将根据从厂商获得的冷水机组的相关数据，进行冷水机组的价格影响因素分析。为了量化分析冷水机组的价格模型，笔者选用专业的统计分析软件对其进行详细深入的分析，最终建立应用于综合模型的水冷冷水机组的价格模型为：

$$Y_0 = (a_0 + a_1 \times Q) \tag{3-5-9}$$

$$\Delta COP = COP - COP_0 \tag{3-5-10}$$

$$\ln(Y/Y_0) = a_2 + a_3 \times \Delta COP \tag{3-5-11}$$

式中　Y_0——冷水机组在其基准能效 COP_0（一般能效水平）的基准价格，元；

　　　　Y——某一 COP 下冷水机组的价格，元；

　　COP——高效冷水机组的实际 COP 值；

　ΔCOP——冷水机组能效提升，其 COP 的增加量；

　　　　Q——冷水机组的额定制冷量，kW；

$a_0 \sim a_3$——基于调研数据回归分析得到的系数。

水冷冷水机组模型回归结果　　　　　　　　　　　　　　表 3-5-7

参数	R^2	MBE	CV-RMSE
结果	0.989	3.71%	10.44%

分析模型的预测结果，拟合优度 R^2 和平均差异系数 MBE 这两个参数从统计学上来说，均能满足要求，而均方差差异系数（CV-RMSE）偏差结果与市场上普遍的冷水机组价格波动水平（10%左右）持平，说明该模型能较准确地预测出水冷冷水机组的价格。

由于风冷冷水机组样本数据较小，且一般厂商在生产某一系列的风冷冷水机组时，很少会生产多种能效的冷水机组，即使生产常见的情况是生产低效和高效两个系列。而不同厂商的风冷冷水机组产品，在冷量范围及能效范围很少有重叠产品，通过分析确定，风冷冷水机组价格模型为：

$$Y = (b_0 + b_1 \times Q) \times EXP(b_2 \times COP) \tag{3-5-12}$$

式中　Y——某一实际 COP 下冷水机组的价格，元；

　　COP——冷水机组的实际 COP 值；

　　　Q——冷水机组的制冷量，kW；

$b_0 \sim b_2$——基于调研数据回归分析得到的系数。

风冷冷水机组价格模型回归结果　　　　　　　　　　　表 3-5-8

参数	R^2	MBE	CV-RMSE
结果	0.959	−0.06%	10.37%

从表 3-5-8 模型回归的相关结果来看，模型的拟合优度（R^2）和平均差异系数（MBE）这两个参数从统计学上来说，均能满足要求，而均方差差异系数（CV-RMSE）10.37%偏差结果与市场上普遍的冷水机组价格波动水平（10%左右）持平，可见改模型能够较准确地预测风冷冷水机组的价格。

对于各类型各冷量范围冷水机组不同能效初投资价格模型同样根据此方法分别建立，此处不再赘述。

3.4　冷水机组能效限值计算

3.4.1　建筑空调系统形式确定

对于公共建筑而言，其负荷特性与自身功能、使用特性和外部环境紧密相关，不同类型的公共建筑由于其功能各异，空调系统设计、配置及运行情况不尽相同，空调系统特性也会不尽相同，从而对相应冷水机组的能效要求会不同。为保证典型建筑模型数据库中相关建筑系统设计及配置的可靠性，笔者还对前文提及的实际调研得到的 192 栋不同类型公共建筑的设计及配置情况进行了分析。

根据实际调研数据的分析结果，并综合考虑从各设计院征集到的设计图纸中的实际设计情况，最终确定各类公共建筑中的典型空调系统形式，除学校建筑采用分体空调之外，其他类建筑的中央空调系统形式具体见表3-5-9。

典型公共建筑模型中空调系统形式

表 3-5-9

建筑类型	末端空调形式	建筑类型	末端空调形式
办公	FCU+PA	酒店	CAV/FCU+PA
商场	CAV	医院	FCU+PA

3.4.2　能效限值计算

确定了综合的冷水机组性能曲线和价格模型后，在计算整体的节能目标时，根据公共建筑模型数据库的研究结果，对不同气候区各类公共建筑模型进行全年能耗模拟计算，确定最优节能方案中的各项节能措施的年收益投资比（SIR）值，据此确定冷水机组目标年收益投资比（SIR）。各类型冷水机组将根据其性能曲线及价格模型分别计算不同能效水平下的年收益投资比（SIR）值，以与目标年收益投资比相等为考核指标，进而确定各类型相应冷量范围内冷水机组的能效要求。具体计算流程如图3-5-6所示。

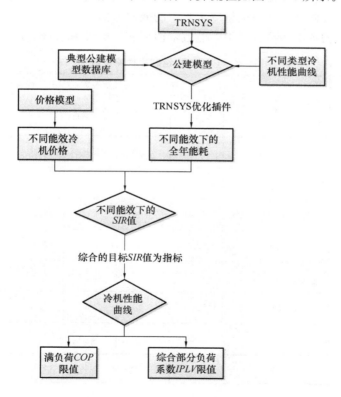

图 3-5-6　不同类型冷水机组能效限值计算框架图

第一步，选取合适的冷水机组。各气候区各类公共建筑冷水机组根据其冷负荷峰值需求来选取。

第二步，能耗计算。对满足冷负荷需求的不同类型的冷水机组分别进行计算，首先在模型中输入相应冷水机组的性能曲线，然后应用 TRNSYS 中的优化插件进行不同能效下全年制冷能耗计算。

第三步，投资成本计算。选择相应的冷水机组价格模型，计算不同能效情况下冷水机组价格计算。

第四步，年收益投资比（SIR）值计算。以 GB 50189—2005 中要求的冷水机组限值为基准值，计算得出的全年制冷能耗及价格作为基准能耗和基准价格，据此分别计算不同能效情况下的年节能量以及投资增量，计算得出相应的年收益投资比（SIR）值。

第五步，确定某类型公建的冷水机组 COP 和 IPLV 限值。根据公共建筑总的节能目标确定的冷水机组综合的目标 SIR 值为考核指标，选出与该值相等的 SIR 对应的冷水机组能效为相应类型冷水机组在相应气候区相应建筑类型冷水机组的能效限值。需要说明的是，满负荷能效 COP 根据 SIR 值计算结果而定，IPLV 值则是根据其性能曲线的特性求出相应 COP 值下，其他三个部分负荷工况的性能系数，并根据新的 IPLV 公式计算得出，以此作为冷水机组部分负荷性能系数的要求。

第六步，不同类型公建模型的计算结果加权。在同一气候区内，针对同类型同冷量范围内冷水机组在不同公共建模型下的计算结果，以其公共建筑分布特征为权重进行加权，进而计算得出不同气候区内某一类型冷水机组的能效限值。

经过计算得出的各类型冷水机组的能效限值见表 3-5-10 和表 3-5-11。

冷水（热泵）机组制冷性能系数　　　　　　　　　　表 3-5-10

类型		名义制冷量（CC）/（kW）	性能系数（COP）（W/W）					
			严寒 A、B 区	严寒 C 区	温和地区	寒冷地区	夏热冬冷地区	夏热冬暖地区
水冷	活塞式/涡旋式	CC≤528	4.10	4.10	4.10	4.10	4.20	4.40
	螺杆式	CC≤528	4.60	4.70	4.70	4.70	4.80	4.90
		528＜CC≤1163	5.00	5.00	5.00	5.10	5.20	5.30
		CC＞1163	5.20	5.30	5.40	5.50	5.60	5.60
	离心式	CC≤1163	5.00	5.00	5.10	5.20	5.30	5.40
		1163＜CC≤2110	5.30	5.40	5.40	5.50	5.60	5.70
		CC＞2110	5.70	5.70	5.70	5.80	5.90	5.90
风冷或蒸发冷却	活塞式/涡旋式	CC≤50	2.60	2.60	2.60	2.60	2.70	2.80
		CC＞50	2.80	2.80	2.80	2.80	2.90	3.00
	螺杆式	CC≤50	2.70	2.70	2.70	2.80	2.90	2.90
		CC＞50	2.90	2.90	2.90	3.00	3.00	3.00

冷水（热泵）机组综合部分负荷性能系数　　　　　　表 3-5-11

类型		名义制冷量（CC）/（kW）	综合部分负荷性能系数（IPLV）					
			严寒 A、B 区	严寒 C 区	温和地区	寒冷地区	夏热冬冷地区	夏热冬暖地区
水冷	活塞式/涡旋式	CC≤528	4.90	4.90	4.90	4.90	5.05	5.25
	螺杆式	CC≤528	5.35	5.45	5.45	5.45	5.55	5.65
		528<CC≤1163	5.75	5.75	5.75	5.85	5.90	6.00
		CC>1163	5.85	5.95	6.10	6.20	6.30	6.30
	离心式	CC≤1163	5.15	5.15	5.25	5.35	5.45	5.55
		1163<CC≤2110	5.40	5.50	5.55	5.60	5.75	5.85
		CC>2110	5.95	5.95	5.95	6.10	6.20	6.20
风冷或蒸发冷却	活塞式/涡旋式	CC≤50	3.10	3.10	3.10	3.10	3.20	3.20
		CC>50	3.35	3.35	3.35	3.35	3.40	3.45
	螺杆式	CC≤50	2.90	2.90	2.90	3.00	3.10	3.10
		CC>50	3.10	3.10	3.10	3.20	3.20	3.20

4　能效限值提升节能效果分析

从限值计算结果可以看出，在各气候区通过改善冷水机组能效来实现相同的建筑节能年收益投资效果，需对冷水机组能效提出不同的要求。从夏热冬暖到严寒地区，对冷水机组的要求不断提高，以离心机为例，限值提升比例由严寒 A、B 地区的 12% 左右增大到夏热冬暖地区的 23% 左右（具体见表 3-5-12）。而这主要是因为从严寒到夏热冬暖地区，全年需要空调时间逐渐延长，空调系统的能耗越来越大，节能潜力也越大，要实现相同的建筑节能目标，对空调冷源的能效要求必然更高，实际模拟计算结果也说明了这点。

冷水机组（热泵）性能系数提升对比　　　　　　表 3-5-12

类　型		冷量（kW）	05 限值	严寒 A、B	夏热冬暖	提升比例	
						严寒 A、B	夏热冬暖
水冷	活塞式/涡旋式	CC≤528	3.8	4.1	4.4	7.9%	15.8%
	螺杆式	CC≤528	4.1	4.6	4.9	12.2%	19.5%
		528<CC≤1163	4.3	5	5.3	16.3%	23.3%
		CC>1163	4.6	5.2	5.6	13.0%	21.7%
	离心式	CC≤1163	4.4	5	5.4	13.6%	22.7%
		1163<CC≤2110	4.7	5.3	5.7	12.8%	21.3%
		CC>2110	5.1	5.7	5.9	11.8%	15.7%
风冷或蒸发冷却	活塞式/涡旋式	CC≤50	2.4	2.6	2.8	8.3%	16.7%
		CC>50	2.6	2.8	3	7.7%	15.4%
	螺杆式	CC≤50	2.6	2.7	2.9	3.8%	11.5%
		CC>50	2.8	2.9	3	3.6%	7.1%

以下将根据基于年收益投资比（SIR）计算得出的冷水机组能效限值进行节能效果分析，主要以水冷离心和水冷螺杆式冷水机组的综合计算结果为例进行说明。在进行节能率计算时，基准能耗以基于 GB 50189—2005 的要求构造的典型建筑模型进行计算，进而计算只提高冷水机组的能效后的能耗，从而得出相应的节能量。投资回收期则考虑的是提高冷水机组的能效后增量投资所需要的静态投资回收期。表 3-5-13 则是根据机组不同气候区不同类型公共建筑中的模拟计算结果的加权平均值。

从严寒 AB 到夏热冬暖地区，提升冷水机组的能效带来的节能率由 1.3% 增长到 5.6%，而静态投资回收期则由 5.3 年下降到 3.8 年，而各气候加权综合后的节能量则为 4.5%，投资回收期为 4.5 年。这主要是因为从北到南，空调系统全年运行时间的延长，冷水机组能效要求逐渐提高，给冷水机组能效的提升带来了更大的节能量，相应的节能收益越大，投资回收期越短。

而表 3-5-13 的计算结果也说明对不同的气候区空调系统冷源能效提出不同的要求是合理，在空调系统运行时间较长的地区，应更注重空调系统的节能，对冷源能效提出更高的要求是经济合理的；而对于严寒地区则应把节能的重点放在采暖系统。

各气候区节能率及投资回收期

表 3-5-13

综合效果	节能率（基于 05 版限值）	静态投资回收期（年）
严寒 A、B	1.3%	5.3
严寒 C	2.1%	5.1
寒冷 AB	3.2%	5.2
夏热冬冷	5.1%	4.4
夏热冬暖	5.6%	3.8
综合效果	4.5%	4.5

5 非标准工况能效修正方法

当冷水机组的设计运行工况条件与 AHRI 550/590 标准测试工况不一致时，（AHRI 标准测试工况为：蒸发器出水温度为 6.7℃，冷凝器进水温度为 29.4℃，冷凝器的水流量为 0.054L/s·kW），ASHRAE90.1 中给出了非标准工况下满负荷性能系数 COP 和 NPLV 的限值确定方法。

ASHRAE 90.1—2007 首次提出了限值修正方法，但只针对 COP，COP 的调整方法为：

$$K_{adj} = -0.00026591 \times (X)^3 + 0.0101800(X)^2 - 0.54439(X)$$
$$+ 6.150 \tag{3-5-13}$$
$$X = \text{Condenser}\Delta T + LIFT \tag{3-5-14}$$
$$COP_{adj} = K_{adj} \times COP_{std} \tag{3-5-15}$$

并且该修正方法只适用于水冷离心式冷水机组，且机组必须满足冷冻水出水温度在 4.4～8.9℃ 之间；冷凝器进水温度：23.9～29.4℃ 之间；冷凝器温升在 2.8～8.3℃ 之间。

ASHRAE90.1—2010 对限值修正方法进行了更新和完善，新的修正方法也适用于 NPLV 限值的修正。90.1—2010 中规定，ASHRAE90.1 中要求最小的满负荷 COP 值和

$NPLV$ 值应该使用如下方法进行调整：

$$调整后的最小满负荷 COP 值 = 限定的满负荷 COP 值 \times K_{adj} \qquad (3\text{-}5\text{-}16)$$

$$调整后的最小 NPLV 值 = 限定的 IPLV 值 \times K_{adj} \qquad (3\text{-}5\text{-}17)$$

$$K_{adj} = A \times B \qquad (3\text{-}5\text{-}18)$$

式中　$A = 0.0000015318 \times (LIFT)^4 - 0.000202076 \times (LIFT)^3$

$\qquad\qquad + 0.0101800 \times (LIFT)^2 - 0.264958 \times (LIFT)$

$\qquad\qquad + 3.930196 \qquad\qquad\qquad\qquad\qquad\qquad\qquad\qquad (3\text{-}5\text{-}19)$

$\quad\quad B = 0.0027 \times LvgEvap + 0.982 \qquad\qquad\qquad\qquad (3\text{-}5\text{-}20)$

$\quad LIFT = LvgCond - LvgEvap \qquad\qquad\qquad\qquad\qquad (3\text{-}5\text{-}21)$

$LvgCond = 满负荷时冷凝器出口温度(℃)$

$LvgEvap = 满负荷时蒸发器出口温度(℃)$

并且该修正方法只适用于水冷离心式冷水机组，且机组必须满足其最小蒸发器出口温度为 2.2℃，最大冷凝器出水温度为 46.1℃，冷凝器出水温度和蒸发出口温度的温差在 11.1～44.4℃之间。

IECC2012 标准中也给出了非标准工况的限值修正方法，和 ASHRAE90.1 中给出的方法和公式是完全一致的。

从 ASHRAE90.1 中的修正公式改变可以看出，限值的修正由一开始的只和冷凝器进出口温差和冷凝器蒸发器温差相关，变成了与蒸发器出口温度和冷凝出水温度及二者温差相关，这与影响冷水机组能效的主要因素及变工况的条件更相符，也更符合实际情况。

对于按照非标准工况设计的冷水机组，若制造商只给出的相应的设计工况下的 COP 和 $NPLV$ 值，并且目前我国的冷水机组设计工况冷凝侧为 32/37℃，而国标工况为 30/35℃，没有一个统一的评判标准，用户和设计人员很难判断机组能效是否达到相关标准的要求。

因此，为给用户和设计人员提供一个可供参考方法，笔者参考 ASHRAE90.1—2010 和 IECC2012 中的修正方法，根据修正公式中 A 和 B 的数学模型，基于制造商提供的我国冷水机组标准工况下满负荷性能参数及非标准工况下机组满负荷性能参数，拟合出适用于我国离心式冷水机组的非标准工况下的 COP 和 $NPLV$ 限值修正公式，即：

$$K_{adj} = A \times B \qquad (3\text{-}5\text{-}22)$$

式中 $A = 0.000000346579568 \times (LIFT)^4 - 0.00121959777 \times (LIFT)^2$

$\qquad\quad + 0.0142513850 \times (LIFT) + 1.33546833 \qquad\qquad (3\text{-}5\text{-}23)$

$\quad\quad B = 0.00197 \times LvgEvap + 0.986211 \qquad\qquad\qquad\quad (3\text{-}5\text{-}24)$

$\quad\quad LIFT = LvgCond - LvgEvap \qquad\qquad\qquad\qquad\qquad (3\text{-}5\text{-}25)$

$LvgCond = 满负荷时冷凝器出口温度(℃)$

$LvgEvap = 满负荷时蒸发器出口温度(℃)$

该修正公式的拟合优度（R^2）为 0.935，平均相对误差（MBE）为 0.39%，均方根差异系数（*CV-RMSE*）为 4.16%，从统计学上来说是满足要求的，但是对于该修正模型而言，冷水机组在不同工况条件下的 *COP* 变化通常在 10%～20%，一般不会超过 30%，因此相对于离心式冷水机组而言，该模型的准确性还有待改进，需要进一步研究。并且，该修正模型建立采用的样本量及范围有限，还需进一步收集更多的样本数据来完善。

此外，针对该修正方法，在获取更多范围更广的样本数据进行改进后可拓展应用到现场测试数据的修正。在实际项目中，冷水机组大多处于非标准工况下运行，现场实际测试得到的冷水机组能效处于何种水平，是否能满足要求，目前缺少评价基准。应用改进后的修正方法，可将现场测试得到的机组数据修正到标准工况值。这样现场测试的满负荷能效值便可修正到标准工况以判断是否满足标准要求，而部分负荷的能效值可修正到标准规定的部分负荷工况下的能效值，同样可判断其部分负荷性能能否满足要求。

参考文献

[1] Energy Efficiency and Certification of Central Air Conditioners（EECCAC）Final Report [R]. 2003.

[2] 张钰炯. 国际上冷水机组 IPLV 政策推动现状台湾冷冻空调学会先进冷水机组及系统应用技术研讨会 [C]. 263. 2012.

[3] 贾晶，赵锡晶，李杰. 用 IPLV/NPLV 评估冷水机组全年能耗的局限性 [J]. 暖通空调，2010，40（3）：19-22.

[4] ASHRAE. ASHRAE90. 1-2010 Energy standard for buildings except low-rise residential buildings [S]. 2010.

[5] Eurovent Certification [EB/OL]. http：//www. eurovent certification. com/me _ Descriptions. php?rub=03&srub=01&ssrub=&lg=en&select _ prog=LCPHP&crit=chiller%20rating.

[6] 中国建筑科学研究院. 中外建筑节能标准比对研究 [M]. 北京：中国建筑工业出版社，2012.

[7] GB 50189—2005 公共建筑节能设计标准 [S].

[8] 彦启森，石文星，田长青. 空气调节用制冷技术 [M]. 北京：中国建筑工业出版社，2010.

[9] Hydemam M，Gillespie K L. Tools and techniques to calibrate electric chiller component models [J]. ASHRAE Transactions，2002，108(1)：733-741.

[10] ASHRAE. ASHRAE90. 1—2007 Energy standard for buildings except low-rise residential buildings [M]. 2007.

专题 6　冷水机组综合部分性能系数（*IPLV*）研究

（中国建筑科学研究院　王碧玲　孙德宇　邹　瑜）

1　综合部分性能系数（*IPLV*）发展历程

IPLV（Integrated Part-Load Value）起源于美国，是美国制冷学会（原为 ARI，现更名为 AHRI）对大量冷水机组的运行进行调查统计之后提出的概念，并在 ARI 550/590—1992 标准中予以规定，并在 ARI 550/590—98（最新版本为 ANSI/AHRI Standard 550/590—2011）标准中予以修正，一直沿用至今。

　　事实上，*IPLV* 值即为冷水机组在不同负荷率下的性能系数值（*COP/EER*）与相应累积负荷比例（ton-hour％）的加权平均值，需要特别说明的是 ton-hour 的单位虽然是 h，但是 ton-hour 实际表明了累积负荷根据室外温度重新分配的比例特点。

　　ARI 550/590—98 标准中给出了 *IPLV* 的计算公式：

　　当冷水机组效率用 *EER*[Btu/(W·h)]或者 *COP*$_R$(W/W)表示时，计算公式为：

$$IPLV = 0.01 \times A + 0.42 \times B + 0.45 \times C + 0.12 \times D$$

式中　*A*——100％负荷时的 *EER* 或者 *COP*$_R$，29.4℃*ECWT* 或 35℃*EDB*；

　　　　B——75％负荷时的 *EER* 或者 *COP*$_R$，22.9℃*ECWT* 或 26.7℃*EDB*；

　　　　C——50％负荷时的 *EER* 或者 *COP*$_R$，18.3℃*ECWT* 或 18.3℃*EDB*；

　　　　D——25％负荷时的 *EER* 或者 *COP*$_R$，18.3℃*ECWT* 或 12.8℃*EDB*。

　　当冷水机组效率用单位制冷量下总输入功率 kW/ton$_R$ 表示时，计算公式为：

$$IPLV = \cfrac{1}{\cfrac{0.01}{A} + \cfrac{0.42}{B} + \cfrac{0.45}{C} + \cfrac{0.12}{D}}$$

式中　*A*——100％负荷时的 kW/ton$_R$，29.4℃*ECWT* 或 35℃*EDB*；

　　　　B——75％负荷时的 kW/ton$_R$，22.9℃*ECWT* 或 26.7℃*EDB*；

　　　　C——50％负荷时的 kW/ton$_R$，18.3℃*ECWT* 或 18.3℃*EDB*；

　　　　D——25％负荷时的 kW/ton$_R$，18.3℃*ECWT* 或 12.8℃*EDB*。

　　其中，0.01、0.42、0.45、0.12 分别表示冷水机组在 75％～100％、50％～75％、25％～50％、0～25％四个负荷率区间平均运行累积负荷比例；*ECWT* 表示水冷冷水机组冷凝器冷却水进水温度，*EDB* 表示风冷冷水机组冷凝器入口干球温度。

　　在进行 *IPLV* 计算时，AHRI 做出了如下假设：

　　（1）采用 ASHRAE Temperature Bin 参数法计算负荷。

　　（2）选用美国 29 个城市的气象参数进行加权平均，因为这些城市的冷水机组销售量在 1967～1992 年这 25 年间，占全美冷水机组销售总量的 80％。

　　（3）根据 1992 年 DOE 的一项关于建筑的研究（DOE/EIA—0246（92）），将所有建筑类型（只包括使用冷水机组的建筑）进行加权平均。

　　（4）运行时间是根据 DOE1992 年和 BOMA（1995 BEE Report）关于运行策略（只有冷水机组）的研究进行加权平均得出的。

　　（5）对使用/不使用经济器的冷水机组进行加权平均，同样是基于 DOE 和 BOMA 的研究。

　　（6）假设建筑负荷的 38％为平均内部负荷，其随着室外温度和平均同步湿球温度呈线性变化；当室外温度＜50℉（10℃）时，建筑负荷逐渐减小至最小，为 20％负荷。

　　（7）*IPLV*/*NPLV* 中的 A 点是 100％负荷情况下，在 85℉*ECWT*（冷却水温度）/95℉ *DBT*（干球温度），其他的点 *BCD* 点的值是根据 ton-hour 分布情况，以及相应的 *MCWB*（平均同步湿球温度）、*EDB* 得出。*ECWT* 是根据实际的 *MCWB* 加上 8℉的冷幅高得出。

　　基于以上假设，最终根据温度 Bin 参数法计算了四组 *IPLV* 值，并根据 DOE 和 BOMA 研究得出的权重值进行加权得出最终的 *IPLV* 计算公式。四组 *IPLV* 及其权重分别是：

Group1-24 小时/天，7 天/周，0℉及以上运行；权重系数为 24.0%；

Group2-24 小时/天，7 天/周，55℉及以上运行；权重系数为 12.2%；

Group3-12 小时/天，5 天/周，0℉及以上运行；权重系数为 32.3%；

Group4-12 小时/天，5 天/周，55℉及以上运行；权重系数为 31.5%。

在 AHRI 提出了 IPLV 指标后，欧洲各国以及其他国家也开始研究美国 IPLV 计算公式在该地区的适用性，并研究适用于本国的 IPLV 计算公式。

最先提出本国 IPLV 计算公式的是意大利，由于其气候条件和运行情况与美国不同，意大利 AICARR 在 2001 年提出了一个适用于意大利的新的能效指标，称为 EMPE（Average Weighed Efficiency in Summer Regime in Italian），EMPE 的计算方法直接来源于美国的 IPLV 公式，但是公式的四个权重系数不一样，尤其是选择了更适合欧洲气候条件和空调要求的冷凝器入口温度。

意大利 EMPE 的计算公式形式和 IPLV 一样，只是权重值和条件不一样，具体见表 3-6-1 所示。

$$EMPE = \frac{PE_{100\%}EER_{100\%} + PE_{75\%}EER_{75\%} + PE_{50\%}EER_{50\%} + PE_{25\%}EER_{25\%}}{100}$$

$$(3-6-1)$$

AICARR 中规定的 EMPE 计算测试条件　　　　　　　表 3-6-1

负荷率	权重系数（%）	蒸发器入口温度（℃）	EDB（℃）	ECWT（℃）
100%	10	12	35	29.4
75%	30	10.7	31.3	26.9
50%	40	9.5	27.5	24.4
25%	20	8.3	23.8	21.9

之后，欧盟展开了中央空调能效与认证研究（Energy Efficiency and Certification of Central Air Conditioners）（简称欧盟 EECCAC 报告），并在 2003 年 4 月完成了该项研究。欧盟 EECCAC 报告中首先对各类型的冷水机组的能效特点及卸载特性进行了分析，指出冷水机组价格影响因素，进而采用 LCC 方法分析指出，采用一个单一的 EER 指标来评价冷水机组的性能水平并不能完整地体现出冷水机组的真实能效水平。同时，还对美国的 IPLV 计算方法应用于欧洲的可行性进行了分析，指出了美国 IPLV 的两个不足之处：一是采用温度 Bin 参数法计算负荷，假设建筑负荷与室外温度呈线性关系。实际上建筑负荷虽然与温度相关，但是太阳辐射负荷、内热负荷和湿负荷并不与温度呈线性相关；二是对于满负荷工况点，只选择了室外温度 35℃ 和负荷率 100% 这一种情况下的运行时间（这一假设对于连续卸载的冷水机组是相符的），但是对于分级卸载的冷水机组，在满负荷附件，冷水机组实际是在两级之间启停运行的，美国 IPLV 的假设就会降低满负荷的运行时间。

EECCAC 针对美国 IPLV 的不足，进行了改进，采用 DOE2 模拟计算出适合于欧盟的 ESEER。对两栋建筑办公楼和商场进行了逐时负荷模拟。每栋建筑采用了 3 种气候进行了模拟，处于不同的气候区就采用不同的围护结构。集中空调系统和水输送设备的分布情况也是根据欧洲的平均效率水平来进行模拟的。通过模拟直接得出建筑逐时负荷，进而将负荷和室外温度按照 Bin 的方式进行处理，进而得出四个负荷率的权重值，具体见表3-6-2。

ESEER 公式中权重系数及温度条件　　　　　　　　　　　表 3-6-2

负荷（%）	权重系数（%）	ECWT（℃）	EDB（℃）
100	3	30	35
75	33	26	30
50	41	22	25
25	23	18	20

此外，对于英国的 SBEM 软件中冷水机组能效评价指标，Non-domestic Building Services Compliance Guide：2010 edition 给出了具体的规定和估算方法：SEER 是根据冷水机组在部分负荷条件下测得的 EER 值，并根据目标建筑的负荷特性进行调整、估算得出：

$$SEER = a \times EER_{25} + b \times EER_{50} + c \times EER_{75} + d \times EER_{100} \qquad (3-6-2)$$

式中 EER_x 是在规定的测试工况下测得的 25%、50%、75%、100%负荷率下的 EER 值，并且 UK 在 Non-domestic Building Services Compliance Guide：2010 edition 给出了适用于 SBEM 软件的 SEER 估算方法。

对于单台冷水机组系统分四种情况：

（1）没有部分负荷性能参数的冷水机组：SEER 即 EER。

（2）有部分负荷性能但是未知建筑负荷分布特性

A：若已知满负荷和 50%负荷的 EER，则 SEER 为两者的算术平均。

B：若已知 4 个部分负荷的 EER，则 SEER 为四者的算术平均，$a=b=c=d=0.25$。

C：没有 4 个部分负荷的 EER，权重系数根据实际情况适当分配。

（3）办公建筑 $a=0.2$，$b=0.36$，$c=0.32$，$d=0.12$。

（4）其他类型建筑且已知建筑负荷分布特性：

如果通过详细的模拟或者预测已知了建筑负荷分布特性，则 SEER 根据实际情况得到的合适的权重系数及给定负荷条件下的 EER 值计算得出。

此外，对于多台冷水机组系统，影响多台冷水机组性能的因素必须都考虑进去：

（1）总装机容量富余的程度。

（2）每台冷水机组的容量。

（3）每台冷水机组的 EER。

（4）多台冷水机组的控制策略。

（5）给定冷负荷的负荷特性。

明确以上几点之后，相比应用以上简化方法，可估算出一个与实际更相符的 SEER 值。

我国也对 IPLV 的适用性展开了大量的研究，在《公共建筑节能建筑标准》GB 50189—2005 中首先研究并制定了适用于我国的 IPLV 公式。我国 IPLV 公式的制定同样是借鉴了美国的 IPLV 公式制定方法，但是负荷计算时和欧盟 EECCAC 报告的计算方法一样，采用 DOE2 软件模拟直接得出建筑逐时负荷，再将负荷和室外温度按照 Bin 的方式进行处理。根据我国的气候特点，对我国四类气候区的四种类型（宾馆、商办楼、超市、商住楼）公共建筑进行了模拟计算，并根据 2003 年中国统计年鉴和中国制冷空调行业年度报告的统计分析结果，以四个气候区当年建成的总建筑面积为权重系数，最终得出我国

冷水机组 $IPLV$ 计算公式：

$$IPLV = 2.3\% \times A + 41.5\% \times B + 46.15 \times C + 10.1\% \times D \tag{3-6-3}$$

式中　A——100％负荷时的性能系数（W/W），30℃$ECWT$；

　　　B——75％负荷时的性能系数（W/W），26℃$ECWT$；

　　　C——50％负荷时的性能系数（W/W），23℃$ECWT$；

　　　D——25％负荷时的性能系数（W/W），19℃$ECWT$。

此后，我国的冷水机组产品标准《蒸汽压缩式循环冷水（热泵）冷水机组第一部分：工业或商业用及类似用途的冷水（热泵冷水机组）》GB/T 18430.1—2001 进行了修订，并将 $IPLV$ 纳入其中，修订后的 GB/T 18430.1—2007 中，增加了风冷式冷水机组的工况条件。

综上所示，各国/地区根据其具体的气象条件和使用情况计算得出的 $IPLV$ 公式中的四个权重系数和相应的条件见表 3-6-3。

各国标准中冷水机组 IPLV 规定

表 3-6-3

负荷(%)	美国 ARI			欧洲 EECCAC			意大利 EMPE			英国 UK			中国		
	权重(%)	ECWT	EDB	权重(%)	ECWT	EDB	权重(%)	ECWT	EDB	权重(%)	ECWT	EDB	权重(%)	ECWT	EDB
100	1	29.4	35	3	30	35	10	29.4	35	2	30	35	2.3	30	35
75	42	23.9	26.7	33	26	30	25	26.9	31.3	9	26	30	41.5	26	31.5
50	45	18.3	18.3	41	22	25	40	24.4	27.5	45	22	25	46.1	23	28
25	12	18.3	12.8	23	18	20	20	21.9	23.8	44	18	20	10.1	19	24.5

2　我国冷水机组综合部分性能系数（$IPLV$）应用现状

2.1　我国冷水机组综合部分性能系数（$IPLV$）起源

由于冷水机组在大多数情况下，处于部分负荷运行的状态，为提高冷水机组在部分负荷工况下的性能，现行《公共建筑节能建筑标准》GB 50189—2005 对冷水机组的部分负荷性能提出了相应的要求，并给出了适用于我国冷水机组综合部分负荷性能评价指标 $IPLV$ 的计算公式及相应的测试条件。此后，我国的冷水机组产品标准《蒸汽压缩式循环冷水（热泵）冷水机组第一部分：工业或商业用及类似用途的冷水（热泵冷水机组）》GB/T 18430.1—2001 进行了修订，并将 $IPLV$ 纳入其中，修订后的 GB/T 18430.1—2007 中，增加了风冷式冷水机组的工况条件。

2.2　我国 $IPLV$ 应用中存在问题

$IPLV$ 的提出，相对于单一的评价冷水机组满负荷性能的评价指标 COP 而言，它提供了一个评价冷水机组部分负荷性能水平的基准和平台，完善了对冷水机组整体性能水平的评价和要求，有助于促进冷水机组生产厂商对冷水机组部分负荷性能的改进，促进冷水机组实际性能水平的提高。

但是，根据 $IPLV$ 的建立方法，其具有一定适用范围：（1）$IPLV$ 只能用于评价单台冷水机组在标准工况下的综合部分负荷性能水平；（2）$IPLV$ 不能用于评价单台冷水机组实际运行工况下的性能水平，不能直接用于计算单台冷水机组的运行能耗；（3）$IPLV$ 不能用于评价多台冷水机组系统中单台冷水机组在实际运行工况下的性能水平。

但是，自 GB 50189—2005 颁布实施以后，$IPLV$ 在我国的实际工程应用中出现了很多误区，主要体现在以下几个方面：

1. 对 *IPLV* 公式中 4 个部分负荷工况权重理解存在偏差，认为权重是 4 个部分负荷对应的运行时间百分比。

IPLV 是对冷水机组 4 个部分负荷工况条件下性能系数的加权平均值，4 个部分负荷值是通过全年逐时负荷计算得出的 4 个部分负荷段的当量部分负荷值，而相应的权重是 4 个部分负荷段运行工况的累计负荷百分比，它综合考虑了建筑类型、气象条件、建筑负荷分布、运行时间，而不只是 4 个部分负荷对应的运行时间百分比。

2. 直接用 *IPLV* 来计算冷水机组全年能耗，或者直接用 *IPLV* 来进行实际项目中冷水机组的能耗分析。

IPLV 是根据给定的计算公式计算得出的一个单一的数值，用来表示冷水机组综合部分负荷性能水平。*IPLV* 的具体数值体现的是单台冷水机组基于各种情况下（例如用于不同气候区、建筑类型等）部分负荷性能的全国平均水平，并不代表其在某一个具体项目中的部分负荷性能，也不代表该冷水机组在实际运行情况下的部分负荷性能水平，不能直接用 *IPLV* 来计算评价冷水机组的全年能耗值。

对于具体的实际项目，冷水机组的能耗应该根据具体的建筑负荷特性、气候特征、系统运行特点等进行详细的分析、计算得出。

正如 ANSI/AHRI 550/590—2011 附录 D 中指出，"在任何具体的应用场合和具体的运行条件下，不能用 *IPLV* 来预测冷水机组全年运行能耗"，同时还指出，"无论是单一的 *IPLV* 还是设计工况下的满负荷 *COP* 值，都不能预测建筑的实际能耗。"

3. 直接用 *IPLV* 来评价多台冷水机组系统中单台或者冷水机组系统的实际运行能效水平。

IPLV 计算公式是基于单台冷水机组运行的情况计算得出的，只能用于评价单台冷水机组部分负荷运行情况的性能水平，不适用多台冷水机组的运行情况。多台冷水机组并联运行时，其部分负荷率及分布情况，会随着冷水机组的配置情况以及群控策略的不同而改变；如图 3-6-1 所示，该图是基于寒冷地区典型酒店建筑模型冷源系统不同台数冷水机组

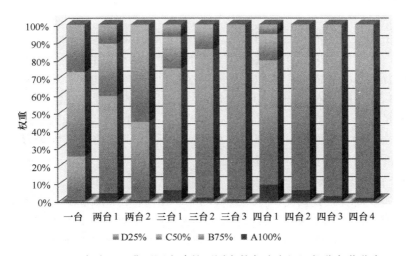

图 3-6-1　寒冷地区典型酒店建筑不同台数各冷水机组部分负荷分布

配置情况计算得出的各冷水机组的部分负荷分布情况。从图中可以明显看出多台冷水机组运行与单台冷水机组运行时冷水机组的部分负荷分布情况相差很大，高负荷率区间的权重明显增大。因此，不能简单地用只适用于单台冷水机组的 *IPLV* 评价方法和指标来评价多台冷水机组中单台冷水机组或冷水机组群的性能。

总之，*IPLV* 是衡量不同冷水机组产品间部分负荷性能差别的指标。具体工程项目中，当计算冷水机组及整个系统的效率时，应根据实际的气象资料、建筑物的负荷特性、冷水机组的台数、运行时间、经济器的能力及诸如水泵、冷却塔等辅助设备的性能进行全面分析。

2.3 *IPLV* 修订背景

在 GB 50189—2005 中 *IPLV* 的计算时，由于当时条件的限制，只考虑了 2003 年我国各气候区总的新建建筑分布情况，即以 4 个气候区当年建成的总建筑面积为权重系数[4]，而这并不能代表我国各类公共建筑的实际分布情况；从 2005 年至今，经过这些年的发展，我国公共建筑的分布情况以及空调系统运行水平也发生了很大的变化；并且随着人民生活水平的提高，对室内舒适度的要求也不断提高，空调系统的年运行时间也有逐渐延长的趋势，而这些变化都会导致 *IPLV* 公式中权重系数的变化。

此外，本次标准修编建立了我国典型公共建筑模型数据库，数据库包括了我国各类典型公共建筑的设计、运行及分布情况，为重新进行 *IPLV* 公式计算提供了条件，因此，本次修订基于典型公共建筑模型数据库的研究成果，对 *IPLV* 公式进行了重新计算，使其更接近于我国冷水机组的平均运行情况。

3 冷水机组综合部分性能系数（*IPLV*）影响因素分析

GB 50189—2005 中我国 *IPLV* 公式的制定主要借鉴了美国的 *IPLV* 计算方法，本次修订仍然借鉴此方法。根据文献［4］的研究成果，影响 *IPLV* 的主要因素有：建筑负荷特性和冷水机组的装机容量。对于冷水机组装机容量的选择方法，将沿用 GB 50189—2005 的做法即按照设计负荷来确定。以下将对建筑负荷特性的处理方法进行详细说明。

3.1 建筑负荷计算

3.1.1 建筑负荷计算方法

AHRI（由 ARI 更名而来）采用 BIN 参数法进行负荷计算，假设负荷随室外干球温度线性变化。但是实际上虽然建筑负荷和室外干球温度是相关的，但是建筑负荷中的很多部分例如太阳辐射负荷、内部得热和湿负荷，这些负荷的变化并不是随着室外干球温度线性变化的。GB 50189—2005 在制定我国 *IPLV* 计算公式的过程中，也指出了 AHRI 标准中该假设的不足之处，本次 *IPLV* 计算公式的修订，采用 TRNSYS 软件来进行建筑逐时负荷的计算；在逐时负荷数据的整理过程中，同样采用 BIN 的形式处理逐时负荷，认为空调负荷就是冷水机组所承担的负荷。

3.1.2 典型公共建筑模型

对于公共建筑而言，其负荷特性与自身功能、使用特性和外部环境紧密相关，不同类型的公共建筑由于其功能各异，运行方式各不相同，其负荷分布特性必然也截然不同。AHRI 最初在进行 *IPLV* 公式的计算时，是利用根据 1992 年 DOE 的一项关于建筑的研究（DOE/EIA—0246（92）），将所有建筑类型（只包括使用冷水机组的建筑）进行加权平均得出的一个典型的公共建筑模型；另外，运行时间是根据 DOE1992 年和 BOMA（1995 BEE Report）关于运行策略（只包括使用冷水机组的建筑）的研究进行加权平均得出的；基于这两点确定了代表全美的典型公共建筑模型，进而来进行负荷计算，并且认为该负荷特性代表了全美典型的公共建筑负荷分布特点。而本次 *IPLV* 计算公式的修订，将基于典型公共建筑模型数据库（数据库包括了各类建筑的典型结构、功能、系统配置、运行策略及分布情况）的研究成果，对使用冷水机组的各类公共建筑分别进行逐时负荷计算。以下将对典型公共建筑模型的具体设计及其依据进行详细的说明。

1. 建筑围护结构及其构造

我国幅员辽阔，各个气候区气候条件差异巨大，因而不同气候区其围护结构的构造及相应的要求也各不相同。主要通过向全国各地区主要设计院征集相关的典型公共建筑设计及相应围护结构的构造和相关参数，据此来确定各气候区各类典型公共建筑具体构造。

2. 建筑空调系统运行时间

为保证典型建筑模型数据库中相关建筑空调系统运行情况的可靠性，编制组对实际调研得到的不同类型公共建筑的实际运行数据进行了分析。

1）集中空调系统每周运行时间分析

调研的办公建筑中，有 60.2% 的建筑集中空调系统每周是从周一到周五运行，8.5% 的建筑是周一到周六运行，31.3% 的建筑是周一到周日运行，且周六或周日是按照加班工况运行集中空调系统。

商场建筑、医院及酒店建筑均是从周一到周日运行集中空调系统。

根据以上统计分析结果，最终确定公建模型中各类建筑集中空调系统每周开启时间分别为，办公建筑周一到周五，商场、医院和酒店均为每周七天全开。

2）集中空调系统全年运行时间分析

首先，对样本建筑中空调系统冷水机组的开启时间在制冷季和过渡季分别进行了统计，统计结果显示，在过渡季均无开启冷水机组的情况。以下将主要对气候区各类建筑中集中空调系统冷水机组在制冷季的运行时间进行分析。

寒冷地区大部分的办公建筑，供冷时间在 120～150 天之间，约占 85%，冷水机组开启小时数在 800～1400 小时之间，约占 77%，绝大部分建筑都是在 5～9 这四个月之间运行空调系统，只是开启和停机时间略早或晚。而商场和酒店建筑的冷水机组开启时间绝大部分也是从 5～9 月，少部分延续到 10 月初。

夏热冬冷地区大部分的办公建筑，供冷时间在 120～180 天之间，约占 70%；冷水机组开启小时数在 800～1600 小时之间，同样约占 70%；绝大部分建筑都是在 5 月份开启冷水机组，但是冷水机组停机时间各建筑间相差较大，在 9～11 月间均有冷水机组运行的情况。

而夏热冬暖地区和严寒地区由于样本建筑数量较少，各样本空调系统全年运行时间相差较大，不能总结出一定规律，集中空调系统运行时间则主要依据各类公共建筑模型全年逐时负荷模拟计算结果确定。

因此，在确定各类公共建筑冷水机组全年运行时间时，主要参考以上实际调研结果，以及各类公共建筑模型全年逐时负荷模拟计算结果，最终根据负荷需求确定相应的冷水机组运行时间。

3.2 室外气象条件

AHRI 在进行 *IPLV* 计算时，采用的是美国 29 个城市气象参数的加权平均结果。因为这 29 个城市的冷水机组销售量在 1967～1992 年这 25 年间，占全美冷水机组销售总量的 80%，即认为处理后的气象参数，能够代表美国冷水机组使用的气象条件。为保证本次修订工作的数据可靠性，特向国内主要冷水机组厂商征集 GB 50189—2005 实施后，即 2006～2011 年这 6 年间，各类型冷水机组在全国各城市的销售情况，用以研究当前各类冷水机组的使用和分布情况。

此外，根据典型公共建筑模型数据库各气候区典型城市的选取原则，初步确定哈尔滨、沈阳、北京、上海及广州分别作为严寒 AB、严寒 C、寒冷、夏热冬冷及夏热冬暖的代表城市进行典型公共建筑逐时负荷计算。

但是编制组根据这五个城市的逐时负荷进行计算和分析之后发现，由于各个气候区内气候特点差距比较大，只是选取这五个典型城市进行 *IPLV* 计算，代表性不够。因此，编制组进行了更进一步的分析。根据厂商反馈冷水机组销售数据，进行统计分析，最后选取全国五个气候区内的 21 个城市，作为典型城市来进行各类建筑的逐时负荷计算。这 21 个城市及其周边城市在统计期间的冷水机组销售量占到了销售总量的 94.8%，据此认为这 21 个城市的气象参数能够代表我国冷水机组的使用气象条件。

4 *IPLV* 公式更新

4.1 *IPLV* 计算方法改进

本文在进行 *IPLV* 公式的计算时，同样采用 ton-hour 的方法，只是在 2005 版计算方法的基础上作了细节上的调整和改进。

首先对建筑逐时负荷进行分析，以北京典型大酒店建筑负荷为例，从图 3-6-2a 中可以看出建筑逐时负荷和室外干球温度大致呈线性关系。但是从图中可以发现，峰值负荷出现在室外干球温度 33.65℃的时刻，而不是室外干球温度最高的 37℃的时刻，这也说明了

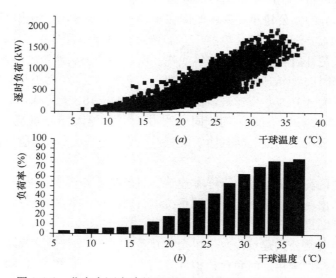

图 3-6-2 北京大酒店建筑逐时冷负荷及平均负荷率分布图

建筑负荷中的太阳辐射负荷、内热负荷及湿负荷等并不和室外干球温度呈线性关系。如图 3-6-2*b* 所示，只按照室外干球温度来处理逐时负荷，得出的平均负荷率最高为 80% 左右，而不是 100%，这将直接导致满负荷 100% 负荷率工况的权重为 0；可见若只是根据室外干球温度对应的负荷来进行 ton-hour 计算，便会出现 100% 负荷率工况权重为 0 的情况，而这跟实际并不相符。

因此在对逐时负荷进行 ton-hour 处理时，编制组选取了室外干球温度和负荷率两个条件来约束。根据选定的室外干球温度和负荷率步长，计算同时满足这两个条件下的每个区间的平均负荷、平均干球温度、累积时间、平均湿球温度和累积负荷（kWh）。

选定这两个约束条件后，还必须确定室外干球温度和负荷率区间的步长，室外干球温度和负荷率步长的选择都将影响 *IPLV* 的计算结果和计算的工作量，如果步长选择过大，会导致计算结果精度不够，但若步长选择过小，将会导致计算工作量增大很多。

AHRI 在进行计算时，选取的温度步长为 5℉，而负荷则是直接根据室外干球温度计算得出；GB 50189—2005 选取的温度步长为 2.22℃（即 5℉），对模拟计算出的逐时负荷进行处理时，选取的负荷率步长为 10%；欧盟在进行欧洲的 *IPLV* 计算时，选取的温度步长和负荷率步长分别为 2℃ 和 5%。为进一步确定温度和负荷率步长分别取多少能够满足精度要求，参考前人的研究成果，编制组分别针对温度步长为 2℃、1.5℃ 和 1℃ 以及负荷率步长为 10% 和 5% 进行了计算，以计算结果相对偏差不超过 ±5% 为依据，最终确定温度和负荷率步长分别选为 2℃ 和 5%。

确定这两个约束条件的步长后再对逐时负荷进行处理，对应干球温度和负荷率下的负荷率分布如图 3-6-3 所示，累积负荷分布如图 3-6-4 所示，此时，对应负荷率 100% 及室外干球温度最高 37℃ 的时候，其权重均不会为 0，这就解决了进行负荷处理时可能出现的负荷率 100% 时，权重为 0 的不符实际的情况。并且对比图 3-6-3 和图 3-6-2（*b*），增加负荷率作为约束条件后，相当于对同一室外干球温度对应的负荷率进行了进一步细分，得到的结果更加精细也更符合建筑负荷与室外温度的关系（并非完全线性关系）。

此外，对于水冷冷水机组，其冷凝器冷却水进水温度（ECWT）同样参考 AHRI 和根据 GB 50189—2005 的做法，等于室外平均同步湿球温度（MCWB）加上 4.4℃（8℉）

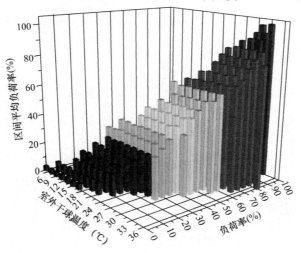

图 3-6-3　室外干球温度和负荷率约束下的负荷率分布图

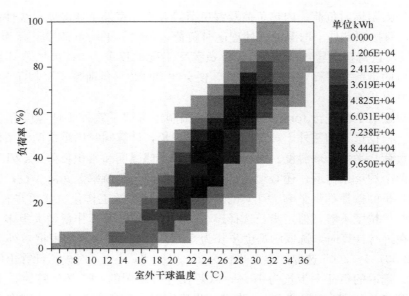

图 3-6-4　室外干球温度和负荷率约束下的累积负荷分布图

的冷幅高，对于风冷冷水机组，其冷凝器侧进气温度（EDB）则等于室外干球温度（OADB）。

4.2　IPLV 公式计算

4.2.1　IPLV 公式计算方法

同样以北京地区典型酒店建筑模型为例，来进行 IPLV 公式计算的说明。

第一步：分别根据室外干球温度和负荷率条件，分别计算平均负荷率、平均室外干球温度、平均湿球温度、累计时间分布，如图 3-6-5～图 3-6-7 所示。

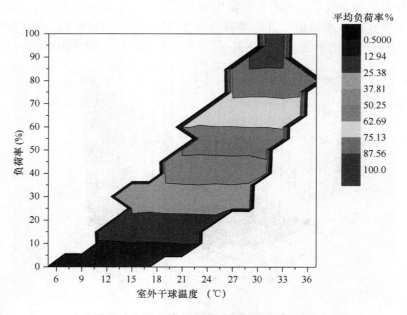

图 3-6-5　北京典型酒店建筑冷负荷分布图

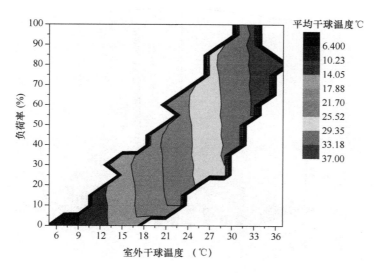

图 3-6-6　北京典型酒店建筑室外干球温度分布图

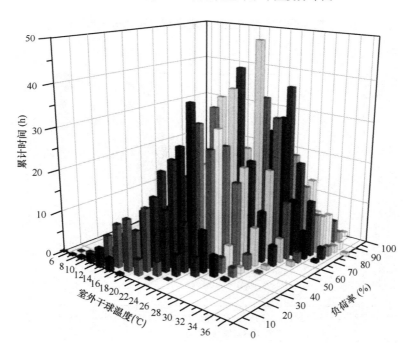

图 3-6-7　北京典型酒店建筑累计时间分布图

第二步：计算 ton-hours 分布，即累积负荷率分布，如图 3-6-8 所示；同时分别计算相应的累积室外干球温度和湿球温度。

第三步：计算各区间 ton-hour％（累积负荷比例）权重分布，即各区间 ton-hours 值与全年总的 ton-hours 的比值，如图 3-6-9 所示。

第四步：计算四个典型部分负荷率即 100％、75％、50％和 25％条件下的权重和温度条件。

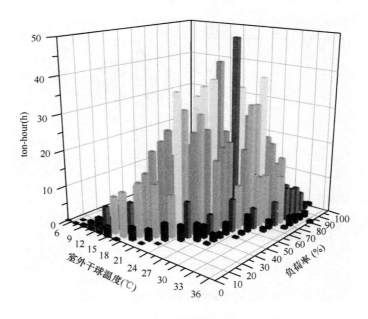

图 3-6-8　北京典型酒店建筑 ton-hours 分布图

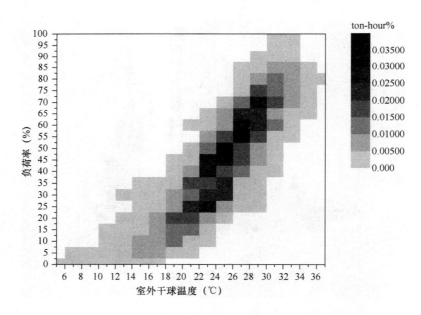

图 3-6-9　北京典型酒店建筑 ton-hour‰权重分布图

　　由于不同类型的冷水机组卸载方式不一样，冷水机组实际运行时冷水机组的实际负荷率会与空调负荷率略有差别。对于可以连续卸载的冷水机组，这两者会相同，但是对于分级卸载的冷水机组，就会因冷水机组的卸载方式而异了。这一情况对于部分负荷工况而言，因为部分负荷工况运行时间很长，对部分负荷工况的权重影响很小，可以忽略；但是对于满负荷工况而言，由于逐时负荷处于满负荷时间很短，很多模型都只有 2 个小时左右，相对而言，对其权重影响很大。因此，编制组通过对比模拟得出的建筑逐时负荷计算结果以及冷水机组输出负荷率结果，在进行权重计算时，将负荷率大于 95% 的情况归类到满负荷工况。而 75% 负荷率工况的权重，是在满足负荷率和温度的前提下，以区间内当量平均负荷率为 75% 为基准进行计算；50% 的权重按照同样的方法进行计算，只是负荷率是以剩余负荷率大于 30%，温度大于 20℃ 为前提进行计算；剩余的 ton-hours 则全归为 25% 负荷率的工况。

　　基于北京酒店类建筑计算 IPLV 公式权重分布具体情况如图 3-6-10 所示。同时，据此计算相应工况下平均同步湿球温度（MCWB）、水冷冷水机组冷凝器进水温度（ECWT）及风冷冷水机组的冷凝器进气干球温度（EDB）。各参数计算结果如表 3-6-4 所示。

北京酒店类建筑 IPLV 公式计算结果　　　　　　　　表 3-6-4

北京酒店	权重	Load（%）	EDB（℃）	MCWB（℃）	ECWT（℃）
A	0.33%	99.13%	33.7	27.8	32.2
B	22.45%	74.65%	31.1	23.8	28.2
C	48.86%	49.51%	26.6	21.2	25.6
D	28.35%	19.64%	20.8	17.5	21.9

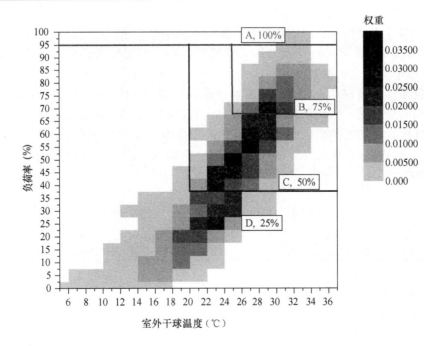

图 3-6-10　北京典型酒店建筑 IPLV 公式权重分布图

由此可得北京酒店类建筑的 IPLV 公式为：

$$IPLV = 0.33\% \times A + 22.45\% \times B + 48.86\% \times C + 28.35\% \times D \quad (3\text{-}6\text{-}4)$$

式中　　A——100% 负荷时的性能系数（W/W），冷却水进水温度 32.2℃/冷凝器进气干球温度 33.7℃；

  B——75％负荷时的性能系数（W/W），冷却水进水温度 28.2℃/冷凝器进气干球
   温度 31.1℃；

  C——50％负荷时的性能系数（W/W），冷却水进水温度 25.6℃/冷凝器进气干球
   温度 26.6℃；

  D——25％负荷时的性能系数（W/W），冷却水进水温度 21.9℃/冷凝器进气干球
   温度 20.8℃。

4.2.2　各类公共建筑权重确定

  由 IPLV 公式计算过程可知 ABCD 四个工况点的权重值，是这四个部分负荷运行工况的累积负荷百分比，与建筑类型、气象条件等具体情况紧密相关，而我国幅员辽阔，各个气候区气象条件差别大，而各类公共建筑的负荷特性也各不相同，各种情况下的 IPLV公式也会各不相同。为得到能体现我国各气候区、各类公共建筑负荷分布的平均情况，为不同厂商不同类型冷水机组提供一个公平统一的评价冷水机组部分负荷特性的平台，编制组根据前期分析结果，分别对我国各气候区内的 21 个典型城市的 6 类常用冷水机组作为冷源的公共建筑分别进行了 IPLV 公式的计算。最终统一的 IPLV 公式将根据这 126 组计算结果加权得出，一共需要进行三次加权，分别是对气候区加权、建筑类型加权以及气候区内城市加权，以下将对各权重的确定进行详细说明。

  1. 典型城市的选取及其权重的确定

  基于向全国各主要冷水机组生产厂商征集了不同类型、不同冷量范围冷水机组的性能参数及其在 2006～2011 年期间全国各城市的销售数据，根据厂商的反馈信息，共统计出了全国 62 个城市的冷水机组销售量，各城市的销量比例如图 3-6-11 所示。由于各气候区由北到南气象条件及面积差异巨大，从夏热冬暖到严寒 AB 区，冷水机组销量相差很大。在确定各气候区典型城市的数量和具体城市时，主要参考了各气候区的总销量、各城市的具体位置及其冷水机组的销量，以求尽量包括使用冷水机组的主要城市以及各气候区典型的气候条件，最终选取全国五个气候区的 21 个城市为典型代表城市进行计算，具体城市如表 3-6-5 所示。

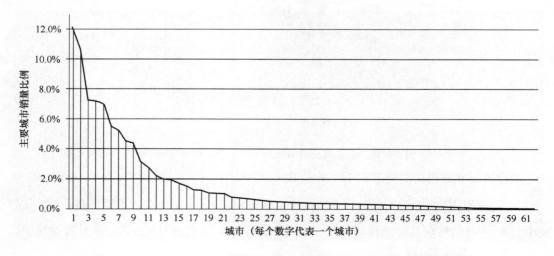

图 3-6-11　2006～2011 年全国各气候区典型城市冷水机组销量数据分布

各气候区代表城市　　　　　　　　　　　　　　　　　　表 3-6-5

气候区	严寒 AB	严寒 C	寒冷	夏热冬冷	夏热冬暖
1	哈尔滨	沈阳	北京	上海	广州
2	漠河	长春	大连	南京	汕头
3	/	/	天津	武汉	厦门
4	/	/	济南	杭州	海口
5	/	/	郑州	成都	南宁
6	/	/	西安	长沙	/

　　由于厂商均是以各城市销售办事处为单位统计销售数据，每个城市的数据可能包括了该城市及周边城市的销量，无法进行进一步的拆分，因此根据厂商统计方式得到的销售数据并不是精确的典型代表城市的销售量；但是由于典型代表城市与周边城市（例如杭州和宁波）的气候条件相近，认为该典型代表城市的气候条件及销售量即代表了他们的整体情况。根据统计方式进行计算，这 21 个典型代表城市的销售量，共占到了统计到的总销售量的 94.8%，可以认为这 21 个典型代表城市的气候条件能够代表我国大多数冷水机组的使用情况。

　　某气候区内某一类公共建筑的 *IPLV* 计算公式主要根据其典型城市的计算结果加权得出，权重系数则为相应的销售比例。各气候区典型代表城市的权重具体如图 3-6-12 所示。

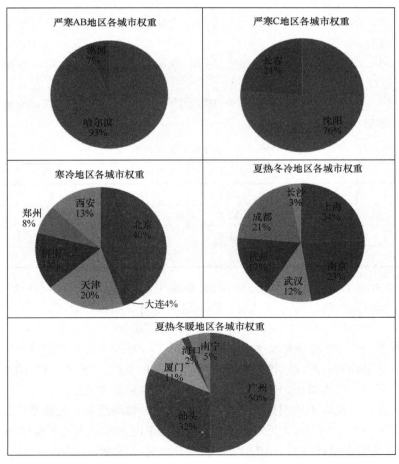

图 3-6-12　全国各气候区典型代表城市权重分布

2. 各气候区各类典型公共建筑权重的确定

冷水机组的使用量主要根据负荷来定，而对不同地区而言，建筑面积则是决定负荷的一个重要的指标，因此各气候区各类典型公共建筑的 IPLV 公式的权重主要根据相应的建筑面积来确定。

根据公共建筑模型数据库的研究成果，将 2006～2011 年我国各气候区各类典型公共建筑建成面积的分布比例作为权重。需要说明的是，由于严寒 A 区的公共建筑面积仅占全国公共建筑的 0.24%，该气候区的公共建筑能耗特点及冷水机组的销量水平和严寒 B 区相差不大，同时为了便于操作，将严寒地区分为严寒 A、B 区和严寒 C 区两部分；此外，由于典型学校建筑以中学和大学的教学楼为主，主要采用分体空调供冷，且其使用特性和其他公共建筑差异很大（通常最热月 7、8 月为暑假，不使用空调），因此进行 IPLV 公式计算时，并未考虑学校建筑。

表 3-6-6 为对各气候区各典型代表城市的各类公共建筑进行统计加权后，得出的计算结果，对计算得出负荷率进行取整，确定全国统一的 IPLV 计算公式为：

$$IPLV = 1.2\% \times A + 32.8\% \times B + 39.7\% \times C + 26.3\% \times D \qquad (3\text{-}6\text{-}5)$$

式中　A——100% 负荷时的性能系数（W/W），冷却水进水温度 32.1℃/冷凝器进气干球温度 33.2℃；

　　　B——75% 负荷时的性能系数（W/W），冷却水进水温度 29.7℃/冷凝器进气干球温度 30.2℃；

　　　C——50% 负荷时的性能系数（W/W），冷却水进水温度 26.7℃/冷凝器进气干球温度 26.8℃；

　　　D——25% 负荷时的性能系数（W/W），冷却水进水温度 23.1℃/冷凝器进气干球温度 22.0℃。

加权统一的 IPLV 计算结果　　　　　　　　　　　　　　表 3-6-6

加权结果		权重	DB（℃）	MCWB（℃）	ECWT（℃）	负荷率
权重	A	1.2%	33.2	27.7	32.1	98.4%
	B	32.8%	30.2	25.3	29.7	74.7%
	C	39.7%	26.8	22.3	26.7	49.7%
	D	26.3%	22.0	18.7	23.1	21.8%

从表 3-6-6 中可以看出，计算得到的部分负荷工况条件与 GB 50189—2005 和冷水机组产品标准《蒸汽压缩循环冷水（热泵）冷水机组工商业用和类似用途的冷水（热泵）冷水机组》GB/T 18430.1—2007 中规定的工况条件并不一致。以水冷冷水机组为例，计算得出的负荷率为 100% 时的冷却水进水温度（ECWT）为 32.1℃，根据计算方法冷却水进水温度是在室外平均同步湿球温度（MCWB）27.7℃的基础上加上 4.4℃的冷幅高计算得出。在实际运行中，冷水机组的实际冷却水进水温度主要受室外湿球温度、负荷率以及冷却塔性能的影响，因此，不同项目的实际冷幅高会因冷却塔性能和负荷率变化而不同。而国家标准 GB/T 18430.1—2007 规定的 100% 负荷率工况下冷却水进水温度为 30℃，在表 3-6-6 中室外平均同步湿球温度（MCWB）和冷却水进水温度（ECWT）计算值之间，其他负荷率情况相同。

不同负荷率条件下性能系数测试工况即冷却侧温度的选择，会直接影响到测得的各部分负荷率下的性能系数值，进而影响 *IPLV* 值，因此，对于 *IPLV* 计算公式中 4 个部分负荷率的性能系数值应该分别规定统一的测试工况。从 *IPLV* 公式的构成可以看出，它是由冷水机组的 4 个部分负荷工况点在规定工况下测得的性能系数，以各工况点相应的累计负荷比例为权重，通过加权平均得到的一个综合值，为评价不同冷水机组的部分负荷性能提供了一个统一公平的评价平台。虽然测试工况会直接影响测得的性能系数值，但是从 *IPLV* 是给不同冷水机组提供同一个评价的平台，以衡量不同冷水机组产品间部分负荷性能差别这一实际意义来说，若不同冷水机组测试工况一致，总体而言得到的冷水机组的性能评价结果是一样的，因为冷水机组性能是随着冷却水温度变化而呈线性变化的。

考虑到现有冷水机组产品标准《蒸汽压缩循环冷水（热泵）冷水机组工商业用和类似用途的冷水（热泵）冷水机组》GB/T 18430.1—2007 中已对 *IPLV* 公式中 4 个部分负荷性能系数的测试工况条件做出了相应的规定，目前已有产品也均按该规定进行测试。因此，在进行 *IPLV* 计算时，各部分负荷工况的测试条件仍沿用国家标准 GB/T 18430.1—2007 的规定。一方面，保证测试工况一致，不影响各冷水机组整体评价结果；另一方面可与产品标准的标定要求一致，减少厂商负担和成本（不需要重新测试）；同时还便于冷水机组产品的管理以及市场的规范。

综上，本次标准修订最终确定全国统一的 *IPLV* 计算公式为：

$$IPLV = 1.2\% \times A + 32.8\% \times B + 39.7\% \times C + 26.3\% \times D \qquad (3\text{-}6\text{-}6)$$

式中　*A*——100%负荷时的性能系数（W/W），冷却水进水温度 30℃/冷凝器进气干球温度 35℃；

　　　B——75%负荷时的性能系数（W/W），冷却水进水温度 26℃/冷凝器进气干球温度 31.5℃；

　　　C——50%负荷时的性能系数（W/W），冷却水进水温度 23℃/冷凝器进气干球温度 28℃；

　　　D——25%负荷时的性能系数（W/W），冷却水进水温度 19℃/冷凝器进气干球温度 24.5℃。

5　*IPLV* 适用性分析

5.1　非标准工况综合部分负荷性能系数 *NPLV*

$$NPLV = 1.2\% \times A + 32.8\% \times B + 39.7\% \times C + 26.3\% \times D \qquad (3\text{-}6\text{-}7)$$

NPLV 表示的是冷水机组在非标准工况（即不同于 *IPLV* 规定的工况）下，根据标准中规定的方法测得的 4 种部分负荷条件下的性能系数的加权平均值。与 *IPLV* 唯一不同的地方就是测试工况及其得出的部分负荷率的性能系数，其他方面相同，例如和 *IPLV* 的计算公式相同，同样只能用于评价单台冷水机组的部分负荷性能，同样不能用于实际能耗的计算。

冷水机组的能效随着冷却水温度改变而变化，即使负荷率相同，在不同的测试工况条件下，测得的各负荷率条件下的性能系数会不同，测试工况越好（例如，在冷水机组允许条件下，冷却水进水温度越低），测得的性能系数会越高，因此在实际工程应用中，很多厂商会选择提供冷水机组的 *NPLV* 值而非 *IPLV* 值。但是与此同时就容易衍生出另外一个问题，就是非标准工况的具体工况条件是各厂商根据情况而定，并没有统一的要求；而实际上冷凝器侧的工况条件对冷水机组的实际性能影响较大，同一冷水机组在不同工况下测得的 NPLV 值可能差别很大，这就很容易迷惑和误导非专业的用户。因此，进行冷水机组性能对比时，IPLV 值相比 NPLV 值更可靠，厂商在提供 NPLV 值时，应注明相应测试工况。

5.2　IPLV 更新前后对比分析

IPLV 公式更新后，对冷水机组的实际的综合部分负荷性能将产生多大的影响，以下将进行分析说明。对比表 3-6-7 中 4 个部分负荷率工况点的权重变化，可以看出，新的 IPLV 公式中各权重的相对大小值并没变，仍然是 50% 负荷率工况的权重最大，其次是 75%，满负荷工况 100% 权重最小；但是 25% 负荷率工况的权重明显比 GB 50189—2005 的计算结果要高，相应的其他工况的权重则明显降低。

IPLV 公式权重表　　　　　　　　　　　　　表 3-6-7

负荷率	更新后权重	GB 50189—2005 权重
100%	1.2%	2.3%
75%	32.8%	41.5%
50%	39.7%	46.1%
25%	26.3%	10.1%

根据上文分析结果，本次 IPLV 公式的更新只对各部分负荷率工况的权重进行了更新，而测试工况并不改变，因此，只需根据各冷水机组已标定的各部分负荷工况性能系数进行重新计算便可得到冷水机组的新的 IPLV 值。各工况点权重改变后，编制组分别对冷水机组厂商提供的冷水机组性能数据进行重新计算，对比了前后两个 IPLV 公式的计算结果，具体差异情况如图 3-6-13 所示。

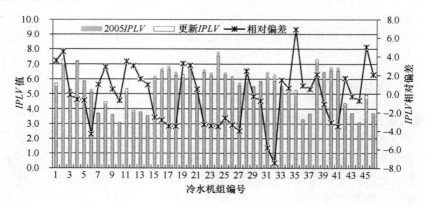

图 3-6-13　IPLV 公式更新后冷水机组 IPLV 值前后对比图

前文已说明，影响冷水机组 IPLV 值的是四个部分负荷的性能系数及其权重。对比上图 IPLV 公式更新前后的计算结果，大部分冷水机组的 IPLV 值更新前后偏差很小，基本在 ±4% 以内，但是仍有少数几台冷水机组偏差较大，于是编制组对冷水机组的性能情况进行了进一步分析。表 3-6-8 为其中 3 台冷水机组的具体性能参数情况。

不同冷水机组部分负荷及 *IPLV* 对比结果　　　　　　　　　　表 3-6-8

不同情况	性能系数（W/W）		
	冷水机组 1	冷水机组 2	冷水机组 3
100%	5.30	5.58	5.05
75%	6.65	6.45	5.16
50%	6.66	7.21	5.45
25%	3.66	8.64	5.23
2005*IPLV*	6.32	7.00	5.30
新 *IPLV*	5.85	7.32	5.29
相对偏差	−7.44%	4.50%	−0.11%

上表数据显示：冷水机组 3 新旧公式的 *IPLV* 值计算结果基本相等，相对偏差只有 −0.11%，冷水机组各部分负荷工况性能水平相当。冷水机组 1 在 25% 负荷率时，能效骤降，明显低于其他高负荷率段的性能，导致 *IPLV* 值前后相差 −0.47，相对偏差为 −7.44%；冷水机组 2 在部分负荷工况下其性能更好，25% 负荷率时冷水机组能效高于其他负荷率段，*IPLV* 值前后相差 0.32，相对偏差为 4.50%。

可见虽然 *IPLV* 公式中权重的趋势未变，各部分负荷工况的权重值发生一定变化，但对于 25% 负荷率时冷水机组的性能与其他工况相比相差较大的冷水机组，其 *IPLV* 值相差较大。

由此可知，虽然 *IPLV* 公式中权重值很小，但是作用在冷水机组各部分负荷性能上之后，对冷水机组的 *IPLV* 值影响仍较大。更新后的 *IPLV* 公式，25% 负荷率权重的增大，从一方面来说，也是进一步推动厂商提高冷水机组低负荷率工况下的性能。并且从 *IPLV* 公式的权重分布来看，权重值最大的 B 点和 C 点对应的冷水机组的 75% 和 50% 负荷率下性能通常也是冷水机组性能最高部分，这点和冷水机组的特性也是一致的，同样也有利于促进冷水机组性能的提升。表中 3 台冷水机组的性能情况也说明，冷水机组各部分负荷率工况下的能效对其 *IPLV* 值的影响都很大，应重点关注冷水机组的部分性能水平的均衡性，研究何种技术能够得到适应不同负荷率需求的更好的冷水机组调节性能。

6　小结

本章对我国冷水机组综合部分负荷性能系数 *IPLV* 进行分析研究。首先对我国当前 *IPLV* 的应用现状进行了分析，指出目前 *IPLV* 应用存在的误区并进行了更正。其次，基于本次标准修订的数据基础，分析了我国 *IPLV* 公式修订的必要性，进而对 *IPLV* 计算方法进行了探讨，对传统的 ton-hour 处理负荷的方法进行了改进和调整，基于典型公共建筑模型数据库中的各类公共建筑模型对 *IPLV* 公式进行了计算和修订。

根据厂商提供的冷水机组数据，对更新前后冷水机组的 *IPLV* 值变化情况进行了对比分析。指出虽然 *IPLV* 公式中权重值很小，但是作用在冷水机组各部分负荷性能上之后，对冷水机组的 *IPLV* 值影响仍较大。更新后的 *IPLV* 公式，25% 负荷率权重的增大，进一步推动厂商提高冷水机组低负荷率工况下的性能。冷水机组各部分负荷率工况下的能效对其 *IPLV* 值的影响很大，应重点关注冷水机组的部分性能，研究何种技术能够得到更好的冷水机组调节性能。

参考文献

[1] A. S. 550/590，Performance rating of water-chilling and heat pump water-heating packages using the vapor compression cycle [S]. 2011.

[2] Energy efficiency and certification of central air conditioners final report [R]. 2003.

[3] HM Government. Non-domestic building services compliance guide：2010 edition [M]. 2010.

[4] 周辉. 办公建筑空调能耗指标的研究 [D]. 上海：同济大学博士学位论文，2005.

[5] 汪训昌. 正确理解、解释与应用 ARI550/590 标准中的 IPLV 指标 [J]. 暖通空调，2006，36(11)：46-50.

专题7　公共建筑暖通空调系统节能控制设计要求

［同方泰德国际科技（北京）有限公司　赵晓宇］

控制是指对设备的启停或开启程度发出指令使其依照执行，为了实现暖通空调系统的正常运行，对设备均应配置一定的控制手段。设备运行控制的效果，不仅影响到暖通空调系统的效果（如室内温度状况），而且直接影响到系统的运行能耗。因此，对于暖通空调系统能耗占比较大的公共建筑，更加重视节能控制问题。《公共建筑节能设计标准》GB 50189—2015 从节能控制的基本要求、控制实现方式及能耗监测计量需求出发，对暖通空调系统的监测、控制与计量设计要求进行了规定。

1　节能控制要求

从设备运行能耗来看，有如下的基本关系式：

$$W = N \cdot t \tag{3-7-1}$$

式中　W——运行电耗；

N——运行功率；

t——运行时间。

设备的运行功率，又有如下的基本关系式：

$$N = 负荷需求 / 能效 \tag{3-7-2}$$

对于冷机，有

$$N = Q/COP \tag{3-7-3}$$

式中　Q——冷量；

COP——冷机的制冷性能系数。

对于水泵（风机），有

$$N = G \cdot H/\eta \tag{3-7-4}$$

式中　G——质量流量；

H——扬程；

η——水泵效率。

从以上基本要求出发，可以看出要实现节能控制的关键点在于：

1. 适应用户的需求变化，减小设备的负荷需求

建筑围护结构热工性能的提高，是减少建筑冷热负荷需求的一项重要手段。暖通系统

中，末端设备在无人状态下关闭就可以减小冷负荷需求，减小冷水流量和水管阻力，减小风量和风管阻力等分别对应冷机、水泵和风机的运行节能有明显效果。

2. 提高设备的运行效率

影响设备运行效率的相关因素较多，设备本身形式和制造工艺的影响是关键性的内因，而运行参数的变化则是重要的外因。例如，冷机的运行效率还与冷水和冷却水的温度有直接关系，水泵的运行效率与运行工况点即管网阻力特性有直接关系。因此，控制时优化系统的运行参数和运行工况对运行节能有很大影响。

3. 减少设备的运行时间

例如，有使用需要时才开启相应的暖通空调设备，人员离开后可以及时关闭。对于空调末端设备设置有人自动启停控制或随室温调控装置，可以实现这一要求。

根据以上分析，可以看出，公共建筑中暖通空调系统的节能设计措施主要包括：空调系统按用户需求划分，末端设备可独立启停，避免不必要的负荷需求；提高锅炉、冷机/热泵的性能系数，改善输配系统的水力特性确保水泵（风机）高效运行；房间设置室温调控装置或者末端设备能够根据使用时间或者有人与否进行启停控制，等等。

在《公共建筑节能设计标准》GB 50189—2015 的第 4.5 节中，第 4.5.9～4.5.12 条分别对风机盘管、排除余热的通风系统、地下车库排风系统和间歇运行的空气调节系统提出节能控制的设计要求，主要是末端设备按需使用、尽量减少运行时间，同时对输配系统和冷热源也减少了负荷需求。

2　控制实现方式

为实现以上控制要求，需要配置必要的硬件设备和相应的控制措施。因为系统设计时，设备规格型号的选择需要满足设计负荷（即最大负荷）的要求，而实际运行中负荷需求是变化的。根据统计，暖通空调系统达到设计负荷的运行时间占比不到 5%，而在负荷率 60% 以下的运行时间占比在 50% 以上。因此，采用能够随着负荷需求调节设备输出的措施是节能控制的前提。例如风机、水泵等电机配置变频器，水管路设置连续调节的电动阀，末端设备设置通断控制阀等等。而变频器和自动控制阀等执行器的设计选型要点参见《民用建筑供暖通风与空气调节设计规范技术指南》，不再赘述。

按照对设备运行的控制方式可以分为：

1. 就地手动控制，如在现场直接扳动阀门执行器，或者在风机、水泵的电气控制箱（柜）上按动启停按钮。该方式对检测仪表和现场设备的要求最简单，投资也最节省；不过系统运行效果将与操作员的技术水平直接相关，而且当设备台数较多、分布比较分散时，操作不便、维护管理困难。就地手动控制是保证设备运行的必备条件，后续控制方式都要在此基础上实现，而且当其他方式在元器件检修时也需采用此方式进行必要的操作。

2. 远程手动控制，如在控制中心的操作屏幕上，进行阀门开关或开度的调整，风机、水泵的开关或频率的调整。要实现这种方式，需要在现场的电气控制箱（柜）上设置手动/自动转换开关，只有当开关置于"自动"状态时才能按指令动作；阀门的执行器也应为电动；且需要将电动设备与控制中心的操作台之间由信号线缆连接。

3. 自动启停控制，包括按照设定的使用时间表进行开关机，例如下班时段自动关机；还包括按照设定的逻辑关系与相关设备按一定顺序执行启停动作，如冷机启动时，需要先打开相关水阀、冷水泵、冷却塔和冷却水泵后才能开启。该方式对自控元件的要求较低，软件编程简单、容易实现。

4. 自动调节控制，如根据设定的算法计算出阀门开度或电机频率等输出到被控设备进行动作，以保证被控环境参数达到设定值要求；例如空调机组的水阀控制和水系统的冷水泵控制等。该方式对自控元件的硬件配置和软件编程均有较高的技术要求，设定运行工况和控制目标后，就可以自动进行设备调节，管理方便，显著节约人力成本，如能采用节能控制算法则可实现设备运行优化和系统运行节能，是节能控制的关键部分。

为实现控制功能，必须监测相关参数，即便是就地手动控制方式也需要操作人员在现场看到相关设备、管路以及环境的参数后才能进行动作，因此供回水的温度、压力等检测仪表是必需的。与以上控制实现方式类似，也有不同的实现方式，如：就地检测目测观察、检测信号远传直接接通或断开电气线路控制设备启停、检测信号远传至计算机通过逻辑运行等输出结果控制设备启停或调节设备开启程度。

在执行控制功能时也必须考虑到设备运行的安全性，因此对设备的安全保护功能也是必备的，如电机的过电流保护等。这些必备的控制功能是节能运行的基本保证，也是设备控制的通用技术条件。但是需要注意的是，涉及设备安全的保护功能通常已经在电气回路中实现了，例如电机的过电流保护（自动断电停机）功能，并在现场电控柜上有指示灯显示；如果需要运行管理人员在远程可以了解到情况，则需要将信息点也接入自控系统。

从运行管理和节能优化角度，要求对大型设备建立档案，记录系统的运行状况。采用就地手动控制方式时，对于系统能耗和运行情况等只能做定期的手工记录，用于管理分析。系统运行的效果与操作人员的技术水平有很大关系，当设备台数较多、分布比较分散时，操作不方便、维护管理困难。采用远程手动控制时，如果检测和控制信号都通过通信网络与监控计算机通信，则可以做到自动记录并保存，否则也只能做定期的手工记录。采用就地自动控制时，可以做到将某一测量或控制回路的参数就地输出到打印纸等媒介上，但不同回路之间的参数无法互相通信，系统的总能耗和运行状态等还需要定期进行手工记录，以供管理分析。只有采用远程监测、调节优化和集中管理的自控方式时，才可以将所有信息输出和存储，进行统计、分析和诊断，有利于持续地运行改进和节能优化。该方式通常采用基于计算机芯片的建筑设备监控系统（俗称楼控系统，BA）来实现，即采用传感器、执行器、控制器、人机界面、数据库、通信网络、管线等将被控对象连接起来，并配有定制编程的软件进行监视、控制和管理。投资相对前两种方式高，实现的功能也更为完善。可以大大减少运行操作人员的工作量，提高运行质量，方便设备的维护管理。

在《公共建筑节能设计标准》GB 50189—2015 的第 4.5.1 条规定：对于建筑面积大于 20000 m² 的公共建筑使用全空气调节系统时，为操作管理方便和运行节能，推荐采用直接数字控制（DDC）系统，即现场的检测仪表可输出数字信号，被控设备的执行机构也能接收数字信号，现场设备通过信号线缆与编制了自控算法（可接收和输出数字信号）的计算机连接，可接受远程手动、自动启停和自动调节控制的指令。采用这种方式后，可以根据使用需要编制软件进行数据统计、分析与诊断等，有利于运行参数优化和系统节能。控制的内容可以包括参数检测、参数与设备状态显示、自动调节与控制、工况自动转换、能量计量以及中央监控与管理等，设计时究竟采用哪些检测与监控内容和方式，应根据系统节能目标、建筑物的功能、系统的类型、运行时间和工艺对管理的要求等因素，经技术经济比较确定。

3 暖通空调系统的节能控制设计要求

在《公共建筑节能设计标准》GB 50189—2015 的第 4.5 节中，第 4.5.5 和 4.5.7 条分别对锅炉房和换热机房、冷热源机房提出节能控制的设计要求，基本包含三个层次：

1. 相关设备的连锁和顺序启停，对大型设备（锅炉、冷机）进行必需的安全保护，又避免了不必要的或者人员忘记导致的附属设备长时间运行。

2. 冷/热水供水温度和流量的调节，即"质调节"和"量调节"。从节能角度，量调节是更为直接和有效的，而质调节会影响冷热源设备的运行效率，同时对流量的需求和末端设备的运行性能也会产生影响，需要在保证受控环境参数满足需求的条件下，将系统整体运行能耗作为节能目标进行综合分析。通常情况下，系统的水流"量调节"可以实时控制，而水温的"质调节"不宜实时改变，应以"量调节"为主辅助以分阶段的"质调节"；既有利于运行节能，又可保证设备稳定，简单易行。

3. 水泵（风机）的台数和转速控制，需要与输配管网的水力特性相配合，达到水泵运行效率最优即最节能的工况点。

4. 冷机/热泵（锅炉）的负荷调节应根据负荷需求调节，通常由冷机/热泵自带的控制单元实现，即在保证设定的供水温度下，根据冷负荷调节冷机出力使负荷匹配。因此，在冷站群控时，要求冷机的控制单元能够与自控系统通信，以便系统给定启动台数和设定出水温度等参数。

《公共建筑节能设计标准》GB 50189—2015 的第 4.5.8 条还对全空气空调系统提出节能控制的设计要求，也包括几方面：

1. 风阀、水阀等与风机的启停连锁，风机启停时间的定时控制或优化调整，全新风系统的送风末端在人离开后延时关闭，这些措施既可以减少末端设备的运行时间，又减小输配和冷热源系统的负荷需求，进一步有利于运行节能。

需要解释的是，风机运行时间优化包括提前启动（预冷/热）或者夜间扫风（蓄冷/热）等，对风机能耗没有节省，但是有利于减少冷热负荷的需求，在综合风机和热冷源及输配系统的能耗下，找到运行节能的最佳工况。

2. 空调区域的温度设定值在夏季调高和冬季调低，可以降低系统的负荷需求，减少设备的运行时间，有利于运行节能。另外有研究结果表明，室内外温度差过大容易使人产生空调病等，因此建议有条件时根据室外气象参数调节室内温度的设定值。

3. 全空气系统过渡季节利用新风免费制冷，可以降低系统的冷热负荷需求，减少冷热源和水泵等设备的运行时间，也是对运行节能有利。在空调机组处调节新、回风阀的开度可以有效调节新风比，无论风机是否变频都可以有效利用新风的冷量，是比较简单有效的节能措施。

4 暖通空调系统中的能耗监测与计量

从第 2 部分的分析，为了实现控制功能，必须对暖通空调系统的运行状况和环境参数等进行监测。另一方面，从建筑节能工作的需要出发，为了加强建筑用能的量化管理（暖通空调系统的运行能耗在公共建筑能耗中占比较大），也必须对能耗参数进行监测与计量。

根据《中华人民共和国节约能源法》，对一次能源/资源的消耗量以及集中供热系统的供热量均应计量。根据《民用建筑节能条例》，实行集中供热的建筑应当安装供热系统调控装置、用热计量装置和室内温度调控装置；公共建筑还应当安装用电分项计量装置。居住建筑安装的用热计量装置应当满足分户计量的要求。根据《公共机构节能条例》，公共机构应当实行能源消费计量制度，区分用能种类、用能系统实行能源消费分户、分类、分项计量，并对能源消耗状况进行实时监测，及时发现、纠正用能浪费现象。因此在锅炉房、换热机房和制冷机房等能耗集中处强制设置能耗计量，计量内容包括：（1）燃料的消耗量；（2）制冷机的耗电量；（3）集中供热系统的供热量；（4）补水量。采用区域性冷热源时，在每栋建筑的冷热源入口处，应设置冷（热）量计量装置。采用集中供暖空调系统时，不同使用单位或区域宜分别设置冷量和热量计量装置。

需要注意的是，用于结算的计量器具，其检定、制造、修理、销售和使用都应遵守《中华人民共和国计量法》的规定，且计量检定证书应在检定的有效期内。

此外，为了核算被测设备的运行性能，进行经济性和故障诊断分析，同时也分析建筑能耗构成，寻找节能途径，需要进行必要的能耗监测。我国目前只有分项能耗监测（电计量）的要求，而对于大型设备的能耗监测尚无明确的规定，香港地区的相关规定可供参考：对于单位用能功率不小于 100kW 的冷热源设备，应监测其消耗的电或油/气/热量和提供的冷、热量；对于单台用电功率不小于 30kW 的冷冻和冷却水循环泵，应监测其耗电量和水流量。这样，也可以核算耗电输冷（热）比是否达到设计要求。

5　小结

1. 从能源消耗的角度分析，节能设计的关键措施为：建筑围护结构减小冷热负荷，系统划分与使用匹配，选用高效节能的设备。

2. 从运行节能出发，自控节能设计的关键措施为：减小运行时间，优化运行参数以降低负荷需求和提高设备运行效率。

3. 从节能控制和能耗监测角度来看，建筑设备监控系统是一项必备的措施，但是对其分析诊断等功能也要提出更高的要求。

参考文献

[1]　洪丽娟，刘传聚. 空调冷负荷时间频数及其应用 [J]. 制冷与空调，2004，12(6)：63-65.
[2]　马进，张腊春，黄朝阳. 星级宾馆空调冷负荷测试及其分析 [J]. 建筑热能通风空调，1999，(3)：22-24.

专题 8　电气篇编制情况介绍

（中国建筑设计研究院　陈　琪）

电气系统节能是公共建筑节能的重要组成部分，特别是照明系统的节能，对公共建筑节能工作的影响越来越重要，公共建筑中照明能耗约占建筑总能耗的 $30\%\sim40\%$。《公共建筑节能设计标准》GB 50189—2005 中，对照明系统只是要求其符合现行国家标准《建筑照明设计标准》GB 50034 的有关规定，并未在标准中具体体现。为了提高公共建筑节能设计标准的完整性，加强对电气系统的节能要求，本次修订首次增加了第 6 章整个章节的电气内容；同时根据我国特点，将导光、反光照明，自动扶梯、自动人行步道、电梯的电气控制要求写入建筑章节中。

1　编制原则

在建筑物中，电气系统主要是为所有设备提供电能。电气节能主要是减少电气损耗、节约材料以及加强控制管理。

2　主要内容

本章从减少电气损耗、节约材料及加强控制管理出发，对供配电系统、照明及电能监测与计量系统的节能设计提出了具体要求。

2.1　减少损耗与节约材料

1. 变压器、灯具等设备的效率高，光源、镇流器的能效高，所用的电能消耗就小。因此，规范中对变压器、光源、镇流器的能效及灯具的选择均作了限制性规定；

2. 变压器工作在经济运行区，损耗就低。

3. 输送电能的线缆的质量好，线缆的损耗就低；输送电能的线缆的距离短，线缆的损耗也就低，耗电量就少，故规范要求变电所靠近负荷中心及大功率用电设备，以及各级配电都要尽量减少供电线路的距离，就是这个目的。

4. 功率因数高，表示有功功率高，无功功率低，而且补偿越靠近末端，效果越明显，效率也就越高。

5. 漫射发光顶棚，主要是靠光反射达到均匀照度，这种照明方式，光损失较大，故不宜采用。

2.2　照明控制

1. 除了光源、灯具效率及功率密度配置，照明优化控制是其节能的重要手段。

控制一个开关的开灯数量，是为了按需开灯，减少不必要的开灯数量，以节约电能。

2. 走廊、楼梯间、门厅、电梯厅、卫生间、停车库等公共场所的照明，采用集中开关控制或就地感应控制，是为了减少无人的状态下，灯总是开着的情况。

3. 大空间、多功能、多场景场所的照明，采用智能照明控制系统，是为了充分达到照明效果，避免不需要的大面积开灯。

2.3　电能管理

电能计量是单独核算的基础，在需要单独核算的场所，尤为重要。特别是分项计量，有利于建筑各类系统设备的能耗分布统计和能效分析，发现能耗不合理之处，为节能改造、改善运行提供依据，提升建筑的节能管理水平。对办公建筑，将其照明和插座分项进行电能监测与计量，是为了将照明节能与设备节能效果统计分析，检查照明灯具及办公设备的用电指标，以便制定更合理的节电措施。

专题9 建筑给水排水系统节能设计要求

（上海建筑设计研究院有限公司 徐 凤）

1 前言

我国建筑用能约占全国能源消费总量的 27.5%，并将随着人民生活水平的提高逐步增加到 30% 以上。在公共建筑的全年能耗中，供暖系统的能耗约占 40%～50%，照明能耗占 30%～40%，其他用能设备约占 10%～20%。公共建筑在围护结构、供暖空调系统、照明、给水排水以及电气等方面，有较大的节能潜力。

《公共建筑节能设计标准》GB 50189—2015 中增加了给水排水、电气和可再生能源应用的相关内容，提出了节能设计要求。本文向读者介绍该标准中给水排水系统节能设计的主要内容，在给水排水系统设计满足安全、卫生、适用的前提下，同时应注意满足节水、节能的设计要求。

建筑给水排水专业的节能设计要点是降低给水泵的能耗和集中热水系统的能耗。

2 节水与节能

节水与节能是密切相关、存在着内在联系的关系。为节约能耗、减少水泵输送的能耗，应合理设计给水、热水、排水系统，正确计算用水量，合理选用水泵等设备，通过节约用水达到节能的目的。

2.1 合理选用用水定额

合理设计给水、热水、排水系统，正确计算用水量，首先应根据工程项目的功能、使用人数等，合理选用用水定额。国家现行标准《建筑给水排水设计规范》GB 50015—2003（2009 年版）表 3.1.10 列出了最高日用水定额、小时变化系数等。当使用人数（或单位）较多时应选用较小的用水定额和较大的小时变化系数计算最高日和最大时用水量；当使用人数（或单位）较少时应选用较大的用水定额和较小的小时变化系数计算最高日和最大时用水量。例如，1500 床的三级甲等医院工程项目，属超大型医院，使用人数（或单位）较多，计算最高日用水量、最大时用水量时，应选用最高日用水定额的下限值 100L/（床·日），小时变化系数选用 2.5。如果仍选用最高日用水定额的上限值 200L/（床·日）计算最高日用水量就不合理了，最高日用水量翻倍增加，导致给水水箱容积过大、给水泵的流量增加、给水管道管径加大等，且由于给水泵的流量增加，用电功率增加，能耗增加，不符合节能设计要求。所以，设计人员应根据工程项目的功能、使用人数（或单位）等，合理选用用水定额，节约用水，继而减少能耗。

《民用建筑节水设计标准》GB 50555—2010 表 3.1.2 列出了平均日生活用水节水用水定额，全年用水量计算、非传统水源利用率计算等应按《民用建筑节水设计标准》GB 50555 有关规定执行。需要注意建筑功能或给水设备的使用时间、使用天数，不能一概按365 天计算全年用水量，如办公楼的使用天数应减去休息日，又如冷却塔的使用时间段与空调系统使用时间一致。

2.2　计量要求

《公共建筑节能设计标准》GB 50189—2015 要求："应根据不同建筑类型、不同用水部门和管理要求分设计量水表"，"有计量要求的水加热、换热站室，应安装热水表、热量表、蒸汽流量计或热源计量表"。

《民用建筑节水设计标准》GB 50555 对设置用水计量水表的位置作了明确要求。冷却塔循环冷却水、游泳池和游乐设施、空调冷热水系统等补水管上需要设置用水计量表；公共建筑中的厨房、公共浴室、洗衣房、锅炉房、建筑物引入管等有冷水、热水量计量要求的水管上都需要设置计量水表，控制用水量，达到节水、节能要求。

有集中供应热水系统时，对于热源有计量要求的水加热、换热站室，应安装热水表、热量表、蒸汽流量计或热源计量表。通过对热媒、热源计量以便控制热媒或热源的消耗，落实到节约用能。

当集中供应热水系统热媒采用热媒水，水加热、热交换站室的热媒水仅需要计量用量时，可在热媒管道上安装热水表，计量热媒水的使用量。水加热、热交换站室的热媒水需要计量热媒水耗热量时，在热媒管道上需要安装热量表。热量表是一种适用于测量在热交换环路中，载热液体所吸收或转换热能的仪器，通过测量热媒流量和焓差值来计算出热量损耗。在水加热、换热器的热媒进水管和热媒回水管上安装温度传感器，进行热量消耗计量。热水表仅可以计量热水使用量，但是不能计量热量的消耗量，故热水表不能替代热量表。热量表示意图见图 3-9-1。

当集中供应热水系统热媒为蒸汽时，在蒸汽管道上需要安装蒸汽流量计进行计量。当

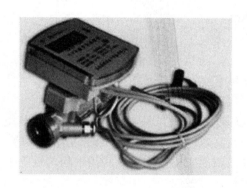

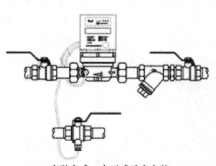

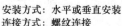

安装方式：水平或垂直安装
连接方式：螺纹连接

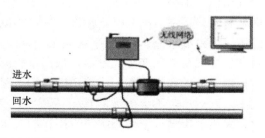

图 3-9-1　热量表示意图

集中供应热水系统水加热的热源为燃气或燃油时，需要设燃气计量表或燃油计量表进行计量。

3　给水系统设计降低能耗要点

《公共建筑节能设计标准》GB 50189—2015 要求："给水系统应充分利用城镇给水管网或小区给水管网的水压直接供水。经批准认可时可采用叠压供水系统。"

为节约能源，并减少生活饮用水水质被污染，除了有特殊供水安全要求的建筑以外，建筑物底部的楼层应充分利用城镇给水管网或小区给水管网的水压直接供水。当城镇给水管网或小区给水管网的水压和（或）水量不足时，应根据卫生安全、经济节能的原则选用贮水调节和（或）加压供水方案。在征得当地供水行政主管部门及供水部门批准认可时，可采用直接从城镇给水管网吸水的叠压供水系统。

为避免因水压过高引起的用水浪费，给水系统应竖向合理分区，每区供水压力不大于0.45MPa，合理采取减压限流的节水措施，分区内低层部分的用水点处供水压力不大于 0.20MPa。

《公共建筑节能设计标准》GB 50189—2015 要求："应根据城镇给水条件、小区规模、建筑高度、建筑物的分布、使用标准、安全供水和降低能耗等因素合理确定。"给水加压站位置与能耗也有很大的关系，如果位置设置不合理，会造成能源浪费。随着建筑行业的发展，大型城市综合体越来越多，小区规模越来越大，用地红线内的建筑群增多，为降低给水能耗，应合理布置二次加压泵站的位置，宜设于服务范围的中心区域。例如，某 6 层楼的酒店工程项目，建筑物长约 400 余米，而给水泵房设于建筑物的端头，给水泵的扬程需要满足最远用水点的给水压力，造成了靠近泵房的用水点给水压力超过了用水点处供水压力必须减压，浪费了能源。如果将给水泵房设计在建筑的中间部位，可以降低给水泵的扬程，降低能耗。所以，给排水设计人员应注意这方面的问题，合理布置给水泵站，既要安全供水也要降低能耗。

《公共建筑节能设计标准》GB 50189—2015 要求："变频调速泵组应根据用水量和用水均匀性等因素合理选择搭配水泵及调节设施，宜按供水需求自动控制水泵启动的台数，保证在高效区运行。"变频泵的使用已经有很多年了，但是用了变频泵不一定就是节能的。所以强调"应根据用水量和用水均匀性等因素合理选择搭配水泵及调节设施"，合理选用变频泵，合理选用变频泵组，使变频泵、变频泵组运行在高效区内。建议给水流量大于10m³/h 时，变频组工作水泵由 2 台以上水泵组成比较合理，泵组最多不多于 5 台水泵。设计可以根据公共建筑的用水量，用水的均匀性合理选择大泵、小泵搭配，泵组也可以配置气压罐，供小流量用水，避免水泵频繁启动，以降低能耗。由悉地国际设计顾问（深圳）有限公司主编的 CECS 标准《数字集成全变频恒压控制供水设备应用技术规程》（已经通过送审稿审查），将数字集成全变频控制恒压供水设备中的每台水泵均独立配置一个数字集成水泵专用变频控制器，根据系统流量变化自动调节水泵转速，并实现多台工作泵运行情况下的效率均衡，无论系统运行工况如何变化及设备使用场合多么不同，水泵始终在高效区运行，不会出现能耗浪费现象，与普通继电器电路单变频控制恒压供水设备相比，采用数字集成全变频水泵专用控制技术的恒压供水设备具有更理想的节能效果。数字集成全变频标准型恒压供水设备实物如图 3-9-2 所示。

《公共建筑节能设计标准》GB 50189—2015 要求："卫生间的卫生器具和配件应符合现行行业标准《节水型生活用水器具》CJ 164 的规定。"由城市建设研究院、国家建筑材料工业建筑五金水暖产品质量监督检测测试中心、北京市节约用水管理中心等单位编制的标准《节水型生活用水器具》CJ 164—2014 中对节水型生活用水器具的要求作出了规定：水嘴流量均匀性不应大于 0.033L/s，在动态压力（0.1±0.01）MPa 水压下，流量等级见表 3-9-1，延时自闭水嘴延时时间见

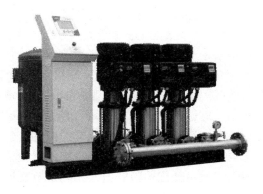

图 3-9-2　数字集成全变频标准型恒压供水泵组

表 3-9-2。便器产品宜采用双档冲洗结构，小档排水量不应大于名义用水量的 70%，其用水量分级见表 3-9-3。淋浴器流量均匀性不应大于 0.033L/s，流量等级见表 3-9-4。

水嘴流量等级　　　　　　　　　　　　　　　表 3-9-1

流量等级	1 级	2 级
流量 Q（L/s）	$Q \leqslant 0.100$	$0.100 \leqslant Q \leqslant 0.125$

水嘴延时时间　　　　　　　　　　　　　　　表 3-9-2

水嘴类型	水压（MPa）	延时时间（s）
洗面器水嘴	0.3±0.02	15±5
淋浴器水嘴	0.3±0.02	30±5

坐便器用水量分级　　　　　　　　　　　　　表 3-9-3

用水量等级	1 级	2 级
用水量（L）	4.0	5.0

淋浴器流量　　　　　　　　　　　　　　　　表 3-9-4

流量等级	1 级	2 级
流量 Q（L/s）	$Q \leqslant 0.08$	$0.08 \leqslant Q \leqslant 0.12$

由于卫生器具要求节水，减少了用水量，对污物在排水管道内的输送距离是有影响的。在设计时，除了要选用上述节水型生活用水器具以外，器具排水点应靠近排水立管，排水横支管应直线敷设减少转弯，并应通过计算确定管径，不应随意放大管径，排水管道敷设满足坡度要求，以确保排水顺畅。据工程人员反映，虽然坐便器采用了节水型用水器具，但是排水横支管转了 2 个弯，排水不畅，造成一次冲洗不净，需要冲二次，有时甚至需要冲三次，那就是不是节约用水，而是浪费水了。所以，节约用水不但要设计好给水系统，还要设计好排水系统，真正做到节约用水，降低能耗。

4　给水泵节能限定值

《公共建筑节能设计标准》GB 50189—2015 要求："给水泵应根据给水管网水力计算

结果选型，并应保证设计工况下水泵效率处在高效区。给水泵的效率不应低于国家标准《清水离心泵能效限定值及节能评价值》GB 19762 规定的泵节能评价值。"

给水系统设计应该根据《建筑给水排水设计规范》GB 50015、《民用建筑节水设计标准》GB 50555 的规定，正确计算给水泵的流量、扬程，选用保证设计工况下水泵效率处在高效区的给水泵。给水泵是耗能设备，常年工作着，水泵产品的效率对节约能耗起着关键作用，应选择符合现行标准《清水离心泵能效限定值及节能评价值》GB 19762 规定、通过节能认证的水泵产品，以节约能耗。

现行国家标准《清水离心泵能效限定值及节能评价值》GB 19762 规定了"泵能效限定值"、"泵目标能效限定值"和"泵节能评价值"。其中"泵能效限定值"、"泵目标能效限定值"是强制性的，"泵节能评价值"是推荐性的，"泵节能评价值"是指在标准规定测试条件下，满足节能认证要求应达到的泵规定点的最低效率。"泵节能评价值"比"泵能效限定值"和"泵目标能效限定值"要求更高，故要求所选用的给水泵效率不应低于国家标准"泵节能评价值"。《清水离心泵能效限定值及节能评价值》GB 19762 给出了泵节能评价值的计算方法，水泵比转速按下式计算：

$$n_{\mathrm{s}} = \frac{3.65n\sqrt{Q}}{H^{3/4}} \tag{3-9-1}$$

式中　Q——流量（m³/s）（双吸泵计算流量时取 $Q/2$）；

$\quad$ H——扬程（m）（多级泵计算取单级扬程）；

$\quad$ n——转速（r/min）；

$\quad$ n_{s}——比转速，无量纲。

计算得出比转速后，查《清水离心泵能效限定值及节能评价值》GB 19762 中的图表，即可计算得出"泵规定点效率值"、"能效限定值"和"节能评价值"。笔者参照《建筑给水排水设计手册》中 IS 型单级单吸水泵、TSWA 型多级单吸水泵和 DL 型多级单吸水泵的流量、扬程、转速数据，通过计算比转数和查图表，得出给水泵节能评价值，见表 3-9-5～表 3-9-7（表中列出节能评价值大于 50% 的水泵规格），供读者参考。

IS 型单级单吸给水泵节能评价值　　　　　　　　　　　　　表 3-9-5

流量 （m³/h）	扬程 （m）	转数 （r/min）	节能评价值 （%）	流量 （m³/h）	扬程 （m）	转数 （r/min）	节能评价值 （%）
12.5	20	2900	62		24	2900	78
	32	2900	56		36	2900	76
15	21.8	2900	63	60	54	2900	73
	35	2900	57		87	2900	67
	53	2900	51		133	2900	60
25	20	2900	71		20	2900	80
	32	2900	67	100	32	2900	80
	50	2900	61		50	2900	78
	80	2900	55		80	2900	74

续表

流量 (m³/h)	扬程 (m)	转数 (r/min)	节能评价值 (%)	流量 (m³/h)	扬程 (m)	转数 (r/min)	节能评价值 (%)
30	22.5	2900	72	120	125	2900	68
	36	2900	68		57.5	2900	79
	53	2900	63		87	2900	75
	84	2900	57		132.5	2900	70
	128	2900	52	200	50	2900	82
50	20	2900	77		80	2900	81
	32	2900	75		125	2900	76
	50	2900	71	240	44.5	2900	83
	80	2900	65		72	2900	82
	125	2900	59		120	2900	79

TSWA 型多级单吸离心给水泵节能评价值　　　　表 3-9-6

流量 (m³/h)	单级扬程 (m)	转数 (r/min)	节能评价值 (%)	流量 (m³/h)	单级扬程 (m)	转数 (r/min)	节能评价值 (%)
15	9	1450	56	72	21.6	1450	66
18	9	1450	58	80	15.6	1450	70
22	9	1450	60	90	21.6	1450	69
30	11.5	1450	62	108	21.6	1450	70
36	11.5	1450	64	119	30	1480	68
42	11.5	1450	65	115	30	1480	72
62	15.6	1450	67	191	30	1480	74
69	15.6	1450	68				

DL 多级离心给水泵节能评价值　　　　表 3-9-7

流量（m³/h）	单级扬程（m）	转数（r/min）	节能评价值（%）
15	12	1450	52
18	12	1450	54
30	12	1450	61
35	12	1450	63
32.4	12	1450	62
50.4	12	1450	67
65.16	12	1450	69
72	12	1450	70
100	12	1450	71
126	12	1450	71

从上述表格中数据可以看出，在同样的流量、扬程情况下，2900r/min 的水泵比 1450r/min 的水泵效率要高 2%～4%，建议除对噪声有要求的场合，宜选用转速 2900r/min 的水泵，提高用能效率。

5 生活热水系统节能设计要点

5.1 热源

《公共建筑节能设计标准》GB 50189—2015 要求："集中热水供应系统的热源，宜利用余热、废热、可再生能源或空气源热泵作为热水供应热源。当最高日生活热水量大于 5m³ 时，除电力需求侧管理鼓励用电，且利用谷电加热的情况下，不应采用直接电加热热源作为集中热水供应系统的热源。"这条规定是集中热水供应系统热源选择的原则。

余热包括工业余热、集中空调系统制冷机组排放的冷凝热、蒸汽凝结水热等。

当采用太阳能热水系统时，为保证热水温度恒定和保证水质，可优先考虑采用集热与辅热设备分开设置的系统，可以充分利用太阳能的得热量。关于太阳能热水系统的设计应按照国家现行标准《建筑给水排水设计规范》、《民用建筑节水设计标准》、《民用建筑太阳能热水系统技术规程》、《民用建筑太阳能热水系统评价标准》等，国家建筑标准设计图集《太阳能集中热水系统选用与安装》等。

由于集中热水供应系统采用直接电加热会耗费大量电能；若当地供电部门鼓励采用低谷时段电力，并给予较大的优惠政策时，允许采用利用谷电加热的蓄热式电热水炉，但是必须保证在峰时段与平时段不使用，即需要设有足够热容量的蓄热装置，如贮存设计温度的一天热水用水量。根据当地电力供应状况，小型集中热水系统可以采用夜间低谷电直接电加热作为集中热水供应系统的热源。

设计集中热水供应系统以最高日生活热水量 5m³ 作为限定，是以酒店生活热水用量进行测算，据建筑专业所述，酒店一般最少 15 套客房。以每套客房 2 床计算，根据《建筑给水排水设计规范》GB 50015—2003（2009 年版）表 5.1.1，取客房最高日用水定额上限值 160L/（床·日）（60℃），则最高日热水量为 4.8m³。故当最高日生活热水量大于 5m³ 时，集中热水供应系统尽可能避免采用直接电加热作为主热源，或集中太阳能热水系统的辅助热源，除非当地电力供应富裕、电力需求侧管理从发电系统整体效率角度，有明确的供电政策支持时，允许适当采用直接电热。

《公共建筑节能设计标准》GB 50189—2015 要求："以燃气或燃油作为热源时，宜采用燃气或燃油热水机组直接制备热水。当采用锅炉制备生活热水或开水时，锅炉额定工况下热效率不应低于表 3-9-8 中的限定值。"集中热水供应系统除有其他用蒸汽要求外，不建议采用燃气或燃油锅炉制备高温、高压蒸汽再进行热交换后供应生活热水的热源方式，这是因为蒸汽的热焓比热水要高得多，将水由低温状态加热至高温、高压蒸汽再通过热交换转化为生活热水是能量的高质低用，造成能源浪费，应避免采用。医院的中心供应中心（室）、酒店的洗衣房等有需要用蒸汽的要求，需要设蒸汽锅炉，此时制备生活热水可以采用汽—水热交换器。其他没有用蒸汽要求的公共建筑可以利用工业余热、废热、太阳能、燃气热水炉等方式制备生活热水。当采用锅炉制备生活热水或开水时，锅炉额定工况下热效率不应低于表 3-9-8 中的效率限定值。

名义工况下锅炉热效率（％） 表 3-9-8

锅炉类型及燃料种类		锅炉额定蒸发量 D（t/h）/额定热功率 Q（MW）					
		$D<1/$ $Q<0.7$	$1\leqslant D\leqslant2/$ $0.7\leqslant Q\leqslant1.4$	$2<D\leqslant6/$ $1.4<Q\leqslant4.2$	$6\leqslant D\leqslant8/$ $4.2\leqslant Q\leqslant5.6$	$8\leqslant D\leqslant201$ $5.6\leqslant Q\leqslant14.0$	$D>20/$ $Q>14.0$
燃油燃气锅炉	重油	86			88		
	轻油	88			90		
	燃气	88			90		
层状燃烧锅炉	Ⅲ类烟煤	75	78		80	81	82
抛煤机链条炉排锅炉		—	—			82	83
流化床燃烧锅炉		—	—		84		

在广东省、云南省、福建省等南方地区，较多采用空气源热泵热水机组制备生活热水，使用效果较好。空气源热泵热水机组比较适用于夏季和过渡季节总时间长的地区；寒冷地区使用时需要考虑机组的经济性与可靠性，在室外温度较低的工况下运行，致使机组制热性能系数（COP）等级太低，失去热泵机组节能优势时就不宜采用。为有效地规范国内热泵热水机（器）市场，以及加快设备制造厂家的技术进步，我国制定了国家标准《热泵热水机（器）能效限定值及能源效率等级》GB 29541，该标准将热泵热水机能源效率分为 1、2、3、4、5 五个等级，1 级表示能源效率最高；2 级表示达到节能认证的最小值；3、4 级代表了我国多联机的平均能效水平；5 级为标准实施后市场准入值。热泵热水机（器）能源效率等级指标见表 3-9-9。

热泵热水机（器）能源效率等级指标 表 3-9-9

制热量（kW）	型式	加热方式		能效等级 COP/（W/W）				
				1	2	3	4	5
$H<10kW$	普通型	一次加热式、循环加热式		4.60	4.40	4.10	3.90	3.70
		静态加热式		4.20	4.00	3.80	3.60	3.40
	低温型	一次加热式、循环加热式		3.80	3.60	3.40	3.20	3.00
$H\geqslant10kW$	普通型	一次加热式		4.60	4.40	4.10	3.90	3.70
		循环加热	不提供水泵	4.60	4.40	4.10	3.90	3.70
			提供水泵	4.50	4.30	4.00	3.80	3.60
	低温型	一次加热式		3.90	3.70	3.50	3.30	3.10
		循环加热	不提供水泵	3.90	3.70	3.50	3.30	3.10
			提供水泵	3.80	3.60	3.40	3.20	3.00

《公共建筑节能设计标准》GB 50189—2015 要求："当采用空气源热泵热水机组制备生活热水时，制热量大于 10kW 的热泵热水机在名义制热工况和规定条件下，性能系数（COP）不宜低于表 3-9-10 的规定，并应有保证水质的有效措施。"热泵热水机（器）能效要求见表 3-9-10。

热泵热水机（器）能效 *COP*（w/w）　　　　　　　表 3-9-10

制热量（kW）	热水机型式		普通型	低温型
H≥10	一次加热式		4.40	3.70
	循环加热	不提供水泵	4.40	3.70
		提供水泵	4.30	3.60

表 3-9-10 中能效等级数据是依据《热泵热水机（器）能效限定值及能源效率等级》GB 29541 标准中能效等级 2 级编制，在设计和选用空气源热泵热水机组时，应采用达到节能认证的产品。

一般用于公共建筑生活热水的空气源热泵热水机型大于 10kW，故规定制热量大于 10kW 的热泵热水机在名义制热工况和规定条件下，应满足制热性能系数（COP）限定值的要求。

选用空气源热泵热水机组制备生活热水时还应注意热水出水温度，在节能设计的同时还要满足现行国家标准对生活热水水质的卫生要求。一般空气源热泵热水机组热水出水温度低于 60℃，为避免热水管网中滋生军团菌，需要采取措施抑制细菌繁殖。如定期每隔 1～2 周采用 65℃ 的热水供水 1 天，抑制细菌繁殖生长，但必须有用水时防止烫伤的措施，设置混水阀等，或采取其他安全有效的消毒杀菌措施。其他的消毒技术，如中国建筑设计研究院重点开发的银离子消毒技术和 AOT 紫外光催化二氧化钛灭菌装置，可根据工程实际情况进行选用。

5.2 热水管网布置

《公共建筑节能设计标准》GB 50189—2015 要求："小区内设有集中热水供应系统的热水循环管网服务半径不宜大于 300m 且不应大于 500m，水加热、热交换站室位置宜靠近热水用水量较大的建筑或部位，并宜设置在小区的中心位置。"对自加热设备站室至最远建筑或用水点的服务半径做了规定，限制热水循环管网服务半径。一是减少管路上热量损失和输送动力损失，增大运行能耗和成本，不利系统的运行管理。中国建筑设计研究院在广州亚运城集中热水供应系统管网设计中，研究了热水管道敷设长度与热量损失的关系。据广州亚运城的太阳能——热泵热水系统的外网计算，当室外热水管道管长 $L \approx$ 1000m 时，其每日的外管网热损失与整个系统的集取太阳能的有效得热量相等。可见室外管道太长的集中热水供应系统的热循环能耗是设计这种系统不可忽视的大问题。因此，缩短管道长度可以有效降低管网热损失，故对热水管网的服务半径做出限定。二是避免管线过长，管网末端温度降低，管网内容易滋生军团菌。要求水加热、热交换站室位置宜靠近热水用水量较大的建筑或部位，以及设置在小区的中心位置，可以减少热水管线的敷设长度，以降低热损耗，达到节能目的。

《公共建筑节能设计标准》GB 50189—2015 要求："仅设有洗手盆的建筑或距离集中热水站室较远的个别用户，不宜设计集中生活热水供应系统。设有集中热水供应系统的建筑物中，热水用量较大或定时供应热水的用户宜设置单独的热水循环系统。"为降低能耗，对不宜设置集中热水供应系统的情况做出了限定。《建筑给水排水设计规范》GB 50015 规定，办公楼集中盥洗室仅设有洗手盆时，每人每日热水用水定额为 5～10L，热水用量较少，如设置集中热水供应系统，管道长，热损失大，为保证热水出水温度还需要设热水循环泵，能耗较大，故限定仅设有洗手盆的建筑，不宜设计集中生活热水供应系统。当办公建筑内仅有集中盥洗室的洗手盆供应热水时,可采用小型贮热容积式电加热热水器。对于管网输送距离较远、用水量较小的个别用户不宜设置集中热水系统,可以设置局部加热设备,这样可以减少管路上的热量损失和输送动力损失。热水用量较大的用户有浴室、洗衣房、厨房等,宜设计单独的热水回路,有利于管理与计量。

5.3　冷、热水压力平衡

《公共建筑节能设计标准》GB 50189—2015 要求:"集中热水供应系统的供水分区宜与用水点处的冷水分区同区,并有保证用水点处冷、热供水压力平衡和保证循环管网有效循环的措施。"由于热水供应系统内水压的不稳定,会使冷热水混合器或混合龙头的出水温度波动很大,不仅浪费水,使用不方便,有时还会造成烫伤事故。故要求保证热水供应系统内冷、热水压力平衡,达到节水、节能和用水舒适的目的。热水供应系统需要与冷水系统分区一致,闭式热水供应系统的各区水加热器、贮热水罐的进水应由同区的给水系统专管供应;由热水箱和热水供水泵联合供水的热水供应系统的热水供水泵扬程应与相应供水范围的给水泵压力协调,保证系统冷热水压力平衡;高层、多层建筑设集中供应热水系统时应分区设水加热器,其进水管均应由相应分区的给水系统设专管供应,以保证热水系统压力的相对稳定。当不能满足上述情况时,应有保证系统冷、热水压力平衡的措施。如采用质量可靠的减压阀等管道附件来解决系统冷热水压力平衡的问题;对于由城镇给水管直接补水经水加热设备供热水的系统,其相应的给水系统也宜经倒流防止器后引出,以保证该系统的冷热水压力平衡等。在设计中,还要考虑冷、热水管的水头损失相近,选用水头损失小的水加热器等。

集中热水供应系统要求采用机械循环,保证干管、立管的热水循环,支管可以不循环,采用多设立管的形式,减少支管的长度,在保证用水点使用温度的同时也需要注意节能。

5.4　管网及设备保温

集中热水供应系统减少热损耗的一个重要设计要点是对热水供水、循环水管网及水加热设备或换热设备进行保温。《公共建筑节能设计标准》GB 5018—2015 要求:"集中热水供应系统的管网及设备应保温,保温层厚度应按现行国家标准《设备及管道绝热设计导则》GB/T 8175 中经济厚度计算方法确定,也可按本标准附录 D 的规定选用。"表 3-9-11~表 3-9-12 列出了附录 D 中生活热水管道的绝热厚度,按室内环境温度 5℃计算(室外热水管道保温需另行计算),供读者参考使用。设计人员应选用优质保温材料,根据生活热水使用时间选用保温厚度。设备保温应参照国家标准图集 03S401《管道和设备保温、防结露及电伴热》的规定执行。

生活热水管道的绝热厚度(室内 5℃全年≤105 天)　　　　　表 3-9-11

绝热材料 介质温度范围	离心玻璃棉		柔性泡沫橡塑	
	公称管径 (mm)	厚度 (mm)	公称管径 (mm)	厚度 (mm)
≤70℃	≤DN25	40	≤DN40	32
	DN32~DN80	50	DN50~DN80	36
	DN100~DN350	60	DN100~DN150	40
	≥DN400	70	≥DN200	45

生活热水管道的绝热厚度（室内5℃全年≤150天） 表 3-9-12

绝热材料 介质温度范围	离心玻璃棉		柔性泡沫橡塑	
	公称管径 (mm)	厚度 (mm)	公称管径 (mm)	厚度 (mm)
≤70℃	≤DN40	50	≤DN50	40
	DN50～DN100	60	DN70～DN125	45
	DN125～DN300	70	DN150～DN300	50
	≥DN350	80	≥DN350	55

6 结语

节水与节能是密切相关的，存在着内在联系的关系。节水、节能是一种理念，贯穿于给水排水设计的全过程。为节约能耗、减少水泵输送的能耗，应合理设计给水、热水、排水，选用达到节能标准的产品。集中热水系统是给水排水设计的主要能耗系统，在设计时更应注意热源的选择、水加热站或热交换器室布置位置、管道布置和保温等，力求减少热损失，从而达到降低能耗的目的。

虽然，在公共建筑中给水排水系统能耗仅占其他用能设备 10%～20% 的一部分，且未纳入典型公共建筑模型能耗分析的"基准建筑模型"，但是我们也应该为实现国家节约能源和保护环境的战略，贯彻有关政策和法规作出贡献。

感谢刘振印总工、赵锂副院长、冯旭东总工、赵力军总工在《公共建筑节能设计标准》GB 50189—2015 编制过程中给予的帮助和提出的宝贵意见！

参考文献

[1] GB 50189—2005 公共建筑节能设计标准全面修订报批稿 [S].
[2] GB 50015—2003 建筑给水排水设计规范 [S]. 2009.
[3] GB 50015—2003 建筑给水排水设计规范全面修订征求意见稿 [S]. 2009.
[4] GB 50555—2010 民用建筑节水设计标准 [S].
[5] 建标 110—2008 综合医院建设标准 [S].

专题 10　风道系统单位风量耗功率（W_s）编制情况介绍和实施要点

（中国建筑设计研究院　潘云钢）

0 前言

空调通风道系统的输送能耗，在整个空调系统中占有相当大的比例。为了节省这部分能耗，提高空气的输送效率，防止因机房设置、风道尺寸设计的不合理，以及低能效产品的使用所导致的输送能耗浪费，从《公共建筑节能设计标准》GB 50189—2005 开始，对风机的单位风量耗功率（W_s）提出了相应的限值要求。该标准实施以来，起到了一定的节能作用。

随着本标准的修编，针对原标准（以下简称"《2005 版》"）在实施过程中出现的问题，进行了相应的修改。这里将本次修改的情况进行介绍。

1　本标准 2005 版实施过程中存在的问题

在 2005 版《标准》中，W_S 的计算公式如下：

$$W_S = P/(3600\eta_t) \tag{3-10-1}$$

式中　W_S——单位风量耗功率 $[W/（m^3/h）]$；

　　　　P ——风机全压值（Pa）；

　　　　η_t——包含风机、电机及传动效率在内的总效率（%）。

2005 版《标准》同时还给出了公共建筑空调系统的不同组合方式，进行了相应的计算，并给出了合理的风机全压计算取值。同时，按照当时的产品情况，将风机效率 η_F、传动效率 η_C 和电机效率 η_D 进行了统计和组合计算，得到了计算 W_S 限值时，总效率 η_t 取值为 52%。

2005 版《标准》实施以来，在以下几个方面还存在一些问题，需要改进。

1. 由于空调机组功能的多样化，导致其内部组件越来越趋于多样性。例如：表冷器、加热器、四管制、两管制、不同的过滤器及其组合、不同的加湿器、热回收设备等等，这些都会导致机组的阻力变化非常大，《2005 版》对此列出的相关系统并不能完全涵盖目前的实际情况。从另外一个角度来看，即使对于一个功能和部件组合已经确定的空调机组，由于不同产品类型、规格、制造厂商等多样性，以及出于厂商性能"保密"等原因，工程设计人员很难准确的计算和确定空调机组内部部件的空气阻力。因此，目前绝大部分设计图纸中，对空调机组的送风压力要求，通常是以"机外余压"而不是"风机全压"的形式出现的——由厂家根据机外余压要求来配套空调机组（在考虑机组内部的阻力损失之后）的风机。《2005 版》该条条文说明中提到的"设计人员应在图纸设备表中提出空调机组的风机全压"的要求，实际上不太具有操作性，在设计阶段设计人员无法得到空调机组的风机全压 P 的具体数据。

2. 空调机组的风机或者普通通风系统的风机，在设计中通常标注的是风机所配电机的额定功率 N_e。由于电机额定容量的配置所需要的富余量（或富裕系数），随着轴功率、型号、规格的不同而不一样，无法用一个统一的修正系数来替代。因而施工图节能审查时，显然也无法用 $W_S = N_e/L$（L 为风机的送风量）来计算和审查系统的 W_S 是否符合要求。

3. 目前的设计中，大多数设计人员对于传动方式（直联、联轴器或皮带）并没有特定的要求（一般来说，这也是随着风机配套供应的）。《2005 版》计算 W_S 限值的过程中采用 52% 的总效率为依据，且条文说明中提出了"设计人员应在图纸设备表中提出风机最低总效率 η_t"的要求，但每个实际项目设计中，设计人员并不能有充足理由提出确定的总效率要求，因此实际上大都直接以 52% 作为每个实际风道系统的计算依据。是否达到，也没有办法证明（涉及风机效率 η_F、传动效率 η_C 和电机效率 η_D 几个效率的联合影响），节能审查也无法判定。

2 修订的重点思路

2.1 设计人员对系统阻力控制重点

在《2005版》正文中要求的"空气调节风系统的作用半径不宜过大",以及条文说明中指出的"实际上是要求通风系统的作用半径不宜过大,如果超过,则应对风机效率提出更高的要求"。简言之,规定 W_S 的目的是:正常的空调、通风系统,应对设计时的阻力进行一定的限制(《2005版》宣贯材料中列出的许多表格和数据,实际上就是考虑当前情况下,经过研究给出的系统阻力限制值)。在考虑到上述提到的设计人员并不能完全掌控空调机组的内部附件阻力计算的情况下,设计人员在设计中,实际上能够有所控制的是除设备之外的风道系统。因此作为设计来说,控制 W_S 的重点应放在风道系统的设计。

基于上述理由,本次修改指导思想就是:以风道的阻力为基础——对于普通的通风系统而言,风道阻力与风机风压是一致的;对于空调风系统而言,风道阻力为:除了空调机组之外的其他风路系统阻力,也就是机组的余压。

2.2 解决总效率无法确定的问题

目前绝大部分设计人员并没有将传动效率 η_C 和电机效率 η_D 作为主要的控制指标,在设计中进行控制。一方面是因为专业分工问题;另一方面,大多数设计人员也认为:这两者通常是风机的配套设备,不在设计人员的控制范围。但作为暖通专业的工程设计人员,关注风机效率 η_F 则是理所应该的。

因此,要求设计人员提出每个系统的总效率 η_t,不如明确设计人员只提出对风机效率 η_F 的要求,这样不但设计人员容易接受和掌握,也能够更好地针对项目中的每一个不同风道系统,节能审查的可操作性也有所提高。

这样考虑之后,就只剩下如何确定传动效率 η_C 和电机效率 η_D 的问题。从实际产品来看,在本专业应用的领域中,这两者的变化范围相对较小,且两者的乘积具有一定的互补性(大容量电机 η_D 较高,但由于大都采用非直联传动方式,因此 η_C 会下降;小容量电机的情况正好相反)。因此可以将他们总结后,作为计算 W_S 的基础数据,统一以电机及传动效率 $\eta_{CD}(=\eta_C \cdot \eta_D)$ 的形式来给出。

2.3 W_S 的定义

结合前面提到的电机装机容量的富裕系数无法统一的情况,修编时,不以安装容量 N_e 作为基准,而以考虑到各种效率后的实际电机消耗功率为目标,由此给出本版中对 W_S 术语的定义(2.0.12条)——设计工况下,空调、通风的风道系统输送单位风量(m^3/h)所消耗的电功率(W)。

3 基本计算参数

3.1 确定进行 W_S 控制的风道系统范围

从实际来看,小风量风机及其电机的效率都偏低,如果按照同样的标准,不容易满足要求。同时,在系统风量很小的情况下,其耗电量所占的比例也偏小。因此本条提出了对风量超过 $10000m^3/h$ 以上的系统(装机容量大约在 $4.0kW$ 以上)才对 W_S 进行控制的要求,这样即可减轻设计与节能审查的工作量,也不会对建筑整体的能耗带来明显的影响。

根据风机、电机等目前的实际产品情况,风机的规格在 3.5 号及以上。其折算的参数大约为：风量 4000～5000m³/h，风压 800～1200Pa，电机容量 3.0kW 左右。另外，大于 10 号的风机，在公共建筑使用的情况不多，也不用作为重点考虑。

3.2　风机效率 η_F、传动效率 η_C 和电机效率 η_D

1. 风机效率 η_F

根据《GB 19761—2009》，摘录整理后（取较低效率的数据）见表 3-10-1～表 3-10-3。

离心风机　　　　　　　　　　　　　　　　表 3-10-1

机号	3.5#≤No.<5#	6#≤No.<10#	No.>10#
3 级（能效限定值）	72%	75%	不常用
2 级（节能评价值）	77%	81%	

轴流风机　　　　　　　　　　　　　　　　表 3-10-2

机号	2.5#≤No.<5#	6#≤No.<10#	No.>10#
3 级（能效限定值）	60%	63%	不常用
2 级（节能评价值）	66%	69%	

空调机组用外转子电机式离心风机　　　　　　表 3-10-3

机号	2.5#<No.≤3.5#	3.5#<No.≤4.5#	≥No.4.5#
3 级（能效限定值）	44%	51%	55%
2 级（节能评价值）	48%	55%	59%

2. 传动效率 η_C

按照相关的资料，传动效率如下取值：

直联：$\eta_C = 100\%$，　　联轴器：$\eta_C = 98\%$，　　皮带轮：$\eta_C = 95\%$。

3. 电机效率 η_D

表 3-10-4 来自于《中小型三项异步电动机能效限定值及节能评价值》GB 18613—2012，其中：2 级对应于节能级评价值，3 级对应于能耗限定值。

中小型三项异步电动机电机效率　　　　　表 3-10-4

额定功率（kW）	1 级			2 级			3 级		
	2 极	4 极	6 极	2 极	4 极	6 极	2 极	4 极	6 极
3	89.7	90.3	88.7 (1)	87.1	87.7	85.6	84.6	85.5	83.3
4	90.3	90.9	89.7	88.1	88.6	86.8	85.8	86.6	84.6
5.5	91.5	92.1	89.5	89.2	89.6	88.0	87.0	87.7	86.0
7.5	92.1	92.6	90.2	90.1	90.4	89.1	88.1	88.7	87.2
11	93.0	93.6	91.5	91.2	91.4	90.3	89.4	89.8	88.7
15	93.4	94.0	92.5	91.9	92.1	91.2	90.3	90.6	89.7
18.5	93.8	94.3	93.1	92.4	92.6	91.7	90.9	91.2	90.4
22	94.4	94.7	93.9	92.7	93.0	92.2	91.3	91.6	90.9
30	94.6	95.0	94.3	93.3	93.6	92.9	92.0	92.3	91.7
37	94.8	95.3	94.6	93.7	93.9	93.3	92.5	92.7	92.2
45	95.1	95.6	94.9	94.0	94.2	93.7	92.9	93.1	92.7
55	95.4	95.8	95.2	94.3	94.6	94.1	93.2	93.5	93.1
75	95.6	96.0	95.4	94.7	95.0	94.6	93.8	94.0	93.7
90	95.8	96.2	95.6	95.0	95.2	94.9	94.1	94.2	94.0

4. 电机及传动效率 η_{CD} 的计算和数值确定

由于 2 极电机转速较高，导致噪声较大，在公建中应用较少；同样，6 极电机转速较低，提供的风压可能不足。因此以下计算中采用 4 极电机的数值为依据。同时，作为实际产品的市场准入，电机相率以能效限定值（3 级）为基准。

在确定 η_{CD} 时，需要确定电机容量与传动方式之间的相应关系。根据实际应用的情况的总结，其大致关系以及 η_{CD} 的计算结果见表 3-10-5。

电机与风机的联接方式及效率计算表　　　　　　表 3-10-5

电机与风机的联接		效率计算		
电机容量（kW）	联接方式	η_C	η_D	η_{CD}
3.0～4.0	直联	1	0.855（按 3kW 取值）	0.855
5.5～7.5	联轴器	0.98	0.877（按 5.5kW 取值）	0.860
≥7.5	皮带联接	0.95	0.887（按 7.5kW 取值）	0.843

注：本表以分界的三个电机容量来分别计算——3kW（对应 3.5♯ 风机）、5.5kW（对应 5♯ 风机）、7.5kW（对应 6♯～10♯ 风机）。

由于 W_S 的限值，既与 η_{CD} 有关，还与风机本身的效率 η_F 有关。一般来说，小容量风机的效率会低于大容量风机，因此，按照 $\eta_{CD} = 0.855$ 来确定，尽管从上表看，对于 7.5kW 的风机有一定的困难，但由于 7.5kW 的风机效率高于 4.0kW 以下的风机，因此不会对 W_S 的计算限值结果产生质的影响（见后述）。

4　风道系统阻力

总体来看，风系统可以分为几种类型：新风空调系统（主要是"风机盘管＋新风"系统和"温湿度独立控制系统"中的新风系统）、全空气空调系统（含直流式空调系统、定风量系统和变风量系统）、普通通风系统。结合《2005 版》的研究，上述各系统形式中的管路系统阻力限值，可以按照以下来确定：

1. 普通通风系统（进风、排风系统）

按照《2005 版》提出的阻力限制，取 $P = 600\text{Pa}$。

2. 定风量全空气系统

1）用于办公建筑时，按照《2005 版》计算中得到的管路系统阻力（机组余压），$P = 577\text{Pa}$；

2）用于商场、酒店建筑时，按照《2005 版》计算中得到的管路系统阻力（机组余压），$P = 657\text{Pa}$。

3. 变风量全空气系统

1）用于办公建筑时，按照《2005 版》计算中得到的管路系统阻力（机组余压），$P = 627\text{Pa}$。

2）用于商场、酒店建筑时，按照《2005 版》计算中得到的管路系统阻力（机组余压），$P = 707\text{Pa}$。但是，对于这类建筑而言，大部分情况下不应采用常规的变风量 BOX（大空间为主），因此，如果采用变风量系统，应扣除 BOX 的阻力，或者按照定风量系统来控制即可，即机外余压 $P = 657\text{Pa}$。

4. 新风空调系统

新风空调系统风量一般较小，作用半径也相对小一些，且风管可以适当加大而使得风速降低，阻力会有所下降。从目前统计来看，以 500Pa 作为机外余压的限值是可以接受的。当然，这里面还涉及的一个问题是：小风量情况下，风机形式可能变化，引起风机效率的改变，也是需要考虑的。汇总上述阻力限值数据见表 3-10-6。

新风空调系统阻力限值数据表　　　　表 3-10-6

系统形式与应用特点描述	计算阻力限值（Pa）	限值取值（Pa）
普通机械通风系统	600	600
办公建筑定风量系统	577	570
商业、酒店建筑定风量系统	657	650
办公建筑变风量系统	627	620
商业、酒店建筑变风量系统	707（657）	650
新风空调系统	500	500

5　W_s 限定值计算和取值

5.1　计算公式

$$W_S = P/(3600 \times \eta_{CD} \times \eta_F) \tag{3-10-2}$$

式中　W_S——单位风量耗功率 $[W/(m^3/h)]$；

　　　　P——风机全压值（Pa）；

　　　　η_{CD}——电机及传动效率；

　　　　η_F——风机效率。

5.2　不同系统的计算结果

1. 普通机械通风系统（$P=600Pa$）

1）离心式风机

不同能效等级的离心式风机计算结果如表 3-10-7 所示。

离心式风机计算结果　　　　表 3-10-7

风机配电机容量（kW）	η_{CD}	η_F		W_S	
		3级能效	2级能效	3级能效	2级能效
3.0～4.0	0.855	0.72	0.77	0.2702	0.2468
5.5～7.5	0.860	0.72	0.77	0.2693	0.2465
≥7.5	0.843	0.75	0.81	0.2637	0.2396

2）轴流式风机

公建所采用的轴流风机（包括斜流式、混流式等管道式风机），大多采用直联方式。但当系统风压超过 500Pa 及以上时，采用轴流风机从专业来说并不是合理的，因此采用轴流风机时，以 500Pa 作为系统的阻力限定值。

不同能效等级的轴流式风机计算结果见表 3-10-8。

轴流式风机计算结果   表 3-10-8

风机配电机容量 (kW)	η_{CD}	η_F		W_S	
		3 级能效	2 级能效	3 级能效	2 级能效
3.0~5.5	0.855	0.60	0.66	0.2707	0.2461
≥5.5	0.860	0.63	0.69	0.2513	0.2295

2. 空调风道系统

这些系统均采用离心式风机。其中小型号为外转子电机空调风机，大型号则采用皮带轮连接的离心风机。从实际应用来看：外转子电机用空调风机多用于整体式空调机组，送风半径较小（一般是一个房间），机组余压通常不超过 350Pa，且小于 3.5 号的风机应用不多，因此这里以 3.5 号外转子风机为基准来计算。

各不同系统的计算过程及结果见表 3-10-9。其中第一栏数据为采用整体式机组的数据（余压 $P=350Pa$），后面的所有系统计算数据均以组合式机组（余压满足前表中的系统余压要求）为基础。

空调风道系统计算结果   表 3-10-9

系统	余压 (Pa)	η_{CD}	η_F		W_S	
			3 级	2 级	3 级	2 级
整体式空调机组	350	0.855	0.51	0.55	0.223	0.2067
办公室定风量空调系统	570	0.855	0.72	0.77	0.2572	0.2405
商业、酒店定风量系统	650	0.855	0.72	0.77	0.2933	0.2743
办公室变风量空调系统	620	0.855	0.72	0.77	0.28	0.2616
商业、酒店变风量系统	650	0.855	0.72	0.77	0.2933	0.2743
新风空调系统	500	0.855	0.72	0.77	0.2256	0.211

5.3 W_S 限值的确定

对于普通机械通风系统，从离心式风机和轴流式风机两个 W_S 计算结果中可以看出，其最大值在 0.2707。因此对于大风量风机来说，风机效率的提升抵消了由于联接方式带来的效率下降的影响。因此，规定 $W_S=0.27$ 是完全可以做到的。

对于空调机组（包含整体式机组）来说，有以下考虑：

1. 作为通用的限值标准，组合式机组 W_S 计算结果已经涵盖了整体式机组的限值，因此可以按照组合式机组的结果选取；

2. 尽管表中列出了两种能效等级的风机计算结果，但考虑到设备生产的实际情况、市场准入和目前设计人员对所有应用产品的掌控力度，这里按照设备的能效限值（即：3 级能效风机）为依据来计算 W_S 的限值。

3. 计算中采用 $\eta_{CD}=0.855$ 的数据，是为了与标准规定的相关数据统一。由于实际空调机组的容量不同，η_{CD} 是不相同的。对于小风量空调机组，我们应该考虑到 η_{CD} 不能达到表中数据的实际情况（与普通通风系统类似）。因此在确定 W_S 限值时，有必要适当放宽。

根据不同风量实际情况的计算结果（由于篇幅原因，本文未列出），选取以下数据：

1）办公室定风量空调系统：$W_S＝0.27$（比计算值放宽约 5%，比《2005 版》提高了约 15%）；

2）商业、酒店定（变）风量系统：$W_S＝0.30$（比计算值放宽约 2%——放宽比例不如办公室的原因是：此类房间一般层高相对较高，同样风速下的风道比摩阻较小，且相对具备一定的加大风道的条件）；

3）办公室变风量空调系统：$W_S＝0.29$（比计算值放宽约 3.5%）；

4）新风空调系统：$W_S＝0.24$（比计算值放宽约 6%）。

6　形成的条文

根据以上分析，形成正式条文如下：

4.3.22　空调风系统和通风系统的风量大于 $10000 \mathrm{m^3/h}$ 时。风道系统单位风量耗功率（W_S）不宜大于表 4.3.22 的数值。风道系统单位风量耗功率（W_S）应按照下式计算：

$$W_S = P/(3600 \times \eta_{CD} \times \eta_F) \tag{4.3.22}$$

式中　W_S——风道系统单位风量耗功率 $[\mathrm{W/(m^3/h)}]$；

P——空调机组的余压或通风系统风机的全压（Pa）；

η_{CD}——电机及传动效率（%），η_{CD} 取 0.855；

η_F——风机效率（%），按照设计图中标注的效率选择。

表 4.3.22　风道系统单位风量耗功率 $[\mathrm{W/(m^3/h)}]$

系统形式	W_S 限值
机械通风系统	0.27
新风系统	0.24
办公建筑定风量系统	0.27
办公建筑变风量系统	0.29
商业、酒店建筑全空气系统	0.30

7　实施要点

本条是对《2005 版》的修改，除了普通机械通风系统与《2005 版》的 W_S 具有可比性外，由于空调系统采用的是机外余压作为基本计算依据（《2005 版》采用的是空调机组的风机全压），因此其 W_S 与《2005 版》的规定值，并不具有简单的数据可比性。

为了保证在设计项目中本条文得以实施，设计人员应注意以下问题：

1. 空调机组用无蜗壳式风机以及外转子电机式离心风机的效率都是比较低的，设计中只适合用于小风量的场所（不在本条文规定的 $10000 \mathrm{m^3/h}$ 范围内）。

2. 轴流式风机的效率一般也低于同样风量的离心式风机，尤其在需要风机压头较大时，此情况更为严重。因此，轴流式风机宜用于对风压要求不高的场所。

3. 根据《2005 版》对风道系统阻力的测算，空调通风系统的风道，不宜过长，否则

可能导致 W_S 超标的情况出现。对于迫不得已、需要加长风道的情况下，设计人员应在精确计算的基础上，首先采取适当降低管内风速的措施；或者通过 W_S 限值反算对风机效率 η_F 的要求——如果结果不超过 2 级能效风机的效率，且项目投资也可以接受的话，则也是解决措施之一。

4. 本条给出的限值，是在考虑各种相对不利条件下所得到的，都是最基本的要求，也是目前设计师能够做到的。但是，在有条件下，设计时应尽可能降低实际系统的 W_S 值，才能把建筑节能真正落到实处。

参考文献

[1] 陆耀庆. 实用供热空调设计手册 [M]. 北京：中国建筑工业出版社，2008.

专题 11 《公共建筑节能设计标准》管道与设备绝热厚度修订情况介绍

（上海建筑设计研究院有限公司 寿炜炜）

0 前言

国家标准《公共建筑节能设计标准》2005 版（下称《标准》）至今已发布执行 9 年了。随着国家节能工作的深入开展、暖通空调技术的发展和能源价格的提升，原有的节能设计标准中有关于管道与设备绝热条文的内容已不能满足使用的需求。为此，本次修编依据介质温度、能源价格、气候条件、绝热材料等不同条件，对空调供暖和给排水工程中常用的冷热水管道和设备提出绝热要求，其适用范围更广、划分更细。

1 修订依据

1. 国家标准《设备及管道绝热设计导则》GB/T 8175（下称"导则"）；
2. 国家标准《工业设备及管道绝热工程设计规范》GB 50264（下称"规范"）。

2 编制原则

1. 热管道

在防止管道冷热量耗散的节能设计计算中，采用的是经济厚度计算和单位面积最大允许热损失的限制要求（"规范"附录 B）。经计算表明，热管道的绝热在满足了经济厚度要求后，已远满足了热损失的要求，因此本标准主要是按绝热层经济厚度要求进行编制。

2. 冷管道

除按经济厚度计算外，还必须对防结露厚度进行计算，并按大值确定。

3. 对于冷热转换管道

按允许使用介质的最高、最低温度分别计算绝热厚度后取大值。

4. 设备的绝热

设备的绝热往往有很多平面体的绝热工作，可以看作直径无限大管道的绝热。因此同样可以用"规范"中的管道绝热公式进行计算。经计算，平面绝热的厚度已经非常接近直径 1000mm 管道的绝热厚度；为方便设计使用，在这次修编的《公共建筑节能设计标准》附录 D 中规定，设备保冷厚度可按对应介质温度最大口径管道的保冷厚度再增加 5～10mm，设备保温厚度可按对应介质温度最大口径管道的绝热层厚度再增加 5mm。

3　修订内容

3.1　条文的修订

修编后的《标准》正文中有关绝热要求的条文仅两条，设置在暖通空调章节中输配系统和给水排水章节中生活热水系统中，分别对管道与设备绝热的工作提出了执行标准、计算方法和绝热工作中的重要设置要求，包括防止热桥、冷桥要求及绝热层的隔汽、保护层设置等。对于各种条件下绝热层厚度或热阻的要求，集中放到附录 D "管道与设备保温及保冷厚度"中，以方便使用。

3.2　适用范围扩大

《标准》2005 版中绝热要求的适用范围较小，基本上限制在建筑物内的空调冷热水和供暖热水管道范围内，对于不同的热价、室外条件、超出 95℃ 的供热介质管道和生活热水管道条件下的绝热厚度缺乏选用表。本次修编听取了全国范围内主要设计单位的意见，适用范围有所扩大，可参见表 3-11-1 和表 3-11-2。随着能源价格的提高，空调风管道的绝热层热阻要求也有所提高。

2005 与 2015 版标准热管道适用范围比较　　　　　表 3-11-1

适用的管道与设备类型		介质温度 ℃	2005 版		2015 版	
			一般热价	燃煤供暖热价	一般热价	燃煤供暖热价
室内	供暖热水管道专用	60、80	●	—	●	—
	热水及蒸汽管道	60、80、95	●	—	●	●
		140、190	—	—	●	●
	生活热水专用管道	70	—	—	●	—
室外	热水及蒸汽管道	60、80、95、140、190	—	—	●	●

2005 与 2015 版标准建筑物内冷管道适用范围比较　　　　　表 3-11-2

气候条件	管道与设备类型	介质温度℃	2005 版	2015 版
较干燥地区	常用空调冷水管道	≥5	●	●
	低温冷水管道	≥-10	—	●
较潮湿地区	常用空调冷水管道	≥5	●	●
	低温冷水管道	≥-10	—	●

注：1. ●表示标准适用。

　　2. 较干燥地区的室内环境温度不高于 31℃，相对湿度不大于 75%；

　　3. 较潮湿地区的室内环境温度不高于 33℃，相对湿度不大于 80%。

在附录 D 中各介质温度的确定与实际工程中各种需要绝热的各种使用场合有关，见表 3-11-3。这样可以把民用建筑中的绝大部分需要绝热的管道与设备都包括进去了。

介质温度和应用场合关系 表 3-11-3

管道类型	介质温度 （℃）	主要适用场合
热管道	60、80	不高于 60℃（或 80℃）的室内空调、供暖热水管道，包括辐射供暖系统等
	95	不高于 95℃的室内供暖热水管道，用于金属散热器供暖系统等
	140	不高于 140℃的室内高压热水管道或表压不高于 0.26MPa 的饱和蒸汽管道
	190	不高于 190℃的室内高压热水管道或表压不高于 1.15MPa 的饱和蒸汽管道
	70	专用于≥70℃的室内生活热水管道，根据全年使用天数不同，分两种绝热厚度给出
冷管道	≥5	不低于 5℃的常用冷水管道
	≥−10	不低于零下 10℃的低温介质管道
风管	15～30	一般空调风管
	6～39	低温空调风管

4 绝热厚度选用表采用的基础数据

4.1 绝热材料及其造价

1. 绝热材料

国家《公共建筑节能设计标准》2005 版标准中的绝热材料采用了实际工程中运用最普遍、使用效果好和性价比高的两种材料：离心玻璃棉和闭孔柔性泡沫橡塑。随着技术的进步，冰蓄冷技术已得到广泛应用，因此这次修编增加了低温状态下绝热性能与隔气性能均良好的聚氨酯发泡材料。表 3-11-4 给出了这些常用绝热材料及其物理性能。

绝热材料及其性能 表 3-11-4

绝热材料名称	最高使用温度 （℃）	推荐使用温度 （℃）	使用密度 （kg/m³）	导热系数参考公式 [W/（m·℃）]
闭孔柔性泡沫橡塑	105	60～80	40～80	$\lambda = 0.034 + 0.00013T_m$
硬质聚氨酯泡沫	—	≤120	30～60	$\lambda = 0.027 + 0.00009T_m$（保冷时）
离心玻璃棉制品	350	300	≥45	$\lambda = 0.031 + 0.00017T_m$

2. 绝热结构层造价

在绝热层经济厚度计算中绝热结构层的造价可见表 3-11-5，我国大多数地区的造价都相差不大。

绝热结构层单位造价　　　　　　　　　　　　表 3-11-5

绝热材料名称	使用密度 （kg/m³）	保护层材料	平均结构造价 （元/m³）
闭孔柔性泡沫橡塑	40～80	—	3400
硬质聚氨酯泡沫	30～60	玻璃钢	2700
离心玻璃棉制品	64	复合铝箔	1600
离心玻璃棉制品	45	复合铝箔	1350

4.2 环境条件的确定

1. 保温管道室内外环境

根据 GB/T 8175 的规定，室内供暖、空调用保温管道的环境温度取 20℃，风速 0m/s；为保证生活热水管道的供水温度品质，按室内最不利环境温度 5℃取值；室外热管道环境温度取 0℃，风速 3m/s；当室外温度非 0℃时，实际采用的绝热层厚度按下式调整：

$$\delta' = [(T_o - T_w)/T_o]^{320} \cdot \delta \tag{3-11-1}$$

式中　δ——环境温度 0℃时的查表厚度（mm）；

　　　T_o——管内介质温度（℃）；

　　　T_w——实际使用期平均环境温度（℃）。

2. 保冷管道室内外环境

由于我国气候条件相差很大，而且管道与设备的使用场所的环境也会有较大的差异，因此对于不设置空调的冷冻机房、管沟等场所，在确定室内保冷管道绝热厚度时，应注意室内环境参数。为方便设计人员选用，这里将环境条件分为较干燥和较潮湿两个区，其中较干燥地区室内环境条件是：环境温度不高于 31℃、相对湿度不大于 75%（露点温度为 26℃）；较潮湿地区室内环境条件是：环境温度不高于 33℃、相对湿度不大于 80%（露点温度为 29℃）。各地区应用时，应根据当地的气候条件对照使用。冷管道的经济绝热厚度计算中，环境温度同样分为两个区，通常可按最热月平均温度确定；附录 D 计算时，较干燥地区采用 26.5℃，较潮湿地区采用 28℃。

室外环境对于保冷管道绝热厚度的影响因素很多，除了温度、湿度外，还会受风速、雨淋和太阳辐射的影响，其影响因素多、变化大，很难用一个或两个绝热厚度选用表格来说明问题，因此设计人员应根据具体环境条件，按"导则"与"规范"规定的方法计算确定。

3. 空调风管的使用环境

空调风管绝大多数是布置在室内空调房间的吊顶中，周围空气温度条件相对较好，因此绝热计算时，夏季采用 26℃，冬季为 20℃。如果空调风管需要布置在非空调房间或室外，应重新根据环境条件计算确定绝热厚度。

4.3 全年使用时间

供暖、空调冷热管道全年使用时间均按 2880h（4 个月）考虑；生活热水全年使用时间按使用 105 天（3.5 个月）和 150 天（5 个月）给出，设计人员可以根据项目所在地的气候条件选择。

4.4 能源价格

1. 热价

热价是以目前公共建筑中用得最多的热水锅炉、热水循环水泵等基本组合为计算的依据。在大、中城市公共建筑或集中供热站所用的锅炉燃料绝大多数为燃煤和天然气，当然也有利用发电厂的余热，计算不同的燃料得到的热价有高有低。这里采用目前常用的煤和天然气的价格进行计算。其中：

1）原煤热价：

原煤的低位发热量是 20930kJ/kg（5000kcal/kg）。计算锅炉效率与输送热损失后，每吨原煤产热量为：$20930 \times 1000 \times 0.78 \times 0.94 = 15.34 \text{GJ/t}$。

原煤按 537 元/t 计，热价为 $537 \div 15.34 = 35.01$ 元/GJ。

2）天然气热价：

天然气的热值采用 35581kJ/ Nm³（8500kcal/Nm³）。计算锅炉效率与输送热损失后，每立方天然气的产热量为：$35581 \times 0.89 \times 0.94 = 0.02976 \text{GJ/ Nm}^3$。

天然气价格以 2.53 元/Nm³ 计，热价为 $2.53 \div 0.02976 = 85.01$ 元/GJ。

考虑到我国的地域经济差异，保温层经济厚度分别按两种热价给出，即 35 元/GJ 和 85 元/GJ，以满足不同地域和不同使用场合的需要。对于采用燃油燃料的热价，可以参照天然气的热价。

2. 冷价

冷价是以用得较多的电制冷螺杆式冷水机组、冷却塔、冷冻水泵、冷却水泵的基本组合为计算依据。由于螺杆式冷水机组的冷性能系数比离心式冷水机组低，但它较风冷式机组要高，因而具有一定的代表性。

另外，全国各地的电价和水价相差较大，这里按一般情况进行假设：电价按 0.92 元/度计；水价（含排水费）按 2 元/m³ 计。经计算，冷价约 75 元/GJ。

4.5 贷款年分摊率 S

$$S = \frac{i \cdot (1+i)^n}{(1+i)^n - 1} \tag{3-11-2}$$

式中　S——绝热工程投资贷款年分摊率，宜在设计使用年限内，按复利率计算；

　　　n——还贷年限，根据"导则"要求为 4～6 年，这里取 6 年；

　　　i——贷款的年利率，根据"导则"和贷款的年利率情况，取 10% 计算。

经计算，$S = 0.2296$（22.96%）。

5 冷热水管道绝热厚度的计算

5.1 经济绝热厚度的计算

1. 平面型绝热层经济厚度 δ 的确定

平面型绝热层主要是指用于设备或直径大于 1 米管道的绝热。经济绝热层厚度 δ 计算公式如下式所示：

$$\delta = 1.8975 \times 10^{-3} \sqrt{\frac{P_E \cdot \lambda \cdot t \cdot |T_o - T_a|}{P_T \cdot S}} - \frac{\lambda}{\alpha_S} \tag{3-11-3}$$

式中　P_E——能量价格，元/GJ；

λ——绝热材料在平均温度下的导热系数，W/（m·℃）；

t——年运行时间，h。（取 2880h，按每天 12 小时，8 个月运行计算）；

T_o——管道或设备的外表面温度，℃。金属管道取管内介质温度；

T_a——环境温度，℃。夏季风管周围室内环境温度取 26℃；冬季取 20℃；

P_T——绝热结构单位造价，元/m³；

S——贷款年分摊率，取 0.2296；

α_S——绝热层外表面的放热系数，W/（m²·℃）。建筑物内 α_S 取 11.63 W/（m²·℃）。

2. 圆筒型经济绝热层厚度 δ 的计算

以常用的性价比较高的离心玻璃棉和柔性泡沫橡塑绝热材料进行计算。其经济厚度计算公式见式（3-11-4）：

$$D_1 \ln \frac{D_1}{D_o} = 3.795 \times 10^{-3} \sqrt{\frac{P_E \cdot \lambda \cdot t \cdot |T_o - T_a|}{P_T \cdot S}} - \frac{2\lambda}{\alpha_S} \tag{3-11-4}$$

$$\delta = \frac{D_1 - D_o}{2} \tag{3-11-5}$$

式中 D_1——绝热层外径，m；

D_o——绝热层内径，m；

T_a——环境温度，℃。夏季较干燥地区取 26.5℃，较潮湿地区取 28℃；冬季取 20℃。其余同上。

5.2 防结露绝热厚度计算

圆筒型单层防结露绝热层厚度计算公式如下：

$$D_1 \ln \frac{D_1}{D_o} = \frac{2\lambda}{\alpha_S} \cdot \frac{T_d - T_o}{T_a - T_d} \tag{3-11-6}$$

式中各符号的物理意义同上。

6 计算过程

6.1 风管绝热

根据消防要求，除特殊情况外，风管绝热应采用不燃、难燃、烟密度低的材料。因此这里以常用的价格较为便宜的离心玻璃棉绝热材料进行计算。采用 EXCEL 软件计算，风管绝热厚度计算取值及结果见表 3-11-6，绝热热阻选用见附录 D 中的表 D.0.4。

6.2 冷水管道绝热

冷水管道绝热厚度是需要通过防结露和经济绝热厚度计算后，取大值进行；建筑物内冷水管道绝热层厚度选用见附录 D 中的表 D.0.2。

各种应用条件下的计算表很多，这里仅列举了几种计算表：

介质温度为 5℃时，玻璃棉绝热的经济厚度计算取值及结果见表 3-11-7、表 3-11-8。

介质温度 5℃时，柔性泡沫橡塑的经济厚度计算结果显示，相对于防结露厚度是比较薄的，最终根据防结露厚度计算确定，见表 3-11-9、表 3-11-10。

对于冰蓄冷项目，介质温度会低于 0℃，所以本《标准》提供了介质温度为 -10℃、柔性泡沫橡塑和聚氨酯发泡两种绝热材料厚度要求。这里列举了聚氨酯发泡绝热材料的防结露结果，见表 3-11-11、表 3-11-12。

玻璃棉平板绝热经济厚度计算（2880h，8个月每天12h，$S＝0.2296$，导热系数$＝0.031＋0.00017×T_m$）

表 3-11-6

项目	单位	4	5	6	7	8	9	10	11	12	13	14	15	16	17	18
风管内温度	℃	5	6	7	8	9	10	11	12	13	14	15	16	17	18	19
环境温度	℃	26	26	26	26	26	26	26	26	26	26	26	26	26	26	26
冷源价格	元/GJ	75	75	75	75	75	75	75	75	75	75	75	75	75	75	75
绝热材料价格	元/m³	1350	1350	1350	1350	1350	1350	1350	1350	1350	1350	1350	1350	1350	1350	1350
全年运行时间	h	2880	2880	2880	2880	2880	2880	2880	2880	2880	2880	2880	2880	2880	2880	2880
导热系数	W/(m·K)	0.03	0.03	0.03	0.03	0.03	0.03	0.03	0.03	0.03	0.03	0.03	0.03	0.03	0.03	0.03
经济厚度	m	0.04	0.04	0.04	0.04	0.04	0.03	0.03	0.03	0.03	0.03	0.03	0.03	0.03	0.02	0.02
环境相对湿度	%	75.00	75.00	75.00	75.00	75.00	75.00	75.00	75.00	75.00	75.00	75.00	75.00	75.00	75.00	75.00
露点温度	℃	21.22	21.22	21.22	21.22	21.22	21.22	21.22	21.22	21.22	21.22	21.22	21.22	21.22	21.22	21.22
防结露厚度	m	0.02	0.02	0.01	0.01	0.01	0.01	0.01	0.01	0.01	0.01	0.01	0.01	0.01	0.00	0.00
经济厚度的单位面积散热冷量	W/m²	−16.67	−16.30	−15.91	−15.52	−15.11	−14.69	−14.25	−13.80	−13.34	−12.85	−12.34	−11.81	−11.25	−10.66	−10.04
绝热层表面温度	℃	23.95	24.00	24.05	24.09	24.14	24.20	24.25	24.30	24.36	24.42	24.48	24.55	24.62	24.69	24.77
防结露厚度单位面积散热冷量	W/m²	−36.1269	−36.162	−36.2	−36.242	−36.29	−36.342	−36.402	−36.47	−36.548	−36.639	−36.745	−36.871	−37.023	−37.211	−37.449
绝热材料热阻	(m²·K)/W	1.20	1.17	1.13	1.10	1.07	1.03	1.00	0.96	0.9	0.89	0.85	0.81	0.77	0.72	0.67
风管内温度	℃	24	25	26	27	28	29	30	31	32	33	34	36	38	39	40
环境温度	℃	20	20	20	20	20	20	20	20	20	20	20	20	20	20	20
热源价格	元/GJ	85	85	85	85	85	85	85	85	85	85	85	85	85	85	85
绝热材料价格	元/m³	1350	1350	1350	1350	1350	1350	1350	1350	1350	1350	1350	1350	1350	1350	1350
全年运行时间	h	2880	2880	2880	2880	2880	2880	2880	2880	2880	2880	2880	2880	2880	2880	2880
导热系数	W/(m·K)	0.035	0.035	0.035	0.035	0.035	0.035	0.035	0.035	0.035	0.036	0.036	0.036	0.036	0.036	0.036
经济厚度	m	0.017	0.019	0.021	0.023	0.025	0.027	0.029	0.030	0.032	0.033	0.035	0.037	0.040	0.041	0.042
单位面积散热	W/m²	6.99	7.893	8.58	9.28	9.93	10.55	11.13	11.69	12.23	12.74	13.24	14.18	15.08	15.51	15.93
绝热材料热阻	(m²·K)/W	0.49	0.55	0.61	0.67	0.72	0.77	0.81	0.85	0.90	0.93	0.97	1.04	1.11	1.14	1.17

表 3-11-7

I 区　室内机房冷水管道玻璃棉经济厚度计算（环境温度 26.5℃，介质 5℃，风速 0m/s，导热系数=0.0337）

公称直径 DN	mm	20	25	32	40	50	70	80	100	125	150	200	250	300	350	400	450	500	600	800	1000
*环境温度 T_a	℃	26.5	26.5	26.5	26.5	26.5	26.5	26.5	26.5	26.5	26.5	26.5	26.5	26.5	26.5	26.5	26.5	26.5	26.5	26.5	26.5
介质温度 T_0	℃	5	5	5	5	5	5	5	5	5	5	5	5	5	5	5	5	5	5	5	5
*保温导热系数	W/(m·K)	0.0337	0.0337	0.034	0.034	0.0337	0.0337	0.0337	0.0337	0.034	0.0337	0.0337	0.034	0.0337	0.0337	0.0337	0.0337	0.0337	0.0337	0.0337	0.034
冷价	元/GJ	75	75	75	75	75	75	75	75	75	75	75	75	75	75	75	75	75	75	75	75
材料安装价	元/m³	1600	1600	1600	1600	1600	1600	1600	1600	1600	1600	1600	1600	1600	1600	1600	1600	1600	1600	1600	1600
表面放热系数	W/(m²·K)	11.63	11.63	11.63	11.63	11.63	11.63	11.63	11.63	11.63	11.63	11.63	11.63	11.63	11.63	11.63	11.63	11.63	11.63	11.63	11.63
*管道外径 D_0	mm	27	32	38	45	57	76	89	108	133	159	219	273	325	377	426	480	530	630	830	1030
*保温层厚度	mm	22.976	23.793	24.62	25.44	26.559	27.884	28.582	29.404	30.24	30.904	31.983	32.63	33.094	33.45	33.728	33.959	34.155	34.449	34.844	35.09
保温层外径 D_1	mm	72.952	79.587	87.24	95.87	110.12	131.77	146.16	166.81	193.5	220.81	282.97	338.3	391.19	443.9	493.46	547.92	598.31	698.9	899.69	1100
$D_1 \ln(D_1/D_0)$		0.0725	0.0725	0.073	0.073	0.0725	0.0725	0.0725	0.0725	0.073	0.0725	0.0725	0.073	0.0725	0.0725	0.0725	0.0725	0.0725	0.0725	0.0725	0.073
右式		0.0725	0.0725	0.073	0.073	0.0725	0.0725	0.0725	0.0725	0.073	0.0725	0.0725	0.073	0.0725	0.0725	0.0725	0.0725	0.0725	0.0725	0.0725	0.073
上二式差=0		8E-11	2E-10	3E-08	3E-08	2E-10	4E-10	3E-08	3E-08	2E-08	2E-10	1E-10	1E-10	1E-10	7E-11	2E-11	4E-11	2E-05	2E-05	2E-05	6E-09

表 3-11-8

II 区　室内机房冷水管道玻璃棉经济厚度计算（环境温度 28℃，介质 5℃，风速 0m/s，导热系数=0.0338）

公称直径 DN	mm	20	25	32	40	50	70	80	100	125	150	200	250	300	350	400	450	500	600	800	1000
*环境温度 T_a	℃	28	28	28	28	28	28	28	28	28	28	28	28	28	28	28	28	28	28	28	28
介质温度 T_0	℃	5	5	5	5	5	5	5	5	5	5	5	5	5	5	5	5	5	5	5	5
*保温导热系数	W/(m·K)	0.0338	0.0338	0.034	0.034	0.0338	0.0338	0.0338	0.0338	0.034	0.0338	0.0338	0.034	0.0338	0.0338	0.0338	0.0338	0.0338	0.0338	0.0338	0.034
冷价	元/GJ	75	75	75	75	75	75	75	75	75	75	75	75	75	75	75	75	75	75	75	75
材料安装价	元/m³	1600	1600	1600	1600	1600	1600	1600	1600	1600	1600	1600	1600	1600	1600	1600	1600	1600	1600	1600	1600
表面放热系数	W/(m²·K)	11.63	11.63	11.63	11.63	11.63	11.63	11.63	11.63	11.63	11.63	11.63	11.63	11.63	11.63	11.63	11.63	11.63	11.63	11.63	11.63
*管道外径 D_0	mm	27	32	38	45	57	76	89	108	133	159	219	273	325	377	426	480	530	630	830	1030
*保温层厚度	mm	22.679	24.527	25.39	26.23	27.404	28.788	29.521	30.383	31.26	31.961	33.101	33.79	34.279	34.657	34.943	35.201	35.399	35.712	36.135	36.41
保温层外径 D_1	mm	74.358	81.053	88.78	97.47	111.81	133.58	148.04	168.77	195.5	222.92	285.2	340.6	393.56	446.31	495.89	550.4	600.8	701.42	902.27	1103
$D_1 \ln(D_1/D_0)$		0.0753	0.0753	0.075	0.075	0.0753	0.0753	0.0753	0.0753	0.075	0.0753	0.753	0.075	0.0753	0.0753	0.0753	0.0753	0.0753	0.0753	0.0753	0.075
右式		0.0753	0.0753	0.075	0.075	0.0753	0.0753	0.0753	0.0753	0.075	0.0753	0.753	0.075	0.0753	0.0753	0.0753	0.0753	0.0753	0.0753	0.0753	0.075
上二式差=0		7E-11	8E-09	-0	2E-10	1E-09	2E-09	-5E-06	-5E-06	2E-10	7E-10	5E-10	5E-10	3E-10	2E-10	3E-09	3E-09	1E-10	7E-12	7E-12	1E-11

I区 室内机房冷水管道发泡橡塑绝热防结露厚度计算（λ=0.034+0.00013Tm，潮湿系数 θ=4.58(31度75%)，介质 5℃）　表3-11-9

管道公称直径	DN	mm	20	25	32	40	50	70	80	100	125	150	200	250	300	350	400	450	500	600	800	1000
潮湿系数	θ		4.58	4.58	4.58	4.58	4.58	4.58	4.58	4.58	4.58	4.58	4.58	4.58	4.58	4.58	4.58	4.58	4.58	4.58	4.58	4.58
外表放热系数	α_s	W/(m²·K)	8.141	8.141	8.141	8.141	8.141	8.141	8.141	8.141	8.141	8.141	8.141	8.141	8.141	8.141	8.141	8.141	8.141	8.141	8.141	8.141
绝热材料导热系数	λ	W/(m·K)	0.0364	0.0364	0.0364	0.0364	0.0364	0.0364	0.0364	0.0364	0.0364	0.0364	0.0364	0.0364	0.0364	0.0364	0.0364	0.0364	0.0364	0.0364	0.0364	0.0364
管道外径	D_0	mm	27	32	38	45	57	76	89	108	133	159	219	273	325	377	426	480	530	630	830	1030
*绝热层厚度	δ	mm	14.53	14.985	15.436	15.87	16.448	17.104	17.437	17.82	18.19	18.48	18.929	19.188	19.367	19.502	19.603	19.69	19.759	19.864	20.004	20.091
绝热层外径	D_1	mm	56.06	61.97	68.872	76.74	89.896	110.21	123.87	143.6	169.38	196	256.86	311.38	363.73	416	465.21	591.4	569.52	669.73	870.01	1070.2
0.5×D_1×ln(D_1/D_0)			20.478	20.478	20.478	20.48	20.478	20.478	20.478	20.48	20.478	20.48	20.478	20.478	20.478	20.478	20.478	20.48	20.478	20.478	20.478	20.478
调整=上数			20.478	20.478	20.478	20.48	20.478	20.478	20.478	20.48	20.478	20.48	20.478	20.478	20.478	20.478	20.478	20.48	20.478	20.478	20.478	20.478
差值趋于 0			-6E-10	-7E-10	-6E-10	-0	-4E-10	-3E-10	-2E-10	-0	-7E-11	-0	-1E-11	-1E-11	-1E-12	-2E-13	-7E-13	-0	-1E-09	-1E-09	2E-10	9E-10
安全系数×1.18		mm	17.145	17.682	18.215	18.72	19.408	20.182	20.576	21.02	21.465	21.81	22.336	22.642	22.853	23.013	23.131	23.24	23.316	23.44	23.604	23.708

II区 室内机房冷水管道发泡橡塑绝热防结露厚度计算（λ=0.034+0.00013Tm，潮湿系数 θ=6.74(33度80%)，介质 5℃）　表3-11-10

管道公称直径	DN	mm	20	25	32	40	50	70	80	100	125	150	200	250	300	350	400	450	500	600	800	1000
潮湿系数	θ		6.74	6.74	6.74	6.74	6.74	6.74	6.74	6.74	6.74	6.74	6.74	6.74	6.74	6.74	6.74	6.74	6.74	6.74	6.74	6.74
外表放热系数	α_s	W/(m²·K)	8.141	8.141	8.141	8.141	8.141	8.141	8.141	8.141	8.141	8.141	8.141	8.141	8.141	8.141	8.141	8.141	8.141	8.141	8.141	8.141
绝热材料导热系数	λ	W/(m·K)	0.0365	0.0365	0.0365	0.037	0.0365	0.0365	0.0365	0.037	0.0365	0.037	0.0365	0.0365	0.0365	0.0365	0.0365	0.037	0.0365	0.0365	0.0365	0.0365
管道外径	D_0	mm	27	32	38	45	57	76	89	108	133	159	219	273	325	377	426	480	530	630	830	1030
*绝热层厚度	δ	mm	19.88	20.564	21.252	21.92	22.841	23.91	25.097	25.12	25.769	26.29	27.11	27.599	27.943	28.206	28.404	28.58	28.716	28.929	29.214	29.395
绝热层外径	D_1	mm	66.761	73.127	80.505	88.85	102.68	123.82	139.19	158.22	184.54	211.6	273.22	328.2	380.89	433.41	482.81	537.2	587.43	687.86	888.43	1088.8
0.5×D_1×ln(D_1/D_0)			30.219	30.219	30.219	30.22	30.219	30.219	30.126	30.22	30.219	30.22	30.219	30.219	30.219	30.219	30.219	30.22	30.219	30.219	30.219	30.219
调整=上数			30.219	30.219	30.219	30.22	30.219	30.219	30.219	30.22	30.219	30.22	30.219	30.219	30.219	30.219	30.219	30.22	30.219	30.219	30.219	30.219
差值趋于 0			-4E-08	-5E-08	-6E-08	-0	-6E-08	-6E-08	-0.908	-0	-1E-11	-0	-4E-08	-7E-13	-5E-13	-4E-13	-3E-13	-0	-2E-13	-5E-14	0	-7E-09
实际厚度×1.18		mm	23.459	24.265	25.078	25.87	26.952	28.214	29.615	29.64	30.407	31.02	31.99	32.567	32.973	33.283	33.516	33.73	33.885	34.136	34.472	34.686

I 区　室内机房冷管道聚氨酯发泡绝热防结露计算（$\lambda=0.0275+0.00009T_{\mathrm{m}}$，潮湿系数 $\theta=7.80$(31度 75%)，介质 −10℃）　表 3-11-11

管道公称直径 DN (mm)	潮湿系数 θ	外表放热系数 a_s W/(m²·K)	绝热材料导热系数 λ W/(m·K)	管道外径 D_0 (mm)	*绝热层厚度 δ (mm)	绝热层外径 D_1 (mm)	$0.5\times D_1\times\ln(D_1/D_0)$	调整=上数	差值趋于 0	实际厚度×1.25 (mm)
20	7.8	8.141	0.0284	27	18.304	63.609	27.254	27.254	2E-09	22.88
25	7.8	8.141	0.0284	32	18.92	69.839	27.254	27.254	3E-09	23.65
32	7.8	8.141	0.0284	38	19.538	77.075	27.254	27.254	-2E-11	24.422
40	7.8	8.141	0.028	45	20.14	85.27	27.25	27.25	5E-08	25.17
50	7.8	8.141	0.0284	57	20.952	98.905	27.254	27.254	8E-09	26.19
70	7.8	8.141	0.0284	76	21.896	119.79	27.254	27.254	1E-08	27.37
80	7.8	8.141	0.0284	89	22.384	133.77	27.254	27.254	-6E-12	27.98
100	7.8	8.141	0.028	108	22.95	153.9	27.25	27.25	-0	28.69
125	7.8	8.141	0.0284	133	23.514	180.03	27.254	27.254	-2E-12	29.393
150	7.8	8.141	0.028	159	23.96	206.9	27.25	27.25	-0	29.95
200	7.8	8.141	0.0284	219	24.664	268.33	27.254	27.254	7E-09	30.83
250	7.8	8.141	0.0284	273	25.079	323.16	27.254	27.254	4E-08	31.349
300	7.8	8.141	0.0284	325	25.369	375.74	27.254	27.254	3E-09	31.711
350	7.8	8.141	0.0284	377	25.59	428.18	27.254	27.254	3E-08	31.988
400	7.8	8.141	0.028	426	25.756	477.51	27.254	27.254	2E-08	32.194
450	7.8	8.141	0.028	480	25.9	531.8	27.254	27.254	2E-08	32.38
500	7.8	8.141	0.0284	530	26.016	582.03	27.254	27.254	1E-08	32.52
600	7.8	8.141	0.0284	630	26.193	682.39	27.254	27.254	3E-10	32.742
800	7.8	8.141	0.0284	830	26.429	882.86	27.254	27.254	3E-13	33.037
1000	7.8	8.141	0.0284	1030	26.579	1083.2	27.254	27.254	1E-10	33.224

II 区　室内机房冷冷管道聚氨酯发泡绝热防结露计算（$\lambda=0.0275+0.00009T_{\mathrm{m}}$，潮湿系数 $\theta=10.89$(33度 80%)，介质 −10℃）　表 3-11-12

管道公称直径 DN (mm)	潮湿系数 θ	外表放热系数 a_s W/(m²·K)	绝热材料导热系数 λ W/(m·K)	管道外径 D_0 (mm)	*绝热层厚度 δ (mm)	绝热层外径 D_1 (mm)	$0.5\times D_1\times\ln(D_1/D_0)$	调整=上数	差值趋于 0	实际厚度×1.25 (mm)
20	10.89	8.141	0.0285	27	23.93	74.86	38.171	38.171	-4E-11	29.913
25	10.89	8.141	0.0285	32	24.789	81.577	38.171	38.171	-4E-11	30.986
32	10.89	8.141	0.0285	38	25.661	89.323	38.171	38.171	-4E-11	32.077
40	10.89	8.141	0.029	45	26.52	98.04	38.17	38.17	-0	33.15
50	10.89	8.141	0.0285	57	27.706	112.41	38.171	38.171	-4E-11	34.632
70	10.89	8.141	0.0285	76	29.111	134.22	38.171	38.171	-3E-11	36.389
80	10.89	8.141	0.0285	89	29.855	148.71	38.171	38.171	-2E-11	37.318
100	10.89	8.141	0.029	108	30.73	169.5	38.17	38.17	-0	38.41
125	10.89	8.141	0.0285	133	31.622	196.24	38.171	38.171	-1E-11	39.528
150	10.89	8.141	0.029	159	32.34	223.7	38.17	38.17	-0	40.42
200	10.89	8.141	0.0285	219	33.501	286	38.171	38.171	-3E-13	41.876
250	10.89	8.141	0.0285	273	34.204	341.41	38.171	38.171	4E-13	42.755
300	10.89	8.141	0.0285	325	34.704	394.41	38.171	38.171	2E-08	43.38
350	10.89	8.141	0.0285	377	35.09	447.18	38.171	38.171	7E-12	43.863
400	10.89	8.141	0.0285	426	35.382	496.76	38.171	38.171	1E-11	44.228
450	10.89	8.141	0.029	480	35.65	551.3	38.171	38.171	1E-11	44.56
500	10.89	8.141	0.0285	530	35.848	601.7	38.17	38.17	7E-08	44.81
600	10.89	8.141	0.0285	630	36.169	702.34	38.171	38.171	5E-09	45.211
800	10.89	8.141	0.0285	830	36.602	903.2	38.171	38.171	2E-09	45.752
1000	10.89	8.141	0.0285	1030	36.88	1103.8	38.171	38.171	6E-12	46.101

室内热管道玻璃棉绝热经济厚度计算（环境温度 20℃，介质温度 140℃，热价 35 元/GJ，λ=0.031+0.00017T_p）

表 3-11-13

公称直径 DN	mm	20	25	32	40	50	70	80	100	125	150	200	250	300	350	400	450	500	600	800	1000
*环境温度 T_a	℃	20	20	20	20	20	20	20	20	20	20	20	20	20	20	20	20	20	20	20	20
介质温度 T_0	℃	140	140	140	140	140	140	140	140	140	140	140	140	140	140	140	140	140	140	140	140
*保温导热系数	W/(m·K)	0.0446	0.0446	0.0446	0.045	0.045	0.045	0.045	0.045	0.045	0.045	0.0446	0.0446	0.0446	0.0446	0.0446	0.0446	0.045	0.045	0.0446	0.045
热价	元/GJ	35	35	35	35	35	35	35	35	35	35	35	35	35	35	35	35	35	35	35	35
材料安装系价	元/m³	1600	1600	1600	1600	1600	1600	1600	1600	1600	1600	1600	1600	1600	1600	1600	1600	1600	1600	1600	1600
表面放热系数	W/(m²·K)	11.63	11.63	11.63	11.63	11.63	11.63	11.63	11.63	11.63	11.63	11.63	11.63	11.63	11.63	11.63	11.63	11.63	11.63	11.63	11.63
*管道外径 D_0	mm	27	32	38	45	57	76	89	108	133	159	219	273	325	377	426	480	530	630	830	1030
*保温层厚度	mm	37.969	39.433	40.947	42.46	44.61	47.25	48.69	50.43	52.27	53.79	56.368	58.005	59.207	60.163	60.902	61.58	62.11	62.97	64.158	64.95
保温层外径 D_1	mm	102.94	110.87	119.89	129.9	146.2	170.5	186.4	208.9	237.5	266.6	331.74	389.01	443.41	497.33	547.8	603.16	654.2	755.9	958.32	1160
$D_1\ln(D_1/D_0)$		0.1378	0.1378	0.1378	0.138	0.138	0.138	0.138	0.138	0.138	0.138	0.1378	0.1378	0.1378	0.1378	0.1378	0.1378	0.138	0.138	0.1378	0.138
右式		0.1378	0.1378	0.1378	0.138	0.138	0.138	0.138	0.138	0.138	0.138	0.1378	0.1378	0.1378	0.1378	0.1378	0.1378	0.138	0.138	0.1378	0.138
上二式差=0		8E-09	9E-09	-1E-08	1E-08	1E-08	-0	9E-09	9E-09	8E-09	-0	-2E-08	4E-08	3E-08	-1E-08	-9E-09	-8E-09	-0	-0	2E-08	7E-10

室外热管道玻璃棉绝热经济厚度计算（环境温度 0℃，介质温度 190℃，热价 85 元/GJ，λ=0.031+0.00017T_p）

表 3-11-14

公称直径 DN	mm	20	25	32	40	50	70	80	100	125	150	200	250	300	350	400	450	500	600	800	1000
*环境温度 T_a	℃	0	0	0	0	0	0	0	0	0	0	0	0	0	0	0	0	0	0	0	0
介质温度 T_0	℃	190	190	190	190	190	190	190	190	190	190	190	190	190	190	190	190	190	190	190	190
*保温导热系数	W/(m·K)	0.0472	0.0472	0.0472	0.047	0.047	0.047	0.047	0.047	0.047	0.047	0.0472	0.0472	0.0472	0.0472	0.0472	0.0472	0.047	0.047	0.0472	0.047
热价	元/GJ	85	85	85	85	85	85	85	85	85	85	85	85	85	85	85	85	85	85	85	85
材料安装系价	元/m³	1600	1600	1600	1600	1600	1600	1600	1600	1600	1600	1600	1600	1600	1600	1600	1600	1600	1600	1600	1600
表面放热系数	W/(m²·K)	23.72	23.72	23.72	23.72	23.72	23.72	23.72	23.72	23.72	23.72	23.72	23.72	23.72	23.72	23.72	23.72	23.72	23.72	23.72	23.72
*管道外径 D_0	mm	27	32	38	45	57	76	89	108	133	159	219	273	325	377	426	480	530	630	830	1030
*保温层厚度	mm	67.317	69.996	72.808	75.67	79.82	85.07	88.02	91.7	95.7	99.14	105.24	109.33	112.46	115.05	117.1	119.04	120.6	123.2	126.93	129.5
保温层外径 D_1	mm	161.63	171.99	183.62	196.3	216.6	246.1	265	291.4	324.4	357.3	429.47	491.65	549.93	607.09	660.2	718.08	771.2	876.4	1083.9	1289
$D_1\ln(D_1/D_0)$		0.2892	0.2892	0.2892	0.289	0.289	0.289	0.289	0.289	0.289	0.289	0.2892	0.2892	0.2892	0.2892	0.2892	0.2892	0.289	0.289	0.2892	0.289
右式		0.2892	0.2892	0.2892	0.289	0.289	0.289	0.289	0.289	0.289	0.289	0.2892	0.2892	0.2892	0.2892	0.2892	0.2892	0.289	0.289	0.2892	0.289
上二式差=0		4E-09	5E-09	1E-08	1E-08	2E-08	7E-09	7E-09	2E-08	2E-08	9E-09	1E-08	2E-08	2E-08	2E-08	8E-09	7E-09	7E-09	1E-08	8E-09	3E-09

室内生活热水管道橡塑绝热经济厚度计算（环境温度 5℃，介质温度 70℃，热价 85 元/GJ，$\lambda=0.034+0.00013T_p$，150 天）

表 3-11-15

项目	单位	20	25	32	40	50	70	80	100	125	150	200	250	300	350	400	450	500	600	700	800	900	1000
公称直径 DN	mm	20	25	32	40	50	70	80	100	125	150	200	250	300	350	400	450	500	600	700	800	900	1000
*环境温度 T_a	℃	5	5	5	5	5	5	5	5	5	5	5	5	5	5	5	5	5	5	5	5	5	5
介质温度 T_0	℃	70	70	70	70	70	70	70	70	70	70	70	70	70	70	70	70	70	70	70	70	70	70
*保温导热系数	W/(m·K)	0.0389	0.0389	0.0389	0.0389	0.0389	0.0389	0.0389	0.0389	0.0389	0.0389	0.0389	0.0389	0.0389	0.0389	0.0389	0.0389	0.0389	0.0389	0.0389	0.0389	0.0389	0.0389
热价	元/GJ	85	85	85	85	85	85	85	85	85	85	85	85	85	85	85	85	85	85	85	85	85	85
材料安装价	元/m³	3400	3400	3400	3400	3400	3400	3400	3400	3400	3400	3400	3400	3400	3400	3400	3400	3400	3400	3400	3400	3400	3400
表面放热系数	W/(m²·K)	11.63	11.63	11.63	11.63	11.63	11.63	11.63	11.63	11.63	11.63	11.63	11.63	11.63	11.63	11.63	11.63	11.63	11.63	11.63	11.63	11.63	11.63
年使用时间	h	3600	3600	3600	3600	3600	3600	3600	3600	3600	3600	3600	3600	3600	3600	3600	3600	3600	3600	3600	3600	3600	3600
*管道外径 D_0	mm	27	32	38	45	57	76	89	108	133	159	219	273	325	377	426	480	530	630	730	830	930	1030
*保温层厚度	mm	32.492	33.721	34.985	36.244	38.016	40.165	41.328	42.722	44.174	45.366	47.357	48.6	49.503	50.214	50.758	51.255	51.642	52.262	52.737	53.113	53.419	53.672
保温层外径 D_1	mm	91.984	99.442	107.97	117.49	133.03	156.33	171.66	193.44	221.35	249.73	313.71	370.2	424.01	477.43	527.52	582.51	633.28	734.52	835.47	936.23	1036.8	1137.3
$D_1\ln(D_1/D_0)$ 数		0.1128	0.1128	0.1128	0.1128	0.1128	0.1128	0.1128	0.1128	0.1128	0.1128	0.1128	0.1128	0.1128	0.1128	0.1128	0.1128	0.1128	0.1128	0.1128	0.1128	0.1128	0.1128
右式		0.1128	0.1128	0.1128	0.1128	0.1128	0.1128	0.1128	0.1128	0.1128	0.1128	0.1128	0.1128	0.1128	0.1128	0.1128	0.1128	0.1128	0.1128	0.1128	0.1128	0.1128	0.1128
上二式差=0		8E-11	7E-07	7E-07	7E-07	8E-07	4E-12	1E-10	1E-10	2E-07	7E-07	6E-11	3E-09	5E-08	-7E-07	-4E-11	2E-09	2E-09	1E-09	1E-09	5E-12	4E-12	3E-12

室内生活热水管道玻璃棉绝热经济厚度计算（环境温度 5℃，介质温度 70℃，热价 85 元/GJ，$\lambda=0.034+0.00013T_p$，105 天）

表 3-11-16

项目	单位	20	25	32	40	50	70	80	100	125	150	200	250	300	350	400	450	500	600	700	800	900	1000
公称直径 DN	mm	20	25	32	40	50	70	80	100	125	150	200	250	300	350	400	450	500	600	700	800	900	1000
*环境温度 T_a	℃	5	5	5	5	5	5	5	5	5	5	5	5	5	5	5	5	5	5	5	5	5	5
介质温度 T_0	℃	70	70	70	70	70	70	70	70	70	70	70	70	70	70	70	70	70	70	70	70	70	70
*保温导热系数	W/(m·K)	0.0374	0.0374	0.0374	0.0374	0.0374	0.0374	0.0374	0.0374	0.0374	0.0374	0.0374	0.0374	0.0374	0.0374	0.0374	0.0374	0.0374	0.0374	0.0374	0.0374	0.0374	0.0374
热价	元/GJ	85	85	85	85	85	85	85	85	85	85	85	85	85	85	85	85	85	85	85	85	85	85
材料安装价	元/m³	1600	1600	1600	1600	1600	1600	1600	1600	1600	1600	1600	1600	1600	1600	1600	1600	1600	1600	1600	1600	1600	1600
表面放热系数	W/(m²·K)	11.63	11.63	11.63	11.63	11.63	11.63	11.63	11.63	11.63	11.63	11.63	11.63	11.63	11.63	11.63	11.63	11.63	11.63	11.63	11.63	11.63	11.63
年使用时间	h	2520	2520	2520	2520	2520	2520	2520	2520	2520	2520	2520	2520	2520	2520	2520	2520	2520	2520	2520	2520	2520	2520
*管道外径 D_0	mm	27	32	38	45	57	76	89	108	133	159	219	273	325	377	426	480	530	630	730	830	930	1030
*保温层厚度	mm	37.678	39.13	40.631	42.133	44.263	46.873	48.299	50.024	51.837	53.342	55.889	57.503	58.689	59.632	60.359	61.028	61.551	62.394	63.046	63.565	63.988	64.34
保温层外径 D_1	mm	102.36	110.26	119.26	129.27	145.53	169.75	185.6	208.05	236.67	265.68	330.78	388.01	442.38	496.26	546.72	602.06	653.1	754.79	856.09	957.13	1058	1158.7
$D_1\ln(D_1/D_0)$ 数		0.1364	0.1364	0.1364	0.1364	0.1364	0.1364	0.1364	0.1364	0.1364	0.1364	0.1364	0.1364	0.1364	0.1364	0.1364	0.1364	0.1364	0.1364	0.1364	0.1364	0.1364	0.1364
右式		0.1364	0.1364	0.1364	0.1364	0.1364	0.1364	0.1364	0.1364	0.1364	0.1364	0.1364	0.1364	0.1364	0.1364	0.1364	0.1364	0.1364	0.1364	0.1364	0.1364	0.1364	0.1364
上二式差=0		1E-11	5E-08	2E-09	6E-10	4E-10	4E-12	6E-07	1E-07	1E-07	8E-08	3E-11	1E-08	6E-11	2E-10	1E-10	2E-10	2E-10	2E-10	2E-10	2E-10	1E-10	1E-10

6.3 热管道绝热

热管道的绝热计算均采用经济厚度计算方法。同冷管道一样，各种条件下热管道绝热厚度计算表也很多，这里也仅选部分表示。

1. 室内供暖管道绝热

室内供暖管道绝热厚度计算，以天然气作为供暖热源时，热价采用 85 元/GJ。当采用柔性泡沫橡塑材料时，其厚度要求可查《标准》附录表 D.0.1-1；当采用离心玻璃棉绝热材料时，其厚度要求可查附录表 D.0.1-3。

室内供暖管道绝热厚度计算，以煤作为供暖热源时，热价采用 35 元/GJ。热管道采用离心玻璃棉作为绝热材料，其绝热厚度要求可查附录表 D.0.1-2。这里仅列出室内管道的介质温度为 140℃时，玻璃棉绝热的经济厚度计算取值及结果（表 3-11-13）。

2. 室外供热管道绝热

室外供热管道绝热厚度计算方法与室内管道计算方法相同，只是本标准附录 D 中的室外环境温度都取 0℃，风速 3m/s；当室外温度非 0℃时，应依据式（3-11-1）修正。这里仅列出室外管道的介质温度为 190℃、热价 85 元/GJ 时，玻璃棉绝热的经济厚度计算取值及结果（表 3-11-14）。

3. 生活热水管道绝热

生活热水管道绝热采用经济厚度计算方法。介质温度取用 70℃，环境温度 5℃，热价 85 元/GJ。根据全年使用时间的不同，分为 5 个月（150 天）和 3.5 个月（105 天）供选择。绝热材料采用常用的柔性橡塑泡塑和离心玻璃棉，这里按此材料各列一张经济厚度计算取值及结果（表 3-11-15、表 3-11-16）。

6.4 冷热两用管道的绝热

当管道系统为两管制时，应按冷热介质温度，对照绝热材料分别确定冷热工况的绝热厚度，然后选用较大值。

7 结语

这次管道与设备的绝热厚度修编后，应该说已经包括了暖通与给水排水专业绝大部分冷热管道与设备的绝热厚度，设计人员可以通过查表，方便地选用所需要的厚度数据。但这些绝热厚度的确定是在规定的适用条件范围内的，所以设计人员应用时应注意它的适用条件；而且工程应用中还会存在很多超出上述适用条件的情况，这时不能盲目选用，还是应按标准规定的方法重新计算。

专题 12 外墙平均传热系数计算说明

（中国建筑科学研究院 周 辉 董 宏 孙德宇）

《公共建筑节能设计标准》GB 50189—2015 附录 A 规定，建筑外墙的平均传热系数应按现行国家标准《民用建筑热工设计规范》GB 50176 的规定进行计算。对于一般建筑，也可按式（3-12-1）计算：

$$K = \phi K_p \tag{3-12-1}$$

式中　K——外墙平均传热系数，$[W/(m^2 \cdot K)]$；

K_p——外墙主体部位传热系数，$[W/(m^2 \cdot K)]$；

ϕ——外墙主体部位传热系数的修正系数。

其中，外墙主体部位传热系数的修正系数 ϕ 可按表 3-12-1 取值。

外墙主体部位传热系数的修正系数 φ

表 3-12-1

气候分区	外保温	夹心保温（自保温）	内保温
严寒地区	1.30	—	—
寒冷地区	1.20	1.25	—
夏热冬冷地区	1.10	1.20	1.20
夏热冬暖地区	1.00	1.05	1.05

1　外墙平均传热系数的计算方法

在建筑外围护结构中，墙角、窗间墙、凸窗、阳台、屋顶、楼板、地板等处形成热桥，称为结构性热桥见图 3-12-1。热桥的存在一方面增大了墙体的传热系数，造成通过建筑围护结构的热流增加，会加大供暖空调负荷；另一方面在北方地区冬季热桥部位的内表面温度可能过低，会产生结露现象，导致建筑构件发霉，影响建筑的美观和室内环境。公共建筑围护结构受结构性热桥的影响虽然不如居住建筑突出，但公共建筑的热桥问题应当在设计中得到充分的重视和妥善的解决，在施工过程中应当对热桥部位做重点的局部处理。

对外墙平均传热系数的计算方法，2005 版《公共建筑节能设计标准》中采用的是《民用建筑热工设计规范》GB 50176—93 规定的面积加权的计算方法。这一方法是将二维温度场简化为一维温度场，然后按面积加权平均法求得外墙的平均传热系数。面积加权平均法计算外墙平均传热系数的基本思路是将外墙主体部位和周边热桥部位的一维传热系数按其对应的面积加权平均，结构性热桥部位主要包括楼板、结构柱、梁、内隔墙等部位。按这种计算方法求得的外墙平均传热系数一般要比二维温度场模拟的计算结果有较大偏差。建筑节能经过十余年的发展，围护结构材料的更新和保温水平不断提高。该方法的准确性差、适用范围有局限性等特点逐渐显现，如无法计算外墙和窗连接处等热桥位置。

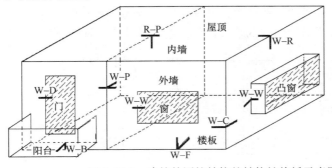

W-D　外墙-门
W-B　外墙-阳台板
W-P　外墙-内墙
W-W　外墙-窗
W-F　外墙-楼板
W-C　外墙角
W-R　外墙-屋顶
R-P　屋顶-内墙

图 3-12-1　建筑外围护结构的结构性热桥示意图

在建筑墙角、窗间墙、凸窗、阳台、屋顶、楼板、地板等处形成的结构性热桥，其对墙体、屋面传热的影响可利用线传热系数 ψ 描述，该系数可通过二维稳态传热计算模型确定。经过近 20 年的发展，线传热系数的概念已在国际标准中普遍采用。

我国现行标准《严寒和寒冷地区居住建筑节能设计标准 》JGJ 26—2010 以及《民用建筑热工设计规范 》GB 50176（修订版）中也采用该方法。具体说明如下：

首先线传热系数 ψ 可利用该标准提供的二维稳态传热计算软件分别计算。然后再依据面积加权的原则对典型建筑的热桥进行统计，计算各个不同单元外墙（或全部外墙）的平均传热系数。

热桥线传热系数应按下式计算：

$$\psi = \frac{Q^{2D} - KA(t_n - t_e)}{l(t_n - t_e)} = \frac{Q^{2D}}{l(t_n - t_e)} - KC \tag{3-12-2}$$

式中　ψ——热桥线传热系数 [W/（m・K）]。

Q^{2D}——二维传热计算得出的流过一块包含热桥的墙体的热流（W）。该块墙体的构造沿着热桥的长度方向必须是均匀的，热流可以根据其横截面（对纵向热桥）或纵截面（对横向热桥）通过二维传热计算得到。

K——墙体主断面的传热系数 [W/（m² ・ K）]。

A——计算 Q^{2D} 的那块矩形墙体的面积（m²）。

t_n——墙体室内侧的空气温度（℃）。

t_e——墙体室外侧的空气温度（℃）。

l——计算 Q^{2D} 的那块矩形的一条边的长度，热桥沿这个长度均匀分布。通常取 1m。

C——计算 Q^{2D} 的那块矩形的另一条边的长度，即 $A = l \cdot C$，可取 $C \geqslant 1m$。

墙面典型结构性热桥示意图见图 3-12-2，墙面典型的热桥的平均传热系数（K_m）按下式计算：

$$K_m = K + \frac{\psi_{W-P}H + \psi_{W-F}B + \psi_{W-C}H + \psi_{W-R}B + \psi_{W-W_L}h + \psi_{W-W_B}b + \psi_{W-W_R}h + \psi_{W-W_U}b}{A}$$

$$\tag{3-12-3}$$

式中　ψ_{W-P}——外墙和内墙交接形成的热桥的线传热系数 [W/（m・K）]；

ψ_{W-F}——外墙和楼板交接形成的热桥的线传热系数 [W/（m・K）]；

ψ_{W-C}——外墙墙角形成的热桥的线传热系数 [W/（m・K）]；

ψ_{W-R}——外墙和屋顶交接形成的热桥的线传热系数 [W/（m・K）]；

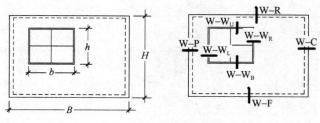

图 3-12-2　墙面典型结构性热桥示意图

ψ_{W-W_L}——外墙和左侧窗框交接形成的热桥的线传热系数 [W/（m・K）];

ψ_{W-W_B}——外墙和下边窗框交接形成的热桥的线传热系数 [W/（m・K）];

ψ_{W-W_R}——外墙和右侧窗框交接形成的热桥的线传热系数 [W/（m・K）];

ψ_{W-W_U}——外墙和上边窗框交接形成的热桥的线传热系数 [W/（m・K）]。

单元墙体的平均传热系数可按下式计算：

$$K_m = K + \frac{\sum \psi_j l_j}{A} \qquad (3\text{-}12\text{-}4)$$

式中　K_m——单元墙体的平均传热系数 [W/（m²・K）];

　　　　K——单元墙体的主断面传热系数 [W/（m²・K）];

　　　　ψ_j——单元墙体上的第 j 个结构性热桥的线传热系数 [W/（m・K）];

　　　　l_j——单元墙体第 j 个结构性热桥的计算长度（m）;

　　　　A——单元墙体的面积（m²）。

当某一面外墙（或全部外墙）的主断面传热系数 K 均一致时，也可直接按标准中式（3-12-4）计算某一面外墙（或全部外墙）的平均传热系数，这时式（3-12-4）中的 A 是某一面外墙（或全部外墙）的面积，式（3-12-4）中的 $\sum \psi_j l_j$ 是某一面外墙（或全部外墙）的面积全部结构性热桥的线传热系数和长度乘积之和。

对于定量计算线传热系数的理论问题已经基本解决，理论上只要建筑的构造的设计完成了，建筑中任何形式的热桥对建筑外围护结构的影响都能够计算，但对普通设计人员而言，这种计算工作量较大。因此，配合 JGJ 26—2010 标准实施，编制组提供了二维热桥模拟软件 PTemp 和平均传热系数软件 Kcal 两个软件，用于计算分析实际工程热桥对外墙平均传热系数的影响。软件采用图形化的方式进行人机交互，在界面中建立节点的计算模型，并输入材料信息、边界条件等相关计算参数后，软件进行二维传热计算，并将热流、温度以及线传热系数等计算结果以图形或文字的方式输出。同时软件还具有计算露点温度的功能，能以图形方式输出节点中低于露点温度的区域，方便在设计时进行结露验算。该软件的运行结果界面如图 3-12-3、图 3-12-4 所示。

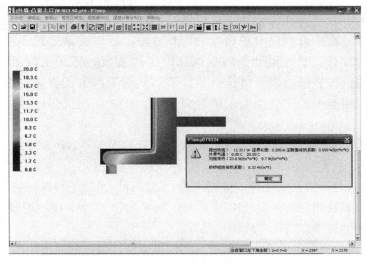

图 3-12-3　二维传热计算软件运行结果界面

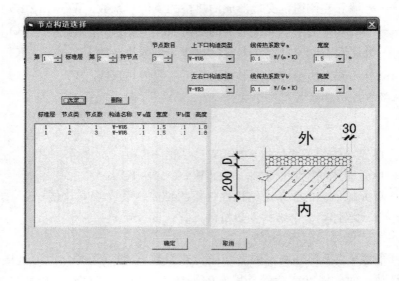

图 3-12-4　墙体平均传热系数计算软件运行界面

用计算公式配合二维传热计算软件，已经可以较为容易地计算出 ψ 和 K_m 的值了。但是，ψ 值的计算，仍然要通过人工建模的方式完成，花费时间、精力。考虑到同样的节点构造会反复用在不同的工程中，为避免重复性的工作，标准中对结构性热桥按照出现的位置进行了分类，例如：外墙—内墙、外墙—楼板、外墙—窗框、外墙—阳台等。并分门别类地对各种保温形式下常用的节点构造，当取不同结构材料和保温层厚度时的 ψ 值进行了计算，编制成表。这样，只需按构造直接查出对应的 ψ 值就可以代入公式计算 K_m 值了。

2　外墙主体部位传热系数的修正系数 ϕ 确定

考虑到公共建筑能耗特点，一般情况下围护结构对建筑能耗影响要小于居住建筑，受热桥影响也较小，在热桥计算上可做适当简化处理。为了提高设计效率，简化计算流程，本次标准修订提供一种简化的计算方法。经对公共建筑不同气候区典型构造类型热桥进行计算，整理得到外墙主体部位传热系数的修正系数值 ϕ，ϕ 受到保温类型、墙主体部位传热系数以及结构性热桥节点构造等因素的影响，由于对于特定的建筑气候分区，标准中的围护结构限值是固定的，相应不同气候区通常会采用特定的保温方式。

需要特别指出的是：由于结构性热桥节点的构造做法多种多样，墙体中又包含多个结构性热桥，组合后的类型更是数量巨大，难以一一列举。表 3-12-1 的主要目的是方便计算，表中给出的只是针对一般建筑的节点构造。如设计中采用了特殊构造节点，还应采用《严寒和寒冷地区居住建筑节能设计标准 》JGJ 26—2010 以及《民用建筑热工设计规范》GB 50176 中的精确计算方法计算线传热系数。

外墙主断面传热系数的修正系数值 ϕ 受到保温类型、墙主断面传热系数以及结构性热桥节点构造等因素的影响。

专题 13　中外建筑节能标准比对研究

（中国建筑科学研究院　张时聪　徐　伟　袁闪闪　刘宗江）

　　建筑节能是世界各主要国家和地区的节能工作重点之一，实现大范围建筑节能的最重要手段则是逐步提高建筑节能设计标准的最低要求，约束引导新建建筑节能设计建造和既有建筑节能运行和改造。自开展建筑节能工作以来，发达国家的建筑节能设计标准都经过了多次修订提升，目前也还在不断完善和提高。我国自 1986 年颁布《民用建筑节能设计标准（采暖居住建筑部分）》以来，相关标准也经过了多次修订完善，"十一五"时期，我国累计按照现行节能强制性标准建成的建筑面积达 48.57 亿 m^2，共形成 4600 万 t 标准煤的节能能力，但整体来看，与一些发达国家的建筑节能标准相关要求还存在一定差距。

1　标准主要类型

　　建筑节能标准有各种不同的表达方式，许多国家都是从规定性方法开始，随着节能水平的提高和标准内容的扩充，出现了允许对单个数值进行调整的权衡判断法，目前，随着计算机模拟计算等软件工具的广泛应用，参照建筑法、能耗限额法和整体能效法也在逐渐普及，各方法的定义及特点如下。

1.1　规定性方法（Prescriptive）

　　在规定性方法里，对建筑围护结构中窗户、屋顶和墙壁的传热系数都做了最低性能规定，强制性规定还可能包括设备能效、建筑朝向、太阳能获取以及窗户的数量和尺寸等。简单版本的规定性建筑节能标准一般只规定建筑基本的 5 到 10 个部位的热工性能限值，要求更复杂的建筑标准里，对建筑安装的所有设备，包括供暖、供冷、水泵、风机和照明设备等都进行能效要求。

1.2　权衡判断法（Trade-off）

　　权衡判断法与强制性标准类似，为单独的建筑和部分建筑设备设定最低性能限值，同时，在判断建筑是否满足标准时，可以对建筑的一些部位和其安装的设备的效率进行权衡判断，即使建筑的有些部分性能没达到标准，但一些部分的性能比标准要求更高，权衡判断的结果也可以是符合标准。权衡判断法通常使用于不同传热系数的围护结构之间，也可以使用于围护结构与建筑安装的系统和设备之间。权衡判断法比规定性方法更灵活，通常直接手算或者使用简单的电子表格进行计算即可完成。

1.3　参照建筑法（Model building）

　　参照建筑法也为建筑的不同围护结构和设备设定最低标准值。首先遵守既定的计算方法，先使用标准规定的参数对参考建筑能耗进行计算，然后使用实际建筑的设计参数采用同样的方法对建筑能耗进行计算，将实际建筑能耗计算结果与参考建筑计算结果相比较，要求设计建筑计算能耗低于参照建筑计算能耗。参考建筑法在建筑的设计上比权衡判断方法更加灵活，通过提高建筑某些部分的节能性能或者安装性价比高的设备可以有效的避免建筑初投资过高。

1.4 能耗限额法（Energy frame）

能耗限额法是通过提供一些简单的参数指标，如传热系数、温度、太阳得热等，计算为满足室内环境要求，通过建筑围护结构损失的能量，其计算出的建筑能耗必须小于规定能耗的最大值。这种方法允许建筑设计时，有更多的自由度，例如，通过提高建筑保温水平，窗户的面积可以不受限制，只要建筑的总体能耗水平达标，则认为其满足节能标准。

1.5 整体能效法（Energy Performance）

使用建筑总的一次能源消耗量或者建筑对环境的影响程度大小，比如 CO_2 排放量，来设定建筑的能耗标准。设计人员需要对建筑物进行模拟计算。整体能效法可以为建筑设计人员提供最佳的方案选择的空间，如果提高锅炉或者空调器的效率的性价比比提高建筑保温性能的性价比高，建设方就可以选择提高设备的效率，而不是去提升建筑保温性能。整体能效法可以很好的适应价格上的变化、技术上的革新和新产品的使用，但因为这种方法需要对详细的计算方法和计算软件进行统一要求，目前这种方法使用较少。

1.6 复合规定法〔Mixed Models〕

复合规定法是指将上述方法混合使用，比如，将简单的规定性方法和整体能效法或能耗限额法进行复合使用。

1.7 小结

可以将不同类型的建筑节能标准划分为两个基本类型，一是基于建筑各个部位性能要求的，即"基于传热系数指标的建筑节能标准（U-value based building codes）"，另外就是基于整个建筑总体能耗的，即"基于建筑能耗的建筑节能标准（Performance based building codes）"。规定性方法、权衡判断法和参照建筑法都是基于传热系数限值、设备能效限值或其他限值的方法，这些参数通过权衡判断很容易进行比较。参照建筑法、能耗定额法和整体能效法都是基于对建筑能耗进行计算的方法，需要计算模型和计算工具。我国目前标准处于规定性方法和权衡判断法阶段，美国采用复合规定法，英国、丹麦、德国采用整体能效法。

2 主要国家标准历史及现状

2.1 美国

1973 年石油危机后，美国国会于 1975 年 12 月通过《能源政策和节约法 1975》，根据此法，联邦能源管理局（Federal Energy Administration）规定州级公共建筑设计应采用美国供暖制冷与空调工程师学会（ASHRAE）于 1975 年颁布的《90－75：新建建筑节能设计》标准（Energy Conservation in New Building Design 90－75）作为节能标准的最低要求，各州即可以直接采用此标准，也可以以此标准规定为最低要求编制其州级标准，这标志着美国建筑节能标准相关工作的正式展开，随后 ASHRAE 在 1989 年将此标准号修改为 90.1，即《ASHRAE90.1-除低层居住建筑外的建筑的节能规范》（Energy Standard for Buildings Except Low-Rise Residential Buildings），并延续使用至今。《ASHRAE90.1》自 1975 年颁布以来共修订了 7 次，其中 1989 年版比 1980 年版节能 14%，1999 年版比 1989 年版节能 4%，2004 版比 1999 版节能 12%，2010 版比 2004 版节能 32.7%。从图 3-13-1 可以看出，ASHRAE90.1-2010 版相对 1980 版节能率约为 50%，其 ASHRAE90.1-2013 版相对 2010 版节能率继续节能 8.5%。

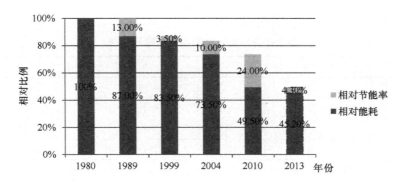

图 3-13-1 美国建筑节能标准节能率提升情况

《ASHRAE90.1》标准节能性能的提升主要依靠围护结构传热系数要求和建筑设备性能要求的逐步提升。在非透明围护结构性能方面，以美国寒冷地区为例，《ASHRAE90.1—2013》较《ASHRAE90.1—2004》大幅度提升，其屋面传热系数限值要求提升为 35%～56%，地面以上墙体传热系数限值要求提升约 21%～42%，重质楼板传热系数限值提升为 14%～52%，具体提升情况比对见表 3-13-1。

美国第七气候区（寒冷地区）非透明围护结构传热系数性能提升比对 表 3-13-1

非透明围护	公共建筑 [W/ (m² · K)]			居住建筑（>3 层）[W/ (m² · K)]		
	90.1—2004	90.1—2013	提升比例	90.1—2004	90.1—2013	提升比例
屋面						
无阁楼	0.36	0.158	56.11%	0.36	0.158	56.11%
金属建筑	0.369	0.163	55.83%	0.369	0.163	55.83%
带阁楼或其他	0.153	0.098	35.95%	0.153	0.098	35.95%
墙，地面以上						
重质墙	0.513	0.404	21.25%	0.453	0.404	10.82%
金属建筑	0.324	0.248	23.46%	0.324	0.248	23.46%
钢框架	0.365	0.277	24.11%	0.365	0.24	34.25%
木框架	0.504	0.291	42.26%	0.29	0.291	−0.34%
楼板						
重质楼板	0.496	0.236	52.42%	0.363	0.236	34.99%
钢结构	0.214	0.183	14.49%	0.214	0.183	14.49%
木框架或其他	0.188	0.153	18.62%	0.188	0.153	18.62%

在建筑设备方面，《ASHRAE90.1》一方面不断扩大了设备覆盖范围，如增加了传热设备、变制冷剂流量空调机组、变制冷剂流量空气/空气热泵、用于计算机房的空调机组和冷凝机组的最低效率规定值，一方面对其性能要求继续提升，对于单元空调和冷凝机组及单元空调（热泵）机组，从 2004 版到 2013 版，部分机组 COP 性能限值提升约 10%～30%，ICOP（即 IPLV）限值的使用范围也得到了不断扩大，从只覆盖大型机组逐渐扩展到中小型机组。《ASHRAE90.1—2013》与《ASHRAE90.1—2004》电驱动单元空调

（热泵）机能效限值比较见表3-13-2。

部分设备最低能效限值性能提升比对 表 3-13-2

设备类型	制冷量（kW）	最低能效限值	
		2004	2013
电驱动单元空调机（风冷）	<19	分体式 $SCOP_C$：2.93；整体式 $SCOP_C$：2.84	分体式 $SCOP_C$：3.81；整体式 $SCOP_C$：4.10
	(19，40)	COP：3.02	COP：3.28；$ICOP_C$：3.78
	(40，70)	COP：2.84	COP：3.22；$ICOP_C$：3.75
	(70，223)	COP：2.78；$ICOP$：2.84	COP：2.93；$ICOP_C$：3.40
	>223	COP：2.70；$ICOP$：2.75	COP：2.84；$ICOP_C$：3.28
电驱动单元空调（热泵）机组（风冷）	<19	分体式 $SCOP_C$：2.93；整体式 $SCOP_C$：2.84	分体式 $SCOP_C$：4.10；整体式 $SCOP_C$：4.10
	(19，40)	COP_C：2.96	COP_C：3.22；$ICOP_C$：3.57
	(40，70)	COP_C：2.72	COP_C：3.11；$ICOP_C$：3.40
	>70	COP_C：2.78；$ICOP$：2.70	COP_C：2.78；$ICOP_C$：3.11

　　建筑节能标准由能源部委托 ASHRAE 组织编写，但在执行过程中，需要得到州级和地方级政府确认才可颁布执行。州级标准可以完全采纳《ASHARE90.1》，也可以进行细节上的补充和一些特殊要求的提升。目前，绝大部分州采纳了等同或高于《ASHRAE90.1—2007》的标准。截至 2015 年 6 月，各州执行《ASHRAE90.1》情况见图 3-13-2，从图中可以看出，美国的 50 个州、1 个特区、5 个海外领地中，采用

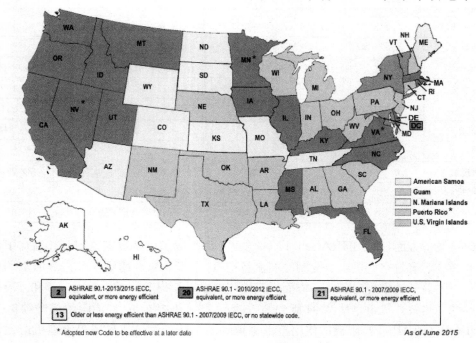

图 3-13-2 　《ASHRAE90.1》标准执行现状

《ASHRAE90.1—2013》标准的有 2 个行政区，采用《ASHRAE90.1—2010》标准的有 20 个行政区，《ASHRAE90.1—2007》有 21 个行政区，低于《ASHRAE90.1—2007》或无州级建筑节能标准的有 13 个行政区。

2.2　丹麦

丹麦在《建筑条例》(DEN Building Regulation，简称 BR) 中第七章对建筑节能进行单独要求。丹麦最早一版有节能要求的是 1961 年版《建筑条例》(简称 BR61，后同)，之后每版《建筑条例》都不断提高对节能的要求，对于北欧寒冷地区，围护结构性能限值的不断提升对建筑节能起到作用最大，BR08 比 BR61 提升约为 $60\%\sim76\%$，见图 3-13-3。《条例》几经修订，丹麦建筑节能水平也大幅度提高，建筑能耗从 1960 年的 350kWh/m² 降低到了目前的低于 50 kWh/m²，见图 3-13-4，图中蓝色散点为丹麦建筑科学研究院对大量建筑实际能耗的检测统计分析数据，红色标识为根据历次规范规定的参数计算出的能耗限额。

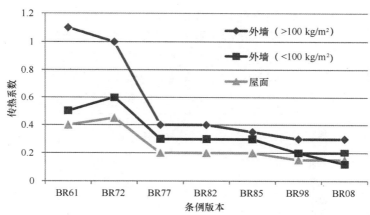

图 3-13-3　丹麦《建筑条例》围护结构传热系数限制提升

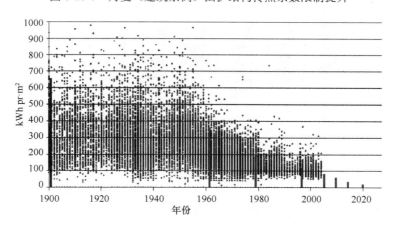

图 3-13-4　丹麦建筑节能标准与实际能耗相对关系图

2.3　英国

英国第一本强制性《建筑条例》(Building Regulation) 于 1965 年发布，并于 1966 年生效，但其中并没有关于节能的规定。第一次石油危机驱动油价持续暴涨，各国在努力寻找替代能源的同时，也高度重视建筑节能，英国也不例外，在 1972 版的《建筑条例》中首次出现了节能篇。英国建筑条例都是以 PART A，B，C，D... 编号，如通风条例为 PART-F，防火条例是 PART-B 等，其 "Building Regulation-Part-L" 即为《建筑节能条例》，定期修订更新，2000 年以后是每 4 年一次，分别为 PART-L-2002，PART-L-2006，PART-L-2010，PART-L-2013。PART-L 共由四本标准组成，分别为 PART-L-1A，PART-L-1B，PART-L -2A，PART-L-2B，其中 1 代表居住建筑，2 代表公共建筑，A 代表新建建筑，B 代表既有建筑，如 PART-L-1B 就是对应既有居住建筑改造的节能性能进行要求，PART-L-2A 就是对应新建公共建筑的节能性能进行要求。为推动欧盟指令（Energy Performance of Building Directive，EPBD）的实施，PART-L-2006 要求在 PART-L-2002 的基础上平均减排 20%～28%，PART-L-2010 要求在 PART-L-2006 的基础上平均减排 25%，也就是说对于不同典型建筑的计算，PART-L-2010 相对于 PART-L-2002 减排 40%～46%。

从图 3-13-5 可看出英国建筑节能要求日趋严格，从 1965 年到 2002 年，非透明围护结构性能提升为 80%～89%，窗户性能要求提升为 65%。需要说明的是，2006 版英国《建筑节能条例》逐步从"规定性方法"转向"整体能效法"，即通过计算设计建筑二氧化碳的排放量是否较参照建筑低，来判断其是否满足节能标准，所以新版本围护结构的传热系数限值相对宽松，与之前版本的不具有可比性，在此未列出。

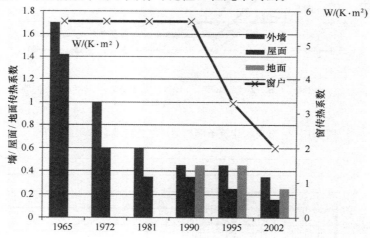

图 3-13-5　英国《建筑条例》围护结构传热系数限值提升图

2.4　日本

日本在 1979 年首次颁布了《节约能源法》（Energy Conservation Law），在《节约能源法》（Energy Conservation Law）框架下，日本经济贸易产业省和建设省于 1980 年颁布了《居住建筑节能设计标准》（Criteria for Clients on the Rationalization of Energy Use for Houses，CCREUH），并于 1992 年、1999 年、2009 年分别修订。除此标准外，居住建筑还需要满足由建设省 1980 年颁布，且于 1992 年、1999 年修订的《居住建筑节能设计和施工导则》（Design and Construction Guidelines on the Rationalisation of Energy Use for Houses，DCGREUH）；日本经济贸易产业省和建设省于 1979 年颁布《公共建筑节能设计标准》（The Criteria for Clients on the Rationalization of Energy Use for Buildings，

CCREUB），并于 1993 年、1999 年、2003 年、2006 年、2009 年修订。

将 1980 年之前建造的居住建筑的能耗定义为 100%，如果同一建筑按照 1980 年颁布的标准建造的建筑，其能耗量是 1980 年之前建筑的 70%，如按 1999 年标准建造，能耗则相当于 1980 年之前建筑的 39%。日本《公共建筑节能设计标准》以 1980 年之前的建筑能耗作为 100%，按照 1980 年颁布的标准建造的建筑能耗量是 1980 年之前建筑的 92.5%，按 1999 年标准建造的建筑能耗则相当于 1980 年之前建筑的 75%。日本建筑标准能耗降低示意如图 3-13-6 所示。

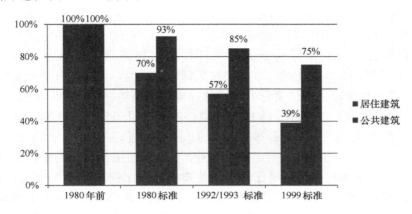

图 3-13-6 日本建筑标准能耗降低示意图

2.5 中外比对

全球各主要发达国家出于以节能为目的的建筑节能标准都起步于 20 世纪 70 年代的全球第一次石油危机之后，都经历了从无到有、从有到优的过程；最初各国建筑节能标准的编制修订周期不定，但随着标准编制体系的逐步成熟、产业的不断发展以及全球应对气候变化和节能减排的不断强调，各国均有明确的标准修订团队、固定的修订周期和中长期修订计划。相对于发达国家而言，我国的建筑节能标准起步稍晚，1986 年 3 月，原建设部颁布了第一本建筑节能设计标准——《民用建筑节能设计标准（采暖居住建筑部分）》，这标志着我国建筑节能工作的展开。随后按照先北方（严寒和寒冷地区）、然后中部（夏热冬冷地区）、最后南方（夏热冬暖地区），先居住建筑、后公共建筑，先新建建筑、后既有建筑的原则，不断完善我国建筑节能标准体系。目前我国建筑节能标准基本涵盖了设计、施工、验收、运行管理等各个环节，涉及新建居住和公共建筑、既有居住和公共建筑节能改造。同时，各地也结合本地区实际，对国家标准进行了细化，部分地区执行了更严格要求的建筑节能标准。中外建筑节能标准基本情况比对情况见表 3-13-3。

中外建筑节能标准基本比对 表 3-13-3

	中国	美国	丹麦	英国	日本
标准类型	权衡判断法	复合规定法	整体能效法	整体能效法	权衡判断法
起始年度	1986 年	1975 年	1961 年	1965 年	1980 年
修订间隔	5～10 年	3 年	2 年以上	3 年	5～10 年
修订次数	1～3 次	7～13 次	7 次	8 次	2～3 次

3　标准重点内容比对

建筑节能标准通常包括围护结构（及权衡判断）、暖通空调系统、照明系统等内容，也有的国家包括热水供应和水泵设计、电力系统设计、可再生能源应用、建筑物维护和使用等内容。通常来说，围护结构和暖通系统是节能标准最重要的两部分。由于我国和美国地域辽阔，气候区多，可比性强，本节主要以中美相关参数比对为主。

3.1　非透明围护结构

对于非透明围护结构，我国标准规范规定包括屋面、外墙（包括非透明幕墙）、地下室外墙、非供暖房间与供暖房间的隔墙或楼板、底面接触室外空气的架空或外挑楼板、地面等。其他各国标准中围护结构分类较我国种类更加齐全，分类更加详细，如美国ASHRAE标准将屋面分为无阁楼、带阁楼和金属建筑三类，将外墙分为地面以上和地面以下两大类，其中地面以上外墙又分为重质墙、金属建筑墙、钢框架、木框架四种类型；将楼板细分为重质楼板、工字钢、木框架三类；将不透明门分为平开和非平开两类，等等。其他国家的分类方法也各不尽相同，但总体接近，为了方便理解，选择美国《ASHRAE90.1—2013》中2、3、5、7气候区中对非透明围护结构的重质墙体，与我国GB 50189—2015及各相应气候区居住建筑相关要求进行比较，见表3-13-4。从表中可以看出，在严寒和寒冷地区，我国公共建筑围护结构节能要求已经和美国现行标准要求基本一致，居住建筑要求比美国低10％～30％，考虑到我国建筑标准为全国强制且部分省节能标准高于国家级标准，可以说此气候区我国建筑节能标准围护结构要求已经整体高于美国；在夏热冬冷和夏热冬暖地区，整体来看，围护结构要求较美国现行标准略低。

中美节能标准地面以上重质墙体传热系数限值比较　　　　表 3-13-4

地面以上重质墙体传热系数限值比较 $[W/(m^2 \cdot K)]$				
建筑类型	气候区	中国	美国	相对差距
公共建筑	严寒地区	0.43	0.404	6.44％
	寒冷地区	0.50	0.513	−2.53％
	夏热冬冷地区	0.80	0.701	14.12％
	夏热冬暖地区	1.50	0.701	113.98％
居住建筑	严寒地区	0.45	0.404	11.39％
	寒冷地区	0.6	0.453	32.45％
	夏热冬冷地区	1.0	0.592	68.92％
	夏热冬暖地区	0.7	0.701	−0.14％

3.2　窗户传热系数

各国对窗户传热系数要求的前提条件不同，如我国对窗户传热系数要求有体型系数和窗墙面积比等多项前提要求，美国对窗户类型划分更加详细，如"金属窗框"划分为玻璃幕墙和铺面、入口大门、固定窗/可开启窗/非入口玻璃门三类，"天窗"划分为玻璃凸起天窗、塑料凸起天窗、玻璃和塑料不凸起天窗三类。选择美国《ASHRAE90.1—2013》中2、3、5、7气候区中窗墙面积比0～40％的非金属窗框传热系数限值要求与我国相关标准中对应气候区的限值进行比对，我国非金属窗框传热系数限值较美国标准要求从北至南差距逐步扩大，整体来看居住建筑差距较公共建筑大，具体见表 3-13-5。

中美节能标准非金属窗框传热系数限值比较　　表 3-13-5

建筑类型	气候区	中国	美国	相对差距
公共建筑	严寒地区	2.3	1.82	26.37%
	寒冷地区	2.4	1.82	31.87%
	夏热冬冷地区	2.6	1.99	30.65%
	夏热冬暖地区	3.0	2.27	32.16%
居住建筑	严寒地区	2.5	1.82	37.36%
	寒冷地区	3.1	1.82	70.33%
	夏热冬冷地区	2.3~4.7	1.99	15.58%~136.18%
	夏热冬暖地区	2.5~6.0	2.27	10.13%~164.32%

非金属窗框传热系数限值比较 [W/（m²·K）]

3.3　供热供冷设备性能

供暖、通风和空气调节设备选择也是建筑节能标准最重要的组成部分之一，包括如冷水机组、单元式空调机、分散式房间空调器、多联式空调（热泵）机组、锅炉等设备。对于相关设备，中美标准根据不同制冷量（制热量）划分等级方式不同，且我国标准按气候区不同给出不同限值，美国标准不分气候区对其性能进行统一要求，为方便比对，选择离心式水冷冷水机组的制冷性能系数进行比对。美国标准以名义制冷量 528kW、1055kW、1407kW、2110kW 为节点，将离心式冷水机组划分为 1~5 个等级，我国标准以名义制冷量 1163kW、2110kW 为节点，将离心式冷水机组划分为 1~3 个等级，将美国标准 1~2 等级与我国标准 1 等级、美国标准 3~4 等级与我国标准 2 等级、美国标准 5 等级与我国标准夏热冬暖地区的 3 等级对离心式冷水机组性能要求比对，见表 3-13-6。整体看来，我国离心式水冷冷水机组性能要求与美国差距为 10%~20%。

中美节能标准离心式水冷冷水机组制冷性能限值比较　　表 3-13-6

建筑类型	美国等级	中国等级	中国		美国	
			COP	IPLV	COP	IPLV
公共建筑	1~2	1	5.40	5.55	5.77	6.401
	3~4	2	5.70	5.85	6.28	6.77
	5	3	5.90	6.20	6.28	7.041

4　标准延伸使用

以建筑节能标准为基础，各国还均通过建筑能效标识、绿色建筑认证、更高级别的建筑节能设计导则、零能耗建筑示范推广、建筑物碳排放计算等相关工作加强建筑节能工作的扩展和延伸。

4.1　建筑能效标识和绿色建筑认证

美国 LEED 绿色建筑认证标准每次修订都是在 ASHRAE 发布相关建筑节能标准之后，以 ASHRAE 标准中最新参数计算出的建筑能耗作为基准能耗，判断待认证建筑的节能性能；欧盟主要国家，如德国、英国的能效标识也是基于其节能设计标准。

4.2 更高级别的建筑节能设计导则

除了对建筑节能设计标准不断进行修订，提高要求外，美国 ASHRAE 还颁布比现行节能设计标准节能 30％或 50％的"更高级别的建筑节能设计导则"（更低能耗的建筑节能设计导则）等技术出版物，此类导则既可用于对政府投资的建筑进行更高节能性能的强制性要求，也可引领建筑行业在降低能耗方面进行不断探索，同时还为更高级别节能标准的颁布进行了铺垫。目前，ASHARE 已经发布了 6 本专项节能 30％的"导则"和 2 本专项节能 50％的"导则"。我国现行国家建筑节能标准体系中无此类导则，但一些省级标准比国家标准高。

4.3 建筑物碳排放计算

碳排放量作为一种可量化、可交易的指标，可以直观、准确地体现出可再生能源及清洁能源应用、建筑设计方案优化、建筑节能技术应用、建筑能源系统和设备能效提升所带来的节能减排效果，具有其独特优势。发达国家，如英国，已将建筑碳排放计算列入其居住建筑和公共建筑的建筑节能标准，并明确设计建筑的碳排放不能超过其参照建筑的碳排放。

5 标准发展目标

5.1 美国

美国能源部为"建筑节能标准项目"提供经费，用于标准的编制、修订和推广执行。2006～2010 年，"建筑节能标准项目"逐年经费分别为 300、200、400、500、1000 万美元，能源部计划 2011～2016 年每年为该项目提供 1000 万美元经费，提升 ASHRAE 和 IECC 系列标准，并且在各州推广应用。

美国能源部建筑节能标准发展路线为到 2025～2030 年使"零能耗建筑"在技术经济上可行，ASHRAE 和 ICC 编制的建筑节能标准都需要按照此计划进行逐步修订，见图 3-13-7。

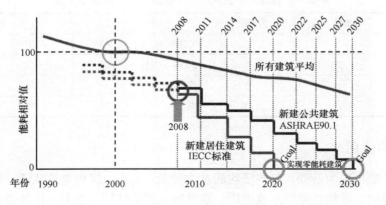

图 3-13-7 美国建筑节能标准远景计划示意图

5.2 丹麦

丹麦建筑规范通过不断提高围护结构热工性能、限制最小保温水平、规定特殊建筑能耗要求、提高设备（包括供能设备、通风、排水、废物处置、电梯等）的能效要求以最终保证其节能目标的实现。虽然丹麦 BR08 比 BR61 围护结构性能限值提升为 60％～76％，见图 3-13-8，建筑能耗从 1960 年的 350kWh/m² 降低到了低于 50 kWh/m²，但为推动欧盟《建筑能效指令》（Energy Performance of Building Directive，EPBD），丹麦《建筑条例》2008 版和 2010 版的修编更是注重了节能方面的要求，其中 2010 版《建筑规范》比 2008 版节能 25％，预计 2015 版会比 2010 版再节能 25％。

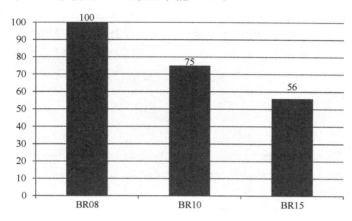

图 3-13-8　丹麦《建筑规范》节能目标规划

5.3　英国

为推动 EPBD 实施，PART-L-2006 和 PART-L-2010 都大幅度提升了节能要求，但英国政府依然意识到在未来达到其提出的 2016 年实现所有新建居住建筑零碳排放和到 2019 年实现所有新建公共建筑零碳排放的目标非常困难，所以从 2010 年以后，PART-L 的修订要变成 3 年一次，即 PART-L-2013、PART-L-2016、PART-L-2019。英国科研机构在如何进一步提升 PART-L-2013 修订后对全部英国建筑带来的节能潜力也进行了大量研究分析。

6　结论

1. 出于对室内环境和建筑保温的需求，1961 年丹麦第一次在《建筑条例》中出现节能要求，主要是对建筑围护结构性能进行限值规定。全球各主要发达国家出于以节能为目的建筑节能标准都于 20 世纪 70 年代的全球第一次石油危机之后逐步展开并提升。丹麦《建筑条例》几经修订，建筑能耗从 1960 年的 350kWh/m² 降低到了目前的低于 50 kWh/m²；英国《建筑条例》从 1965 年到 2002 年，非透明围护结构性能提升为 80％～89％，窗户性能要求提升为 65％；日本自 1980 年开始提高建筑节能标准后，其典型居住建筑供暖负荷从 1980 年的 60～115kWh/（m²·年）逐渐降低到了 2000 年的 10～30 kWh/（m²·年）；美国 ASHRAE90.1—2013 相对 1980 版节能率约为 55％。

2. 我国建筑节能标准工作起步较晚，其体系、方法、标准内容框架借鉴了国外发达国家，与发达国家距离在逐步缩小。在严寒和寒冷地区，我国公共建筑围护结构节能要求已经和美国现行标准要求基本一致，居住建筑要求比美国低 10％～30％，考虑到我国建筑标准为全国强制且部分省节能标准高于国家级标准，可以说此气候区我国建筑节能标准围护结构要求已经整体高于美国；在夏热冬冷和夏热冬暖地区，整体来看，围护结构要求较美国现行标准略低。对外窗要求与能源系统级设备要求均比美国略低。

3. 以建筑节能标准为基础，各国还均通过建筑能效标识、绿色建筑认证、更高级别的建筑节能设计导则、建筑碳排放计算等相关工作加强建筑节能标准的延伸使用。对比国际经验，我国应明确建筑节能标准的中长期发展目标，建立"更高级别的节能设计导则"体系，增强建筑节能标准、建筑能效标识、绿色建筑评价标准等标准之间的关联度。

4. 在建筑节能标准已经大幅度提高的基础上，各国也提出了标准未来发展目标，如美国能源部要求到 2025~2030 年使"零能耗建筑"在技术经济上可行，标准需对其目标进行有效支撑；丹麦《建筑条例》2015 版会比 2010 版再节能 25％；英国 PART-L-2013 比 PART-L-2010 节能 15％，2016 年实现所有新建居住建筑零碳排放，2019 年实现所有新建公共建筑零碳排放。

参考文献

[1] Jens Laustsen. Energy efficiency requirements in building codes, energy efficiency policies for new buildings [R]. Paris: International Energy Agency, M 2008.

[2] Halverson MA. Country report on building energy codes in the United States [R]. Washington DC: Pacific Northwest National Laboratory, A 2009.

[3] Bruce D. Hunn. 35 Years of Standard 90.1. [EB/OL]. [2013-8-1]. https://www.ashrae.org/resources——publications/bookstore/90-1---celebrating-35-years-of-energy-efficiency.

[4] Thornton BA. Achieving the 30％ goal: energy and cost savings analysis of ASHRAE standard 90.1-2010 [R]. Washington DC: Pacific Northwest National Laboratory, 2011.

[5] Determinations, ANSI/ASHRAE/IES Standard 90.1-2013 [EB/OL]. [2015-6-1]. https://www.energycodes.gov/regulations/determinations.

[6] American society of heating, refrigerating and air-conditioning engineers. ANSI/ASHRAE/IES Standard 90.1-2004. Energy standard for buildings except low-rise residential buildings [S]. ISSN 1041-2336. ASHRAE, 2004.

[7] American society of heating, refrigerating and air-conditioning engineers. ANSI/ASHRAE/IES Standard 90.1-2013. Energy standard for buildings except low-rise residential buildings [S]. ISSN 1041-2336. ASHRAE, 2013.

[8] Department of Energy. Status of State Energy Code Adoption [EB/OL]. [2013-8-1]. http://www.energycodes.gov/adoption/states.

[9] Danmark BR 10, Building Regulations [S].

[10] Vibeke Hansen Kjaerbyea, Anders E. Larsen, Mikael Togeby. The effect of building regulations on energy consumption in single-family houses in Denmark [EB/OL]. [2013-8-1]. http://www.ea-energianalyse.dk/reports/the_effect_of_building_regulations_on_energy_consumption_in_single_family_houses_in_Denmark.pdf.

[11] Marie Louise Hansen, Chief Adviser. Danish government strategy of reduction of energy consumption in buildings [EB/OL]. [2013-8-1]. http://www.ea-energianalyse.dk/presentations/1017/Joint%20study%20torur_20-25_June2010/8%20Brian%20Andersen.pdf.

[12] Ted King. The history of the Building Regulations and where we are now. HBF Technical Conference [EB/OL]. [2013-8-1]. http://www.house-builder.co.uk/documents/01TEDKING-CLG.pdf.

[13] BSRIA. Part L consultation summary [EB/OL]. [2013-8-1]. http://www.bsria.co.uk/news/article/partl-2010/.

[14]　Ministry of International Trade and Industry/ Ministry of Construction . Criteria for Clients on the Rationalization of Energy Use for Houses [EB/OL]. [2013-8-4]. http：//www. eccj. or. jp/law/jutaku1 _ e. html.

[15]　Evans M，Shui B，Takagi T. Country Report on Building Energy Codes in Japan [R]. Washington：Pacific Northwest National Laboratory，2009.

[16]　 Ministry of International Trade and Industry/ Ministry of Construction. Design and Construction Guidelines on the Rationalization of Energy Use for Houses [EB/OL]. [2013-8-4]. http：//www. eccj. or. jp/law/jutaku2 _ e. html.

[17]　Ministry of Economy，Trade and Industry/Ministry of Land，Infrastructure and Transport. Standards of Judgment for Construction Clients and Owners of Specified Buildings on the Rational Use of Energy for Buildings [EB/OL]. [2013-8-4]. http：//www. asiaeec-col. eccj. or. jp/law/ken1 _ e. html.

[18]　Housing Bureau. Measures taken by the Ministry of Land，Infrastructure，Transport and Tourism to reduce CO_2 emissions [R]. Tokyo：Ministry of Land，Infrastructure，Transport and Tourism，2009.

[19]　Odyssee. Energy Efficiency Profile：Denmark [EB/OL]. [2013-8-1]. http：//www. odyssee-indicators. org/publications/country _ profiles _ PDF/dnk. pdf.

[20]　Zero Carbon Hub. Part L 2013. Preliminary Modelling results of new homes [EB/OL]. [2013-8-1]. http：//www. zerocarbonhub. org/resourcefiles/Part _ L _ 2013 _ Preliminary _ Modelling _ Summary _ Report _ final. pdf.